U0316850

国家出版基金项目
NATIONAL PUBLICATION FOUNDATION

中国战略性新兴产业——前沿新材料

光聚合技术与材料

中国材料研究学会组织编写

丛书主编　魏炳波　韩雅芳

编　著　聂　俊　朱晓群　等

中国铁道出版社有限公司
CHINA RAILWAY PUBLISHING HOUSE CO., LTD.

内 容 简 介

"中国战略性新兴产业——前沿新材料"丛书是中国材料研究学会组织、由国内一流学者著述的一套材料类科技著作。丛书突出颠覆性、前瞻性、前沿性特点,涵盖了超材料、离子液体、多孔金属等10多种重点发展的前沿新材料。

本书为《光聚合技术与材料》分册,在总结近年来国内外相关研究与应用开发成果的基础上,系统论述了光聚合材料的基本性质和技术原理,着重论述了光聚合的现状及发展趋势、光聚合中光引发剂及其光源、光聚合体系、光聚合绿色树脂、光聚合3D打印材料、光聚合喷墨打印材料等内容。

本书适合光聚合技术与材料研发工作者和工程技术人员参考,也可供新材料研究院所、高等院校、新材料产业界、政府相关部门、新材料中介咨询机构等领域的人员参考。

图书在版编目(CIP)数据

光聚合技术与材料/中国材料研究学会组织编写 . —北京:中国铁道出版社有限公司,2020.9

(中国战略性新兴产业 . 前沿新材料)

国家出版基金项目

ISBN 978-7-113-26978-4

Ⅰ.①光… Ⅱ.①中… Ⅲ.①高聚物-光聚合-研究 Ⅳ.①TQ316.31

中国版本图书馆 CIP 数据核字(2020)第 109123 号

书　　名:光聚合技术与材料
作　　者:聂　俊　朱晓群　等

策　　划:初　祎
责任编辑:金　锋　初　祎　　　　　编辑部电话:(010) 51873125
封面设计:高博越
责任校对:焦桂荣
责任印制:樊启鹏

出版发行:中国铁道出版社有限公司 (100054,北京市西城区右安门西街8号)
网　　址:http://www.tdpress.com
印　　刷:北京盛通印刷股份有限公司
版　　次:2020 年 9 月第 1 版　2020 年 9 月第 1 次印刷
开　　本:787 mm×1 092 mm 1/16　印张:19.25　字数:411 千
书　　号:ISBN 978-7-113-26978-4
定　　价:108.00 元

作者简介

魏炳波

中国科学院院士,教授,工学博士,著名材料科学家。现任中国材料研究学会理事长,教育部科技委材料学部副主任,教育部物理学专业教学指导委员会副主任委员。入选首批国家"百千万人才工程",首批教育部长江学者特聘教授,首批国家杰出青年科学基金获得者,国家基金委创新研究群体基金获得者。曾任国家自然科学基金委金属学科评委、国家"863"计划航天技术领域专家组成员、西北工业大学副校长等

职。主要从事空间材料、液态金属深过冷和快速凝固等方面的研究。获 1997 年度国家技术发明奖二等奖,2004 年度国家自然科学奖二等奖和省部级科技进步奖一等奖等。在国际国内知名学术刊物上发表论文 120 余篇。

韩雅芳

工学博士,研究员,著名材料科学家。现任国际材料研究学会联盟主席、中国材料研究学会执行秘书长、《自然科学进展:国际材料》(英文期刊)主编。曾任中国航发北京航空材料研究院副院长、科技委主任,中国材料研究学会副理事长和秘书长等职。主要从事航空发动机材料研究工作。获 1978 年全国科学大会奖、1999 年度国家技术发明奖二

等奖和多项部级科技进步奖等。在国际国内知名学术刊物上发表论文 100 余篇,主编公开发行的中、英文论文集 20 余卷,出版专著 5 部。

聂 俊

医学博士，北京化工大学教授、博士生导师、理学院院长；北京化工大学光聚合基础与应用研究中心主任，亚洲辐射固化协会主席；国务院政府特殊津贴专家。研究方向：光聚合基础与应用、生物材料、天然产物改性等。1998 年获瑞典卡罗林斯卡学院医学博士，1999—2003 年在美国科罗拉多大学做博士后。作为项目总负责人承担国家重点研发计划 1 项；承担多项国家"863""973"项目，5 项国家自然科学基金项目。发表论文 300 余篇，申请专利 200 余项，获授权 100 余项，PCT 2 项；出版专著 2 部；获中国石化协会技术发明二等奖 1 项。

朱晓群

工学博士，北京化工大学材料科学与工程学院副教授。2013—2014 年在新加坡南洋理工大学从事科学研究。研究方向：光聚合、水凝胶、光固化、3D 打印以及 EB 固化技术与材料，并有多项产业化产品。发表论文 50 余篇，申请国家发明专利近 60 项，已获授权近 20 项。主持国家自然科学基金 2 项、企业研发项目 10 余项，参与国家重点研究计划项目 1 项。

序

前沿新材料是指现阶段处在新材料发展尖端，人们在不断地科技创新中研究发现或通过人工设计而得到的具有独特的化学组成及原子或分子微观聚集结构，能提供超出传统理念的颠覆性优异性能和特殊功能的一类新材料。在新一轮科技和工业革命中，材料发展呈现出新的时代发展特征，人类已进入前沿新材料时代，将迅速引领和推动各种现代颠覆性的前沿技术向纵深发展，引发高新技术和新兴产业以至未来社会革命性的变革，实现从基础支撑到前沿颠覆的跨越。

进入新世纪以来，前沿新材料得到越来越多的重视，世界发达国家，如美、欧、日、韩等无不把发展前沿新材料作为优先选择，纷纷出台相关发展战略或规划，争取前沿新材料在高新技术和新兴产业的前沿性突破，以抢占未来科技制高点，促进可持续发展，解决人口、经济、环境等方面的难题。我国也十分重视前沿新材料技术和产业化的发展。2017年国家发展和改革委员会、工业和信息化部、科技部、财政部联合发布了《新材料产业发展指南》，明确指明了前沿新材料作为重点发展方向之一。我国前沿新材料的发展与世界基本同步，特别是近年来集中了一批著名的高等学校、科研院所，形成了许多强大的研发团队，在研发投入、人力和资源配置、创新和体制改革、成果转化等方面不断加大力度，发展非常迅猛，标志性颠覆技术陆续突破，某些领域已跻身全球强国之列。

"中国战略性新兴产业——前沿新材料"丛书是由中国材料研究学会组织编写，由中国铁道出版社有限公司出版发行的第二套关于材料科学与技术的系列科技专著。丛书从推动发展我国前沿新材料技术和产业的宗旨出发，重点选择了当代前沿新材料各细分领域的有关材料，全面系统论述了发展这些材料的需求背景及其重要意义，全球发展现状及前景；系统地论述了这些前沿新材料的理论基础和核心技术，着重阐明了它们将如何推进高新技术和新兴产业颠覆性的变革和对未来社会产生的深远影响；介绍了我国相关的研究进展及最新研究成果；针对性地提出了我国发展前沿新材料的主要方向和任务，分析了存在的主要问题，提出了相关对策和建议；是我国"十三五"和"十四五"期间在材料领域具有国内领先水平的第二套系列科技著作。

全套丛书特别突出了前沿新材料的前瞻性、颠覆性、先进性特点。丛书的出版，将对我国从事新材料研究、教学、应用和产业化的专家、学者、产业精英、决策咨询机构以及政府职能部门相关领导和人士具有重要的参考价值，对推动我国高新技术和战略性新兴产业可持续发展具有重要的现实意义和指导意义。

中国材料研究学会是中国科协领导下的全国一级学会，是以推动我国新材料科学技术进步和新材料产业发展为宗旨的学术性团体，也是国际材料研究学会联盟（International Union of Materials Research Societies，IUMRS）的发起和重要成员之一，具有资源、信息和人才的综合优势。多年来中国材料研究学会在促进我国材料科学进步、开展国内外学术交流与合作、有序承接政府职能转移、为地方工业园区和新材料产业和企业提供新材料产业发展决策咨询、人才推荐、开展材料科学普及等社会化服务方面做了大量的、卓有成效的工作，为推动我国新材料发展发挥了重要作用。参加本丛书编著的作者都是我国从事相关材料研究和开发的一流的专家学者，拥有数十年的科研、教学和产业化发展经验，取得了国内领先的科研成果，对相关的细分领域的材料现状和发展趋势有全面的理解和掌握，创作态度严谨、认真，从而保证了丛书的整体质量，体现了前沿新材料的颠覆性、先进性和可读性。

本丛书的编著和出版是材料学术领域具有足够影响的一件大事。我们希望，本丛书的出版能对我国新材料特别是前沿新材料技术和产业发展产生较大的助推作用，也热切希望广大材料科技人员、产业精英、决策咨询机构积极投身到发展我国新材料研究和产业化的行列中来，为推动我国材料科学进步和产业化又好又快发展做出更大贡献，也热切希望广大学子、年轻才俊、行业新秀更多地"走近新材料、认知新材料、参与新材料"，共同努力，开启未来前沿新材料的新时代。

中国科学院院士、中国材料研究学会理事长

国际材料研究学会联盟主席
中国材料研究学会执行秘书长

2020 年 8 月

前　言

　　"中国战略性新兴产业——前沿新材料"丛书是中国材料研究学会组织、由国内一流学者著述的一套材料类科技著作。丛书突出颠覆性、前瞻性、前沿性特点,涵盖了超材料、气凝胶、离子液体、多孔金属等 10 多种重点发展的前沿新材料。

　　光聚合作为绿色环保技术已应用于诸多方面,从微电子加工到通用涂料,从国防军工到印刷油墨,从生物材料到基材粘接,从汽车工业到家具家居都有光聚合技术的身影。没有光聚合技术就没有我们今天的电脑、手机、电视,因为这些产品从芯片加工到线路制作,从彩色光阻到各种连接都需要用到光聚合。近年来全球对环境的重视更是让光聚合的应用得到了快速的发展,光聚合涂料、水性涂料、高固体分涂料与粉末涂料已被我国列为四种绿色环保涂料,相信这一国家政策的出台将进一步推动光聚合技术的发展。

　　光聚合产品主要由单体、树脂、引发剂组成。单体是一些结构清晰的有机分子,对自由基光聚合体系而言,主要是(甲基)丙烯酸酯类,由于其结构固定、种类有限、原料生产工艺成熟、价格合理、性能优良,且配方应用厂家对单体的性能及应用已十分清楚,因而近年来光聚合单体的发展十分缓慢,新产品较少,加上有相关书籍出版及国内科学杂志也有多篇综述发表,因而本书对光聚合单体不做讨论。光聚合树脂是光聚合的重要组成部分,决定着光聚合材料的性能。对自由基光聚合体系而言,树脂主要包括环氧(甲基)丙烯酸酯、聚氨酯(甲基)丙烯酸酯、聚酯(甲基)丙烯酸酯、聚醚(甲基)丙烯酸酯、硅氧烷(甲基)丙烯酸酯、聚丙烯酸酯(甲基)丙烯酸酯以及其他(甲基)丙烯酸酯。通用的光聚合树脂已有大量报道且有专著出版,本书将不再赘述。本书仅对目前发展较快的一些特殊树脂进行综述。例如,水性 UV 树脂,由于其环保性能而备受关注;含氟 UV 树脂,由于其优异表面特性在特殊应用中必不可少;天然产物基 UV 树脂,由于其可再生性、环保、价格优势等原因发展迅速;含硅 UV 树脂,其优异的耐候性及独特的表面特性使其应用日益广泛等。光引发剂是光聚合的核心组分,直接影响聚合过程及材料性能。光聚合的关键是光引发剂吸收光能引发聚合而固化,由于传统汞灯光源会产生臭氧且发光效率不高,更为关键的是汞的毒性问题,使汞灯的应用一直受到诟病。2017 年我国政府正式签订水俣公约,汞灯的应用将受到极大地限制,当前光源正从传统汞灯向 UV-LED 转变。但是，由于 UV-LED 波长较长且波峰较窄，当前绝大多数的传统光引发剂不适用于 UV-LED 光源，因而光引发剂成为当前的研究热点，也是近年来光聚合领域发展最快、最具挑战性的研究方向，本书将详细论述光引发剂的发展及趋势。烯烃-硫醇光聚合体系是一种特殊的自由基光聚合体系，其固化时对环境不敏感，有极低的体积收缩率及良好的材料性能，使其成为光聚合的研究热点之一，且近年来技术及原料的发展迅速，应用也逐渐展开，本书将独立进行论述。阳离子光聚合由于其优异的性能，可实现非光照区域的固化等特性，有着自由基固化无法比拟的优点，长期以来受到关注，且伴随阳离子光聚合原料的发展，其应用得到极大的发展，应用领域逐步扩展，本书将用单独一章进行论述。

光聚合的传统应用如涂料、油墨、黏接剂等有多部著作进行了论述，本书将不再讨论。本书将重点论述光聚合的新材料、新应用，例如光聚合 3D 打印、光聚合喷墨油墨、光聚合在微电子加工中的应用、光聚合抗污涂层、光化学制备金属纳米粒子等方面，这些应用和材料是光聚合未来的发展方向。

本书绪论介绍光聚合技术的应用及理论研究现状，由聂俊编著；第 1 章论述自由基光引发剂及光源，由董月国、肖浦、杨金梁、聂俊等人编著；第 2 章论述绿色光聚合树脂，包括水性光聚合树脂及可再生资源光聚合树脂，由方大为、周应山、朱晓群、聂俊等人编著；第 3 章论述低表面能光聚合树脂，包括含硅、含氟树脂，由何勇、孙芳、聂俊等人编著；第 4 章论述阳离子、硫醇-烯烃体系光聚合，由王涛、殷瑞雪、聂俊等人编著；第 5 章论述光聚合材料应用，由杨锋、侯光宇、刘颖、章宇轩、杨龙、王博文、朱晓群、聂俊等人编著；第 6 章展望了光聚合的未来发展趋势，由聂俊、朱晓群编著。全书由聂俊和朱晓群统稿和定稿。

本书编著过程中，参阅了大量的文献资料，在此对参考文献的作者表示衷心感谢。

本书适合光聚合技术与材料研发工作者和工程技术人员参考，也可供新材料研究院所、高等院校材料专业尤其是高分子材料专业、新材料产业界、政府相关部门、新材料中介机构等领域的人员参考。

由于光聚合是一门较新的技术，基础研究与产品开发处于不断发展之中，一些相关理论还没有完全形成，加上其应用领域广泛，涉及的基础知识面广，限于作者的水平及阅历，书中错漏之处在所难免，恳请读者和同仁提出宝贵意见。

编著者
2020 年 3 月

目　　录

绪　　论

0.1　光聚合技术简介

光聚合技术是指以光为能源,通过光照使光引发剂分解产生自由基或离子等活性种,这些活性种会引发单体聚合,使反应物由液体快速转化为固体聚合物的技术。自 20 世纪 60 年代光聚合技术进入实际应用以来(德国巴斯夫公司于 1968 年首次将光聚合涂料引入木材加工),发展迅速,其产值近年更以 5%～10% 的速度增长。现在中国已成为光聚合材料的最大应用国之一,在该领域的发展备受国际关注,其产值每年以 15% 的速度增长。光聚合技术由于其能耗低(为热聚合的 1/10 到 1/5)、速度快(几秒至几十秒完成聚合过程)、无污染(没有溶剂挥发)等优点被称为绿色技术。2006 年在美国 RadTech 会议上被总结为具有 5E 的特点:高效(efficient)、适应性广(enabling)、经济(economical)、节能(energy saving)和环境友好(environmental friendly)。2007 年欧洲 RadTech 会议则认为光聚合技术是"自然的选择"。在环境污染越来越严重的今天,发展无污染环保光聚合技术显得十分重要。

光聚合有多种聚合方式,如自由基光聚合、阳离子光聚合、阴离子光聚合、2+2 光聚合等。自由基光聚合是现在的主要方式,大约 90% 的光聚合是由自由基聚合完成的。自由基光聚合的引发剂、单体、树脂发展最为全面,商业化的产品很多、价格合理,已经广泛被人们接受。光离子聚合现阶段以基础研究为主,应用相对较少,原因之一是原材料种类少、价格昂贵。经过近几年的发展,光离子聚合的引发剂、树脂种类逐渐增加,价格逐步降低,因而应用也日益受到重视。2+2 光聚合是一类特殊的光聚合方式,主要是利用一些特殊的双键通过光照使之发生环化反应而生成聚合物,现今的研究及应用不多。

光聚合引发剂吸收波长不同也可分为深紫外光聚合、紫外光聚合、可见光聚合、红外光聚合、激光光聚合等。由于不同波长光的能量不同、光源的功率不一样,因而不同波长的光聚合有其不同的应用领域。因为光源功率及价格问题(深紫外光需要在真空条件下才能工作,对环境的要求高),深紫外光聚合应用不多。紫外光聚合是当前应用最为广泛的光聚合,它的光源功率高、种类多、价格便宜,商业化引发剂、树脂种类齐全,可选择余地大,材料性能也良好。可见光聚合使用的是可见光光源,因而对生物体安全,当前主要用于生物材料及生物体内修复,最为成功的应用是齿科修复用光聚合树脂。由于可见光体系的引发剂有颜色,因而不太适用于装饰涂料及油墨,在日常工业及民用产品中应用不多。红外光聚合及激光光聚合由于其技术的特殊性,当前应用较少,以研究为主。

对于不同种类光聚合,又有不同的可聚合单体与之对应,因而使得光聚合的可选择性非常大。当前全球光聚合主要集中在紫外、可见光聚合两大类,按其聚合机理可分为自由基光聚合和阳离子光聚合,其他光聚合虽然有一些研究,但并不是光聚合的研究主流。

不同光聚合方法有不同的优缺点。自由基光聚合是自由基引发的聚合,由于自由基本身对氧气非常敏感,可以被氧气淬灭而失去活性,或与氧气发生各种反应而使自身失活,造成聚合终止,所以氧气的体积分数约为20%的空气,对自由基聚合的影响很大。自由基光聚合因光引发,光在物质中的穿透厚度是有限的,因而自由基聚合能应用的厚度有限,不能用于制备厚度很大的材料。自由基聚合时,聚合后分子间距从较大的范德华距离转变为较小的共价键距离,体积由大变小,造成体积收缩,其直接影响是聚合材料的形变。对于阳离子光聚合,由于阳离子对水汽敏感,因而对聚合的环境要求较高,潮气过大不利于阳离子光聚合反应的发生。而阳离子活性种对氧气不敏感,可以长时间成活,因而可以通过迁移使聚合反应长期进行,从而大大增加光聚合材料的厚度,而且可以使阳离子聚合在没有光照的地方发生。每种光聚合方法单独使用很难满足高端应用需求,如能将多种聚合方法结合,取长补短,会大大提高材料的性能。

自由基光聚合体系的成分之一是单体/树脂。单体/树脂主要是(甲基)丙烯酸酯类化合物,经过多年的发展,已品种齐全、种类繁多,能满足各种不同应用的要求。树脂产品包括聚酯丙烯酸酯、聚醚丙烯酸酯、丙烯酸酯化聚丙烯酸酯、环氧丙烯酸酯、聚氨酯丙烯酸酯及各类单体等,主要生产厂家有江苏三木集团、江苏银燕化工股份公司、天津天骄辐射固化材料公司、天津市化学试剂研究所、天津高科化工公司、辽宁奥克集团、上海泰禾(集团)公司、江苏利田科技公司、宜兴宏辉化工公司、无锡金盏助剂厂、无锡杨市三联化工厂、无锡博尼尔化工公司、无锡万博涂料化工公司、常熟三爱富中昊化工新材料公司、南通新兴树脂公司、南京大有精细化工公司、上海忠诚精细化工公司、池州通达林产化工公司、洞头美利丝油墨涂料公司、岳阳昌德化工实业公司、江门恒光新材料公司、江门君力化工实业公司、中山千叶合成化工厂、恒昌涂料(惠阳)公司、长兴化学材料(珠海)公司、广州博兴科技公司、东莞宏德化工公司、台湾 Sicchem 公司、台湾新力美科技股份公司、张家港东亚迪爱生化学公司、美国沙多玛(广州)化学公司、美国国际特品公司、美国道化学(中国)投资公司、日本大阪有机化学公司、日本新中村化学工业株式会社、日本化药株式会社、日本油脂株式会社、日本东亚合成株式会社、日本 Arakawa 化学工业株式会社、日本 Toagosei 化学工业株式会社、韩国美源特殊化工株式会社、美国 Akcros 化学公司、美国 Performance 化学公司、美国 Crodamer 化学公司、罗地亚公司、德国赢创德固赛(中国)投资公司上海分公司、德国赫斯公司、巴斯夫(中国)公司等。

光聚合体系的另一重要组成是光引发剂。当前光聚合技术中应用的商业化光引发剂虽然种类较多,但在其结构中无一例外地含有苯甲酰基团或类似结构。也正是这一结构使得光引发剂本身或其光解产物有一定的毒性、黄变性、气味等性质,导致光聚合技术在生物材料、食品包装等领域的应用受到了极大的限制。近年来欧美一些发达国家为了将光聚合技术用于生物及包装方面,在光引发剂方面进行了大量的研究。如英国的 Sun Chemical、荷兰的 IGM、中国的天津久日科技等的研究主要是将传统的光引发剂大分子化,使得光引发剂的迁移性、气味、毒性减小,但由此带来了高成本、低活性等缺点。另一种方法是将光引发剂与可聚合官能团结合,使光引发剂能与高分子网络结合,因而其迁移性、毒性减小。但由于没有从化学结构上做根本改变,仍不能完全满足光引发剂在生物及食品包装上的应用要求。因而寻找高效无毒的光引发剂是现阶段光聚合领域的重要课题之一。国内外光引发剂的主要厂商包括:意大利宁柏迪、美国沙多玛、美国第一化学、美国道化学公司、英国大湖、德国巴斯夫、德国科宁及我国的常州强力、北京英力、天津久日、天津试剂所、大连大雪、甘肃金盾、南京贸桥、常州华钛、宁柏迪(江阴)、上海秦禾、杭州佳圆、靖江宏泰、大丰德尔明、连云港德泽、德清美联、浙江寿尔福、长沙新宇、湖北荆门固润等。

光聚合加工过程中,光源是不可缺少的。当前光源正在经历从传统汞灯向 UV-LED 转化。随着 UV-LED 技术的发展以及全球对汞的限制,UV-LED 将有快速的发展。当前 UV 光源的主要厂商有德国贺利氏、深圳润沃等公司。

0.2 光聚合技术的应用

光聚合技术的研究及应用领域从高科技的微电子产品、三维成型,到通用涂料、油墨等方面均有涉及。其应用深入日常生活的各个方面,如家装用地板、墙纸等各种建材商品,汽车涂料及零部件的生产,塑料的表面修饰与涂装,复杂模具的快速制备,玻璃、金属、塑料、陶瓷、木材等的黏接,计算机芯片制作,电路板的制造,印刷板材、印刷油墨、喷墨油墨、通信器材的制备与保护,生物材料,军事产品等。

0.2.1 光聚合技术在微电子方面的应用

我国是微电子产品生产大国,没有光聚合就没有现代电子产品的超薄化、超轻化、高效化、多功能等特点。众所周知,芯片是微电子产品的心脏,每一片芯片的生产都涉及光聚合技术。芯片生产需要光刻胶,而光聚合是光刻胶的关键技术。由于光刻机及光刻胶技术的进步,芯片的刻蚀精度越来越高,芯片的功能越来越强大。光刻胶是指通过紫外光、准分子激光束、电子束、离子束、X 射线等光源的辐射,使其溶解度发生变化,进而产生图像的耐蚀刻薄膜材料。光刻胶一般由成膜树脂、光敏剂、其他添加剂和溶剂等组成,其最重要的性能是光刻分辨率、灵敏度等。光刻胶除用于集成电路及半导体器件的微细加工外,同时还用于平板显示、LED 及精密传感器等的制作。

光刻工艺流程如图 0-1 所示。先在底物的表面上涂覆一层光刻胶,然后覆盖掩膜(掩膜的设计是根据集成电路的要求而来的,它允许某些区域的光通过而阻隔其他区域的光通过),当进行曝光时,利用光刻胶的光敏性和掩膜的区域选择性阻隔,特定区域受光照而发生化学变化,使其溶解性不同于未曝光区域。用适当溶剂可把部分光刻胶显影除去,即形成与掩膜对应的图像,这些图像就是我们设计的电路图。

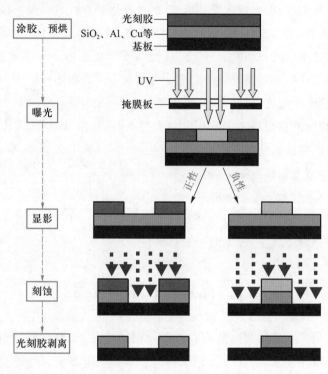

图 0-1 光刻工艺流程

按光刻工艺,光刻胶分为正性胶和负性胶。正性光刻胶的感光高分子是光分解型的,负性光刻胶中的感光性高分子是光聚合型的。

按曝光波长,光刻胶可分为 G 线胶、I 线胶、DUV 胶、电子束胶、离子束胶、X 射线胶等。

按成膜物属性,光刻胶分为有机光刻胶和无机光刻胶。

从应用领域来分,光刻胶主要有以下几种:

(1)用于制造半导体芯片和器件的半导体光刻胶,主要包括 G/I 线光刻胶、KrF 光刻胶、ArF(液浸 ArF)光刻胶以及 Buffercoat 膜和多层布线层间绝缘层光刻胶等。

(2)用于制造显示面板的平板显示光刻胶,主要包括:彩色光刻胶(也称为 RGB 光刻胶)、黑色矩阵光刻胶(也称为 BM 光刻胶)、隔离柱光刻胶(也称为 PS 光刻胶)、TFT 光刻胶等。

(3)用于制造印制线路板的 PCB 光刻胶(printed circuit board,PCB),包括干膜光刻胶和液态光刻胶。

这些光刻胶虽然名字不同、组分不同、用途不同、形态各异,但它们都涉及光聚合或光分解。

根据富士经济数据显示,2015 年全球光刻胶总产量为 90 375 t,总产值约 46.46 亿美元。其中半导体光刻胶产量为 9 414 t,产值约 16.45 亿美元;平板显示光刻胶产量为 41 961 t,产值约 14.65 亿美元;PCB 光刻胶产量为 39 000 t,产值约 15.36 亿美元。当前,最先进的半导体光刻胶技术仍被牢牢地掌握在 JSR、TOK、住友化学、旭化成、日立杜邦、东丽和信越化学等日本企业手里,他们垄断了全球半导体光刻胶超过 90% 的市场份额,最先进的 ArF/液浸 ArF 光刻胶、多层布线层间绝缘层光刻胶和 Buffercoat 膜只有日本公司能够生产,核心技术被强大的专利网牢牢控制。平板显示光刻胶在日本、韩国和我国台湾地区的公司之间呈现竞争格局。日本、韩国公司旗鼓相当,各有特色,日本公司在 BM 光刻胶的技术和市场方面占有优势,而韩国公司则在 RGB 光刻胶技术和市场方面领先,我国台湾地区公司紧跟日韩企业之后。当前,我国大陆地区面板生产企业,包括京东方和华星光电等所使用的所有光刻胶全部来自日本、韩国及我国台湾地区的企业。PCB 光刻胶中的干膜光刻胶产品主要来自日本、韩国和我国台湾地区,包括日本旭化成、日立化成、台湾长兴化学、长春化工、韩国科隆和美国杜邦,这六家公司垄断了全球 PCB 干膜光刻胶 95% 以上的市场份额,关键技术也由这六家公司所掌控,而最新技术仍由日本的两家公司控制。日本公司拥有所有各种光刻胶最核心和最先进的技术;韩国公司在平板显示光刻胶领域已迎头赶上日本公司;而我国台湾地区的公司相对日韩企业整体研发创新实力还比较弱,光刻胶技术基本是通过日本企业的技术转让而获得。

我国大陆地区经过二三十年的努力,特别是最近十年,国家相关部委组织多个大型项目和专项进行光刻胶技术和产品的攻关,在各类光刻胶技术研究和产品开发方面取得了一定的进展,但与日本、韩国相比,我国光刻胶技术和产业的发展水平仍较落后,差距仍然很大,"被掐脖子""受制于人"的困境依然存在。现在,我们仅在属于 PCB 光刻胶领域的液态光刻胶和干膜光刻胶及 I/G 线光刻胶这几类产品上有自主产品,但这几种自主光刻胶加起来的总产值不超过全球光刻胶总产值的 5%。这些能够实现自主生产的光刻胶产品仍属于比较低端的光刻胶;部分已自主生产的光刻胶中所使用的原料或者基材仍依赖进口,自主光刻胶生产的基础并不牢固。国内每年使用的大量光刻胶,特别是高端的半导体光刻胶和平板显示光刻胶仍全部依赖进口。

光刻胶技术属敏感技术,发达国家对光刻胶技术的转让严格管控,一旦相关国家对中国出口光刻胶产品实施限制,将严重影响我国相关产业链,乃至危及国家安全。所有种类光刻胶的完全自主化不仅可以提高我国相关产业链在世界上的竞争力,更是在国家安全角度具有十分重要的意义。

除光刻胶外,光聚合在微电子加工的其他方面也有应用。如液晶制作过程中采用液晶预滴灌注技术(one drop fill),点胶、划线后在封框内多点、大密度地滴入液晶,封框内充满液晶后,再将另一块玻璃基板对位压合,紫外灯照射曝光使封框胶固化制成液晶盒。液晶预滴灌注技术的优点、一是液晶的利用率高,二是大大缩短了液晶灌注的时间,工作效率提高 20

倍。点胶、划线所用紫外光固化黏合剂性能要求基本与封口胶相同，技术上可以是自由基型、阳离子型或混杂型引发体系的紫外光固化黏合剂。为避免使用中湿气对有机发光材料的损害，显示器的边缘要贴附干燥剂并对边框进行密封，能够较好地满足密封边框要求的黏合剂可选择紫外光固化黏合剂、可见光固化黏合剂等。

LCD 制备过程中需要用到多种光学功能薄膜，如偏光片及增大视角功能的广视角膜、改善视觉性能的防眩光膜和防反射膜、增加 LCD 显示亮度的增亮膜等。在背光组件中除用冷阴极荧光灯作光源外，需要使用棱镜片、扩散片等光学薄膜来调制背光源的发射，使显示屏得到均匀的光线和亮度，满足使用者的视觉需要。这些膜的加工过程也会用到光聚合技术来提高膜的性能。

电子线路保形涂料是涂敷在已焊插接元件的印刷线路板上的保护性涂料。它能使电子产品免受外界有害环境的侵蚀，如尘埃、潮气、化学药品、霉等的腐蚀，还可延长电子器件的寿命，提高使用的稳定性，从而使电子产品的性能得到改善。光固化型的保形涂料因其所具有的环保优势倍受人们关注。它具有固化速度快、适用于热敏性的底材、初始投资低、减少溶剂挥发、操作成本降低、节省空间等优点。光固化的保形涂料和其他包装材料在电子行业中相对较新，但其工艺水平发展很快。

0.2.2　光聚合油墨

光聚合油墨（UV 油墨）是近几年来迅速发展的一种节省能源的环保型印刷油墨。这种油墨是利用紫外线照射，引起油墨连接料的聚合反应来进行干燥的。它不含挥发性有机溶剂，无溶剂公害。为了减少溶剂性油墨 VOC 的排放，达到空气质量标准要求，印刷界逐渐采用 UV 油墨技术进行产品的印刷，使得 UV 油墨能够迅速地在市场中占领一席之地。表 0-1 是不同印刷方式 VOC 的排放对比。

表 0-1　各类印刷工艺与油墨 VOC 排放对比表

印刷方式	油　墨	VOC 排放
平版胶印	轮转胶印油墨	有排放
	单张纸胶印油墨	少量排放
凹版印刷	溶剂型油墨	多排放
	水性凹印油墨	微量排放
柔性版印刷	溶剂型柔印油墨	有排放
	水性柔印油墨	微量排放
丝网印刷	溶剂型丝印油墨	有排放
	UV/EB 丝印油墨	微量排放
数码印刷	打印色剂（Toner）	微量排放
	喷绘墨	有排放

UV 油墨经紫外线照射产生基团,反应瞬间聚合。而传统溶剂型油墨靠溶剂渗透入纸中,经过数小时的氧化聚合反应而干燥。二者除了颜料相同以外,其他成分均不同。UV 油墨其主要成分是光引发剂、预聚物和活性单体。现在,光聚合油墨在我国广泛应用到胶印、柔印、凹印、网印和喷墨印刷中。光聚合是以光吸收发生化学反应为起点的,而在油墨中,颜料或染料是色泽的基础,是必须加入的,而且加入的量必须达到一定比例才能满足遮盖的要求,因而在光聚合油墨中,引发剂与颜料等存在光竞争吸收的问题。为此,对光聚合油墨,引发剂的选择是最为关键的一点,是油墨能否顺利聚合的最重要因素,必须充分利用光引发剂的吸收窗口及颜料的透过窗口的匹配来使引发剂达到最佳引发效率。也就是说,需要引发剂能够避开颜料的吸收区间,还能有效吸收光源的其他波段的能量而引发聚合。

2008 年我国率先在烟包印刷上出台了强制性产品标准,限制产品中苯系溶剂的含量,因而大量使用 UV 油墨的烟包印刷企业就不能用含有苯系溶剂的活性稀释剂、低聚物和光引发剂作原料来生产 UV 油墨。这就促使原料生产企业开发和生产出无苯的活性稀释剂、低聚物和光引发剂。烟草包装在我国是一个特殊的行业,对印刷材料的要求非常高。当前国内烟草包装行业对环保的要求是相当高的,这也为光聚合技术在我国推广提供了便利。

进入 21 世纪,为提高印刷速度、优化印刷环境、降低 VOC 排放,大幅面 UV 喷绘设备和 UV 喷墨油墨被成功开发出来,传统的溶剂型喷墨油墨逐渐被水性喷墨油墨和 UV 油墨取代。喷墨印刷作为小批量、个性化定制印刷方式,发展速度十分迅速,其印刷基材可以是纸张、塑料,也可以是玻璃、陶瓷,还可以是金属等。近几年,UV-LED 的出现更是进一步推动了光聚合油墨在喷墨中的应用,从此 UV 油墨进入到数字成像材料新领域,成为数字成像材料的佼佼者。喷墨打印油墨除满足一般油墨的要求外,还必须考虑喷墨油墨的黏度要非常低的特点,能够满足喷墨头的要求,为此,需要选择黏度低的体系来达到应用的需求。UV喷墨油墨是当前发展最为迅速的 UV 油墨品种之一,其速度、色泽、印刷品种日新月异,对UV 喷墨油墨的配方是一个极大的挑战。光聚合喷墨油墨的应用十分广泛,从户外广告、包装喷码、艺术品喷绘到陶瓷彩喷、图案制造、大型彩墙制作都有光聚合喷墨的身影。

3D 打印技术的兴起,又一次给光聚合带来机遇。当前能用光聚合的 3D 打印技术包括SLA、DLP、LCD 等,这些技术都通过光聚合实现快速 3D 成型。设备及油墨是光聚合 3D 打印技术发展的关键。光聚合 3D 打印油墨与其他光聚合油墨有类似的组成,但性能差别巨大,它要求的黏度、聚合速度、感光性能、分辨率、机械物理性能等取决于 3D 打印材料的应用。当前光聚合 3D 打印在模型制备、口腔修复、骨科手术、珠宝制造、玩具制造、复杂工件生产等方面都有应用。3D 打印设备的波长覆盖范围从 330 nm 到 450 nm,需要光引发剂与光源发射波长相匹配。现阶段国内开发 3D 打印设备的企业较多,而做材料研发的相对较少,原因是我国 3D 打印发展相对较晚,对其应用还不甚了解,很多应用方法都是国外设备直接带入,因而国内现在用于 3D 打印的材料较贵,以进口为主。

印制线路板(PCB)制作用到的抗蚀油墨、阻焊油墨、字符油墨、光成像线路油墨、成像阻焊油墨等绝大多数都采用了光聚合技术。这些油墨除满足印刷的需求外,还需满足显影、热稳定性、电稳定性、抗酸碱、光稳定性等要求,其技术要求远高于传统光聚合油墨。当前我国是 PCB 及相关产品的生产大国,对光聚合相关材料的应用要求较多,也是 PCB 油墨最大的消耗国。PCB 的制作多采用丝网印刷的工艺来完成,通过感光材料及掩膜曝光,在丝网上形成图案,丝网的聚合部分网眼被封堵,油墨不能通过;而没有图案的地方,网眼是开放的,油墨可以顺利通过。通过这种方式,可以将图案转移到所需的地方,通过光聚合使图案成型,进而进入其他加工过程。图 0-2 是丝网印刷的示意图。

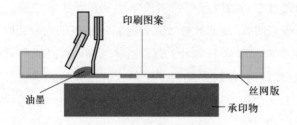

图 0-2　丝网印刷示意图

冰箱、洗衣机、空调等家电以及手机、电脑等外壳的包装油墨和涂料也多采用光聚合涂料及油墨,尤其是在广东、长三角经济发达地区,对环保的要求非常高,这些地区家电及电子产品生产过程大多采用光聚合材料。

UV-LED 是一种 UV 新光源,具有体积小、重量轻、效率高、寿命长、安全性好、运行费用低、低电压、发热小、不用汞和无臭氧产生等优点,为节能环保型 UV 光源。正在开发的 UV-LED 油墨,已在喷墨领域获得应用,正推广到胶印、网印、柔印等其他印刷方式应用。推广最为成功的是 PCB 用 LED 油墨,它正在逐步取代传统的汞灯聚合 PCB 油墨。

采用双重固化体系制作的 UV 油墨,除了用自由基光固化外,还配合阳离子光固化、热固化、湿固化、氧化还原固化、厌氧固化等固化方式。油墨在 UV 光照停止后,虽然自由基光固化过程结束,但还可以继续进行其他反应的后固化,保证油墨完全干燥,这对厚墨层深颜色难固化墨层以及立体涂装的油墨层的固化,是非常有效的手段。双重固化油墨在复杂形状印刷中的应用最有前途。

生物基 UV 油墨是从环保角度及可持续发展的绿色印刷考虑,选用可生物降解的纤维素、甲壳素等天然高分子为原料而制成的 UV 油墨。这类油墨处于开发初期,但在国外发展迅速。

光电子、航空航天、军事国防等领域需求的特种油墨,如导电油墨、导热油墨、防辐射油墨、吸波油墨等,也是 UV 油墨今后研发的方向。

水性 UV 油墨是 20 世纪 90 年代开始研发的一种环保型油墨,它兼有 UV 油墨生产效率高、节能、环保和无毒、安全的优点,用水作稀释剂既安全又经济,可以避免 UV 油墨用丙烯酸功能单体作稀释剂导致气味和对皮肤有刺激的弊病,而且设备和容器也易清洗。但 UV 水性油墨的抗低温性、水乳稳定性的方面还有很大的提高空间。

光聚合油墨作为传统溶剂油墨的替代品,在环保方面的优势非常明显,受到各国的广泛关注,今后一段时间内是环保油墨发展的重要品种。

0.2.3 光聚合涂料

光聚合涂料作为光聚合产品的最大种类之一,发展非常迅速。光聚合涂料主要由单体、树脂、引发剂以及其他添加剂如流平剂、消泡剂、填料、消光剂等组分组成,其中单体、树脂决定涂层的机械物理性能,而引发剂则决定光聚合的过程(如聚合速度、转化率),添加剂对涂层的外观产生影响,赋予涂层特殊的视觉效果。光聚合涂料最初用于木器、家具等行业。我国最早的光聚合涂料是北极星钟表公司引进的 UV 涂装生产线,用于钟表木质外壳的涂装,随后青岛木材厂、北京木材厂、天坛家具公司等先后引进德国 UV 涂装线进行木材的涂装。我国自己的第一条木材涂装生产线是湖南亚大于 1993 年在长沙建成的。早期的光聚合木材涂装以平面涂装为主,所用光源为汞灯,加工速度可达 50 m/min。当前我国木地板 90%以上采用光聚合涂装,节省了大量能源,降低了 VOC 排放。对于普通木地板涂装,UV 涂装多采用滚涂的方式进行,其涂料可分为 UV 腻子、UV 底漆、UV 面漆等;而对于高端地板涂装,则在面漆部分采用 UV 淋涂的方式进行,这样涂装效果更好。光聚合木器涂料在欧美一些发达国家也占有很大的比例。全球最大的家具生产商——瑞典的宜家公司就大量使用光聚合涂料来涂装其家具,提倡保护环境,增强健康安全性。我国光聚合家具涂料也占有 UV 涂料近三分之一的市场,以木地板、复合地板、装饰木材、木质家具、板式家具、木纹纸等为主。木材光聚合涂料加工生产线遍布全国,以浙江湖州最为集中。国内较大的木材光聚合涂料生产企业有上海长悦、苏州明大、中山希贵、江苏海田、广州龙珠等。近几年,光聚合水性涂料的发展势头明显,主要与国家减少溶剂型涂料应用的政策有关。在广东、北京、上海等地,含溶剂的涂料已经开始被限制使用,可以取代的产品是水性涂料、UV 涂料、水性 UV 涂料等。2018 年 7 月国家颁布的绿色涂料标准中规定只有粉末涂料、水性涂料、辐射固化涂料(UV 涂料)、高固体份涂料是绿色涂料,这将极大带动 UV 涂料的发展。

酯基光聚合罩光清漆是光聚合涂料另一大用途,是用于印刷品的修饰,增加美观性及保护印刷涂层,尤其是在礼品包装方面的应用最为广泛。我国的图书、杂志、广告及食品、礼品、烟酒外包装等印刷品都有光聚合涂料的应用。烟酒、食品包装方面,由于光聚合涂料不含溶剂、能够满足卫生要求以及光聚合快速的特点,包装行业的加工速度大大提高,可满足食品快速推向市场的要求。例如鲜牛奶,从原奶到餐桌是有时间限制的,快速的包装印刷会缩短原奶在工厂的留驻时间,保持牛奶的新鲜程度。

光聚合金属基涂料对金属的临时保护有重要意义。这种涂料可以与金属生产进行联机作业,大大提高生产效率。对金属的长期保护或装饰,则要求光聚合涂料具有良好的金属附着力、耐老化性能及机械物理性能,光聚合金属涂料在家电生产、电子产品、建筑材料等方面有良好的应用前途。我国在上海宝钢等公司有生产线,用于钢材临时保护及制罐涂装。光聚合金属涂料的一个发展趋势是先进行金属的涂装,再进行金属部件的成型加工,这就要求涂料具有良好的附着力、极高的耐冲击性以满足冲压要求,具有良好的柔顺性从而耐弯折,具有耐高温性以满足点焊工艺。

光纤内层、外层涂料、光纤着色油墨是光聚合涂料的最早应用之一,光纤基本采用光聚合涂装技术,其性能要求非常高。当前全球只有三家公司能够生产,其中荷兰 DSM 公司是该行业的引导者,但在 2008 年之后,我国的飞凯公司在光纤油墨领域处于领先地位。光纤涂料作为 UV 聚合最成功的应用实例,其意义非常重大。光纤的内芯是石英玻璃。玻璃脆性极高,不能弯曲,而通过光纤涂料,就能使光纤在一定弯曲条件下保持完好。光纤涂料聚合速度可达 2 000 m/min,正是这一高速加工的特性,使得光纤的快速制备成为可能,也使得全球光纤通信网络的建立成为可能。光纤的铺设范围极广,既有高温干旱的非洲沙漠,也有高寒的北极地区;既有潮湿多雨的热带雨林,也有高海拔的高原。不同的区域气候条件迥异,对光纤涂层的耐候性是极大的考验。现在我国是全球光纤生产及应用大国,有数十条光纤生产线在运行中,每年生产大量的光纤满足国内外市场需求。UV 光聚合技术在光纤加工上的成功应用也大大推动了光聚合技术在其他领域的应用。图 0-3 是光纤的结构图。光纤制备过程的涂料均为光聚合涂料。

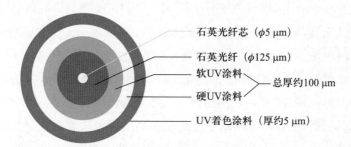

图 0-3　光纤结构示意图

塑料基光聚合固化涂料是种类最多的一类光聚合涂料。塑料种类繁多,塑料制品应用五花八门,对涂料的要求也不尽相同,但都需要满足高附着力及相应的强度、硬度等应用要求。当前塑料地板、手机外壳、家电外壳、包装塑料等是光聚合涂料的重要应用领域。我国的电视机外壳、计算机键盘、手机外壳、饮料包装塑料等都引入了光聚合涂料进行涂装。

水性光聚合涂料是近年发展起来的环保涂料品种,它结合水性涂料环保及光聚合涂料快速固化的优点,在家具、木材涂装、塑料涂装等方面已有应用,尤其在木器及家具方面的应用十分成功。水性光聚合涂料的关键是水性树脂的合成,由于水性光聚合涂料还处于发展初期,树脂的合成还有大量基础工作需要开展。如何提高性能或降低成本是近期大家首要关心的问题。我国的树脂合成企业已展开大量研究并合成出满足应用要求的产品,但由于水性涂料应用范围太广,还有大量的工作需要进行。

0.3　光聚合的理论研究现状

光聚合在理论研究方面主要集中于光聚合新方法,如光乳液聚合、光可控聚合、光原子转移聚合等,这些方法将光聚合的特点与传统聚合相结合,开发出新的聚合途径,合成结构可控的高分子。光聚合的应用主要是新原料的开发及新应用产品。原料开发包括新型光引发剂、高性能聚合树脂等。近几年国内外光引发剂的发展主要有以下几个方面:

(1)具有可见光吸收能力的光引发剂。可见光光引发剂在牙科修复材料、光刻胶、印刷制版、微电子印刷线路板、激光三维成像、全息制作等方面具有广泛的应用,传统的含钛结构化合物及樟脑酮可见光引发剂因其效率低、有颜色、价格高等问题,实际应用受到限制。近年来含锗的有机化合物因其引发效率高等特点而受到青睐,也受到包括牙科修复材料公司在内的诸多公司的关注。另外,由于染料敏化的可见光引发体系得到了发展,如蒽、罗丹明、香豆素、芘等通过光诱导电子转移、能量转移等过程产生自由基,进而引发光聚合反应的研究成果已有多部著作发表。

(2)可聚合成大分子的光引发剂。当前应用的光引发剂多为小分子化合物,在聚合体系中会逐渐迁移出来,由于越来越严格的对化合物的控制,这些迁移在食品、医疗等方面的容忍度极低,因而开发可聚合成大分子的光引发剂已势在必行。欧洲的 BASF 公司及 Sun Chemical 公司有产品面世,我国的英力公司也有产品销售;而在研发方面,上海交通大学的印杰教授及北京化工大学的聂俊教授所在的实验室有大量的文章发表,主要内容是将可聚合的丙烯酸酯双键连接到光引发剂上,通过聚合反应使引发剂与大分子相连,成为高分子网络的一部分。

(3)双光子聚合引发剂。双光子聚合因其能制备纳微米级的图案而受到精密加工行业的关注。虽然早在 1931 年就提出了多光子吸收的理论,但双光子聚合的实际应用还是飞秒激光器在 20 世纪 80 年代工业化之后的事。近年来在欧美一些发达国家及日本对双光子聚合的研究越来越受到重视,尤其是美国、德国、英国、日本的研究更是走在世界的前沿,我国中科院理化技术研究所的段宣明、吴飞鹏教授在该方面的研究也非常出色。双光子聚合的关键是高效光引发剂的制备,它决定聚合效率及线条的精密度。研究表明,引发剂的共轭长短、溶解度、极性等都对聚合产生重要的影响。

(4)光引发剂的功能化。光引发剂作为光聚合的核心,其性能决定了聚合的过程及材料的特性,有诸多的研究在关注光引发剂的功能化,从而实现材料的功能化。如将蒽与硫杂蒽酮结合在一个分子上,可以让引发剂具有抗氧阻聚的功能;通过点击化学将引发剂与聚合链相连,实现引发剂的大分子化;通过插层化学将引发剂引入到层状化合物之间,在层内引发聚合;将引发剂引入到环糊精内,实现油溶性引发剂的水溶性化;将自由基与阳离子、阴离子光聚合结合,实现杂化聚合,提高材料性能;将引发剂引入到金表面实现金表面的高分子图案化等。

（5）UV-LED 光引发剂的开发。随着 UV-LED 光源技术迅速发展，与之相匹配的光引发剂的开发成为热点，其开发关键技术是吸收波长要在 400 nm 左右，光聚合效率要高以弥补 UV-LED 功率不足的问题。我国常州强力新材料有限公司、湖北固润科技有限公司、天津久日科技有限公司都有相关产品面世，为推动 UV-LED 的发展起到了积极的作用。

参考文献

[1] NALAMPANG K,JOHNSON A F. Kinetics of polyesterification:modelling and simulation of unsaturated polyester synthesis involving 2-methyl-1,3-propanediol[J]. Polymer,2003,44:6103-6109.

[2] HENGEMANN G. Low viscous unsaturated polyester resin for monomer free UP-resin[J]. Macromolecular Symposia,2003,199:333-342.

[3] NEBIOGLU A,SOUCEK M D. Reaction kinetics and microgel particle size characterization of ultraviolet-curing unsaturated polyester acrylates[J]. J Polym Sci Pol Chem,2006,44:6544-6557.

[4] 解一军,李佐邦.不饱和聚酯-环氧树脂嵌段共缩聚型光敏预聚物的合成[J].高分子材料科学与工程,2003,19(5):83-85.

[5] 高青雨,李小红,刘治国.不饱和聚酯/环氧树脂嵌段共聚树脂的光固化研究[J].高分子学报,2002(2):245-248.

[6] KIM Y B,KIM H K,CHOI H C,et al. Photocuring of a thiol-ene system based on an unsaturated polyester[J]. J Appl Polym Sci,2005,95:342-350.

[7] 高青雨,李小红,张锡兰,等.含氟不饱和聚酯树脂的合成及其光固化性能研究[J].应用化学,2004,21(1):84-86.

[8] 张士茜,尹华兵,任孝修.光固化涂料用低黏度环氧丙烯酸酯的研究[J].涂料工业,1998,28(11):6-9.

[9] 刘红波,余林梁,陈鸣才,等.丙烯酸环氧单酯的合成及光-热固化性能[J].高分子材料科学与工程,2005,21(2):121-124.

[10] 陈用烈,曾兆华,杨建文.辐射固化材料及其应用[M].北京:化学工业出版社,2003.

[11] 王德海,江棂.紫外光固化材料理论与应用[M].北京:科学出版社,2001.

[12] 孙芳,朱国强,杜洪光.光敏有机硅防黏剂的合成与性能[J].辐射研究与辐射工艺学报,2007,25(13):43-46.

[13] SUN F,JIANG S L. Synthesis and Characterization of Photosensitive Polysiloxane[J]. Nuclear Instruments & Methods in Physics Research Section B,2007,254:125-130.

[14] 孙芳,黄毓礼,牛爱杰.有机硅聚氨酯丙烯酸酯预聚物的合成、表征及感光性[J].高分子材料科学与工程,2002,18(5):58-61.

[15] 黄毓礼,柳冀.环氧有机硅阳离子型光敏预聚物的合成及其光敏性能的研究[J].感光科学与光化学,2002,(2):88-95.

[16] 孙芳,黄毓礼,柳冀.环氧有机硅阳离子光聚合引发体系的增感研究[J].辐射研究与辐射工艺学报,2002,(4):255-259.

[17] 魏杰,金养智.光固化涂料[M].北京:化学工业出版社,2005.

[18] 罗菲 C G.光聚合高分子材料及应用[M].黄毓礼,译.北京:科学技术文献出版社,1990.

[19] ABDELLAH L,BOUTEVIN B,CAPORICCIO G,et al. Study of photocrosslinkable polysiloxanes bearing gem di-styrenyl groups,synthesis and thermal properties[J]. European Polymer Journal,2003,39: 49-56.

[20] 丁建良,吴坚.我国电子化学品发展状况报告[C].第五届电子化工材料信息交流会论文集,2001.

[21] 梁魁文.彩色 STN-LCD 用高分辨率正型光刻胶的探讨[C].2004 年中国平板显示学术会议论文集,2004.

[22] 顾振军,孙猛.抗蚀剂及其微细加工技术[M].上海:上海交通大学出版社,1989.

[23] 孙忠贤.电子化学品[M].北京:化学工业出版社,2000.

[24] 角田隆弘.感光性树脂[M].丁一,译.北京:科学出版社,1972.

[25] DECKER C. Photoinitiated crosslinking polymerization[J]. Prog Polym Sci,1996,21:593-650.

[26] FOUASSIER J P. Photoinitiation,Photopolymerization,and Photocuring[M]. Munich:Hanser,1995.

[27] ULLRICH S E. Mechanisms underlying UV-induced immune suppression[J]. Mutation Research, 2005,571:185-205.

[28] MÜHLEBACH A,MÜLLER B,PHARISA C,et al. New water-soluble photo crosslinkable polymers based on modified poly(vinyl alcohol)[J]. J Polym Sci Pol Chem,1997,35:3603-3611.

[29] FISHER J P,DEAN D,ENGEL P S,et al. Photoinitiated polymerization of biomaterials[J]. Annu Rev Mater Res,2001,31:171-181.

[30] LOVELL L G,NEWMAN S M,DONALDSON M M,et al. The effect of light intensity on double bond conversion and flexural strength of a model,unfilled dental resin[J]. Dent Mater J,2003,19:458-465.

[31] XIAO P,LALEVÉE J. Visible light sensitive photoinitiating systems:recent progress in cationic and radical photopolymerization reactionsunder soft conditions[J]. Progress in Polymer Science,2015,41 (12):32-66.

[32] PATRICK K,KING D J. A nanoporous two-dimensional polymer by single-crystal-to-single-crystal photopolymerization[J]. Nature Chemistry,2014,6(9):774-778.

[33] URRACA J L,BARRIOS C A,CANALEJAS-TEJERO V,et al. Molecular recognition with nanostructures fabricated by photopolymerization within metallic subwavelength apertures[J]. Nanoscale, 2014,6(15):8656-8663.

第 1 章　光引发剂及光源

1.1　自由基光引发剂简介及应用

按光聚合的机理,可以将光引发剂分为自由基型、阳离子型等类型,但目前应用的光聚合引发剂约 90% 是自由基型,因而本章将着重介绍自由基型光引发剂,其他类型的光引发剂将在本书后面介绍。光引发剂虽然在光聚合中的含量很少,但对光聚合的影响却非常大,它是光聚合反应速度的决定性因素。而且光引发剂的种类决定光源的种类,光引发剂的吸光性能决定其用量。光引发剂吸收光能而产生物理化学变化,生成自由基或阳离子等活性物质,这些活性物质可以引发单体及树脂(低聚物)的聚合,最终生成聚合物。根据自由基产生机理的不同,可将自由基光引发剂分为两类:裂解型自由基光引发剂(也称 I 型光引发剂)和夺氢型自由基光引发剂(也称 II 型光引发剂)。

1.1.1　裂解型自由基光引发剂

从结构上看,裂解型自由基光引发剂大多是芳基烷基酮类化合物,曝光后,分子内键断裂生成自由基,引发不饱和树脂及单体的聚合。已经商业化的自由基光引发剂主要有苯偶姻及其衍生物、苯偶酰及其衍生物、苯乙酮衍生物、α-羟基酮衍生物、α-氨基酮衍生物、苯甲酰甲酸酯类、酰基膦氧化物、含硫类光引发剂等。苯偶姻及其衍生物是商业化最早的一类光引发剂,但由于该类光引发剂容易失去 α-H 产生自由基,导致暗聚合的发生,对最终产品的储存稳定性有很大的影响,而且该类光引发剂光解产物容易产生醌类结构导致产品黄变,现在应用很少。近几年,传统汞灯由于其汞的毒性问题,以及其发光过程中会伴随臭氧的产生而破坏环境,应用在逐步减少。新光源技术在迅速发展,其中以 UV-LED 的发展最为迅速,而 UV-LED 的发展也需要光引发剂的结构相应变化以满足光引发剂与光源的匹配,所以光聚合现下最为热门的研究是新型光引发剂的开发与应用。目前常见的商业化裂解型自由基光引发剂见表 1-1。

表 1-1　常见的商业化裂解型自由基光引发剂

名称	结　构	紫外光谱	外观及 λ_{max}
苯偶酰及其衍生物	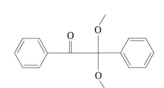	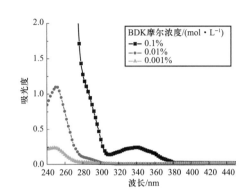	白色晶体 254 nm,337 nm
苯乙酮衍生物	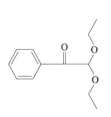	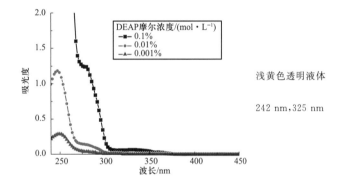	浅黄色透明液体 242 nm,325 nm
α—羟基酮衍生物	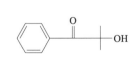	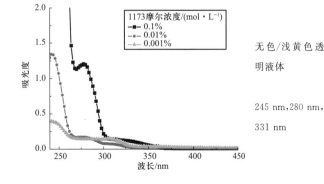	无色/浅黄色透明液体 245 nm,280 nm, 331 nm

名　称	结　　构	紫外光谱	外观及 λ_{max}

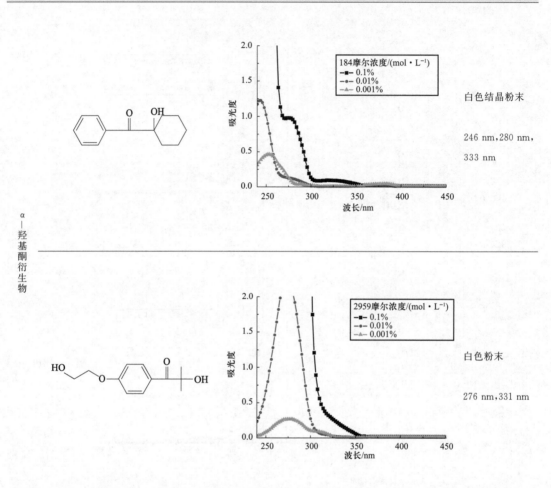

α—羟基酮衍生物

白色结晶粉末

246 nm,280 nm,

333 nm

白色粉末

276 nm,331 nm

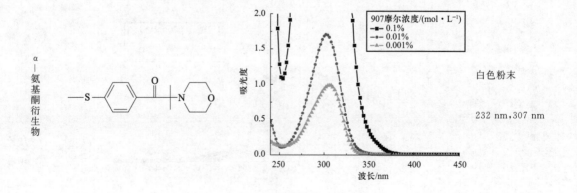

α—氨基酮衍生物

白色粉末

232 nm,307 nm

名称	结　构	紫外光谱	外观及 λ_{max}

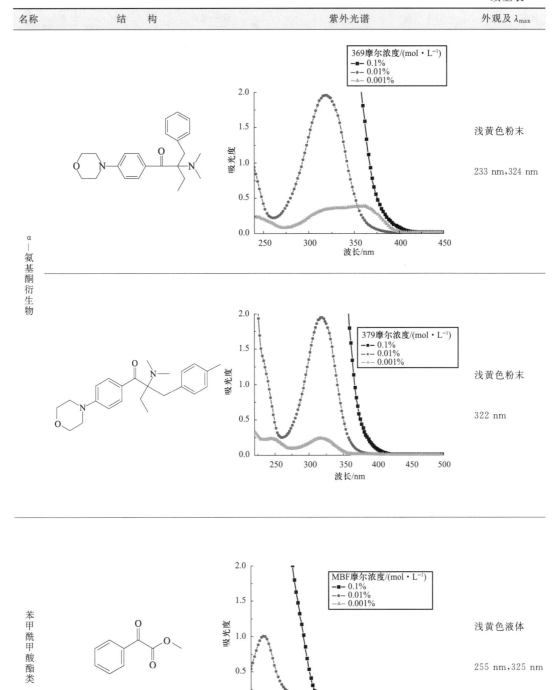

α—氨基酮衍生物

369摩尔浓度/(mol·L⁻¹)
- 0.1%
- 0.01%
- 0.001%

浅黄色粉末

233 nm,324 nm

379摩尔浓度/(mol·L⁻¹)
- 0.1%
- 0.01%
- 0.001%

浅黄色粉末

322 nm

苯甲酰甲酸酯类

MBF摩尔浓度/(mol·L⁻¹)
- 0.1%
- 0.01%
- 0.001%

浅黄色液体

255 nm,325 nm

名称	结　构	紫外光谱	外观及 λ_{max}

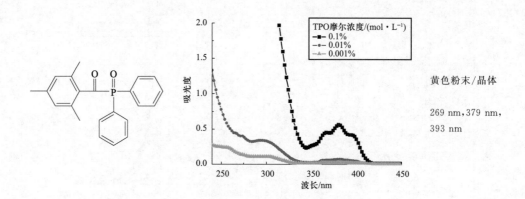

黄色粉末/晶体

269 nm，379 nm，
393 nm

酰基膦氧化物

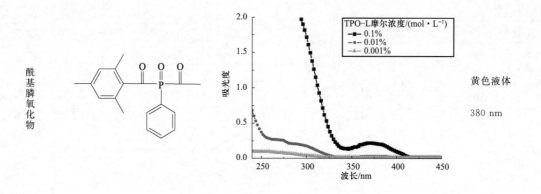

黄色液体

380 nm

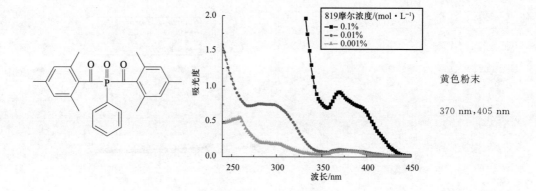

黄色粉末

370 nm，405 nm

续上表

名称	结　构	紫外光谱	外观及 λ_{max}

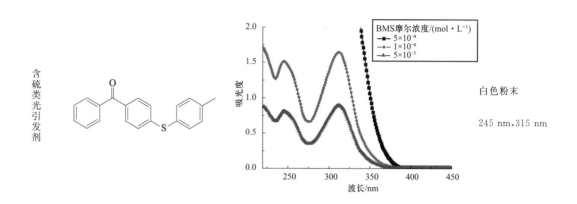

含硫类光引发剂 — 白色粉末 — 245 nm,315 nm

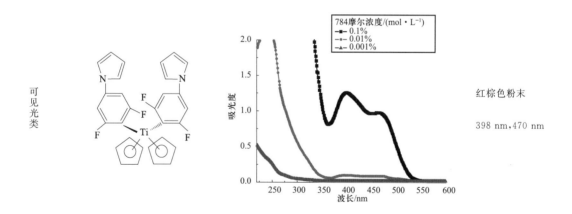

可见光类 — 红棕色粉末 — 398 nm,470 nm

1.1.2　夺氢型自由基光引发剂及助引发剂

夺氢型自由基光引发剂在吸收光能后能够夺取氢供体(即助引发剂)上面的活泼氢,使供氢体产生活性自由基,引发单体、树脂的交联聚合。夺氢型自由基光引发剂从结构上看大多是二苯甲酮或杂环芳酮类化合物,主要有二苯甲酮及其衍生物、硫杂蒽酮类、蒽醌类等。助引发剂一般为含叔胺、硫醇、醚等有活泼氢结构的化合物,其中以含叔胺结构的化合物的供氢能力最佳,也是目前商业化应用最广的一类助引发剂。目前比较常见的商业化夺氢型自由基光引发剂及助引发剂见表 1-2。

表 1-2　常见的商业化夺氢型自由基光引发剂及助引发剂

名称	结　　构	紫外光谱	外观及 λ_{max}
二苯甲酮及衍生物	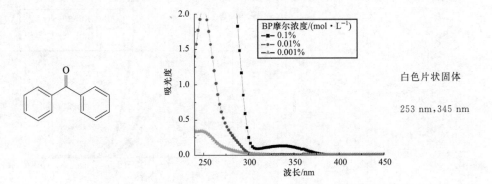		白色片状固体 253 nm,345 nm
	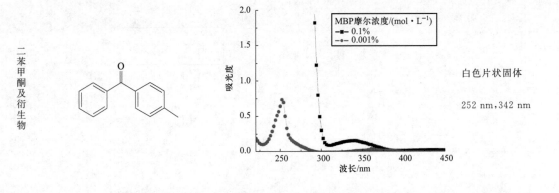		白色片状固体 252 nm,342 nm
	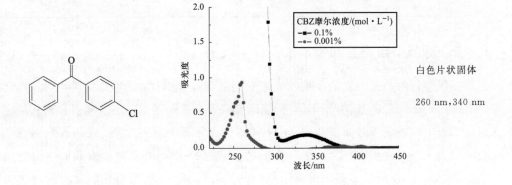		白色片状固体 260 nm,340 nm

续上表

名称	结　构	紫外光谱	外观及 λ_{max}

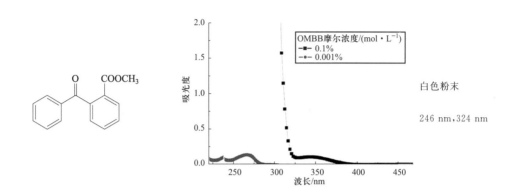

白色粉末

246 nm,324 nm

二苯甲酮及衍生物

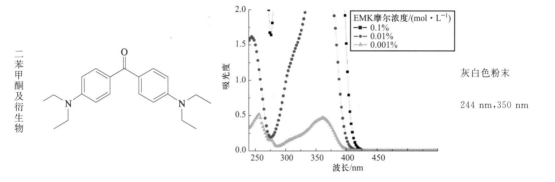

灰白色粉末

244 nm,350 nm

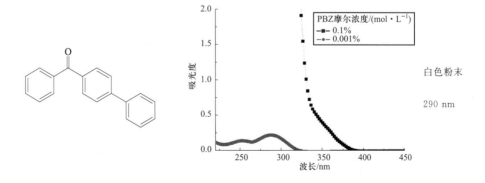

白色粉末

290 nm

名称	结构	紫外光谱	外观及 λ_{max}
硫杂蒽酮类	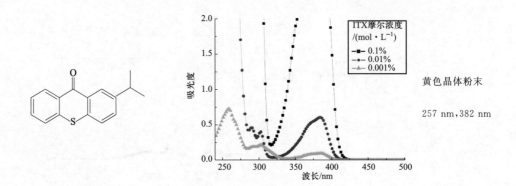		黄色晶体粉末 257 nm,382 nm
	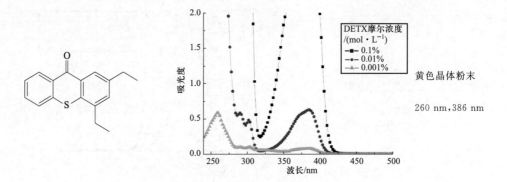		黄色晶体粉末 260 nm,386 nm
蒽醌类	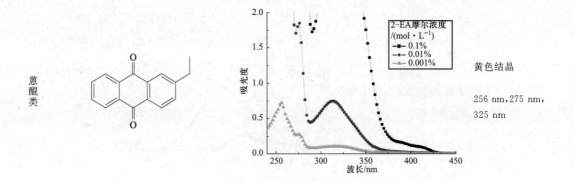		黄色结晶 256 nm,275 nm, 325 nm

名称	结　　构	紫外光谱	外观及 λ_{max}
	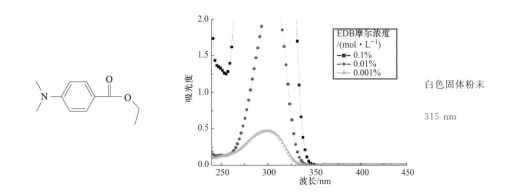		白色固体粉末 315 nm
助引发剂	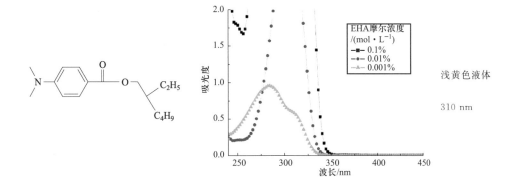		浅黄色液体 310 nm

1.1.3　自由基光引发剂应用推荐

近几年环保越来越受到人们的重视,辐射固化也越来越受到大家的关注。目前市场上对自由基光引发剂的需求主要集中在低黄变、低气味、低迁移、长波长、水性、抗氧阻聚等方面。

1. 低黄变

目前的解决方案主要是采用 α–羟基酮类光引发剂、苯甲酰甲酸酯类光引发剂、酰基膦氧类光引发剂中的一种或几种的组合,比较典型的引发剂为 1173、184、2959、MBF、TPO、

TPOL、819，其中酰基膦氧类光引发剂本身为黄色，具有光漂白效果，但添加量不宜过多，尤其是819。如果产品为透明光油或胶黏剂，可添加 1173、184、2959、MBF 中的一种或多种，如果产品为白色或浅色体系，则需适当添加吸光波长较长的 TPO、TPOL、819 中的一种或多种与 1173、184、2959、MBF 中的一种或多种配合使用。另外如果对黄变要求不太高，也可以考虑二苯甲酮类光引发剂＋助引发剂，比较典型的组合为 BP＋184、MBZ/PBZ＋EDB，虽然固化速度较前面提到的三种相对较慢，黄变较严重，但成本相对较低，可用于一些对黄变要求不高的中低端产品。另外，减少曝光时间及选择一些颜色相对较浅的树脂、单体或助剂对降低最终材料的颜色也有很大的帮助。

2. 低气味

目前的主要解决方案是采用夺氢型光引发剂、α-羟基酮类光引发剂、α-氨基酮类光引发剂中的一种或多种引发剂的组合，或者采用大分子型光引发剂及可聚合型光引发剂。夺氢型光引发剂主要推荐 PBZ、ITX、DETX、2-EA。这几种引发剂虽然相对气味较低，但曝光后黄变相对较严重，适用于有色体系，其他的二苯甲酮类光引发剂均具有不同程度的特殊气味，不推荐用于低气味产品中。α-羟基酮类光引发剂主要推荐 2959 和 127，它们气味相对较低，但价格偏高，适用于一些中高档的产品，1173 和 184 价格相对便宜，但由于本身具有一定的气味，裂解后容易产生苯甲醛，所以在低气味产品中不推荐使用。α-氨基酮类光引发剂主要推荐 369 和 379，气味相对较低，但黄变比较严重，适用于有色体系，固化速度相对较快，907 价格相对便宜，黄变也相对较小，但曝光后有特殊气味，不建议用于低气味产品中。大分子型光引发剂由于本身分子量很大，其挥发性和迁移性很低，故相对气味也很低，同样可聚合光引发剂具有更低的迁移性，故曝光前后也具有很低的气味。另外，选择一些高官能度、高活性的树脂或单体，提高材料整体的致密性也有助于降低最终材料的气味。

3. 低迁移

目前的解决方案主要是大分子型光引发剂和可聚合型光引发剂两种。大分子型光引发剂主要是依托现有的商业化光引发剂的结构，进行大分子化改性得到的。由于分子链的增大限制了光引发剂在光聚合体系中的自由活动，曝光后光引发剂能更好地被束缚在材料内部，从而大大降低了其外迁的可能性。可聚合型光引发剂则是被自身的活性基团直接固定在材料的高分子网络中，在理论上可以实现零迁移。现在各光引发剂厂家都有自己的大分子光引发剂，比如 IGM 公司的 LFC-3418、IHT-PI 151、IHT-PL 2712、Omnipol BP、Omnipol 910 等，天津久日新材料股份有限公司的 JRCure-1508、JRCure-1510、JRCure-A151、JRCure-1960 等，巴斯夫的 127、754 等。

郝亚娟等以 4-羟基二苯甲酮和溴丙烯为原材料合成了一种含二苯甲酮结构的光引发剂（POBP），其最大吸收波长相对二苯甲酮（BP）红移了 33.6 nm，且其吸光能力大大增强，引发效率较传统二苯甲酮有所提高。由于 POBP 本身含有不饱和双键,在光聚合过程中能将自身固定于最终材料中,在很大程度上避免了后期迁移的可能。

Jianjing Yang 等合成了一种多功能型的大分子光引发剂 SND,如图 1-1 所示。最终合成的 SND 引发剂有着非常低的迁移性,且由于 SND 含有硅氧烷结构使得其具有一定的疏水性。SND 的紫外吸收波长能达到 470 nm,可以应用到 LED 光聚合配方中。他们还将 SND 与传统的长波长光引发剂樟脑醌(CQ)做对比,结果显示,相同条件下(405 nm 光源)SND 有着更高的光引发效率。

Belgin Cesur 等设计了多种大分子光引发剂,如图 1-2 所示,其中 PI1、PI2、PI3 为具有双键结构的单体型光引发剂,具有可聚合性,PPI1、PPI2、PPI3 为 PI1、PI2、PI3 聚合后的高分子光引发剂,另外 PI1 和 DMAEM(N,N-二甲胺基乙基甲基丙烯酸酯)共聚而成的 PI1-co-DMAEM 高分子,因有叔胺结构,可以分子内供氢,无须添加氢供体,可单独使用。该系列光引发剂相较于传统的 BP 和 2959 在迁移性方面有了很大的改善,而且值得关注的是 PI1、PPI1 和 PPI(PI1-co-DMAEM)的光引发活性较 BP 均有不同程度的提高。

Jiahui Su 等通过可逆加成-断裂链转移(reversible addition-fragmentation chain transfer,RAFT)方式合成一种以 BP 为基础,自身带有叔胺结构的可单组分使用的大分子夺氢型光引发剂,合成路线如图 1-3 所示。该光引发剂有很低的迁移性,相较于传统的夺氢型光引发剂 BP,其光引发活性也有所提高,由于自身含有硅氧烷结构,降低了固化后材料的表面能,其表现出了一定的疏水性。

4. 长波长

对长波长光引发剂的需求主要是因为 UV-LED 光源的发展及国内外对汞灯环境污染的重视。目前国内生产 UV-LED 光源的厂家很多,不同厂家的不同产品在功率及寿命上相差较大。一般而言,UV-LED 光源的光输出功率越大越有利于聚合,光源寿命越长越有利于成本的降低,现在 UV-LED 光源以 385 nm、395 nm、405 nm 三个波段的光源较为成熟。相比于传统的汞灯,UV-LED 有诸多的优点,如节能、环保、高效、寿命长等,因此越来越多的企业在开发储备 UV-LED 光聚合产品。

目前可用于 UV-LED 光源的自由基光引发剂主要有酰基膦氧类光引发剂和硫杂蒽酮类光引发剂。但它们突出的问题是表干差,这与引发剂的选择有着密不可分的关系,但并不是决定性因素。一个成功的 UV-LED 光源产品与树脂、单体、助剂、光引发剂、光源等都有很大关系。

树脂选择,应在保证基本性能的情况下尽量选一些活性较高、黏度较大以及抗氧阻聚性能较强的氨基改性树脂;单体的选择与树脂相同,在保证基本性能的基础上尽量选择高活性、有一定抗氧阻聚性能的单体,比如丙烯酰胺类单体、含叔胺结构的单体、含巯基结构的单体、乙氧基化改性的单体等;助剂的选择可以考虑一些含巯基结构的化合物(选此类化合物的时候需考虑其在配方中的储存稳定性)、含有叔胺结构的化合物(选此类化合物时需注意

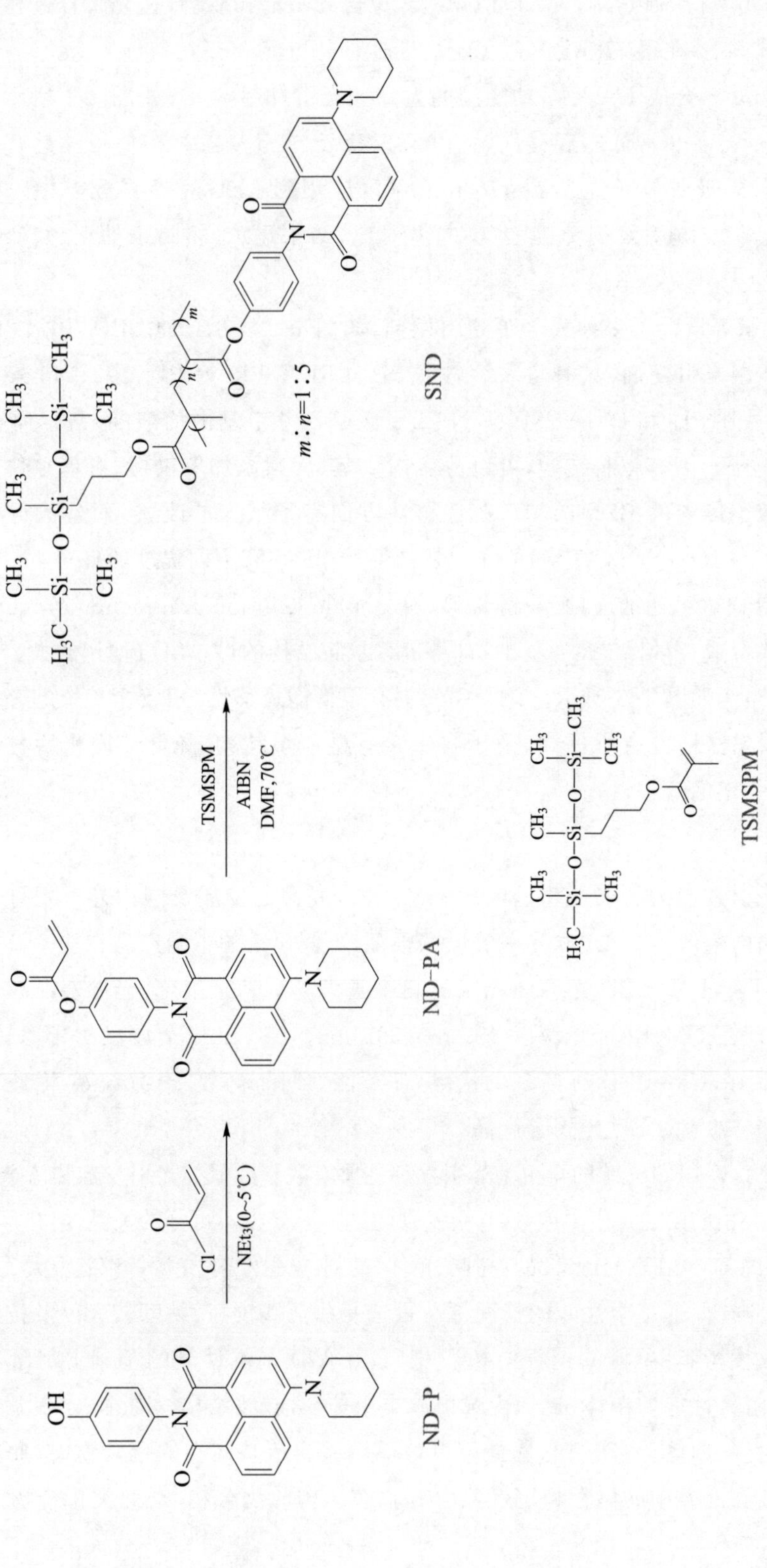

图1-1 大分子型光引发剂SND的合成过程

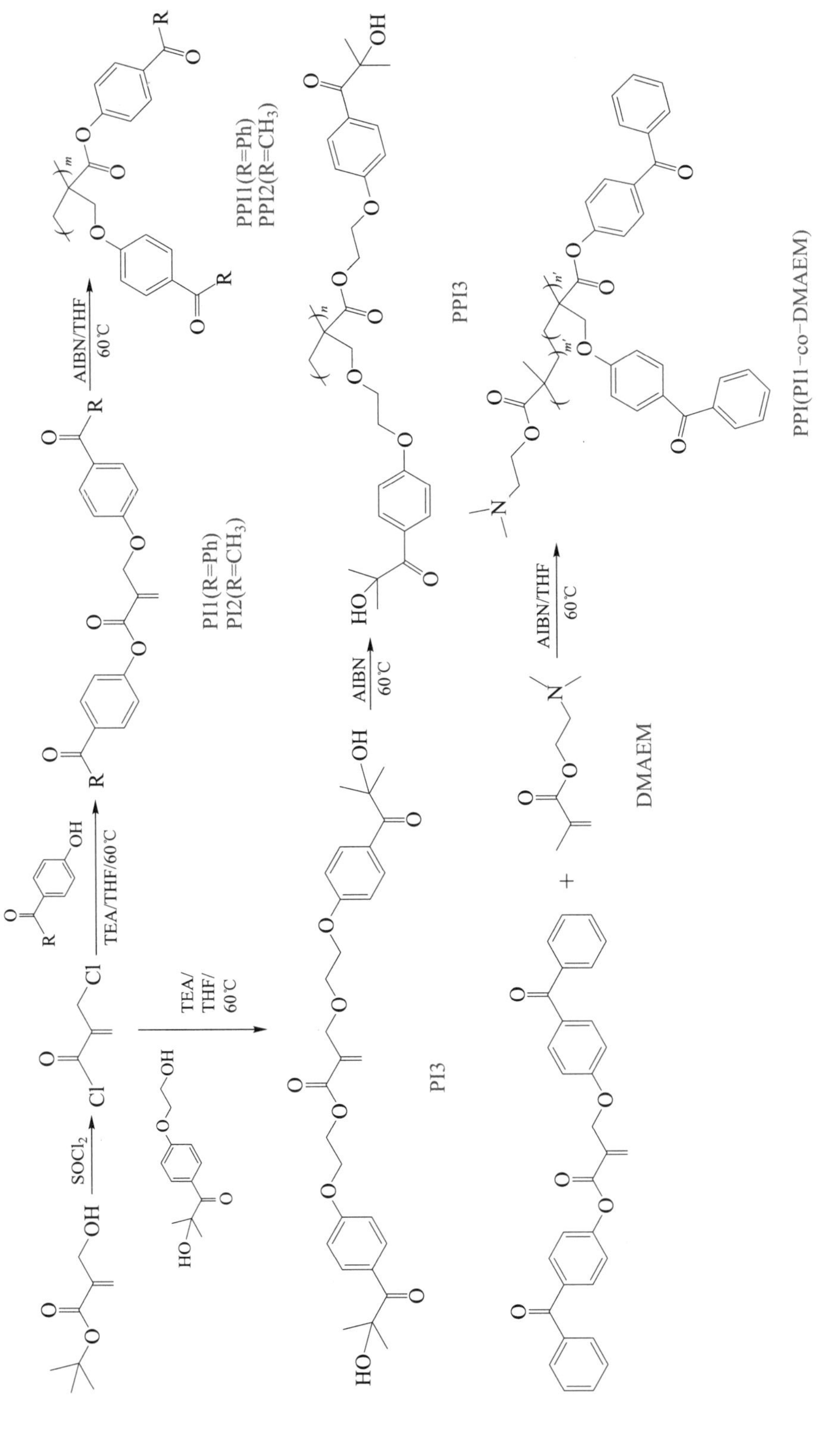

图1-2 高分子光引发剂的结构及合成过程

SOCl₂—氯化亚砜；TEA—三乙胺；THF—四氢呋喃；AIBN—偶氮二异丁腈

其黄变程度是否能满足最终的产品要求）等；光引发剂的选择建议考虑酰基膦氧类光引发剂与硫杂蒽酮类光引发剂的组合，如果单独使用酰基膦氧类光引发剂，则表干会是一个很大的问题，如果单独使用硫杂蒽酮类光引发剂，则黄变和深层固化会是一个不小的难题，当然其他类型的光引发剂也可以考虑使用，比如 EMK、369、MBF 等，具体添加量及组合方式需经实验确定。

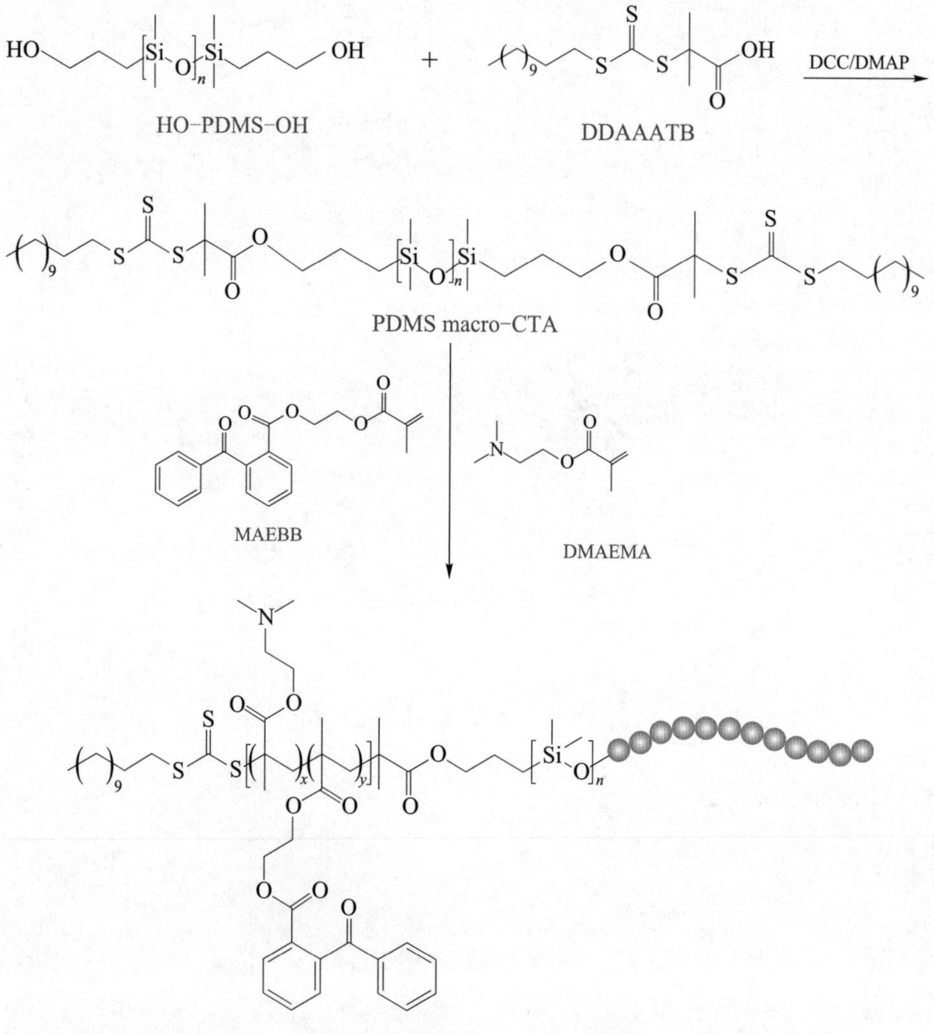

图 1-3　含硅及二苯甲酮结构大分子光引发剂的合成过程

　　一个好的光聚合配方需要有合适的光源配合才能将其性能充分发挥出来，因此，实际操作中光源的选择也很重要。国内外生产 UV-LED 光源的厂家有很多，在选择光源的时候主要考虑的因素有波长及组合情况、功率、寿命、有效光距、冷却方式、功率输出稳定性、反射罩的类型等。

Ge Ding 等设计合成了一系列单组分夺氢型光引发剂,其合成路线如图 1-4 所示。图 1-5 所示为其紫外吸光光谱。该系列光引发剂的紫外吸收波长可达 450~500 nm,可用于 LED 光源固化。研究表明,该系列光引发剂有一定的光漂白性能,具有分子内夺氢的可能,因此虽为夺氢型光引发剂,但可不与助引发剂配合而单独使用。

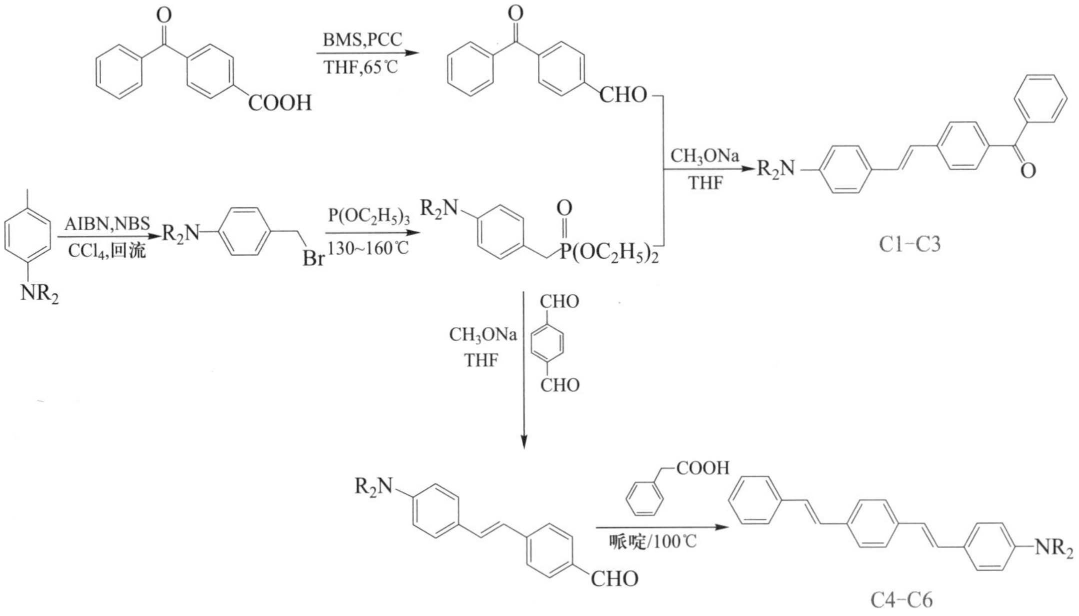

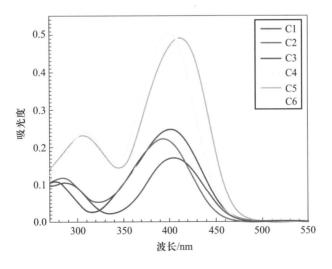

C1、C4(R=甲基);C2、C5(R=乙基);C3、C6(R=丁基)

图 1-4　单组分夺氢型光引发剂合成路线

图 1-5　单组分夺氢型光引发剂的紫外吸光光谱(浓度为 1×10^{-5} mol/L)

5. 水性

随着国家对环保监管越来越严,溶剂型涂料、油墨、胶黏剂的生存空间越来越小,企业要想生存下去必须完成环保转型。目前环保转型的方向有水性产品、高固含产品、辐射固化产品、粉末产品等,其中以水性产品和辐射固化产品的增长势头最为迅猛。水性产品需求量的增加,导致人们对水性 UV 产品的需求增大,比如家居涂装行业,现在很多地方已经明确表示禁止在家居漆中使用溶剂型涂料。目前用于水性 UV 产品的引发剂主要有 1173、TPOL、MBF、500 等液体型光引发剂。随着水性 UV 产品应用领域的扩展,对可用于水性体系的光引发剂的需求也与日俱增。研究机构和企业也加紧了对适用于水性体系产品的研究。深圳有为化学技术有限公司推出了一系列适用于水性体系的光引发剂,如 APi-180 等;天津久日新材料股份有限公司也推出了一系列适用于水性体系的光引发剂,如 2829 等。BASF 曾经推出的 819DW 是一款光引发剂 819 的水性分散体,由此可见其他常规光引发剂也可以通过类似的方式应用于水性体系中,在实际应用中应注意其储存稳定性,尽量避免大颗粒聚集及分层现象的出现。

Tiantian Li 等将二苯甲酮(benzophenone,BP)和硫杂蒽酮(thioxanthone,TX)接枝在了具有超支化结构的 hPEA [poly(ether amine),聚醚胺]上。两亲性大分子光引发剂的合成路线如图 1-6 所示。反应得到的一系列高分子光引发剂不仅在丙烯酸酯类单体、树脂中具有很好的溶解性,在水中的溶解质量分数也高达 10%。由于本身具有大分子结构,因此该系列光引发剂还具有低迁移、低毒性、环境友好性等综合特点。

6. 抗氧阻聚

氧阻聚问题一直是困扰光聚合行业的一大难题,涂层越薄,氧阻聚问题越明显。针对该问题,人们也想出了各种各样的对策,包括惰性气体气氛、增大光照强度、两次曝光法、浮蜡法、覆膜法、增加光引发剂含量、调节温度、氧清除剂的使用等。从光引发剂的抗氧阻聚性能来看,夺氢型光引发剂相较于裂解型光引发剂有一定的优势,阳离子光引发剂较自由基光引发剂有先天的优势,因此采用阳离子和自由基光引发剂搭配使用的配方体系也越来越受到人们的关注。

F. Courtecuissea 等研究了体系黏度、光引发剂浓度、曝光强度、活性稀释剂结构及氧清除剂对氧阻聚的影响,结果显示高黏度、高光引发剂浓度、高的曝光强度都可以在一定程度上起到抗氧阻聚的作用。在结构方面,丙二醇结构要比乙二醇结构有更好的抗氧阻聚效果,被用作氧清除剂的三苯基膦在抗氧阻聚方面表现优异。三苯基膦抗氧阻聚原理如图 1-7 所示。

Yuxuan Zhang 等采用十五氟辛酰氯(pentadecafluorooctanoyl chloride,PFOC)和 2959 设计合成了 F-2959(结构式如图 1-8 所示)。由于 F-2959 含有低表面能的氟元素具有一定的表面富集效应,与 2959 相比有明显的抗氧阻聚效果,并且 F-2959 涂层表面由于氟元素的

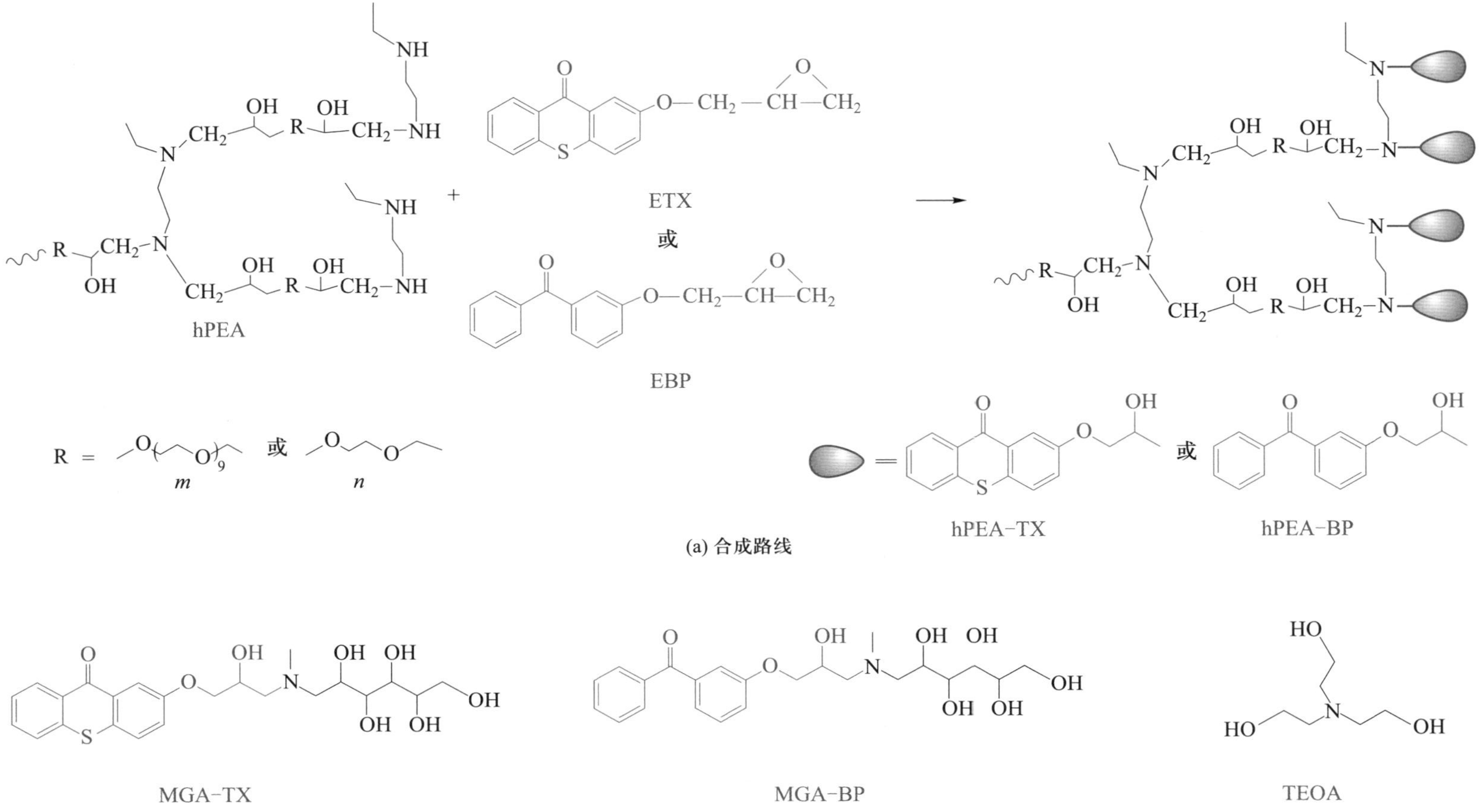

(a) 合成路线

(b) 小分子亲水性光引发剂及助引发剂

图1-6 两亲性大分子光引发剂的合成路线

增加,表面能下降,最终表现出一定的疏水效果。S. Liang 等以 2959 为基础也合成了可聚合含氟光引发剂(合成路线见图 1-9),与 Yuxuan Zhang 等合成的 F-2959 相比,2959-IPDI-F-HDDA 具有氨酯结构及可聚合的丙烯酸酯双键结构,使得其不仅具有一定的抗氧阻聚作用,还具有更低的迁移性,但合成过程相对复杂、副产物多。

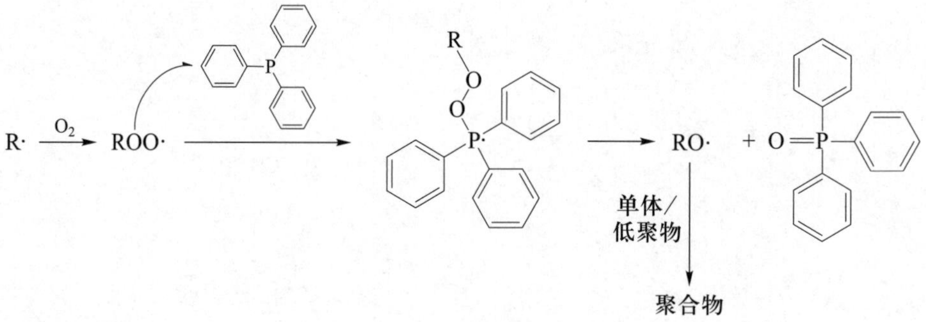

图 1-7　三苯基膦抗氧阻聚原理

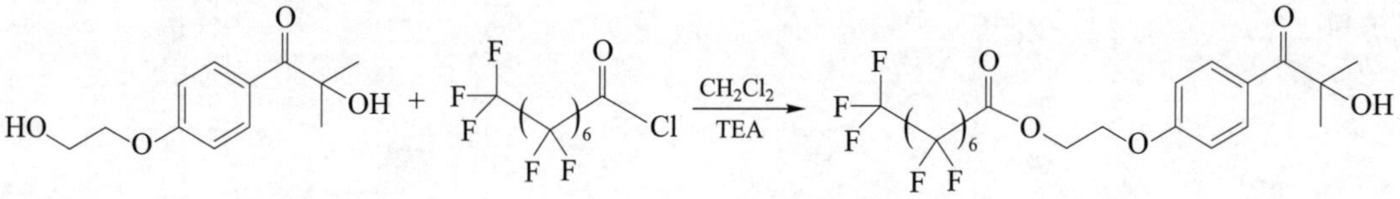

图 1-8　F-2959 合成路线

1.1.4　光引发剂应用原则

光引发剂作为光聚合配方中的关键原材料之一,在配方设计应用的时候有一些原则需要注意,如与光源匹配原则、与颜料匹配原则、与涂层厚度匹配原则、用量原则、溶解性原则、组合原则、安全原则、价格原则等。无论是什么样的匹配原则,最终目的都是一样的,即设计出高性价比的配方产品。不同配方产品的设计对光引发剂的需求也是千差万别,具体光引发剂的选用、用量及组合方式还需通过具体实验来确定,尤其是现在个性化定制的产品越来越多,不同性能的配方产品就需要相应的光引发剂与之相对应。

1. 与光源匹配原则

目前光聚合行业的光源以汞灯为主。常规中压汞灯的主要谱线及相对强度见表 1-3,图 1-10 所示为中压汞灯的紫外发射光谱。从表 1-3 和图 1-10 中可以看出,汞灯在 220～1300 nm 均有不同强度的光波发射。金属卤素灯是一类可以增强特定波长光强度的汞灯,通过在汞灯中添加不同的金属元素来改变灯的发射光谱。在实际操作中常与常规中压汞灯配合使用。因此在设计光聚合配方的时候,首先要考虑光源的种类,针对不同的光源选择波长相对应的光引发剂,以最大程度提高光引发剂的利用效率。比如 α-羟基酮类光引发剂的吸

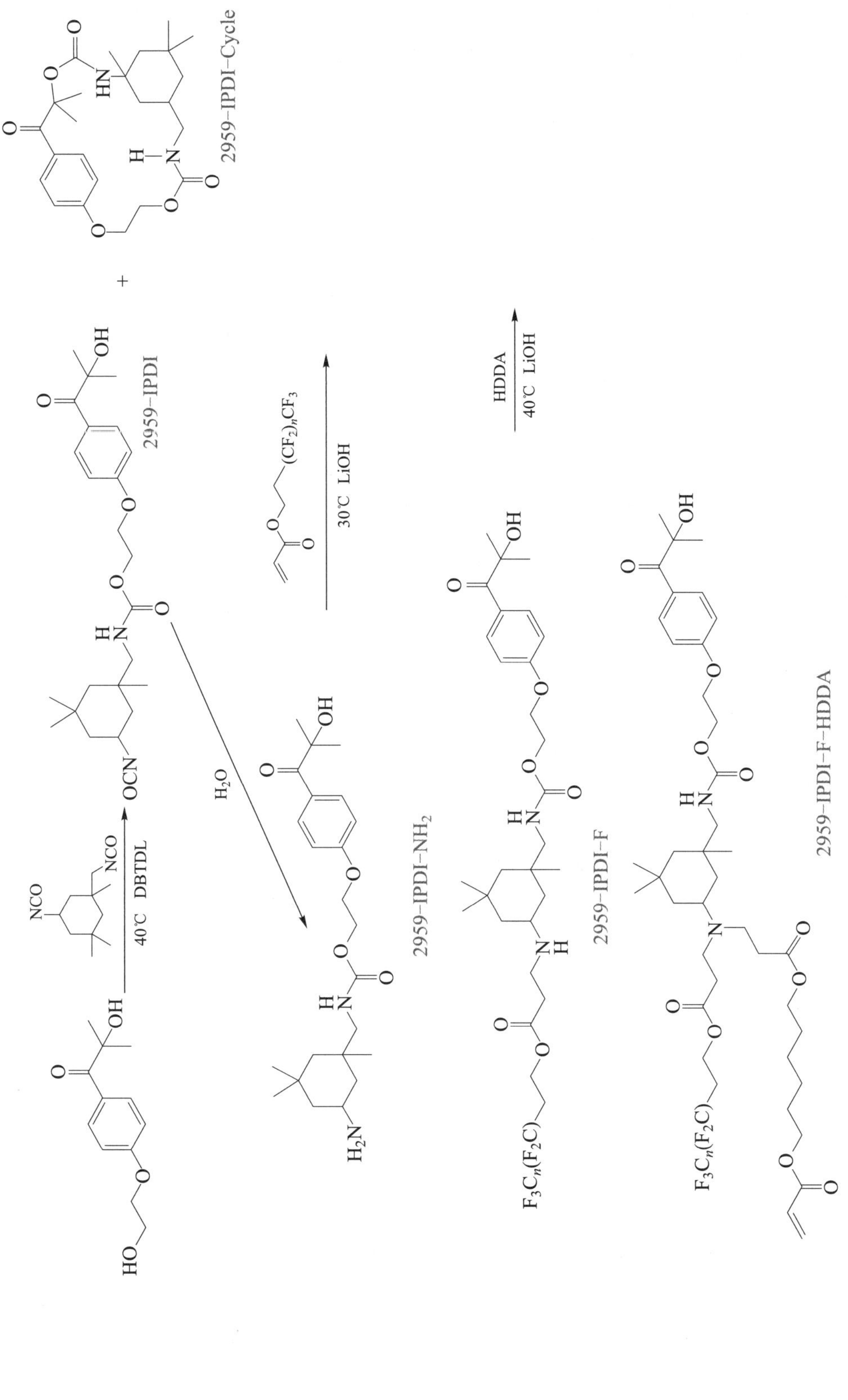

图1-9　可聚合含氟光引发剂的合成路线

光波长本身较短,用常规的中压汞灯就能满足生产需求,但酰基膦氧类光引发剂及硫杂蒽酮类光引发剂的吸光波长较长,能达到 370～400 nm,如果选用铁灯(特定增强 370～390 nm 波段),则相对于选用常规中压汞灯,能得到更好的聚合效果。

表 1-3　常规中压汞灯的主要谱线及相对强度

波长/nm	相对强度	波长/nm	相对强度	波长/nm	相对强度
222.4	14.0	270.0	4.0	404.5～407.8	42.2
232.0	8.0	275.3	2.7	435.8	77.5
236.0	6.0	280.4	9.3	546.0	93.0
238.0	8.6	289.4	6.0	577.0～579.0	76.5
240.0	7.3	296.7	16.6	1 014.0	40.6
248.2	8.6	302.2～302.8	23.9	1 128.7	12.6
253.7	16.6	312.6～313.2	49.9	1 367.3	15.3
257.1	6.0	334.1	9.3		
265.2～265.5	15.3	365.0～366.3	100.0		

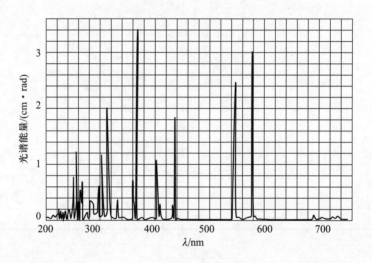

图 1-10　中压汞灯的紫外发射光谱

现在 UV-LED 光源技术越来越成熟,尤其是 365 nm、385 nm、395 nm、405 nm 波段光源的商业化成本越来越低,相较于汞灯光源又有着众多的优点,如节能、环保、高效、寿命长等众多优点,使得人们加大了针对 UV-LED 光源的配方研发投入。由于 UV-LED 光源均是单波长光源,与汞灯相比,针对 UV-LED 光源的光引发剂的可选择性大大降低。因此针对 UV-LED 光源光引发剂的选择更需注意匹配问题。在 UV-LED 光源光聚合配方设计不完美的情况下,采用 UV-LED 光源+汞灯光源的组合方式也可以不同程度的达到节能环保的目的。

2. 与颜色匹配的原则

光引发剂与颜色匹配的原则主要是指光引发剂的紫外吸收峰与颜色的透光窗口相匹配。所谓的透光窗口是指颜料/染料吸光相对薄弱的光波波段。此波段有利于紫外光的透过,从而有更多紫外光作用于光引发剂上。如果光引发剂的紫外吸收峰与颜料/染料的透光窗口匹配不好,则颜料/染料会与光引发剂竞争吸收相应波段的紫外光,导致光引发效率下降,再加上氧阻聚的影响,严重时会导致产品根本不聚合。在实际应用中,光引发剂的选择还需与颜料的遮盖力、用量、粒径等方面相匹配。例如遮盖力强的颜料对光的吸收能力相对较强,因此光引发剂需选用一些相同浓度下具有高吸光度的产品,同时也可以适当增加光引发剂的用量;颜料用量多,相应的引发剂的用量也需适当的增加;颜料粒径大不利于光的穿透,光引发剂选择的时候需选一些相同浓度下具有高吸光度的产品,或者适当增加光引发剂的用量。

3. 与涂层厚度匹配原则

在实际应用中不可避免地会遇到涂层厚薄的问题。光引发剂针对厚涂层的选用原则是"保证深层,兼顾表层"。将长波长光引发剂与相对短波长光引发剂组合使用,组合光引发剂的用量也须根据最终产品的厚薄而做出相应的调整。针对薄涂层则应特别注意氧阻聚问题,光引发剂的选择优先考虑将具有一定抗氧阻聚效果的夺氢型光引发剂与裂解型光引发剂配合使用,并适当增加添加量,比较典型的组合为 184 加 BP,但添加量也不宜过多,过多则易出现光屏蔽现象。

4. 用量原则

无论是采用汞灯光源还是 UV-LED 光源,光引发剂在实际应用过程中除了要考虑与光源的匹配性等原则之外,还需考虑吸光度、添加量等因素的影响。添加量以满足聚合需求为基本原则,高活性光引发剂的添加量可以适当降低,低活性光引发剂的添加量则可以适当增加,也可以将高活性光引发剂与低活性光引发剂配合使用,既满足了聚合需求,又平衡了配方成本。提高光引发剂的用量确实可以提高固化速度,但添加量并不是越多越好,添加量过多会带来诸多问题,如光屏蔽现象发生、自由基耦合程度增加、聚合瞬间温度过高而导致的热敏基材变形、聚合速度过快对产品的附着力产生不利影响、体积收缩加剧产品变形、最终产品分子量降低、整体机械性能下降、原料成本上升、耐老化性能下降、加重最终产品的黄变等;降低光引发剂用量可能带来的直接问题就是聚合不充分、能耗增加、最终产品性能不合格等。

Bernhard Steyrer 等采用紫外-可见吸收光度计测试了 Ivocerin[Bis(4-methoxy-benzoyl)diethylgermanium,双(4-甲氧基苯甲酰基)二乙基锗]、BAPO(819)和 TPO-L 三种光引发剂溶于 IBOMA 中的紫外吸光光谱,如图 1-11 所示,相同条件下 Ivocerin 和 BAPO 相较于 TPOL 均有着较高的吸光度。结合三种光引发剂对最终产品性能的影响,产品综合性能相对优异的并不是在 405 nm 处吸光度相对较高的 Ivocerin 和 BAPO，而是在 405 nm 处吸光相对较弱的 TPO-L。在低浓度情况下 Ivocerin 和 BAPO 表现出了较高的光引发剂活性，当增大光引发剂添加量时，Ivocerin 和 BAPO 就表现出了比较明显的光屏蔽现象，从而对最终产品的性能产生不利影响。

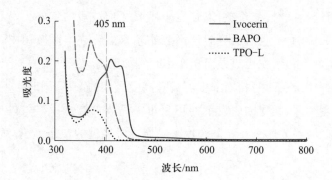

图 1-11　三种光引发剂溶于 IBOMA 中的紫外吸光光谱(溶液质量分数为 0.01%)

5.其他原则

(1)溶解性原则

不同的单体树脂对光引发剂的溶解性不同，不同的光引发剂在同一种树脂或单体中的溶解性也不相同，不同季节里同一种光引发剂在同一种树脂或单体中溶解性有可能也不相同。调整树脂、单体的种类及光引发剂的添加量，往往就能很好地解决光引发剂的溶解性问题。目前常规商业化自由基光引发剂中，溶解性相对较差的品种有 369、819、PBZ、127 等。

(2)组合原则

每种光引发剂都有其独特的优势，也各有其不足之处，比如得到广泛应用的 1173，虽然其光引发活性较高、价格便宜、与树脂单体相容性好，但其吸光波长较短、厚涂层底干不足、气味较大、易挥发。充分了解各个光引发剂的优劣，再有效地组合搭配使用，往往能得到"1+1＞2"的效果。组合搭配使用的一般原则是波长互补、类型互补、种类精简，常见的经典组合有 184+BP、TPO+184、819+1173、ITX+907、BP+EMK 等。

(3)安全原则

当前商业化的光引发剂对人体多少都有一些危害，在使用过程中应尽量避免使用气味大、易挥发、易升华的产品。光引发剂曝光后产生的碎片残留及迁移性等问题也应该在设计配方的时候加以考虑，尤其是最终应用于食品包装、化妆品包装、医药包装等与人体接触密切的产品。相比传统的小分子光引发剂，大分子光引发剂及可聚合型光引发剂的安全性则相对提高很多，在一些对安全要求比较敏感的行业可以考虑使用。当前商业化小分子光引发剂中安全性比较高的有 2959 和 CQ(樟脑醌)。

（4）价格原则

近些年环保政策频出，各种化工原料均表现出了不同程度的短缺，光引发剂行业在 2017 年更是出现了个别产品有价无货的局面，因此在配方设计的时候应时刻关注市场行情变动并准备备用方案。虽然产品利润的最大化是人们的追求，但有些时候并不是价格越便宜利润就越高，在保证产品质量的前提下尽量选取低成本的光引发剂才能设计出被大家认可的高性价比的产品。

综上，光引发剂作为光固化配方中不可或缺的一部分虽然用量相对较少，却起着非常关键的作用。在应用方面应本着宁缺毋滥的原则，无论是用量还是品种的选择，能少添加就少添加，这样既能节省成本，又能降低残余光引发剂对光固化产品性能的影响；在法规政策方面应该随时关注不同国家和地区的法规动向，做一些储备方案，以减少因某个光引发剂被禁用而带来的不必要的损失，在不断变化的市场竞争中提高竞争力；在合作方面应该保持上下游的畅通，只有用性价比高的原材料才能做出性价比高的产品，因此加强上下游的紧密合作也是提升产品品质、降低原料成本的重要途径之一。

1.2　长波长自由基光聚合光引发剂的进展

自由基光聚合配方相关产品在市场中占有绝大部分的份额。其中，自由基光聚合光引发剂为整个配方体系中附加值最高的组分。大部分传统的商业化自由基光聚合光引发剂为紫外光敏感，需要在汞灯发射的连续波长紫外光照射下发生光化学反应，形成自由基，从而引发配方体系中的丙烯酸酯或甲基丙烯酸酯单体或低聚物进行光聚合反应。但是汞灯由于其固有的缺点，如开启/关闭缓慢、能耗大、使用寿命短、使用过程中产生对人体及环境有害的臭氧并伴随较大的发热，越来越无法满足工业生产及环保的要求。近年来，发光二极管（LED）光源因其价格低廉、安全、使用寿命长、开启/关闭过程迅速、无臭氧排放及低发热等优点，已经引起工业界广泛的兴趣并有望逐渐取代传统的汞灯光源。但是，许多常用的商业化紫外光引发剂（如 1173、184 等）在波长 385 nm 及波长 395 nm 处的光吸收较弱，不能在此类 UV-LED 光源作用下发生光聚合反应。当前，仅有为数不多的商业化光引发剂（如 819、TPO 等）适用于此类紫外 UV-LED 光源，而适用于可见 LED 光源的光引发剂则更加稀少。因此，急需探索并开发新颖、高效的光引发剂或光引发体系，以满足不断增长的工业发展的需求。

1.2.1　商业化紫外光引发剂的修饰

大部分常用的商业化光引发剂（如二苯甲酮、硫杂蒽酮等）为紫外光敏感。通过化学修饰的方法，可以制备此类光引发剂的衍生物，使其在可见光区域有较强的吸收能力，从而适用于可见 LED 光源。

二苯甲酮经化学修饰,得到其衍生物 BPND 和 BPD5,可见光敏感二苯甲酮衍生物化学结构如图 1-12 所示。与二苯甲酮的紫外/可见吸收[最大波长约为 340 nm,摩尔消光系数约为 100 L/(mol·cm)]相比,BPND 的最大紫外可见吸收波长红移到可见光范围(最大波长约为 431 nm),并且其相应的摩尔消光系数也得到极大提高[约为 15 700 L/(mol·cm)],从而使其在可见光区域的吸收能力大大增强。同样,BPD5 的紫外可见吸收波长也红移到可见光区域[最大波长约为 418 nm,摩尔消光系数约为 4 200 L/(mol·cm)]。

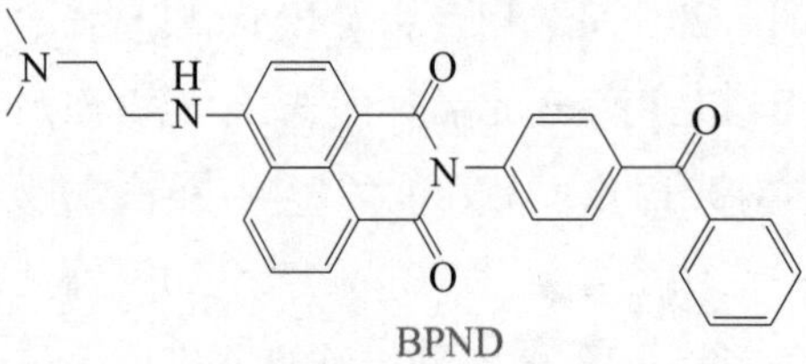

图 1-12　可见光敏感二苯甲酮衍生物化学结构图

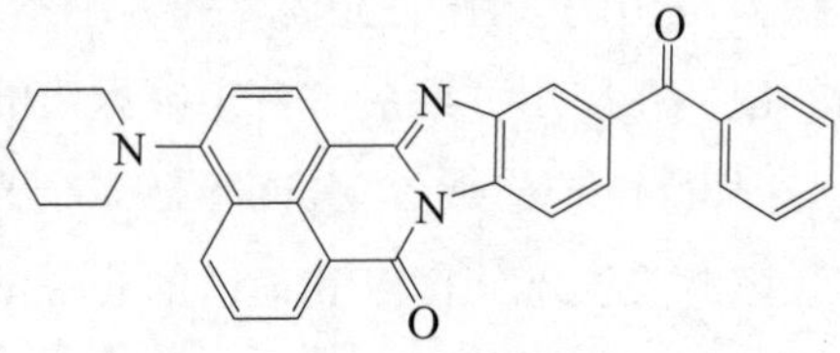

基于 BPND 的光引发体系 BPND/2,4,6-三(三氯甲基)-1,3,5-三嗪(R-Cl)可以在 LED 蓝光(455 nm)的照射下,有效地引发三羟甲基丙烷三丙烯酸酯(TMPTA)的自由基光聚合反应,经过近 7 min 的反应,TMPTA 的双键转化率可达到 59%。BPND/六氟磷酸二苯基碘鎓盐(Iod)光引发体系,也可在同样条件下引发 TMPTA 的光聚合反应,最终 TMPTA 的双键转化率为 55%。基于 BPD5 的光引发体系,也能在蓝光下引发 TMPTA 的聚合反应。

硫杂蒽酮衍生物是另一类商业化紫外光敏感的引发剂,与二苯甲酮相比,其紫外/可见吸收光谱有一定的红移[例如 2-异丙基硫杂蒽酮,最大波长约为 360 nm,摩尔消光系数约为 5 180 L/(mol·cm)],但是仍然在紫外光范围内。硫杂蒽酮经过相应的化学修饰,可以得到图 1-13 所示的可见光敏感硫杂蒽酮衍生物,这些衍生物的吸收光谱均红移到了可见光范围内。具体而言,TX-EC、TX-DPA、TX-MPM、TX-MPA、TX-NPG 及 9b 的光吸收性能如下:最大波长约为 450 nm,波长 450 nm 的摩尔消光系数为 4 347 L/(mol·cm),波长 410 nm 的摩尔消光系数为 385 L/(mol·cm),波长 407 nm 的摩尔消光系数为 3 610 L/(mol·cm),波长 583 nm 的摩尔消光系数为 443 L/(mol·cm)以及波长 400 nm 的摩尔消光系数大于 1 000 L/(mol·cm)。这些硫杂蒽酮衍生物均能在各类可见光照射下引发自由基光聚合。

1.2.2　新颖可见光敏感的光引发剂的开发

近年来,学术界开发了一系列新颖的可见光敏感的光引发剂或光引发体系。根据引发剂化学结构的不同,可以分别在蓝光、绿光或红光下引发自由基光聚合反应。

1. 蓝光敏感的光引发剂

樟脑醌(camphorquinone)一般与叔胺一起,作为光聚合齿科材料的光引发体系,在蓝光照射下引发牙科树脂的自由基光聚合反应。近年来，学术界开发了一系列新颖的蓝光敏感的光引发体系，其主要是基于蓝光敏感的光引发剂（化学结构见图 1-14）与合适的助剂（additives）在蓝光照射下相互作用产生自由基，从而引发单体的聚合反应。

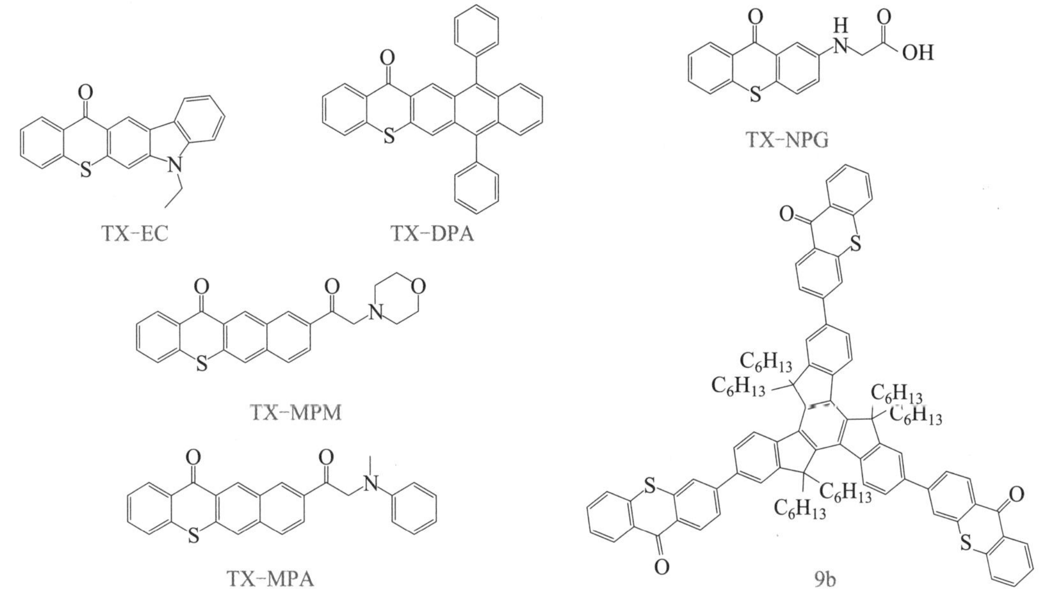

图 1-13　可见光敏感硫杂蒽酮衍生物化学结构图

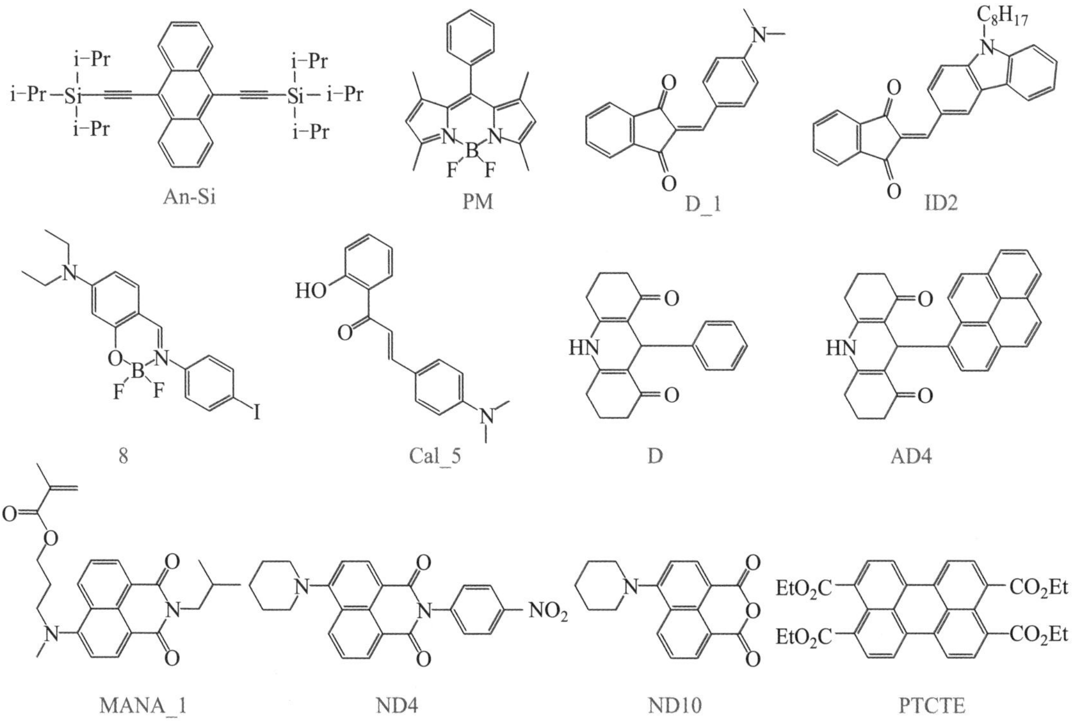

图 1-14　蓝光敏感光引发剂化学结构图

An-Si 为蒽（anthracene）的衍生物。蒽自身仅在紫外光区域有吸收［最大波长为356 nm，波长 356 nm 的摩尔消光系数约为 9 000 L/(mol·cm)］，但 An-Si 的吸收红移到蓝光范围（最大波长为 440 nm），且其摩尔消光系数得到很大的提高［波长 440 nm 的摩尔消光系数约为 40 000 L/(mol·cm)］。An-Si 在吸收蓝光 LED（波长 462 nm）发出的光后，可以与六氟磷酸二苯基碘鎓盐（Ph_2I^+）及三（三甲硅基）硅烷［$(TMS)_3SiH$］相互作用（An-Si 光引发剂体系产生自由基见图 1-15），产生相应的自由基，从而引发（甲基）丙烯酸酯单体的聚合反应。

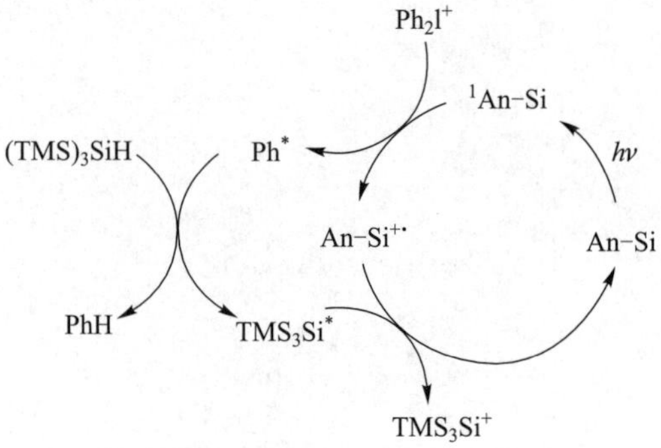

亚甲基吡咯（pyrromethene）衍生物 PM 的最大吸收波长在 495 nm 处，其吸收光谱与波长 473 nm 蓝光激光的发射光谱能够很好重叠。在蓝光激光的辐射下，$PM/Ph_2I^+/$ $(TMS)_3SiH$ 光引发体系也能产生自由基，从而引发相应聚合反应。

图 1-15　An-Si 光引发剂体系产生自由基示意图

基于 D-π-A 结构的茚二酮（indanedione）衍生物 D_1，也在蓝光范围表现出很好的吸光性能［波长 478 nm 的摩尔消光系数为 38 000 L/(mol·cm)］。与 D_1 结构中的茚二酮部分与苯胺部分（均仅在紫外光范围内有吸收）相比，D_1 的吸收光谱红移主要是由于其结构内部的电子推拉效应。类似地，ID2（由茚二酮部分与 9-辛烷-9-氢芴部分组成）在波长 448 nm 处的摩尔消光系数为 42 200 L/(mol·cm)。D_1 与六氟磷酸二苯基碘鎓盐（Ph_2I^+）在蓝光照射下产生的自由基可以被电子顺磁共振（ESR）检测出来。如图 1-16(a)所示，D_1/Ph_2I^+ 光引发体系产生的自由基被 N-叔丁基-α-苯基硝酮所捕获，由 ESR 测得的超精细耦合常数 $a_N=14.2$ G，$a_H=2.2$ G，证明产生的自由基为苯基自由基（Ph·）。同时，图 1-16(b)所示的 ESR 检测结果证明有自由基阳离子 $D\_1^{+·}$ 产生。在 D_1/Ph_2I^+ 光引发体系中加入 N-乙烯基咔唑（NVK）后，苯基自由基可以加成到 NVK 的双键上，从而产生基于 NVK 的自由基（Ph-NVK·），由 ESR 检测得到超精细耦合常数，$a_N=14.3$ G，$a_H=2.5$ G，如图 1-16(c)所示。

由此可知基于 D_1 的光引发体系在波长 473 nm 的蓝光激光照射下产生的自由基可以有效地引发 TMPTA 单体聚合反应。

基于 ID2 的光引发体系，也能在蓝光照射下有效引发 TMPTA 单体自由基聚合。如图 1-17 所示双键转化率曲线，ID2 与各种助剂［例如六氟磷酸二苯基碘鎓盐（Iod）、N-乙烯基咔唑（NVK）、N-甲基二乙醇胺（MDEA）、苯甲酰甲基溴（R-Br）以及 2,4,6-三（三氯甲基）-1,3,5-三嗪（R-Cl）等］组成光引发体系。其中 ID2/Iod/NVK 及 ID2/MDEA/R-Cl(3)体系引发 TMPTA 聚合的最终转化率，比商业化基于 CQ 的光引发体系引发 TMPTA 聚合的最终转化率要高。

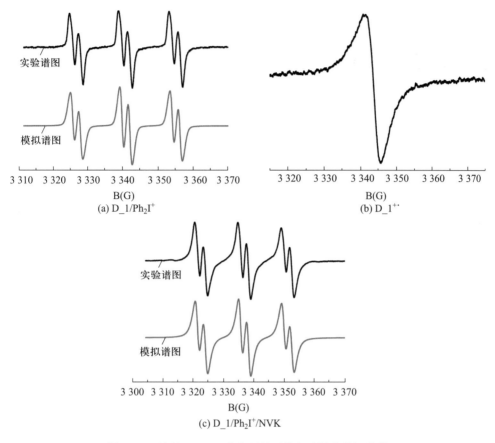

(a) D_1/Ph₂I⁺

(b) D_1⁺·

(c) D_1/Ph₂I⁺/NVK

图 1-16　波长 473 nm 激光照射下的电子顺磁共振波谱

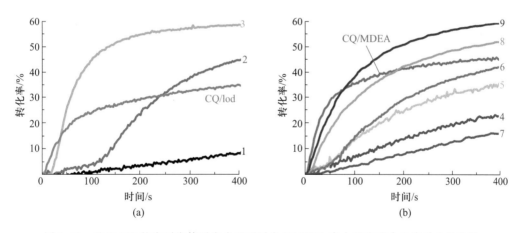

(a)

(b)

图 1-17　基于 ID2 的光引发体系在光照下引发 TMPTA 自由基光聚合反应动力学曲线

注:曲线 1—ID2/Iod [0.5%/2%(质量分数),下同]在卤灯照射下;曲线 2—ID2/Iod（0.5%/2%)在 457 nm 激光照射下;曲线 3—ID2/Iod/NVK（0.5%/2%/3%)在 457 nm 激光照射下;曲线 4—ID2/MDEA（0.5%/2%)在卤灯照射下;曲线 5—ID2/MDEA（0.5%/2%)在 457 nm 激光照射下;曲线 6—ID2/MDEA/R-Br（0.5%/2%/3%)在 457 nm 激光照射下;曲线 7—ID2/R-Cl（0.5%/1%);曲线 8—ID2/MDEA/R-Cl(1)（0.5%/2%/1%)在 457 nm 激光照射下;曲线 9—ID2/MDEA/R-Cl(3)（0.5%/2%/3%)引发 TMPTA 自由基聚合反应动力学曲线图。

Boranil 衍生物在 405 nm 处表现出极好的吸收性能[见图 1-18(a)]，其与 Iod 组成的光引发体系可以在 405 nm 激光照射下引发三乙二醇二乙烯基醚(DVE-3)的光聚合反应，DVE-3 的双键最终转化率可达到 90％以上[见图 1-18(b)]。图 1-18 中曲线 1 和曲线 2 分别为 Iod[2％(质量分数)，下同]或 Boranil 衍生物/Iod(0.2％/2％)在 405 nm 激光照射下引发 DVE-3 光聚合反应动力学曲线。但若无 Boranil 衍生物的存在，Iod 在相同条件下无法引发 DVE-3 聚合。

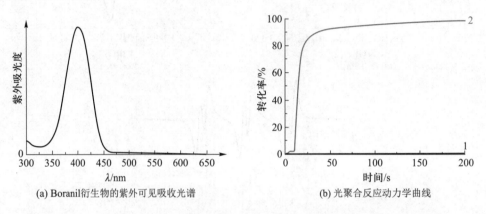

(a) Boranil衍生物的紫外可见吸收光谱　　　　(b) 光聚合反应动力学曲线

图 1-18　Boranil 衍生物的紫外可见吸收光谱和引发光聚合反应动力学曲线图

图 1-19 所示 N-叔丁基-α-苯基硝酮(PBN)作为自旋捕捉剂的电子顺磁共振(ESR)结果也说明了上述的聚合反应动力学现象。Boranil 衍生物与六氟磷酸二苯基碘鎓盐(Iod)在 405 nm 激光照射下产生的苯基自由基可以由电子顺磁共振(ESR)检测出来。但是，Iod 单独存在时，在相同条件下，无法检测出自由基的产生。

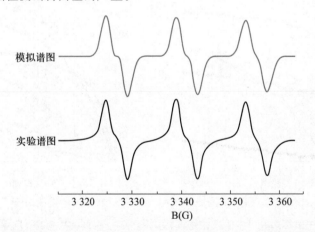

图 1-19　405 nm 激光照射下 Boranil 衍生物/Iod 的电子顺磁共振波谱

查耳酮(chalcone)衍生物 Cal_5 结构中的电子供体部分(二甲氨基苯基)及受体部分(酮结构)由共轭烯键相连，可在蓝光范围内表现出较强的吸光性能，并且与 457 nm 激光的发光光谱有较好的重叠性[波长 457 nm 的摩尔消光系数为 34 600 L/(mol·cm)]。如图 1-20(a)所示,Cal_5/NVK/Iod 光引发体系在 457 nm 激光照射下,可以引发 TMPTA 的自由基光聚合反应,且其双键转化率可达 55%。有意思的是,基于 Cal_5 的光引发体系在光聚合过程中表现出极好的光漂白性能,在反应结束后可以得到无色的涂层。

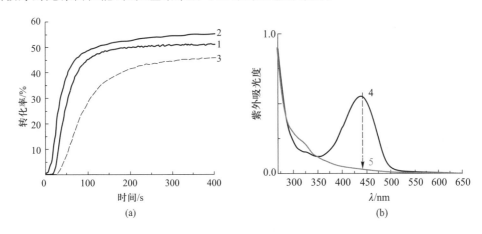

图 1-20　基于 Cal_5 的光引发体系在光照下引发 TMPTA 自由基光聚合反应
动力学曲线及光聚合前后紫外可见吸收光谱图

注:曲线 1—Cal_5/Iod[0.5%/3%(质量分数,下同)]在 457 nm 蓝色激光照射下的光聚合动力学曲线;曲线 2、曲线 3—Cal_5/Iod/NVK(0.5%/3%/3%)分别在 457 nm 蓝色激光照射下和卤灯照射下的光聚合动力学曲线;曲线 4、曲线 5—Cal_5/Iod 引发 TMPTA 自由基光聚合前、后的紫外可见吸收光谱。

图 1-14 所示的 D 及 AD4 为吖啶二酮衍生物。D 的紫外可见吸收波长主要位于紫外光区域,其在波长 400 nm 附近有较弱的吸收,因此可在 405 nm 激光下与相应的助剂相互作用,引发聚合反应。与 D 相比,AD4 结构中由芘取代了 D 中的苯环,其吸光性能有所增强(波长至 410 nm 仍有吸收)。基于 AD4 的光引发体系,可同时引发自由基及阳离子光聚合反应。

近年来,大量文献阐述了基于萘酰亚胺或萘二甲酸酐衍生物的光引发体系。大部分此类光引发剂,可以在蓝光下表现出极其优异的光引发性能。图 1-14 所示的 MANA_1、ND4 以及 ND10 均为此类光引发剂。与萘酰亚胺相比,MANA_1 由于在萘环上有烷胺基取代基,其最大紫外可见吸收波长可达 409 nm。如图 1-21 所示,MANA_1/Iod/NVK 光引发体系,可以在空气或覆膜条件下引发 EPOX/TMPTA(50%/50%,质量分数)混合物的光聚合反应,这是因为此光引发剂体系在蓝光照射下可以同时产生自由基及阳离子。有意思的是,MANA_1 光引发剂在氮气环境下光聚合后,其迁移稳定性比在空气环境下光聚合的迁移稳定性有了极大的提高(见图 1-21),有小于 0.02% 的 MANA_1 在氮气下发生聚合反应后被丙酮萃取出来,而有 0.52% 的 MANA_1 在空气下发生聚合反应后被丙酮萃取出来。这是由于在空气环境中,自由基聚合氧阻聚效果更加明显,不利于 MANA_1 结构中的双键与单体的共聚反应发生。

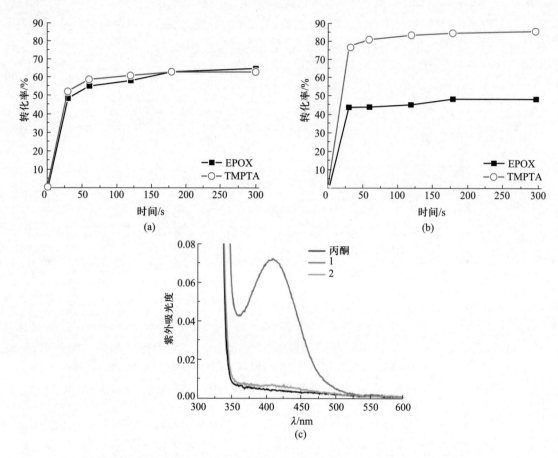

图 1-21 基于 MANA_1 的光引发体系在光照下引发 EPOX/TMPTA 混合物的

光聚合动力学曲线及其光聚合产物的丙酮萃取液的紫外可见吸收光谱图

注：图(a)及图(b)分别为在 462 nm 的 LED 灯照射下，MANA_1/Iod/NVK［1％/2％/3％（质量分数），下同］在空气中及在压膜中引发 EPOX/TMPTA（50％/50％）混合物的光聚合动力学曲线图；图(c)为紫外可见吸收光谱图。曲线 1、曲线 2—分别为 MANA_1/Iod/NVK（1％/2％/3％）在空气及在氮气中引发 EPOX/TMPTA（50％/50％）混合物光聚合得到的互穿高分子网络材料的丙酮萃取液的紫外可见吸收光谱图。

同样地，基于 ND4 及 ND10 的光引发体系，也可在蓝光下有效引发 TMPTA 的自由基光聚合反应，且其双键转化率可以达到 50％以上。

苝（perylene）的衍生物 PTCTE 的最大紫外可见吸收波长位于 469 nm［波长 469 nm 的摩尔消光系数为 39 800 L/(mol·cm)］，且其吸收光谱与波长 473 nm 及波长 457 nm 的激光的发射光谱均有较好的重叠。如图 1-22 所示，基于 PTCTE 的光引发体系可在蓝色激光（473 nm 及 457 nm）下引发 TMPTA 的自由基光聚合反应，TMPTA 双键最终转化率可达 50％以上，并且基于 PTCTE 的光引发体系引发自由基光聚合的能力比商业化的 CQ 光引发体系要高。

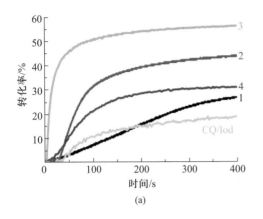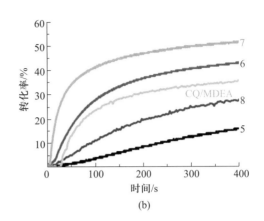

图1-22 基于 PTCTE 的光引发体系在光照下引发 TMPTA(压膜条件下)自由基光聚合反应动力学曲线

注:曲线 1—PTCTE/Iod[0.5%/2%(质量分数),下同] 在卤灯下;曲线 2、曲线 3、曲线 4—分别为 PTCTE/Iod/NVK(0.5%/2%/3%)在卤灯下下、473 nm 及 457 nm 激光下;曲线 5—PTCTE/MDEA(0.5%/2%)在卤灯下;曲线 6、曲线 7、曲线 8—分别为 PTCTE/MDEA/R–Cl(0.5%/2%/3%)在卤灯下、473 nm 及 457 nm 激光下。曲线 CQ/Iod(0.5%/2%)及曲线 CQ/MDEA(0.5%/2%)为商业化光引发体系(作为对比样)。

2.绿光敏感的光引发剂

与蓝光相比,绿光的波长更长,能够穿透更深的样品,从而制备较厚的材料。一些可吸收绿光的染料作为自由基光引发剂,在绿色 Ar$^+$ 激光 488~514 nm 照射下引发聚合反应已有文献阐述。近年来,有文献阐述了如图 1-23 所示的绿光敏感光引发剂,其在激光二极管发出的绿光(532 nm)作用下,不仅能引发自由基光聚合反应,还能引发阳离子光聚合反应。

如图 1-23 所示,V-78 的最大紫外可见吸收波长为 575 nm,且在此波长处的摩尔消光系数为 26 000 L/(mol·cm)。在光照下,如图 1-24(a)所示,V-78/Iod 光引发体系所产生的自由基被 N-叔丁基-α-苯基硝酮所捕获,由 ESR 测得的超精细耦合常数 $\alpha_N = 14.5$ G,$\alpha_H = 2.3$ G,产生的自由基为苯基自由基(Ph·)。而在 V-78/Iod/TTMSS 光引发体系中,ESR 测得的超精细耦合常数 $\alpha_N = 15.0$ G,$\alpha_H = 5.8$ G[见图 1-24(b)],其产生的自由基为硅烷自由基(R$_3$Si·)。此两类体系,均可在绿光照射下产生相应的自由基,从而引发自由基聚合反应。

图 1-23 中,苝衍生物 D-1 的乙腈/甲苯溶液在 526 nm 及 580 nm 处的摩尔消光系数分别为 31 700 L/(mol·cm)及 31 300 L/(mol·cm),能很好地吸收绿光。有意思的是,在图 1-25 所示的 D-1/Iod 及 D-1/Iod/NVK 体系的乙腈/甲苯溶液的光解图中,D-1/Iod/NVK 的光漂白速率比 D-1/Iod 的体系慢。这说明在此过程中,NVK 可以被 D-1/Iod 在光照下产生的 D-1$^{+\cdot}$ 所氧化,从而重新生成 D-1。图 1-26 清楚地表明了 D-1 在此过程中充当光催化剂的反应途径,其中产生的阳离子以及自由基能够同时有效地引发 EPOX/TMPTA

混合物中环氧单体及丙烯酸酯单体的阳离子及自由基聚合反应（见图 1-27）。在图 1-27 中，曲线 1 和曲线 2 分别是——D-1/Iod/NVK［0.2%/2%/3%（质量分数）］在绿色激光二极管 532 nm 照射下引发 EPOX/TMPTA（50%/50%）混合物中丙烯酸酯单体 TMPTA 和环氧单体 EPOX 的光聚合动力学曲线。

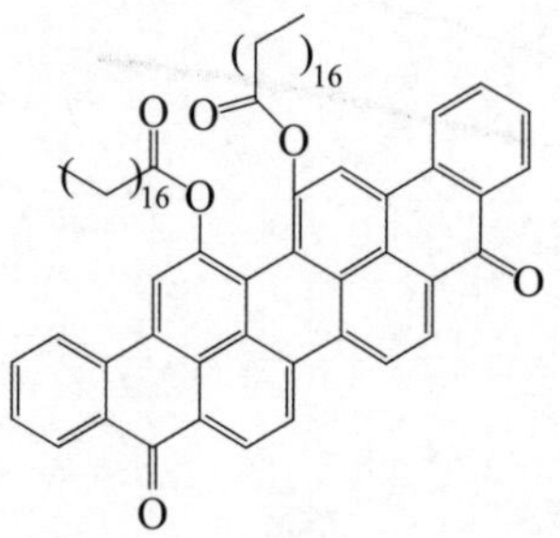

V-78 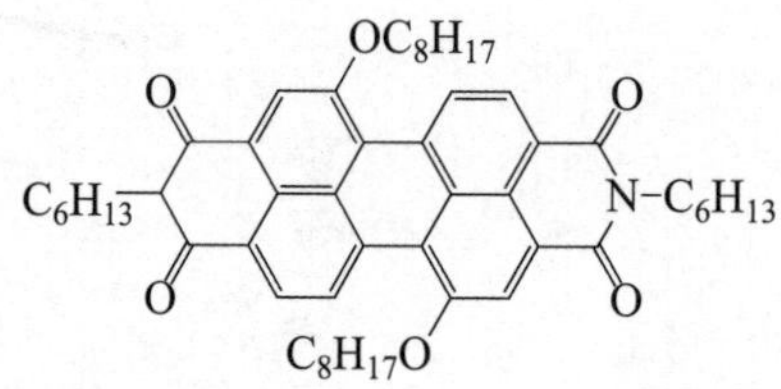   D-1 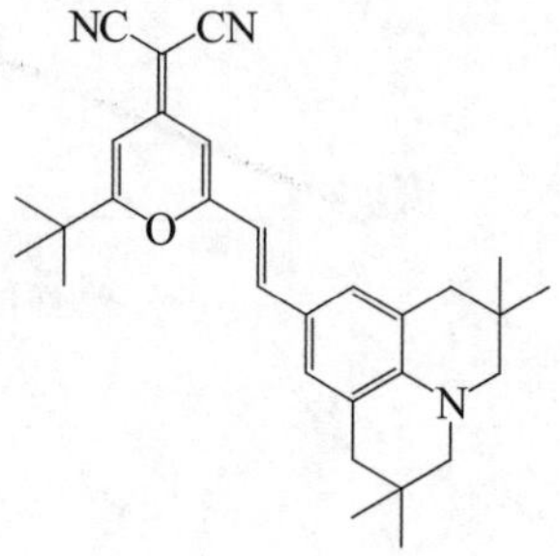   DCJTB

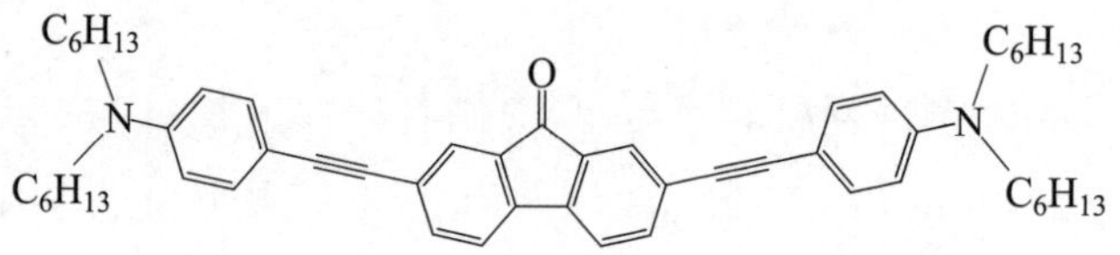

h-B3FL 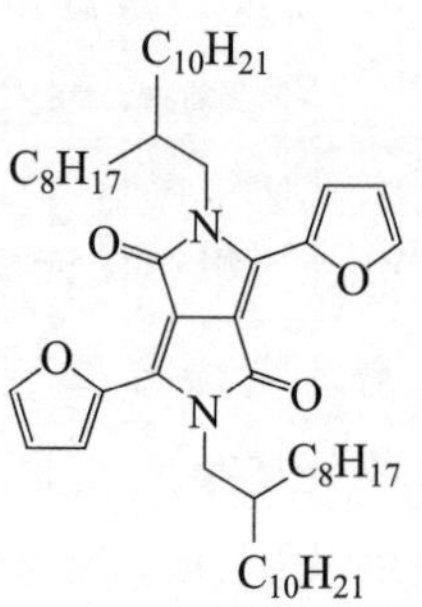   FuDPP

图 1-23　绿光敏感光引发剂化学结构示意图

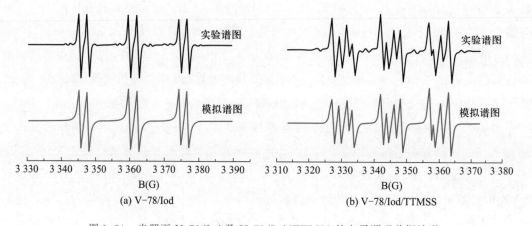

(a) V-78/Iod

(b) V-78/Iod/TTMSS

图 1-24　光照下 V-78/Iod 及 V-78/Iod/TTMSS 的电子顺磁共振波谱

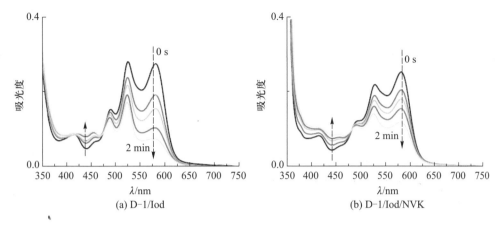

图 1-25 基于 D-1 光引发体系的乙腈/甲苯溶液在光照射下的光解图

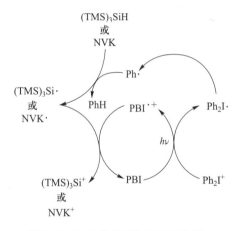

图 1-26 D-1 的光催化过程示意图

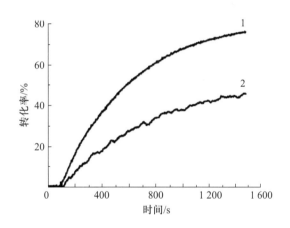

图 1-27 基于 D-1 的光引发体系引发
EPOX/TMPTA 混合物的光聚合动力学曲线

图 1-23 中的久洛尼定衍生物 DCJTB 以及芴共氨基苯衍生物 h-B3FL 的最大紫外可见吸收波长分别为 501 nm 及 484 nm，且 DCJTB 在最大吸收波长处相应的摩尔消光系数[51 100 L/(mol·cm)]比 h-B3FL 的摩尔消光系数[18 300 L/(mol·cm)]要高(见图 1-28)。

DCJTB 及 h-B3FL 均可在卤灯或 532 nm 绿色激光照射下，与相应的助剂相互作用而产生自由基，从而引发 TMPTA 的光聚合反应。如图 1-29 所示，此类光引发体系引发

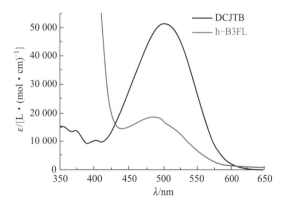

图 1-28 DCJTB 及 h-B3FL 在乙腈中的紫外
可见吸收光谱

TMPTA 自由基光聚合反应的转化率最高可达到 50%。类似地,吡咯并吡咯二酮衍生物 FuDPP 的最大紫外可见吸收波长为 537 nm[相应摩尔消光系数为 42 800 L/(mol·cm)],且其在绿色激光波长 532 nm 处的摩尔消光系数为 38 500 L/(mol·cm)。但是,其相应的光引发体系,在绿色激光下引发 TMPTA 自由基聚合的最终转化率较低(<25%),可能是由于 FuDPP 的荧光寿命(9 ns)较短的缘故。

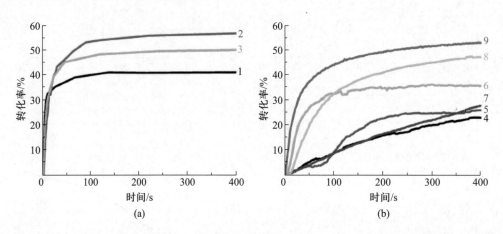

图 1-29 基于 DCJTB 或 h-B3FL 的光引发体系在光照下引发 TMPTA 自由基光聚合反应动力学曲线

注:曲线 1—DCJTB/Iod/NVK [0.5%/2%/3%(质量分数),下同]在卤灯下;曲线 2—DCJTB/MDEA/R'-Cl (0.5%/2%/1%)在卤灯下;曲线 3—DCJTB/MDEA/R'-Cl (0.5%/2%/1%)光引发体系在 532 nm 激光下;曲线 4—h-B3FL/Iod (0.5%/2%)在卤灯下;曲线 5—h-B3FL/Iod/NVK (0.5%/2%/3%)在卤灯下;曲线 6—h-B3FL/Iod/NVK (0.5%/2%/3%)在 532 nm 激光下;曲线 7—h-B3FL/MDEA (0.5%/2%)在卤灯下;曲线 8—h-B3FL/MDEA/R'-Cl (0.5%/2%/1%)在卤灯下;曲线 9—h-B3FL/MDEA/R'-Cl (0.5%/2%/1%)在 532 nm 激光下。

3. 红光敏感的光引发剂

红光波长比绿光波长更长,能够穿透更厚的样品,制备更厚的材料。但是其能量更小,且较难引发光聚合反应。因此,需要开发高活性的、能在红光下进行工作的光引发体系。近年来,有关文献报道了如图 1-30 所示的红光敏感的光引发剂。

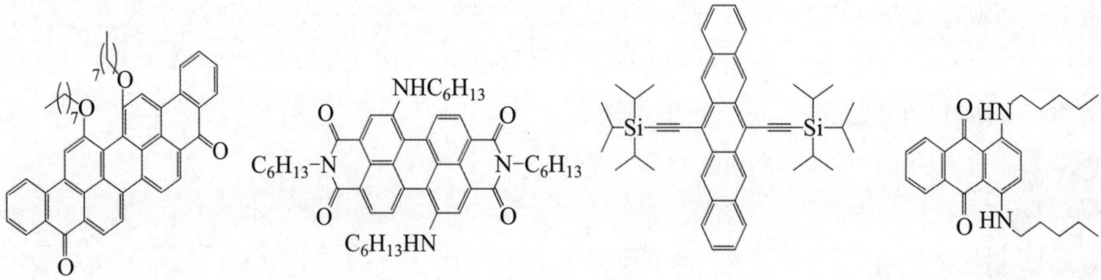

V-79   Per1   Pent   OBN

图 1-30 红光敏感光引发剂化学结构示意图

图中，V-79(盆塔吩-79)的最大紫外可见吸收波长为 630 nm，其相应的摩尔消光系数为 22 000 L/(mol·cm)，因此能够有效吸收激光二极管发出的波长 635 nm 的红光。如图 1-31 所示，V-79/Ru(bpy)$_3^{2+}$/Ph$_2$I$^+$ 光引发体系中的 V-79 首先吸收红光，然后和 Ru(bpy)$_3^{2+}$ 相互作用发生电子转移反应生成 Ru(bpy)$_3^+$。Ru(bpy)$_3^+$ 则可被 Ph$_2$I$^+$ 氧化，从而产生苯基自由基(可以引发自由基聚合反应)。

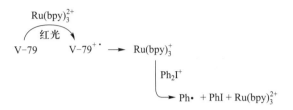

图 1-31   V-79/Ru(bpy)$_3^{2+}$/Ph$_2$I$^+$ 光引发体系在红光照射下产生自由基示意图

图 1-30 中的苝衍生物 Per1 含有烷胺基取代基，因此其紫外可见吸收峰位于红光范围，即 $\lambda_{max}=623$ nm，$\varepsilon_{623\,nm}=28\,000$ L/(mol·cm)。尽管在红光照射下，其相应的光引发体系能发生式(2-1)及式(2-2)的反应而产生苯基自由基，但是式(2-3)反应的发生将会降低其产生自由基的能力。

$$Per \xrightarrow{h\nu} {}^1Per，{}^1Per \longrightarrow {}^3Per \tag{2-1}$$

$$ {}^1Per+Ph_2I^+ \longrightarrow Per^{+\cdot}+Ph_2I\cdot \longrightarrow Per^{+\cdot}+Ph\cdot+Ph-I \tag{2-2}$$

$$ {}^1Per+Ph_2I^+ \longrightarrow [Per^{+\cdot}+Ph_2I\cdot] \longrightarrow Per+Ph_2I^+ \tag{2-3}$$

蒽醌衍生物 OBN 在红光范围内有较强的吸收性能，其在波长 635 nm 处的摩尔消光系数为 14 400 L/(mol·cm)，可以有效吸收激光二极管发出的波长 635 nm 及 LED 灯所发出的波长 630 nm 的红光。OBN 在吸收红光后，可以与相应的助剂 Iod 相互作用而产生自由基，引发硫醇(Trithiol)/乙烯基醚(DVE-3)的硫醇-烯光聚合反应(见图 1-32)，且 DVE-3 的双键转化率可达到 90% 以上。

光引发剂是光聚合配方中附加值最高且最重要的组分之一。开发新颖高效的光引发剂是制备相应的高性能光聚合材料的必要保证。近年来，文献报道了一批新开发出来的长波长引发剂，这些光引发剂从蓝光波长到红光波长范围内都能有效引发光聚合反应，并且展现出比商业化引发剂更高的性能，但是这些新颖的高性能光引发剂还未被广泛引用到工业界，随着相关交流的加深，这些新开发出来的长波长引发剂必将在光聚合各相关领域有广泛的应用前景。

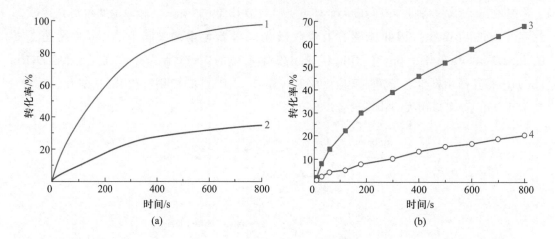

图 1-32　基于 OBN 的光引发体系在光照下引发 Trithiol/DVE-3 混合光物聚合反应动力学曲线

　　注：曲线 1、曲线 2—分别为 OBN/Iod［0.5%/2%（质量分数），下同］光引发体系在红色激光二极管 635 nm 照射下引发 Trithiol/DVE-3 ［40%/60%（摩尔分数），57%/43%（质量分数），下同］混合物中 DVE-3 双键光聚合动力学曲线和硫醇键（S—H）反应动力学曲线；曲线 3、曲线 4—分别为 OBN/Iod（0.5%/2%）光引发体系在 LED 红光 630 nm 照射下引发 Trithiol/DVE-3（40%/60%，57%/43%）混合物中 DVE-3 双键光聚合动力学曲线和 Trithiol 硫醇键（S—H）反应动力学曲线。

1.3　光引发剂卫生与安全

　　光聚合技术具有环境友好的特点，且在诸多领域均有着广泛的应用。光引发剂、单体及低聚物是光聚合反应体系的主要成分。其中，光引发剂是控制光聚合过程的关键因素，它主要影响光聚合体系的速度、黄变及成本，当前在光聚合的配方中，主要考虑效率及产品价格的因素，使用较多的仍是相对分子质量较小的光引发剂。

1.3.1　欧洲关于光引发剂的安全法规

　　在 2005 年的雀巢奶粉事件中，由于外包装油墨中残余的 2-异丙基硫杂蒽酮（2-ITX）迁移至牛奶中，导致超过 3 000 万升的牛奶被从欧洲市场召回，造成 160 万欧元的损失。2009 年，德国和比利时向欧盟委员会发出警告，称有些麦片可能被 4-甲基二苯甲酮污染，存在食品安全风险，随后欧洲印刷油墨协会（EuPIA）发布声明，二苯甲酮（BP）及 4-甲基二苯甲酮（4-MBP）具有迁移的潜在可能性，不推荐用于食品包装。2011 年，德国再次宣布召回从比利时进口的冷冻食品，其原因是外包装上印刷的油墨所含的光引发剂二苯甲酮（BP）渗透到食品中造成污染。

　　由此可见，光聚合油墨或涂料中的光引发剂在引发光聚合体系聚合后，残留的光引发剂和光解产物容易通过化学迁移到固化膜表面或者通过物理接触污染内包装物，并且会产生一定的毒性和气味，限制了光聚合产品在食品包装、医疗卫生等领域的使用。

另外,为避免小分子光引发剂对人体健康产生不利影响,欧美各国陆续颁布了相应的法规或许可清单,对光引发剂的使用进行规范。例如,瑞士联邦内政部在 2005 年颁布了相应的法规对应用于包装材料的光聚合油墨配方中所使用的原材料,特别是光引发剂进行了限定,并且多次进行修订,现行版本为 2016 年颁布的修订版,对于该文件 Part A 中所列出的 27 种光引发剂,已经进行过相应的毒理测试,对于该部分的光引发剂只要求满足最小迁移量(SML)的要求即可;而对于该文件 Part B 中的光引发剂,由于未进行官方的或正式的毒理测试评估,因此对这些引发剂要求在制品中残留小于 0.01 mg/kg。

2013 年欧盟印刷油墨协会(European Printing Ink Association,EuPIA)也针对印刷油墨中光引发剂的使用颁布了《低迁移 UV 油墨和光油的光引发剂许可使用名单》(EuPIA Suitability List of Photo-initiators for Low Migration UV Printing Inks and Varnishes),对印刷制品中光引发剂的迁移量进行限定。按照引发剂相关的毒理数据或者使用场景等信息,该文件将光引发剂的使用分为四种情况:针对该文件 1A 部分的光引发剂,由于其迁移量低,安全性由相关毒理学评估数据判断,只要满足 RS 817.023.21 法规中规定的最小迁移量即可;对于该文件 1B 部分中的光引发剂,其迁移量要求小于 0.01 mg/kg;对 1C 部分光引发剂的安全性已经进行过评估,但一些国家或地区可能不许可这些光引发剂的使用;对于 2 部分,仅可使用于包装材料。

众所周知的是,在 2005 年出现"牛奶 ITX"事件后,雀巢加强了对包装清单所使用的印刷材料的管控,在瑞士法规的基础上,制定了"雀巢包装油墨清单(Nestlé Guidance Note on Packaging Inks)",并且于 2018 年对清单又进行了再次修订,要求其外包装供应链体系的光聚合油墨、涂料中引发剂的使用必须符合其标准(表 1-4),对于在 RS 817.023.21 的 Part A 中列出的引发剂,只要在制品中满足引发剂最小迁移量的要求即可;而对于 Part B 中的引发剂,由于未对其毒性进行评估,因此对该类引发剂的要求是迁移小于 0.01 mg/kg,如果光引发剂不在 RS 817.023.21 中,则不允许在雀巢的食品包装材料中使用,此外雀巢还列出了光引发剂在其产品中的禁用名单。

表 1-4　Nestlé Guidance Note on Packaging Inks 光引发剂部分

序号	光引发剂		CAS	瑞士 RS 817.023.21 法令	被否定的原因
1	2-羟基-2-甲基-1-苯基-1-丙酮		7473-98-5	未评估	感官冲击 迁移/污染的可能性
2	苯甲酸二甲基氨基乙酯		2208-05-1	未评估	迁移/污染的可能性
3	二苯甲酮系列	二苯甲酮	119-61-9	已评估	感官冲击 迁移/污染的可能性
		2-甲基二苯甲酮	131-58-8	已评估	
		4-甲基二苯甲酮	134-84-9	已评估	
		2,4,6-三甲基二苯甲酮	954-16-5	未评估	

续上表

序号	光引发剂	CAS	瑞士 RS 817.023.21 法令	被否定的原因
4	1-羟基环己基苯基甲酮	947-19-3	未评估	感官冲击 迁移/污染的可能性
5	安息香双甲醚	24650-42-8	未评估	感官冲击 迁移/污染的可能性
6	2-甲基-1-(4-甲硫基苯基)-2-吗啉基-1-丙酮	71868-10-5	未评估	感官冲击
7	4-异丙基硫杂蒽酮	83846-86-0	已评估	感知问题
	2-异丙基硫杂蒽酮	5495-84-1	已评估	
8	2,4-二乙基噻唑酮	82799-44-8	未评估	可疑毒理性
9	(2,4,6-三甲基苯甲酰基)二苯基氧化膦	75980-60-8	已评估	可疑毒理性感知问题

涂料是光聚合产品应用的另外一个巨大的市场,对此瑞典宜家家居也制定了相应的内部标准,并且进行了多次的修订,日趋严格。特别是在 2015 年重新修订的《表面涂层和贴面的总体要求 Version:AA-163938-10》(Surface coatings and coverings-general requirements,Version No:AA-163938-10)中,增加了对辊涂涂装产品中引发剂残留的限定,要求其残留的引发剂含量小于 2 000 mg/m²,同时如果最终产品存在气味,那么需要 6 人以上的评判小组判定产品是否合格。

1.3.2　我国关于光引发剂的安全标准

对于我国而言,现行的国家标准、行业标准或企业标准,主要是针对光聚合最终产品的引发剂残留量的规定。如 2013 年实施的食品级相关行业标准中包括 3 项关于食品包装材料中光引发剂的检测规定,《食品接触材料　高分子材料　食品模拟液中二苯甲酮和 4-甲基二苯甲酮的测定:高效液相色谱法》(SN/T 3388—2012)、《食品接触材料纸、再生纤维材料 4,4′-双(二甲氨基)二苯酮和 4,4′-双(二乙氨基)二苯酮的测定:GC-MS 法》(SN/T 3550—2013)和《食品接触材料纸、再生纤维材料二苯甲酮和 4-甲基二苯甲酮的测定:GC-MS 法》(SN/T 3551—2013)。中国烟草总公司企业标准《卷烟条与盒包装纸中光引发剂的测定:气相色谱-质谱联用法》(YQ/T 31—2013)、云南中烟工业有限责任公司企业标准《卷烟条与盒包装纸中光引发剂的测定:气相色谱-质谱联用法》(Q/YNZY.J07.012—2015)对 18 种引发剂(见表 1-5)进行限定。由于 ITX、907 及 BP 的毒性问题,中国生态环境部科技标准司发布了《环境标志产品技术要求-胶印油墨》(HJ 2542—2016),明确提出固化油墨不能添加 BP、ITX、907 作为光引发剂。需要说明的是在 2017 年国家标准委颁布的《绿色产品评价标准》(GB/T 35602—2017)中将这三种引发剂禁用。表 1-5 所示为烟包纸张检测光引发剂方法的回收率,检出限和定量限结果。

表 1-5 云南中烟工业有限责任公司企业标准对引发剂的限定

序号	化合物名称	回收率/%	检出限/(mg·m⁻²)	定量限/(mg·m⁻²)
1	2-羟基-2-甲基-1-苯基丙酮	86.5～122.2	0.6	2.00
2	苯甲酰甲酸甲酯	81.2～113.1	0.45	1.50
3	二苯甲酮	89.6～109.9	0.30	1.00
4	2-甲基二苯甲酮	86.5～109.6	0.60	2.00
5	1-羟基环己基苯基甲酮	86.1～115.7	0.75	2.50
6	对-N,N-二甲氨基苯甲酸乙酯	84.6～113.5	0.60	2.00
7	3-甲基二苯甲酮	91.7～111.5	0.75	2.50
8	4-甲基二苯甲酮	96.2～121.5	0.45	1.50
9	2,2-二甲氧基-2-苯基苯乙酮	103.8～120.6	0.30	1.00
10	邻苯甲酰苯甲酸甲酯	90.2～112.7	0.30	1.00
11	对二甲氨基苯甲酸异辛酯	87.8～115.4	0.45	1.50
12	2-甲基-1-(4-甲硫基)苯基 2-吗啉基-1-丙酮	90.4～126.9	0.30	1.00
13	4-异丙基硫杂蒽酮	85.1～112.6	0.30	1.00
14	2-异丙基硫杂蒽酮	82.3～102.5	0.30	1.00
15	联苯基苯甲酮	87.1～108.7	0.60	2.00
16	2,4-二乙基硫杂蒽酮	89.4～122.5	0.75	2.50
17	4,4-双(二甲基氨基)二苯酮	85.8～121.3	0.90	3.00
18	4,4-双(二乙基氨基)二苯酮	85.3～126.5	0.90	3.00

1.3.3 高安全性光引发剂的研究进展

一般而言,相对分子质量小于 250 的光引发剂会产生大量的迁移,当光引发剂或其裂解碎片分子量大于 500 的时候,光引发剂及光解产物在固化后产品中的迁移率会大幅下降;当相对分子质量大于 1 000 时,则认为不会发生迁移。因此使用大分子量的光引发剂不失为一个降低光引发剂迁移率的办法。

当前商业化的大分子光引发剂主要以 IGM 公司的产品为主,如大分子化的二苯甲酮类光引发剂、硫杂蒽酮类光引发剂、大分子化氨基酮类光引发剂、大分子 α-羟基酮类光引发剂、大分子膦氧类光引发剂。除此之外,常州强力电子新材料股份有限公司、天津久日新材料股份有限公司、台湾双键化工有限公司、台湾奇钛科技股份有限公司、英国 Lambson 公司、瑞士 Rahn 公司等也有相应的产品提供。表 1-6 所示为商业化大分子光引发剂牌号及结构式。

表 1-6　商业化大分子光引发剂牌号及结构式

产品牌号	结构式及名称
Omnipol 2702	
Omnipol 910	
Omnipol 9210	Omnopol 910＋四乙氧基季戊四醇四丙烯酸酯
Omnipol 9220	Omnipol 910＋乙氧化三羟甲基丙烷三丙烯酸酯
Omnipol ASA	
Omnipol BP	
Omnipol TX	
Speedcure 7010	CPTX 的聚合物

续上表

产品牌号	结构式及名称
Omnipol SZ	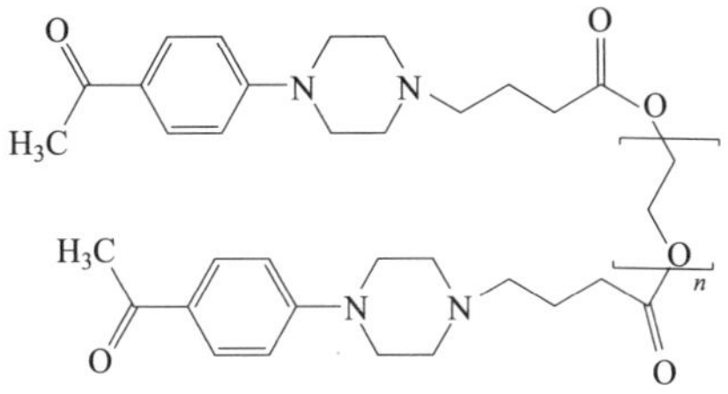
Omnipol ASE	聚对氨基苯甲酸甲酯

一个理想的光引发剂,需要具备高效、低毒性、低价等特点,其中低毒性尤为重要。因此如何降低光引发剂的迁移性或者毒性,对于学术界来说一直是一个研究方向。在光聚合体系中使用大分子量的光引发剂是一个很好的选择,但分子量增加的同时也会降低光引发剂的反应活性,如何平衡这两个关系一直是困扰研究人员的问题。

简凯等通过光引发剂 1173、丙烯酰氯、哌嗪设计合成了一种双官能度的光引发剂 1173AcPA,其合成路线如图 1-33 所示。与商业化光引发剂 1173 相比,1173AcPA 的相对迁移率明显降低,这说明在同等条件下,1173AcPA 的迁移性更小,这可以降低固化膜的毒性。这可能是因为 1173AcPA 具有两个 1173 结构,分子量的增大使其迁移性降低。1173 在光解过程中生成 α-羟基异丙基自由基会与苯甲酰自由基及 1173 反应产生丙酮,有一定的气味,而 1173AcPA 光解后不会产生丙酮,这可以减小不良气体对环境的污染及对人体的伤害。

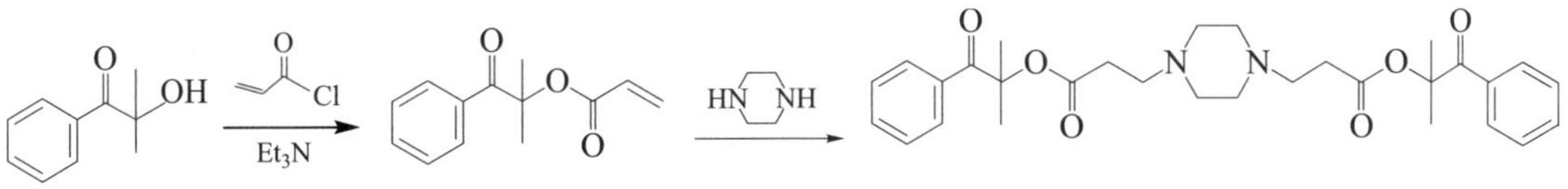

图 1-33　1173AcPA 的合成路线

唐云辉等使用季戊四醇四-3-巯基丙烯酯与含双键的 1173 进行迈克尔加成反应,得到大分子量光引发剂 TGI(合成过程及分子结构如图 1-34 所示)。通过紫外可见光分光光度计对比研究 1173 和 TGI 的迁移性,结果表明,TGI 能顺利引发普通的光聚合体系反应,且 TGI 在体系中的迁移性低于 1173,说明 TGI 引发剂具有低迁移性。

Liang 等在异佛尔酮二异氰酸酯(IPDI)两侧分别引入甲基丙烯酸酯和光引发剂 2959,制备了一种大分子可聚合光引发剂 HEMA-IPDI-2959。其合成过程如图 1-35 所示。该光引发剂在反应过程中,由于残留的苯甲酰自由基长链上含有甲基丙烯酸酯官能团,能够参与聚合反应,达到光引发剂低表面迁移的效果。在 HDDA 和 TMPTA 两种反应体系中,迁出的光引发剂的紫外吸收值仅分别为初始值的 10％和 5％,从而降低了固化膜的毒性。测试结果均表明 HEMA-IPDI-2959 具有高引发活性和低表面迁移率的特点。

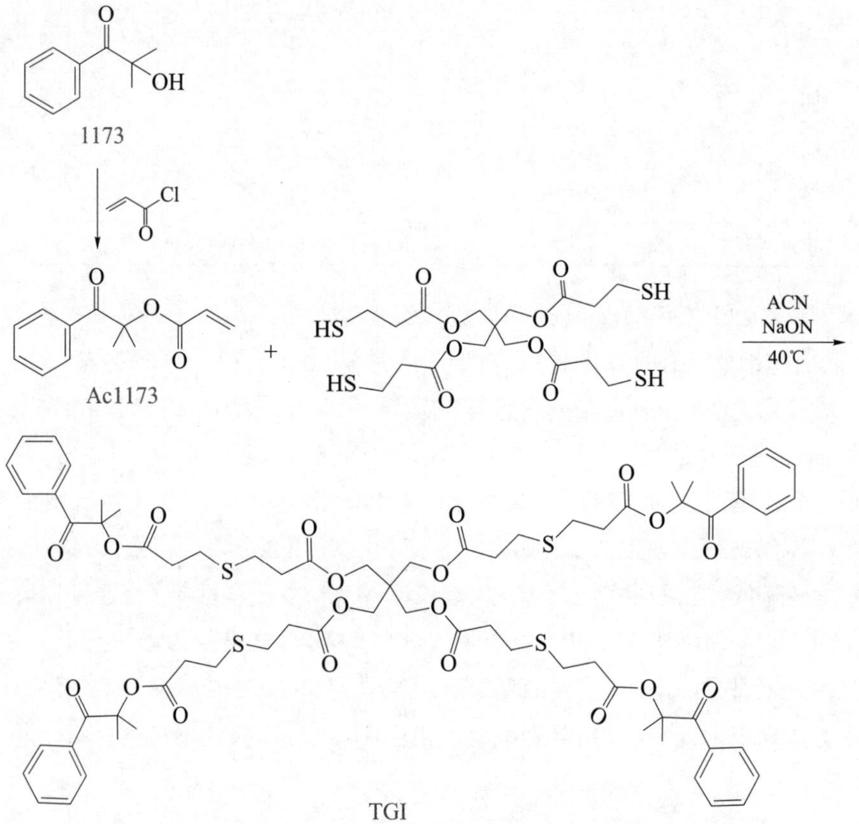

图 1-34　TGI 的合成过程及分子结构

　　熊英等通过多面体聚倍半硅氧烷(POSS-Cl)与 4-羟基二苯甲酮(HBP)的取代反应制备了一种新型夺氢型大分子光引发剂 POSS-HBP。POSS-HBP 合成过程如图 1-36 所示。在添加氢供体的条件下,通过实时红外光谱研究发现 POSS-HBP 对单体 1,6-己二醇二丙烯酸酯(HDDA)具有高效的引发效果,能在 8 s 内完成 HDDA 双键的聚合,相同条件下与 HBP 相比,POSS-HBP 固化时间缩短了 4 s。以 POSS-HBP 为光引发剂聚合的产品无黄变、无气味,能够作为一种低迁移性光引发剂。

　　Han 等在含有叔胺基团的二苯甲酮左侧引入了 POSS,制备了大分子单组分的夺氢型光引发剂(POSS-BP)。POSS-BP 的结构式如图 1-37 所示。在不添加氢供体的条件下,POSS-BP 对 HDDA、PEGDA 有很好的引发效果。POSS-BP 与 BP 相比,其热稳定性、摩尔消光系数均得到提高,且在细胞毒性实验中,HeLa 细胞在 POSS-BP 固化膜材料中保持着很高的存活率。结合以上特点,POSS-BP 已经能够应用于 3D 打印生物支架,未来有望广泛应用在生物医用材料领域。

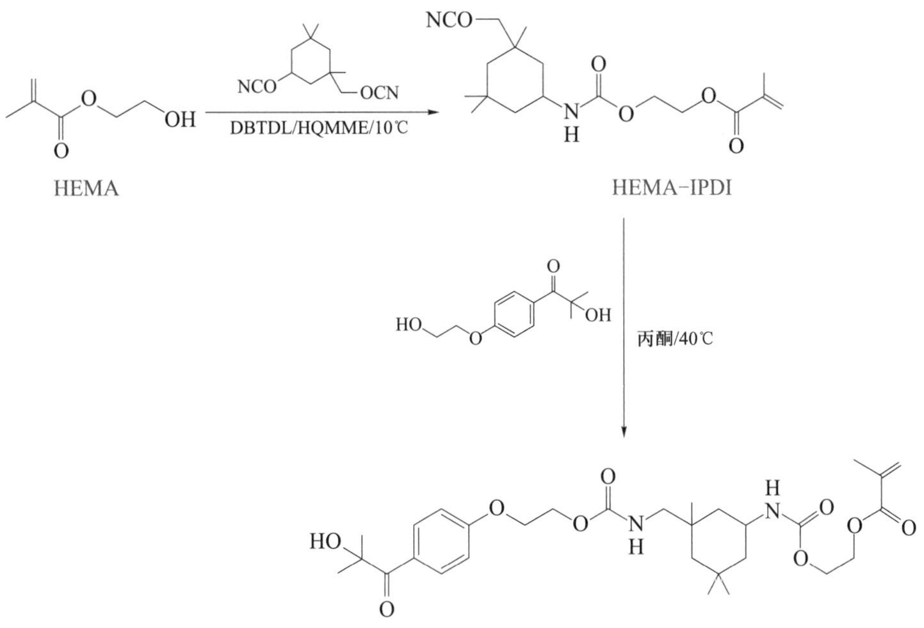

图 1-35　HEMA-IPDI-2959 的合成过程

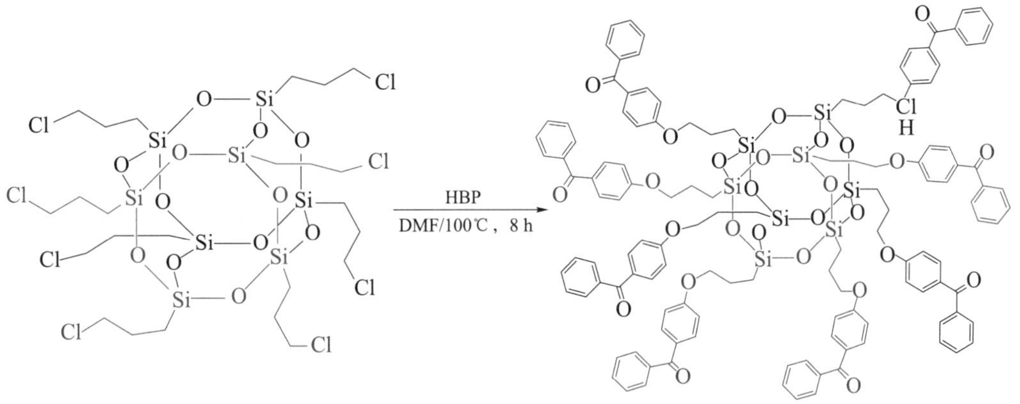

图 1-36　POSS-HBP 的合成过程

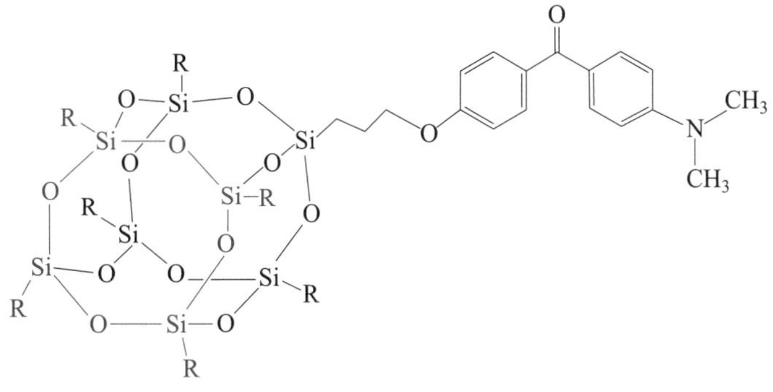

图 1-37　POSS-BP 的结构式

Jean-Pierre Fouassier 等在三聚氰胺上引入二苯甲酮、蒽、芘合成了一系列三官能度大分子的光引发剂和光敏剂。这些光引发剂和光敏剂结构如图 1-38 所示。与原料相比,由于三聚氰胺具有刚性结构,提高了光引发剂和光敏剂的热稳定性;N 上的孤立电子对作用使引发剂的吸收波长发生了红移,吸收波长均达到了 400 nm 以上,能够用于可见光引发的聚合反应。同时 Jean-Pierre Fouassier 等还使用紫外吸收光谱表征了光引发剂和光敏剂的低迁移曲线,通过朗伯比尔定律,计算出光引发剂的迁出量仅占初始的 1%～3%。

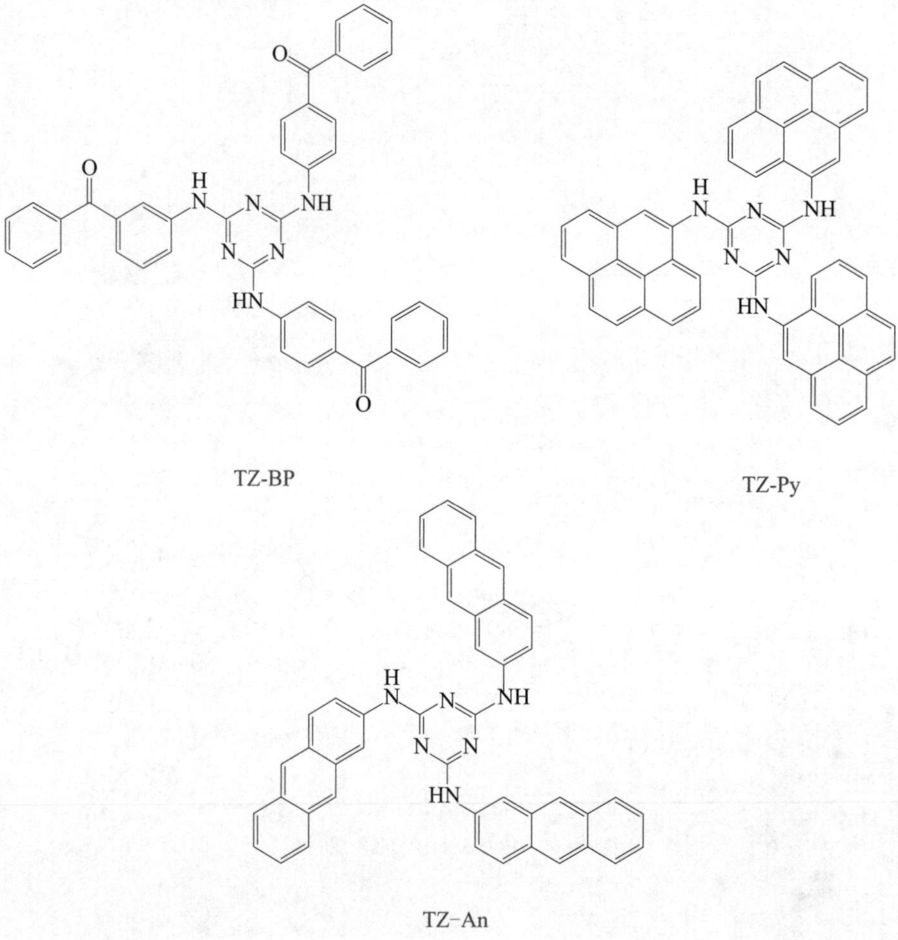

TZ-BP

TZ-Py

TZ-An

图 1-38　三聚氰胺上引入二苯甲酮、蒽、芘所合成的光引发剂和光敏剂结构示意图

Cheng Liangliang 等合成了基于二苯甲酮分子结构的三种大分子量光引发剂 PBM、PBS 及 PBPM,结构式如图 1-39 所示。紫外光谱分析表明,这三种引发剂在 300～400 nm 波长范围内的吸收强度明显高于 BP 的吸收强度。研究发现,它们的引发活性受到分子量、侧链上发色团之间的间距及发色团在分子链上分布的影响。BP 结构位于侧链的光引发剂的引发活性高于 BP 封端的光引发剂;PBM 的分子量越大,其引发活性越好。

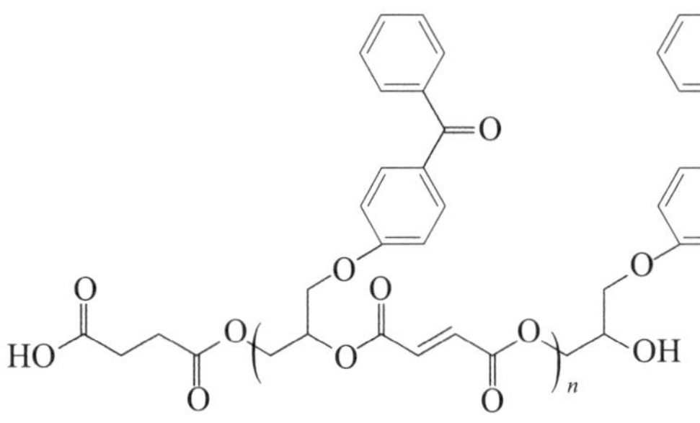

PBM

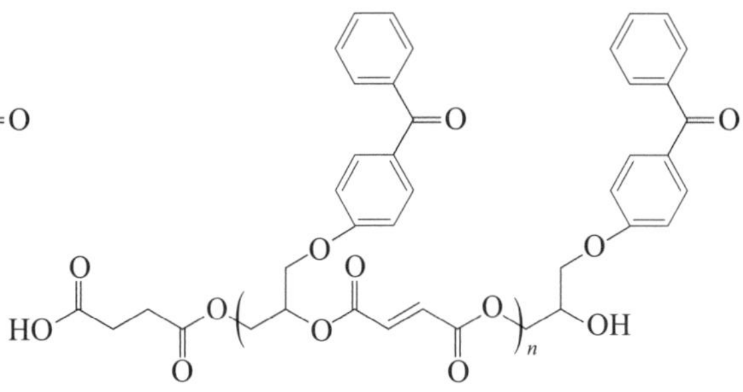

PBS

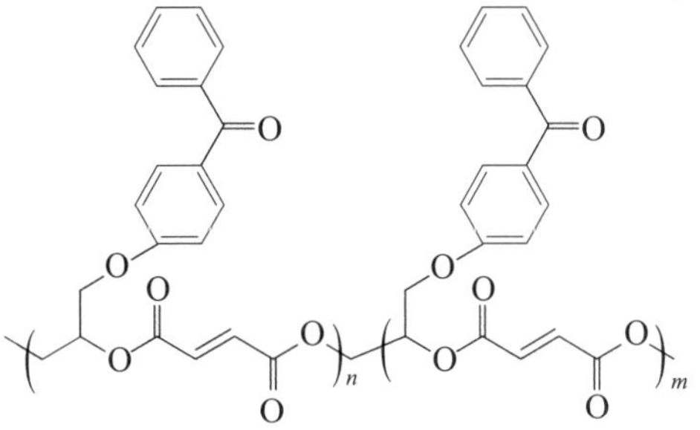

PBPM

图 1-39　PBM、PBS 及 PBPM 结构式

唐云辉等通过一种简单的方法合成了一种能替代二苯甲酮及其衍生物的低迁移的光引发剂 4-甲基二苯甲酮丙烯酸酯(MBPAc)。具体合成过程如图 1-40 所示。MBPAc 的一大优势是它的可聚合性,可有效防止 MBPAc 分子从交联聚合物网络中迁移出来。MBPAc/EDAB 作为引发体系与不同单体的聚合动力学曲线显示不同化学结构、黏度、功能的丙烯酸酯和光强,对聚合体系的聚合速度和转化率有着重要的影响,这意味着 MBPAc 是一种有效的光引发剂。迁移性测试揭示可聚合 MBPAc 在聚合物网络中的迁移性比二苯甲酮低很多,此外 MTT 实验也表明 MBPAc 对 L929 细胞的生长和增殖基本没有影响。

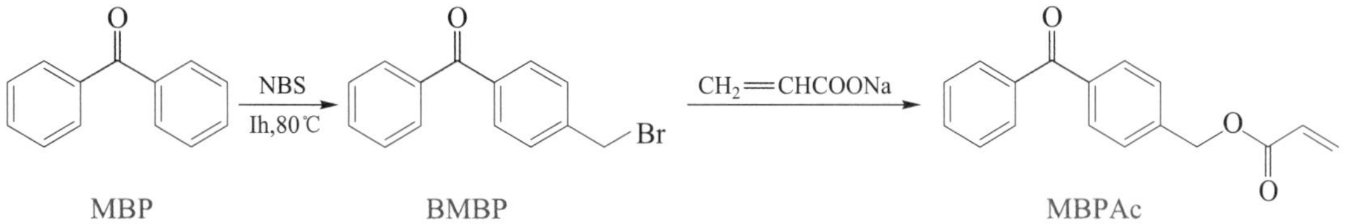

MBP　　BMBP　　MBPAc

图 1-40　4-甲基二苯甲酮丙烯酸(MBPAc)的合成过程

武青青在夺氢型光引发剂硫杂蒽酮(ITX)的结构上引入了烷基氨基、丙烯酰氧基,合成了一系列单组分硫杂蒽酮可聚合光引发剂 TX-PA、TX-EA、TX-BDA(其结构式如图 1-41 所示)。丙烯酰氧基与氨烷基的协同效应使它们具有高的引发活性和迁移稳定性。丙烯酰

氧基与氨烷基的数量越多,其引发活性和迁移稳定性越高。其中,TX-BDA 在其引发 HDDA 制备的聚合膜中的残留量仅为 90 mg/kg。

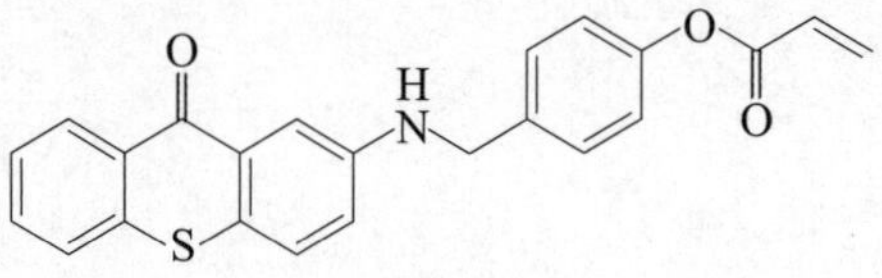

TX PA

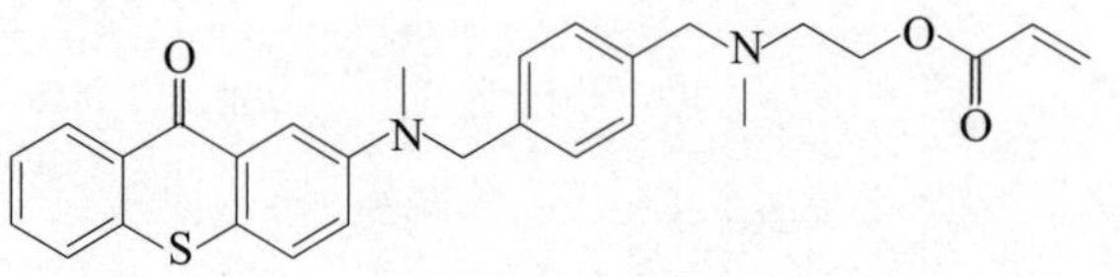

TX-PA

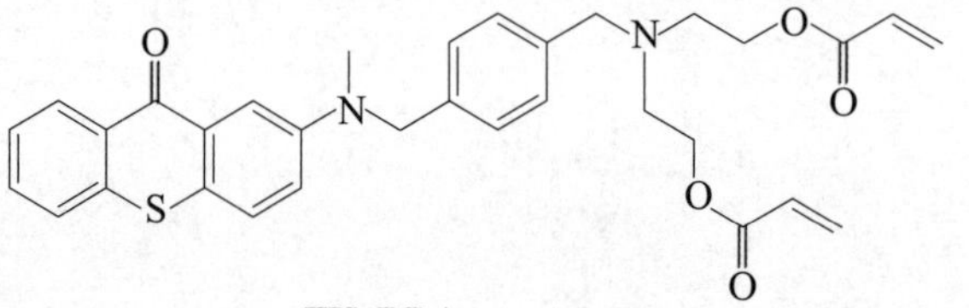

TX-BDA

图 1-41　TX-PA、TX-EA、TX-BDA 的结构式

Wu Qingqing 等还将 ITX 引入到聚乙二醇分子链上,将聚乙二醇作为氢供体,制备了水溶性单组分夺氢型光引发剂 TX-MPEGs,还降低了光引发剂的生物毒性。其制备过程如图 1-42 所示。

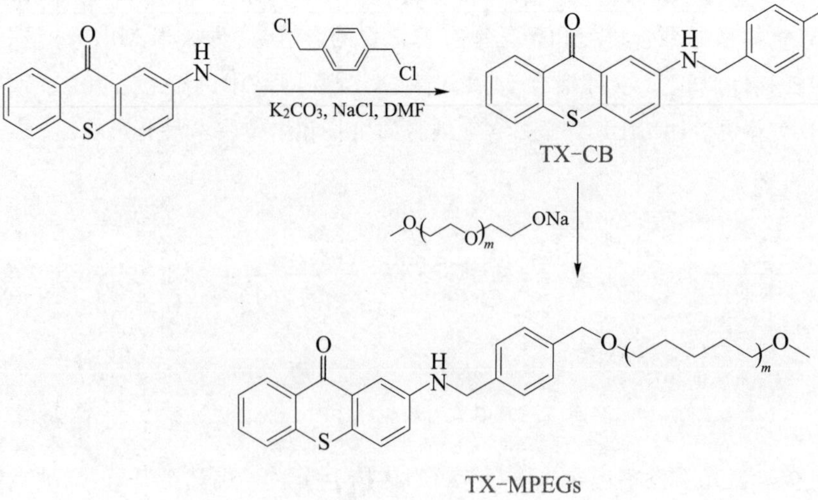

图 1-42　水溶性单组分夺氢型光引发剂 TX-MPEGs 的制备过程

　　使用天然产物或者医药中间体作为光引发剂,是绿色光聚合技术的大势所趋,可以从源头上解决光引发剂带来毒性和气味的问题。与现有大多商业化的光引发剂相比,这类光引发剂具有良好的生物相容性,使得光聚合技术能更合适地应用于 3D 打印生物细胞支架等医用材料。作为光引发剂的天然产物或医药中间体,要求有很大的摩尔消光系数。此类光引发剂目前正处于不断探索的阶段,因此鲜有报道。

　　肖浦等使用天然产物姜黄素(CCM)作为一种可见光引发剂,其生成自由基的光化学机理如图 1-43 所示。姜黄素是从姜科、天南星科中的一些植物的根茎中提取的一种化学物质,在植物根茎中约含 3%~6%,是植物界很稀少的具有二酮结构的色素,为二酮类化合物。医学研究表明,姜黄素具有降血脂、抗肿瘤、抗炎、利胆、抗氧化等作用,近期新发现其还有助治疗耐药结核病。姜黄素在最大吸收波长 417 nm 的摩尔消光系数为 58 500 L/(mol·cm),远超过商业化光引发剂二苯甲酮的摩尔消光系数[26 200 L/(mol·cm)],且可见光吸收光谱波长在 400~700 nm,能够使用不同波段的 LED 灯照射引发聚合。姜黄素可通过与阳离子光引发剂 Iod 及氢供体复配,分别产生苯自由基和叔胺自由基,从而引发单体聚合,且使用姜黄素光引发剂引发聚合的光聚合膜与 Hs-27 细胞具有良好的生物相容性。

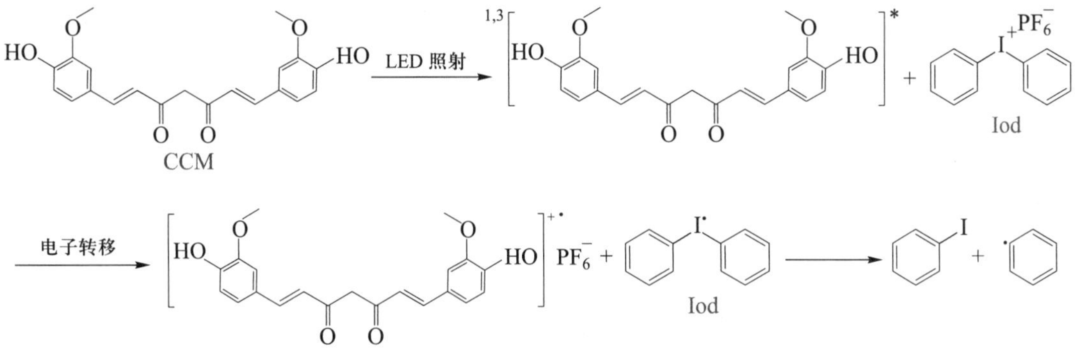

图 1-43　姜黄素作为光引发剂生成自由基的光化学机理

　　光聚合技术作为一项高效节能、绿色环保的固化技术,已经在工业生产等领域得到广泛应用,与个人生活息息相关。光引发剂作为光聚合体系中至关重要的成分,决定了体系的固化速度、固化程度和生产成本。但是,小分子量的光引发剂容易迁移到固化材料表面而产生毒性和气味,成为一个关键性的问题,目前已经引起了各国卫生安全监管部门和评估机构的重视。欧盟、中国等组织或国家及雀巢公司等企业已在光引发剂的限用和禁用方面颁布了相应的法规标准,对光引发剂的使用和产品中的含量进行规范。针对禁用光引发剂的情况,研究学者或相关公司也在开发合适的替代物,希望在性能和安全性方面均达到要求,当然在研究过程中还会遇到诸多问题,但引发活性高、不黄变、相容性好、储存稳定性好、毒性低、迁移性低的光引发剂仍是当前研究的重点。

1.4 紫外光源

光固化不可避免地会用到不同类型的光源。常用的紫外光源有汞灯、无极灯、UV-LED光源，一些特殊的环境可能会用到准分子激光器。汞灯分为高压汞灯、中压汞灯和低压汞灯，其发光波段几乎为全紫外波段。汞灯价格便宜，与目前各种商业化的光引发剂的吸收光谱匹配性较好，应用较为广泛。无极灯也是全波段紫外光源，其特点是可随时启动，无须预热，使用寿命长，也是光固化应用的主要光源之一。UV-LED的特点是光源发射的紫外光波段窄，因此使用UV-LED光源是要注意光源的发射波长是否与所用的引发剂相匹配，当然UV-LED可通过不同发射波段的灯珠组合实现全波段覆盖的光源。UV-LED的另一个特点是冷光源，其价格较低使用灵活，因此也深受光固化行业的青睐。准分子灯波段单一性好，单因其价格昂贵，光固化行业较少。

1.4.1 汞 灯

汞灯是封装有汞、两端有钨电极且里面充满惰性气体的透明石英管。通电加热灯丝时，温度升高，液态汞蒸发气化，石英管内基态汞原子受到激发跃迁到激发态，再由激发态回到基态时便释放出光子，即发射紫外光。根据汞灯管内汞蒸气压力不同，汞灯分为高压汞灯、中压汞灯和低压汞灯，它们发射的紫外光谱也有所不同。

1. 高压汞灯

高压汞灯结构如图 1-44 所示。高压汞灯内充有汞和氩。蒸气压力为 $10^5 \sim 10^6$ kPa，工作温度在 800 ℃以上，采用水冷却，可以很快启动。输出线功率为 $50 \sim 1\,000$ W/cm，但使用寿命较短，约 200 h，在光聚合领域中一般不采用。

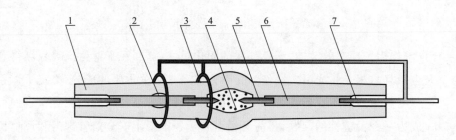

图 1-44 高压汞灯结构

1—石英玻璃壳；2—UV增强器；3—线圈；4—填充物；5—电极；6—钼箔；7—引线

2. 中压汞灯

中压汞灯的汞蒸气压力约为 10^5 kPa。中压汞灯在紫外区的主要发射波波长为 365 nm，其次为 313 nm、303 nm，与大多数光引发剂的吸收波长相匹配，常用的光引发剂在中压汞灯发射波长区域都能很好地吸收光能,对光聚合过程极有价值,所以中压汞灯是光聚合最常用的光源。

中压汞灯的输出功率可以达到 8~10 kW,其线功率也可达到 40~240 W/cm,可装在不同类型的光聚合设备上,用于不同材质的 UV 涂料、UV 油墨、UV 胶黏剂的固化。中压汞灯的使用寿命为 800~1 000 h。

中压汞灯紫外光的能量效率约为 30%,中压汞灯将大部分输入功率转变为热能,使灯管的温度上升到 700~800 ℃,对基材(特别是对热敏感的基材如塑料、薄膜、纸张等)产生不利的影响。为了避免灯管和基材过热,需要冷却。冷却主要靠风冷方式来实现,也可用水冷却。红外辐射也能增高体系的温度,有助于促进光聚合反应进行,从而提高固化效率。中压汞灯需要冷启动,灯泡通电加热,使汞在石英管内完全气化,故诱导期长,一般需要 5~10 min 才能达到完整的光谱输出要求。一旦关灯后,不能立刻启动,要等 10 min 左右,待冷却后才能重新启动。

中压汞灯是光化学反应中最常用的光源,主要用于紫外光聚合。中压汞灯点燃初期由低气压汞蒸气和氩气放电,辐射带蓝色的辉光,这时汞灯电压低,放电电流大。随着放电产生热量,电弧管温度升高,汞蒸气压上升,电弧开始收缩并出现热电离和热激发现象,汞灯因激发态汞原子辐射衰减和电子与汞离子空间复合而发光。由于基态浓度大幅度上升,放电时波长 185~254 nm 的共振辐射被吸收,激发辐射主要发生在高能级之间。随着灯内汞蒸气压强进一步提高,且各能级之间电子跃迁概率的不同,可以测到较强的光谱线波长为 313 nm,365 nm,405 nm,436 nm,546 nm 和 578 nm(见图 1-45)。中压汞灯电极间距 0.2~2 m,输入功率为 0.5~20 kW,紫外辐射效率为 15% 左右。中压汞灯从启动到稳定工作的时间通常为 4~30 min,电弧越长稳定时间越长,稳定时间长会增加光聚合应用中的能耗。

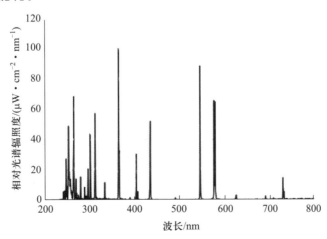

图 1-45　中压汞灯发射光谱

3. 低压汞灯

低压汞灯汞蒸气压力为 $10 \sim 10^2$ kPa，紫外区主要发射波长为 254 nm。低压汞灯的功率较小，一般只有几十瓦。由于低压汞灯发射波长短，光强又低，因此其在光聚合反应中较少使用，目前主要用于空气和水的杀菌消毒，在管内壁涂荧光物质制成的荧光灯可作照明用。低压汞灯的使用寿命为 2 000～4 000 h。

低压汞灯是由汞蒸气受高能电子碰撞，电子激发而发出以波长 254 nm 和 185 nm 为主的紫外共振辐射，如图 1-46 所示。对不同管径的低压汞灯，在最佳汞蒸气压下，汞蒸气在电场中放电，汞原子的最外层电子从基态被激发到激发态，当其由激发态返回到基态时，辐射出波长为 254 nm、185 nm 的紫外光。低压汞灯的光谱分布近似为线光谱。石英玻璃管对波长 254 nm 的紫外光透射率可高达 90% 以上，而普通玻璃不透射波长 254 nm 的紫外光。随电流密度的不同，低压汞灯波长 254 nm 的紫外辐射效率可达到 35%～60%，波长 185 nm 的紫外辐射效率可达到 5%～15%，是当前紫外辐射效率最高的气体放电光源之一。波长 185 nm 的真空紫外辐射在空气中的传输距离很短，在毫米量级的距离内即被氧分子吸收，而后氧分子分解成氧原子并进一步反应生成臭氧。所以波长 185 nm 的紫外辐射是很好的臭氧激发源，其优点是既能高效产生臭氧，又不会生成氮氧化合物等其他有害气体。另外，波长 185 nm 光子的高能量，能够打开大部分有机物的化学键，故低压汞灯可以应用在半导体和平板显示器生产线的光清洗工艺中，作为氙准分子灯的低成本替代方案。

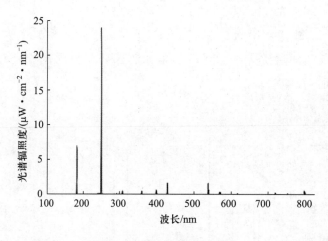

图 1-46　低压汞灯发射光谱

1.4.2　无 极 灯

无极灯是在石英玻璃或其他紫外透光材料制成的密闭壳体内填充可蒸发金属和稀有气体混合物，稀有气体作为启动气体和缓冲气体。当无极灯放置于谐振腔内，稀有气体被微波场激发,产生低气压放电等离子体,产生的热量使管壁温度升高,金属蒸气压随之升高,直到金属蒸气放电,得到特定金属的辐射光谱,并获得更高的紫外辐射效率。常用的可蒸发金属为汞、钠、硫、硒和镉等;常用的稀有气体为氩、氪和氖等。根据金属蒸气压的不同,无极灯所发出的光谱在低气压时与低压汞灯的光谱相似,在中高气压时无极灯发出的光谱与中压汞灯和高压汞灯发出的光谱部分相似。无极灯的发光过程可以划分为四个阶段:①微波发生器将自身产生的高频电磁波耦合到石英灯管中;②灯内稀有气体原子(如 Ar 原子)被激发;③处于激发态的稀有气体原子与金属原子相碰撞,金属原子发生电离,过渡到金属蒸气的自持放电状态;④金属原子与高能电子碰撞后,金属原子从基态跃迁到激发态,经过约 10 ns 的衰减,返回基态的同时辐射出光子。

微波无极紫外灯的光谱能量集中,具有较高的光催化活性,且制造工艺简单,又有比较长的寿命,可以简化反应器,提高反应器的安全可靠性。而且它的功率密度大,辐射效率较高,光谱和光强具有可调性。

无极灯与汞灯不同之处是无极灯灯管内无电极,其灯管直径较小,只有 9~13 mm,且利用微波启动灯泡。微波由磁控管产生,并被导入由无电极灯管和反射器组成的微波腔内,微波的能量激活灯管内汞和添加物分子形成等离子体,有效地发射出紫外光、可见光和红外光,其中紫外光占整个辐射量的 33%~42%,高于中压汞灯中紫外光辐射量占比(30%),可见光约占整个辐射量的 25%,红外光约占整个辐射量的 15%,低于高压汞灯热效应,对流热约 25%。典型的无极灯灯管长度为 25 cm,输出线功率可达 240 W/cm,使用寿命高达 8 000 h,远远高于高压汞灯。

无极灯可快速启动,关灯后可在 10 s 之内重新启动,不必像高压汞灯需冷却后才可启动。无极灯输出功率稳定,一旦灯管出现故障,输出直接降为零。但高压汞灯使用一段时间后,输出功率会逐渐下降,即使输出功率已达不到固化效果,但灯还亮着。在反应中往往被误认为是 UV 涂料或 UV 油墨质量上出现的问题而造成的未固化,实际上是由于汞灯的输出功率过低而造成的。

1. H 灯

H 灯为标准的无极灯,主波段波长 240~320 nm,适用于多种 UV 清漆的固化。图 1-47 所示为无极灯 H 灯发射光谱。

2. D 灯

D 灯发射光谱向长波长方向移动,主波段波长为 350~400 nm。D 灯适用于含颜料的 UV 油墨及厚涂层清漆的固化。图 1-48 所示为无极灯 D 灯发射光谱。

3. V 灯

V 灯发射光谱波长向可见光蓝、紫光方向移动,主波段波长 400~450 nm。V 灯适用于含钛白粉的 UV 白色油墨和白色底漆的固化。图 1-49 所示为无极灯 V 灯发射光谱。

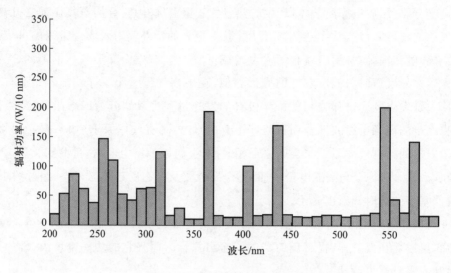

图 1-47 无极灯 H 灯发射光谱

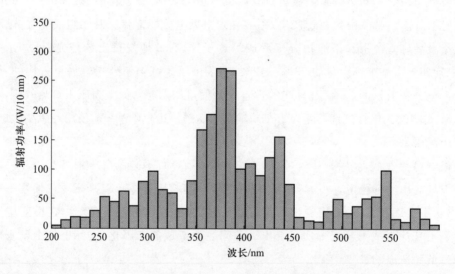

图 1-48 无极灯 D 灯发射光谱

　　无极灯与高压汞灯相比,有不少优点,尤其是启动快、使用寿命长、紫外光输出效率高、红外辐射低、输出功率稳定。但由于无极灯灯管长度为 25 cm,较大幅宽的基材光聚合时,需用多支灯管并排使用,目前价格较高,尽管性能上优于高压汞灯,但影响了推广使用。

　　与灯管输出效果和光谱分布同样重要的还有灯管的聚焦与反射罩的使用。正确使用反射罩能在不增加灯管输入功率的情况下,增大被固化工件表层的辐射强度。能量最聚焦的那一点就是最高辐射或峰辐射值的所在点。图 1-50 所示为两种不同类型(椭圆形和抛物线形)的紫外光反射罩将能量聚焦在工件表面上的作用原理。在焦距之外,增加灯管与工件表层之间的距离会降低峰辐射值。同样,将工件表层置于焦距以内也会降低峰辐射值。

在不增加输入功率的情况下,当灯管直径越小、反射罩反射效率和收集效率越高时,辐射强度越大(见图 1-50)。

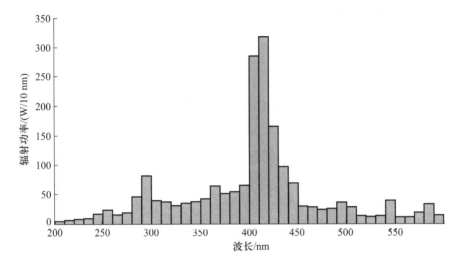

图 1-49　无极灯 V 灯发射光谱

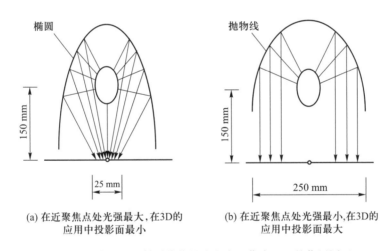

(a) 在近聚焦点处光强最大,在3D的　　　(b) 在近聚焦点处光强最小,在3D的
　　应用中投影面最小　　　　　　　　　　　应用中投影面最大

图 1-50　紫外光反射罩将能量聚焦在工作表面上的作用原理

　　尺寸和直径很小的无极灯管加上椭圆形反射罩可提供强紫外线辐射,适合快速固化操作使用,同时减少了红外线热量的产生,使待固化工件的表面温度保持在较低数值,避免了使用复杂的除热技术。椭圆形反射罩将灯管的紫外线能量聚焦在很窄的区域。小直径灯管也有助于在焦点处产生更高的峰辐射值。端头反光罩更进一步增强了能量向工件表面的集中。对紫外光具有良好的反射能力而对红外光反射能力较差的反射罩,可以在提供聚焦紫外光的同时,降低到达待固化工件表面的红外辐射强度。在以微波为动力的无极汞灯中,反射罩是微波共振腔的一部分,作为传导型反射罩使用。由特殊、多层双电子涂层构成的双色性反射罩可以吸收大部分由紫外灯发出的红外能量,反射几乎全部紫外光,这就减少了工件表面的热。

1.4.3 UV发光二极管（UV-LED）

发光二极管简称为 LED，内含镓（Ga）、砷（As）、磷（P）、氮（N）和类似物的化合物，砷化镓二极管发红光，磷化镓二极管发绿光，碳化硅二极管发黄光，氮化镓二极管发蓝光。平常我们见到的 LED 发出的主要是可见光，而 UV-LED 发出的紫外线属于不可见光。UV-LED 光功率相对较低，无法通过单颗灯珠达到我们想要的效果，只有通过封装，将大量 UV-LED 灯珠集合在一起，才能达到我们想要的效果。UV-LED 发光机理是 PN 结的端电压构成一定势垒，当加正向偏置电压时，势垒下降，P 区和 N 区的多数载流子向对方扩散。由于电子迁移率比空穴迁移率大得多，所以会出现大量电子向 P 区扩散，构成对 P 区注入少数载流子。这些电子与价带上的空穴复合，复合时得到的能量以光能的形式释放出去。PN 结发光的原理如图 1-51 所示。

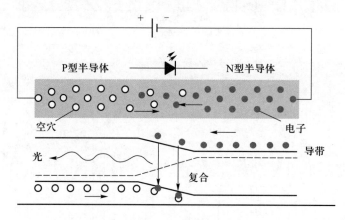

图 1-51　PN 结发光原理示意图

1. UV-LED 发光效率

发光效率一般称为组件的外部量子效率，为组件的内部量子效率与组件的取出效率的乘积。所谓组件的内部量子效率，其实就是组件本身的电光转换效率，主要与组件本身的特性（如组件材料的能带、缺陷、杂质），组件的垒晶组成及结构等。而组件的取出效率则指的是组件内部产生的光子，在经过组件本身的吸收、折射、反射后，实际在组件外部可测量到的光子数目。因此，影响取出效率的因素包括了组件材料本身的吸收性能、组件的几何结构、组件及封装材料的折射率差及组件结构的散射特性等。而组件的内部量子效率与组件的取出效率的乘积，体现整个组件的发光效果，也就是组件的外部量子效率。早期组件发展旨在提高其内部量子效率，主要方法是通过提高垒晶的质量及改变垒晶的结构，使电能不易转换成热能，进而间接提高 UV-LED 的发光效率，从而可获得 70% 左右的理论内部量子效率值，这样获得的内部量子效率已经接近理论上的极限。

2. UV–LED 光学特性

UV–LED 发射的光波段较窄,属于单色光,如图 1-52 所示,其半导体能隙会随温度的上升而减小,故它所发射的紫外光的峰值波长随温度的上升而增长,即光谱红移,温度系数为 0.2～0.3 nm/K。UV–LED 发光强度 L 与正向电流大小成正比。电流增大,发光强度也增大。另外,发光强度也与环境温度有关,环境温度高时,复合效率下降,发光强度减小。因此解决 LED 的散热问题非常关键。灯珠的背面就是芯片与基板,硅芯片无法解决散热问题,只能从基板着手。基板导热率是决定能否将热量快速导出到散热器的关键,金属基板需要做绝缘层,会严重影响到导热效果。目前已知范围内最好的散热材料是石墨烯,但目前并没有办法用石墨烯制成基板,也没有办法量产,因为石墨烯仍处于实验阶段。除石墨烯之外,最好的材料就是陶瓷了,陶瓷基板作为绝缘材料,可以直接与芯片键合,将热量全部导出。陶瓷基 UV–LED 一经面世,便引起较大的轰动,国内以斯利通为首的陶瓷基板生产已经形成了一定的规模,虽然还不足以比肩美日韩企业,但是能够让国内的中小 LED 厂商看到希望。

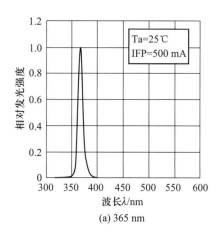
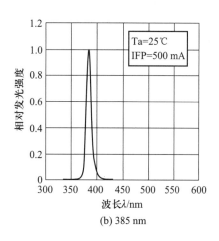

图 1-52 两种常见 LED 灯的发光谱图

3. UV–LED 当前的用途

UV–LED 灯可以在光学传感器和仪器(波长 230～400 nm)、紫外线身份验证、条码(波长 230～280 nm)、表面积水的杀菌(波长 240～280 nm)、鉴别和体液检测及分析(波长 250～405 nm)、蛋白质分析和药物发明(波长 270～300 nm)、医学光照疗法(波长 300～320 nm)、高分子和油墨印刷(波长 300～365 nm)、辨伪(波长 375～395 nm)、表面除菌/美容除菌(波长 390～410 nm)等领域应用。近几年随着 3D 打印的兴起,波长 390～410 nm LED 光源也广泛应用在 3D 打印行业中。

4. UV–LED 与传统汞灯固化相比的优势

(1)冷光源。无热辐射时,被照品表面温升低,可解决光通信、液晶生产中长期存在的热伤害问题。适合在液晶封边、薄膜印刷等要求温升小的场合适用。

(2)快速高效。只需照射几秒钟即可使 UV 涂料固化成高聚物。

(3)安全。UV–LED 采用低电压即可驱动,所发光波为接近可见光的 UV 波长,无臭氧产生,不会使承印物烤焦或燃烧,提升了使用安全性能。

(4)经济方便。UV–LED 可即时开关,固体发光,能耗低,易实现流水化生产。

(5)适应性广。外形多变,可多角度照射,改变了传统 UV 光源只能用于平面照射的局限性。

(6)超长寿命。使用寿命可达 30 000 h 以上。

(7)工作输出稳定。光输出稳定,功率可调。

1.4.4　准分子激光器

准分子激光器是一种脉冲激光器,最早出现于 1971 年,已经过较长时间的研究和发展。早期的准分子激光器以液态氙(Xe)为工作物质,但由于其运行要求附加条件很高,科技工作者对其进行了积极的改造。现在准分子激光器工作介质是一定比例混合的惰性气体和强受电子卤族元素气体,当基态的惰性气体原子被激发时,核外电子被激发到更高的轨道上,改变了电子壳层全部填满的状态,使被激发的原子与其他原子形成短寿命的分子。这种处于激发态的分子称为受激准分子,简称准分子。准分子激光的产生可以分为三个过程,即激光气体的激励过程、准分子生成反应过程和准分子解离发生过程。其激励方式有电子束激励、放电激励、光激励、微波激励和质子束激励等五种。不同活性物质产生不同波长的准分子激光,激光一般为紫外、远紫外和真空紫外波段。

一些稀有气体原子和卤素分子在能量大于 10 eV 的电子作用下可以形成稀有气体与卤素的准分子。该准分子极不稳定,在几纳秒之内发射光子而分解。不同稀有气体与卤化物准分子发射光谱不同,都有各自的主峰波长,且都在紫外光区。常用的准分子激光器有 ArF(波长 193 nm,是现代和下一代 CPU 的主要光刻工具)、KrCl(波长 222 nm)、KrF(波长 248 nm)、XeCl(波长 308 nm)、XeF(波长 351 nm)等。激光脉冲频率一般在 10～100 Hz,有些特殊用途的能够达到 1000 Hz,平均功率一般在 10～100 W,脉冲长度一般在纳秒量级。

参考文献

[1] 郝亚娟.一种含二苯甲酮结构光引发剂的合成及光引发活性研究[J].信息记录材料,2018,2(19):111–115.

[2] YANG J,LIAO W,XIONG Y,et al. A multifunctionalized macromolecular silicone–naphthalimide visible photoinitiator for free radical polymerization[J]. Progress in Organic Coatings,2018,115:151–158.

[3] CESUR B,KARAHAN O,AGOPCAN S,et al. Difunctional monomeric and polymeric photoinitiators：Synthesis and photoinitiating behaviors[J]. Progress in Organic Coatings,2015,86：71-78.

[4] SU J H,LIU X X,XIONG C J,et al. Photoinitiability of triblock copolymer PDMS-b-(PMAEBB-co-PDMAEMA)as a macro-photoinitiator prepared via RAFT polymerization[J]. Progress in Organic Coatings,2017,103：165-173.

[5] DING G,JING C,FENG G,et al. Conjugated dyes carrying N,N-dialkylamino and ketone groups：one--component visible light Norrish type Ⅱ photoinitiators[J]. Dyes and Pigments,2017,137：456-467.

[6] ZHANG Y,LIU Y B,LI Y,et al. Phenolic constituents from the roots of Alangiumchinense[J]. Chinese Chemical Letters,2017,16(1)：32-36.

[7] COURTECUISSE F,KARASU F,ALLONAS X,et al. Confocal Raman microscopy study of several factors known to influence the oxygen inhibition of acrylate photopolymerization under LED[J]. Progress in Organic Coatings,2016,92：1-7.

[8] ZHANG Y X,HE Y,ZHANG X Q,et al. A fluorinated compound used as migrated photoinitiator in the presence of air[J]. Polymer,2015,71：93-101.

[9] LIANG S,YANG Y D,WANG J X,et al. Fluorinated photoinitiators：synthesis and photochemical behaviors[J]. Progress in Organic Coatings,2018,114：102-108.

[10] 金养智. 光固化材料性能及应用手册[M]. 北京：化学工业出版社,2010.

[11] STEYRER B,NEUBAUER P,LISKA R,et al. Visible light photoinitiator for 3D-printing of tough methacrylate resins[J]. Materials,2017,10：1445.

[12] FOUASSIER J P,LALEVEE J. Photoinitiators for polymer synthesis-scope,reactivity,and efficiency [M]. Weinheim：Wiley-VCH Verlag GmbH & Co KGaA,2012.

[13] XIAO P,ZHANG J,DUMUR F,et al. Visible light sensitive photoinitiating systems：recent progress in cationic and radical photopolymerization reactions under soft conditions[J]. Prog Polym Sci,2015,41：32-66.

[14] CORDON C,MILLER C. UV-LED：presented by radtech-the association for UV & EB technology [C]. RadTech International：2013.

[15] PILE D. Ultraviolet goes solid-state[J]. Nature Photonics,2011,5(7)：394-395.

[16] NAKAMURA S. The roles of structural imperfections in InGaN-based blue light-emitting diodes and laser diodes[J]. Science,1998,281(5379)：956-961.

[17] PONCE F A,BOUR D P. Nitride-based semiconductors for blue and green light-emitting devices[J]. Nature,1997,386(6623)：351-359.

[18] XIAO P,DUMUR F,GRAFF B,et al. Variations on the benzophenone skeleton：novel high performance blue light sensitive photoinitiating systems[J]. Macromolecules,2013,46(19)：7661-7667.

[19] MONROE B M,WEED G C. Photoinitiators for free-radical-initiated photoimaging systems[J]. Chem Rev,1993,93(1)：435-448.

[20] 齐祥昭,鲁文辉,牛长睿. 涂料行业 VOC 污染控制政策法规研究[J]. 中国涂料,2015,30(2)：9-13.

[21] 中国涂料编辑部. 积极应对涂料消费税,促产业转型升级[J]. 中国涂料,2015,30(2)：1-8.

[22] 聂俊. 光聚合技术与应用[M]. 北京：化学工业出版社,2008.

[23] KLOOSTERBOER J G. Network formation by chain crosslinking photopolymerization and its applications in electronics[M]. Heidelberg,Berlin：Springer,1988.

[24] BALTA D K,ARSU N,YAGCI Y,et al. Thioxanthone-anthracene:a new photoinitiator for free radical polymerization in the presence of oxygen[J]. Macromolecules,2007,40(12):4138-4141.

[25] ANSETH K S,NEWMAN S M,BOWMAN C N. Polymeric dental composites:properties and reaction behavior of multimethacrylate dental restorations[J]. Biopolymers,2006,122(1):177-217.

[26] XU F,YANG J L,GONG Y S,et al. A fluorinated photoinitiator for surface oxygen inhibition resistance[J]. Macromolecules,2012,45:1158-1164.

[27] 刘茵,张鹏云,原炳发,等. 紫外光聚合涂料的研究进展及发展趋势[J]. 精细与专用化学品,2011, (9):42-46.

[29] HAN Y,WANG F,LIM C Y,et al. High-performance nano-photoinitiators with improved safety for 3D printing[J]. Acs Applied Materials & Interfaces,2017,9(38):32418-32423.

[30] 简凯,杨金梁,聂俊. 自由基型光引发剂的研究进展[J]. 涂料技术与文摘,2016,37(4):41-53.

[31] 肖浦,吴刚强,史素青,等. 可聚合大分子光引发剂的合成及其引发二缩三丙二醇二丙烯酸酯光聚合动力学的研究[J]. 辐射研究与辐射工艺学报,2007(1):19-24.

[32] 黄亮,袁慧雅,叶国东,等. 大分子光引发剂的研究进展[J]. 功能高分子学报,2004(2):325-329.

[33] 张娜,王磊,聂俊,等. 一种含氟可聚合光引发剂的合成及光聚合性能研究[J]. 涂料工业,2017,47 (6):1-6.

[34] 潘海涛. 可聚合光引发剂的分子设计及硅树脂紫外光聚合行为研究[D]. 哈尔滨:哈尔滨工业大学,2016.

[35] 简凯,李东兵,聂俊,等. 低迁移性双官能度光引发剂的合成及光聚合性能研究[J]. 信息记录材料,2016,17(4):62-67.

[36] 唐云辉,简凯,杨金梁,等. 低迁移1173衍生物引发剂的合成与应用研究[C]//2015中国辐射固化年会暨中国感光学会2015年学术年会,2015.

[37] LIANG S,YANG Y D,ZHOU H Y,et al. Novel polymerizable HMPP-type photoinitiator with carbamate:synthesis and photoinitiating behaviors[J]. Progress in Organic Coatings,2017:128-133.

[38] LIANG S,YANG Y D,ZHOU H Y,et al. Fluorinated photoinitiators:synthesis and photochemical behaviors[J]. Progress in Organic Coatings,2018(114):102-108.

[39] SUN F,LI Y X,ZHANG N,et al. Initiating gradient photopolymerization and migration of a novel polymerizable polysiloxane a-hydroxy alkylphenones photoinitiator [J]. Polymer, 2014, 55 (16): 3656-3665.

[40] 戴明之. 二苯甲酮衍生物光引发剂的合成及聚合性能研究[D]. 北京:北京化工大学,2008.

[41] 梁秋鸿. 自由基型有机硅大分子紫外光引发剂的设计、合成及其性能研究[D]. 湖北:武汉大学,2014.

[42] YANG J,SHI S,XU F,et al. Synthesis and photopolymerization kinetics of benzophenone sesamol one-component photoinitiator[J]. Photochemical & Photobiological Sciences,2013,12:323-329.

[43] TANG Y,ZHANG Y,YANG J,et al. Synthesis and characteristics of photopolymerized benzophenone[J]. Jouranl Polym Sci Pol Chem,2017,55:313-320.

[44] 熊英,张利萍,武青青,等. 含倍半硅氧烷的大分子光引发剂的合成及其光引发性能[J]. 武汉大学学报(理学版),2015,61(1):67-72.

[45] TEHFE M A,DUMUR F,GRAFF B,et al. Trifunctional photoinitiators based on a triazine skeleton for visible light source and UV LED induced polymerizations[J]. Macromolecules,2012,45(21):8639-

-8647.

[46] ROTH M,HENNEN D,OESTERREICHER A,et al. Exploring functionalized benzophenones as low-migration photoinitiators for vinyl carbonate/thiol formulations[J]. European Polymer Journal,2017 (88):403-411.

[47] CHENG L L,SHI W F. Synthesis and photoinitiating behavior of benzophenone-based polymeric photointiators used for UV curing coatings[J]. Progress in Organic Coatings,2011,71(4):355-361.

[48] TANG Y H,ZHANG Y X,YANG J L,et al. Synthesis and characteristics of photopolymerized benzophenone[J]. Journal Polym Sci Pol Chem,2017,55:313-320.

[49] KORK S,YILMAZ G,YAGCI Y,et al. Poly(vinyl alcohol)-thioxanthone as one-component type Ⅱ photoinitiator for free radical polymerization in organic and aqueous media[J]. Macromolecular Rapid Communications,2015,36(10):923.

[50] WU Q Q,TANG K Y,XIONG Y,et al. High-performance and low migration one-component thioxanthone visible light photoinitiators [J]. Macromolecular Chemistry and Physics,2017,218 (6):1600484.

[51] WU Q Q,XIONG Y,YANG J J,et al. Thioxanthone-based hydrophilic visible light photoinitiators for radical polymerization[J]. Macromolecular Chemistry and Physics,2016,217:1569-1578.

[52] LI T T,SU Z L,XU H J,et al. Hyperbranched poly(ether amine)(hPEA)as novel backbone for amphiphilic one-component type-Ⅱ polymeric photoinitiators[J]. Chinese Chemical Letters,2017,29 (3):451-455.

[53] DADASHI-SILAB S,BILDIRIR H,DAWSON R,et al. Microporous thioxanthone polymers as heterogeneous photoinitiators for visible light induced free radical and cationic polymerization[J]. Macromolecules,2014,47(14):4607-4614.

[54] YILMAZ G,ISKIN B,YILMAZ F,et al. Visible light-induced cationic polymerization using fullerenes[J]. Acs Macro Letters,2012,1(10):1212-1215.

[55] KISKAN B,ZHANG J,WANG X,et al. Mesoporous graphitic carbon nitride as a heterogeneous visible light photoinitiator for radical polymerization[J]. Acs Macro Letters,2012,1(5):1-14.

[56] YANG J J,YING X,TANG H D,et al. A multifunctionalized macromolecular silicone-naphthalimide visible photoinitiator for free radical polymerization[J]. Progress in Organic Coatings,2018,115:151-158.

[57] ZHAO J C,LU H X,XIAO P,et al. New role of curcumin:as multicolor photoinitiator for polymer fabrication under household UV to red LED bulbs[J]. Polymer Chemistry,2015,6(28):5053-5061.

[58] XIAO P,DUMUR F,ZHANG J,et al. New role of aminothiazonaphthalimide derivatives:outstanding photoinitiators for cationic and radical photopolymerizations under visible LEDs[J]. Rsc Advances,2016,6(54):48684-48693.

[59] 刘洋,龙奇,陈大华. 传统紫外光源与新型紫外光源[J]. 光源与照明,2006(3):7-9.

[60] 严剑刚,胡欣,罗俊. 超高压汞灯钨电极质量改进研究[J]. 中国钨业,2016,31(3):59-62.

[61] 杨正名,柴国生,宋炜,等. 低气压汞灯紫外辐射的物理模型[J]. 照明工程学报,2004,15(2):9-15.

[62] 张豪俊,刘婕,韩秋漪. Ne-Ar 缓冲气体对 T6 大功率低压汞灯 254nm 紫外辐射效率的影响[J]. 复旦学报:自然科学版,2013,52(3):405-410.

[63] 安仁军. T6 大功率低气压汞放电灯的 185 nm 辐射效率研究[D]. 上海:复旦大学,2015.

[64] 陈大华. 高压汞灯原理特性和应用[J]. 灯与照明,2002,26(5):13-15.

[65] AL-SHAMMA'A A I,WYLIE S R,LUCAS J,et al. Design and construction of a 2. 45 GHz waveguide-based microwave plasma jet at atmospheric pressure for material processing[J]. Journal of Physics D Applied Physics,2001,34(18):2734-2741.

[66] 张西旺,王怡中. 微波无极灯:一种具有前景的高效光催化光源[J]. 环境污染治理技术与设备,2005, 6(10):62-65.

[67] BARKHUDAROV E M,KOZLOV Y N,KOSSYI I A,et al. Electrodeless microwave source of UV radiation[J]. Technical Physics,2012,57(6):885-887.

[68] 孟祥周. 微波无极紫外灯的研制及其在染料废水降解中的应用[D]. 武汉:华中科技大学,2004: 15-25.

[69] 华春帆. 无极汞灯的特性因素对紫外固化的影响[J]. 上海涂料,2012(3):22-24.

[70] 夏东升,施银桃,曾庆福. 新型磁致无极紫外灯光源光氧化性研究[J]. 武汉纺织大学学报,2008,21 (2):1-4.

[71] HORIKOSHI S,KAJITAIN M,SATO S,et al. A novel environmental risk-free microwave discharge electrodeless lamp(MDEL)in advanced oxidation processes:degradation of the 2,4-D herbicide[J]. Journal of Photochemistry & Photobiology A Chemistry,2007,189(2):355-363.

[72] BARKHUDAROV E,CHRISTOFI N,KOSSYI I,et al. Killing bacteria present on surfaces in films or in droplets using microwave UV lamps[J]. World Journal of Microbiology & Biotechnology,2008,24 (6):761-769.

[73] FU J,WEN T,WANG Q,et al. Degradation of active brilliant red X-3B by a microwave discharge electrodeless lamp in the presence of activated carbon environmental technology[J]. Environ Technol, 2010,31(7):771-779.

[74] XU J,LI C,LIU P,et al. Photolysis of low concentration H_2S under UV/VUV irradiation emitted from high frequency discharge electrodeless lamps[J]. Chemosphere,2014,109:202-207.

[75] 马晓旭. UV-LED 为印刷固化开启绿色转型之路[J]. 印刷技术,2013(11):65.

第 2 章 绿色光聚合树脂

2.1 水性光聚合树脂及其应用

相比于传统涂料、油墨而言,紫外光聚合(UV)技术采用活性稀释剂来调节树脂的黏度,以适应涂装成型的工艺要求。活性稀释剂即是具有反应活性的溶剂,将这些活性溶剂通过化学反应固定在聚合后的涂层中,减少挥发性有机化合物(VOC)的排放。涂料、油墨等光聚合产品配方中大量使用活性稀释剂会带来一些不利影响,如单体对皮肤和眼睛的刺激性,未反应完全的残留单体影响涂层整体使用性能及长期使用性能等。另外,受限于单体的稀释能力(相对于有机溶剂),光聚合所用的低聚物的分子量一般不会太高,这使得光聚合涂层在一些对涂层物理性能有较高要求的领域应用受限,难以满足使用要求。对于特殊应用要求的配方体系,可将活性稀释剂和有机溶剂配合使用,降低活性稀释剂用量使涂层达到应用要求。

2.1.1 水性光聚合特点

水性涂料由于其环保、安全、低 VOC 排放等优点成为近年来涂料行业研究的主要方向之一。由于水性涂料采用水为稀释剂,故涂料的黏度调节较方便。对于水分散型(相对于水溶型)水性涂料,其黏度和所用树脂的分子量大小并无直接关系,而与分散相的粒径和浓度相关。这使得高分子量树脂的应用成为可能。然而,受限于固化成膜条件,通常热塑性水性涂料的聚合物的玻璃化转变温度不会太高,并多以高沸点溶剂作为成膜助剂,限制了传统水性涂料的涂层性能且会产生一定的 VOC 排放。

将 UV 聚合技术和水性涂料技术结合,可以克服二者的部分缺点,从而获得性能优异、零 VOC 排放的涂料。水性 UV 体系在聚合成型过程中,可采用分子量较高的 UV 树脂,即室温下为固态的高分子量树脂。待水分挥发后,涂层已经达到指触干程度,UV 聚合实际为 UV 交联过程,从而获得物理性能及防护性能优异的涂层。水性 UV 体系中活性稀释剂用量大大降低。活性稀释剂主要作用由调节体系的黏度以达到施工应用的要求,转变为调节树脂的玻璃化转变温度以满足成膜的要求。同时,由于水性 UV 体系中采用活性稀释剂为成膜助剂,拓宽了所使用树脂的玻璃化转变温度,故可选择的树脂的范围更为广泛,同时可避免使用高沸点溶剂,进一步降低配方体系的 VOC 排放。另外,在 UV 聚合工艺中引进水性体系的同时也带来一些不足,如需增设烘干设备、增加 UV 生产线投入成本和设备占用空间。水性体系的高蒸发焓严重影响 UV 体系的固化速率,从而影响 UV 固化体系的生产效率。尽管存在诸多缺点,但随着环境保护法规日益严格,水性 UV 体系逐渐成为 UV 技术研究重要方向之一,并在某些领域取得实际应用。除上述特点外,水性 UV 体系还有以下缺陷:

(1)水的凝固点为 0 ℃,故要求存储水性 UV 涂料的温度在 0 ℃以上。必要时,需添加防冻剂以降低水的凝固温度,提高水性体系的储存稳定性。

(2)水的挥发性受湿度影响较大。相对湿度较低时,水的挥发速率较快,而相对湿度较高时,水挥发速率大幅降低。水性体系通常需要在较好通风的干燥设备中蒸发干燥。

(3)水具有较高的表面张力(20 ℃时,水的表面张力为 73 mN/m)。导致水性体系对基材的润湿性较差,通常需借助相应的助剂降低表面张力。还需要对水性体系的基材做严格的清洁和打磨处理。

(4)水的汽化热相对有机溶剂较高,所以干燥过程需要消耗更多的能量和时间。

1. 水性 UV 体系的发展过程

光聚合水性涂料从发展历史上看可以分为四个阶段。

(1)第一代水性光聚合体系——外乳化型

早期出现的光聚合水性树脂多为外加乳化剂,利用乳化剂的增溶和乳化作用将油性的可光聚合树脂、不可光聚合树脂和单体配合物分散于连续水相中。此类水性光聚合体系通常固含量较高,且对 pH 和剪切力敏感。由于乳化剂残留于聚合后的涂层,影响涂层性能,后又发展了可聚合乳化剂体系,但乳化剂用量仍较大。

(2)第二代水性光聚合体系——非离子型自乳化型

主要是将非离子型亲水链段(如聚乙二醇链段),嵌段或接枝到聚合物中,制备获得自乳化型光聚合树脂。

(3)第三代水性光聚合体系——混合分散体系

将光聚合组分混合分散于非光聚合的分散体系中(如丙烯酸酯乳液),即将普通的乳液或分散体系与光聚合组分复配组合。利用普通分散体系中过剩的乳化剂或大分子乳化剂体系使一定量的 UV 活性组分增溶或乳化,形成复配乳化体系。此类乳化体系是利用 UV 交联体系改性普通热塑性水性体系,故体系中含有的 UV 活性组分较少,聚合后产品的交联密度相对较低,相比于光聚合产品而言,耐化学品、耐水等性能相对较差。

(4)第四代水性光聚合体系——离子稳定的自乳化体系

将可离子化的化合物引入到聚合物分子结构中,通过离子化反应制备具有水分散性或水溶性的聚合物体系,通过高剪切分散后可获得有较长存贮期的稳定乳液体系。

2. 水性 UV 体系的构成

水性 UV 体系一般由水性 UV 树脂或低聚物、光引发剂体系、添加剂和水组成,其中最重要的是水性 UV 树脂或低聚物。

（1）水性 UV 体系用树脂或低聚物

水性 UV 体系用树脂一般具有一定的亲水性，通常在树脂的分子结构中含有亲水性基团，如羧基、磺酸基、季铵盐等，同时含有可 UV 聚合的丙烯酸或甲基丙烯酸双键结构。用于水性 UV 聚合体系的树脂主要包括水性聚酯丙烯酸酯树脂、水性聚氨酯丙烯酸酯树脂、含有丙烯酸双键的聚丙烯酸酯树脂、水性环氧丙烯酸酯树脂以及其他复合改性的水性化树脂。

水性光聚合树脂与传统光聚合树脂相比，主要差异在于前者引入了亲水链段或可离子化基团，如在聚酯丙烯酸酯的制备过程中，用具有亲水性的聚乙二醇参与酯化聚合，制备含有嵌段亲水链段的聚酯丙烯酸酯树脂。关于水性树脂结构设计，已有大量不同结构的亲水性链段和可离子化的结构被引入到传统的聚合物结构中。水性树脂从类型上分类，主要可分为阳离子型水性树脂、阴离子型水性树脂、两性离子型水性树脂以及非离子型水性树脂。有时为了获得较好的分散体系或水乳效果，会采用不同的亲水性结构，使树脂结构中含有两类不同的亲水链段，相互协同作用制备高稳定性、高固含量的水性体系。

对于水性 UV 聚合的水分散型水性体系，其乳化过程使不同类型或不同种类的混合树脂共同乳化分散，获得混杂型的乳液体系。但通常离子型的水性树脂只能与同性离子的树脂相互混合。将阴离子型水性树脂和阳离子型水性树脂混合极易发生聚沉，水性体系的稳定性较差。两性离子型水性树脂的亲水性基团的离子化可通过 pH 控制，低 pH 下为阳离子型亲水基团离子化而作为亲水段，pH 较高时转变为阴离子型亲水树脂。目前，关于两性亲水性树脂用于光聚合涂层的文献极少。从结构设计的角度，两性亲水性树脂增加了树脂结构设计的复杂性。两性离子型水性树脂体系在与其他离子型亲水树脂混合时，会降低混合体系乳液或分散相的稳定性。非离子型树脂通常可与其他类型（即离子型）水性树脂共混分散，可提高体系的分散稳定性。

（2）水性光引发剂

对于水分散型水性体系（分散型和水乳型）而言，理论上可将传统光引发剂溶解于有机相后再乳化分散，从而继续使用传统的光引发剂体系。但是对于实际配方设计而言，由于引发剂体系会预先加入到水性体系中，造成引发剂对实际聚合条件适应性差。为此需要研发水溶性、可水分散性的引发剂或复配引发剂体系，以满足水性光聚合体系配方设计的要求。

水性光引发剂体系的设计和水性树脂的设计思路相似，主要针对引发剂结构进行改性，引入具有亲水性的链段和基团使其在水相中具有水溶性或水分散性。也有将引发剂接枝到亲水性大分子主链上而获得水分散性光引发剂的研究成果。对于引发剂体系而言，充分与 UV 聚合树脂的混合，是获得良好引发效率和聚合后膜性能的前提。对于水性体系，加入的引发剂需要最终增溶进入水性体系的分散相，从而获得良好的引发效果，所以亲水性引发剂结构的亲水段和亲油段的设计同样重要。

2.1.2 水性 UV 树脂的亲水结构

水性 UV 树脂是水性 UV 体系的重要组成部分。当前在水性 UV 体系中主要采用自乳化型 UV 树脂,其分子结构中含有可离子化的亲水链段或非离子型亲水链段,使树脂可溶解或自乳化分散于水相中。根据亲水链段的类型可分为阴离子型水性树脂、阳离子型水性树脂、非离子型水性树脂。

1.阴离子型亲水结构

阴离子型亲水结构的自乳化型水性树脂,通常是在树脂的主链结构中引入含有羧基、磺酸基及磷酸基的基团,与相应的碱性化合物中和后形成可在水性体系中离子化的亲水基团。这些亲水基团在乳化分散时形成亲水界面层,使树脂稳定分散于水相体系中。

在水性 UV 体系中,常用阴离子结构化合物有含羧基结构的亲水化合物和磺酸型结构的亲水化合物。

(1)含羧基结构的亲水化合物

①2,2-二羟甲基丙酸(DMPA)

2,2-二羟甲基丙酸常用于水性聚氨酯体系的制备。目前,关于水性 UV 聚合的聚氨酯树脂多以 DMPA 为亲水扩链剂,以三乙胺中和成盐后分散于水性体系中制备而得。2,2-二羟甲基丙酸化学结构式如图 2-1 所示。

DMPA 结构中含有新戊基结构,具有较好的耐热及光稳定性。其羟甲基的伯羟基具有较高的反应活性,而羧基的空间位阻较大,反应活性低。所以在聚氨酯的扩链反应中,活性较高的伯羟基参与扩链反应,羧基得以保留,通过碱中和,在分子结构中引入亲水性离子对。DMPA 用于水性聚氨酯丙烯酸酯的制备,可增加树脂亲水性和树脂中硬段含量。树脂的设计过程需要平衡亲水性和树脂力学性能。DMPA 还可用于聚酯型亲水树脂的制备。在酯化过程中,反应活性相对较低的羧基因很少参与聚酯主链的增长反应而得以保留,最终可成盐,形成羧基负离子。但在高温下,季碳原子的羧基脱羧反应可能会导致部分羧基的损失。

②2,2-二羟甲基丁酸(DMBA)

2,2-二羟甲基丁酸的化学结构式如图 2-2 所示。

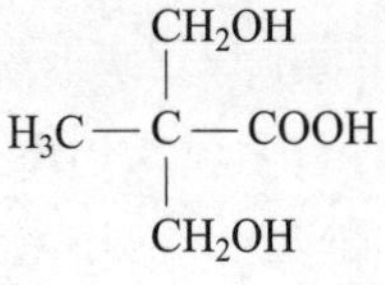

$$H_3C-\underset{\underset{CH_2OH}{|}}{\overset{\overset{CH_2OH}{|}}{C}}-COOH \qquad\qquad H_3C-CH_2-\underset{\underset{CH_2OH}{|}}{\overset{\overset{CH_2OH}{|}}{C}}-COOH$$

图 2-1 2,2-二羟甲基丙酸化学结构式 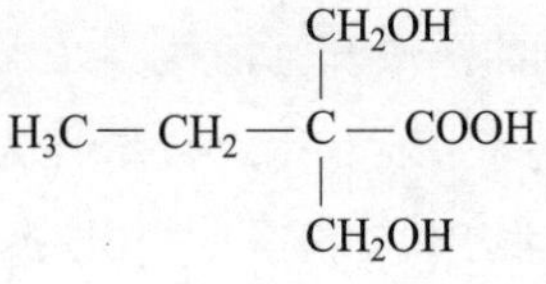　　　图 2-2 2,2-二羟甲基丁酸化学结构式

DMBA 结构与 DMPA 结构类似,DMBA 主要参与反应的官能团结构与 DMPA 官能团相同。DMBA 主要用于水性聚氨酯类水性树脂的制备,也包括以水性聚氨酯改性的其他水性树脂体系。DMBA 分子结构引入了一个亚甲基,相比 DMPA 而言,其相应结构中分子间距增加,相应降低聚氨酯硬段结构中分子间氢键作用。同样地,DMBA 也可用于聚酯型亲水树脂的亲水性结构设计,但是目前相关研究成果比较少见。

③二羟基半酯

二羟基半酯是三元醇和酸酐的反应产物。图 2-3 所示为以三羟甲基丙烷和马来酸酐合成的二羟基半酯化学结构式,反应常用的三元醇有甘油、三羟甲基丙烷,可用的酸酐为马来酸酐、苯酐、丁二酸酐。反应后产物结构上含有两个羟基和一个羧基。二羟基半酯可用于水性 UV 聚氨酯丙烯酸酯树脂的制备,制备出的半酯的羧基空间位阻相比于 DMPA 的小,羟基可能会与羟基竞争和异氰酸酯的反应。对于聚酯型水性 UV 树脂,有研究人员以羧基封端的聚酯为预聚物,以多元醇、三羟甲基丙烷、甘油等扩链、封端制备。过量的羟基基团部分与丙烯酸酯化,部分与酸酐开环反应中和成盐制备水性 UV 聚合树脂。

④酒石酸

酒石酸又称为 2,3-二羟基丁酸,可用于水性聚氨酯乳液的离子化亲水结构的设计,其结构式如图 2-4 所示。

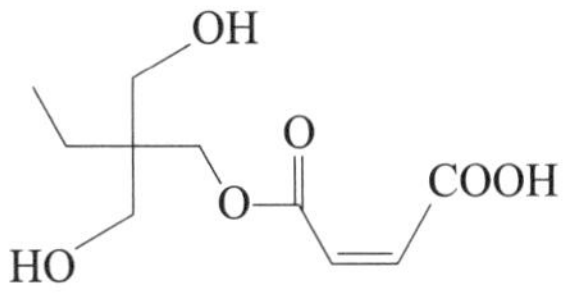

图 2-3　二羟基半酯化学结构式 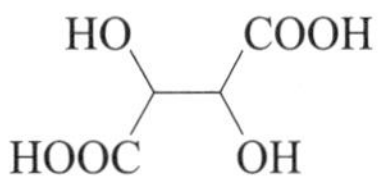　　　图 2-4　酒石酸化学结构式

酒石酸分子结构中含有两个羟基和两个羧基。其结构中的羟基可与异氰酸酯反应,扩链增长,羧基可用于成盐,成为亲水链段。在实际应用中,相比于 DMPA 而言,酒石酸结构中羧基活性更高,可与异氰酸酯反应,故酒石酸的乳化性能低于 DMPA。

⑤酸酐

酸酐主要用于水性 UV 聚合环氧丙烯酸酯树脂的制备。环氧丙烯酸酯树脂是由丙烯酸在催化剂作用下开环氧键制备而得的光聚合树脂,树脂结构中含有大量的羟基。将部分羟基和酸酐类化合物进行开酸酐反应,可制得含有羧基侧链的环氧丙烯酸酯树脂。加入适当的碱(如三乙胺)中和后,可制得自乳化型环氧丙烯酸酯树脂。常用的酸酐包括马来酸酐、邻苯二甲酸酐、六氢苯酐等,部分可用于水性环氧树脂亲水结构设计的酸酐化学结构式如图 2-5 所示。

多元酸酐,如间苯三甲酸酐,也可用于聚酯型水性树脂的制备。但其所制备的树脂结构支链较多,在工艺过程中易交联,故应用较少。

马来酸酐　　　邻苯二甲酸酐　　　4-羧基邻苯二甲酸酐　　　六氢苯酐

图 2-5　部分可用于水性环氧树脂亲水结构设计的酸酐化学结构式

位于疏水链上的亲水基团,有利于形成紧密排列的亲水-亲油层,从而提高乳液稳定性。例如采用桐油改性的酸酐制备水性光聚合环氧树脂:将马来酸酐与桐油进行狄尔斯-阿尔德反应,制备获得桐油二酸酐或桐油三酸酐;以丙烯酸羟乙酯的羟基和环氧树脂的仲羟基与桐油酸酐发生开酸酐反应,而制备含羧基的桐油改性环氧丙烯酸酯树脂;经过中和成盐,乳化,获得水性 UV 树脂;其亲水位点位于柔性的桐油脂肪酸结构上,而有利于形成紧密的亲水-亲油层,具有良好的稳定性。

⑥柠檬酸

柠檬酸结构中含有 3 个羧基和 1 个羟基,其中 1 个羟基和 1 个羧基连接在季碳上,如图 2-6 所示,反应活性较弱。柠檬酸可与环氧树脂的环氧键发生开环反应,其中反应活性较低的羧基参与成盐反应,从而获得自乳化型环氧树脂。酯化反应中,优先参与反应的基团仍是与伯碳相连的两个羧基,故柠檬酸可用于制备亲水性聚酯丙烯酸酯树脂。由于羟基及连接羧基的亚甲基的影响,与季碳直接相连的羧基更容易发生脱羧反应。

⑦衣康酸

衣康酸结构中含有 2 个羧基和 1 个双键(见图 2-7),皆是可以用于设计亲水结构的反应官能团。其双键类似于丙烯酸,可参与聚合,形成大分子的亲水性低聚物,用于设计大分子亲水结构的亲水性 UV 树脂,或连接到分子主链后,与硫酸加成反应制备硫酸酯型亲水结构。衣康酸在水性 UV 环氧树脂的制备上,主要是利用其羧基与环氧基团的开环氧反应。反应结束后分子结构中引入羧基,可通过中和成盐而离子化。

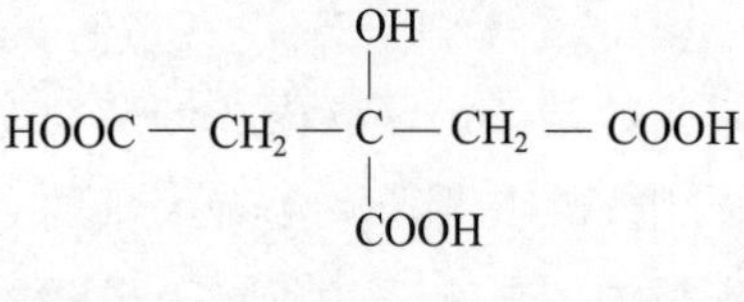

图 2-6　柠檬酸化学结构式 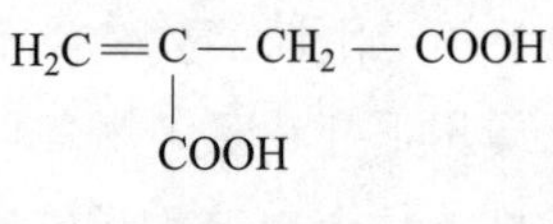　　　　　　图 2-7　衣康酸化学结构式

(2)含磺酸基亲水化合物

相比于羧酸型亲水基,磺酸型亲水基对酸性条件的耐受性更好。但是,由于磺酸型结构的高电离性,聚合后涂层耐水性会更低。迄今关于磺酸型亲水性 UV 树脂国内研究较少。可用于制备磺酸型亲水树脂的结构包括以下几种:

①氨基磺酸盐化合物

对于环氧树脂体系,端氨基磺酸盐扩链法可制备含有磺酸基侧链的亲水性环氧树脂。氨基磺酸盐亲水性结构中,含有一个伯胺基和一个磺酸盐,如图 2-8 所示。室

$$H_2N-CH_2-CH_2-SO_3M$$

图 2-8　氨基磺酸盐化学结构式

温下,将氨基磺酸盐滴加到环氧树脂体系中,充分反应后滴加含有阻聚剂的丙烯酸,进行羧基与环氧基团的开环氧反应,制备磺酸型水性 UV 光聚合树脂。

对于聚酯或聚氨酯体系,需采用二氨基磺酸盐或二羟基磺酸盐进行反应。如乙二氨基乙磺酸钠盐,其分子结构中含有一个伯胺基和一个仲胺基,如图 2-9(a)所示,起亲水作用的为磺酸钠盐。在亲水性聚氨酯树脂的合成反应中,以氨基扩链法在聚氨酯分子结构中引入亲水性的磺酸盐结构。将不饱和二元醇与亚硫酸氢钠加成反应可制备含有磺酸亲水侧基的二元醇。此二元醇用于聚氨酯树脂的制备,聚氨酯树脂制备方法与氨基扩链法类似,只是将扩链剂用二羟基磺酸盐[见图 2-9(b)]代替。

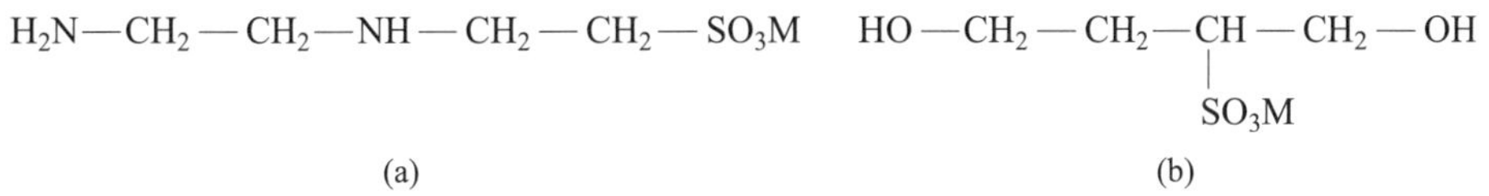

$$H_2N-CH_2-CH_2-NH-CH_2-CH_2-SO_3M \qquad HO-CH_2-CH_2-CH-CH_2-OH$$
$$\hspace{9cm} | $$
$$\hspace{9cm} SO_3M$$

(a) (b)

图 2-9　乙二氨基乙磺酸钠盐和二羟基磺酸盐化学结构式

②羧基磺酸盐化合物

将不饱和二元酸(如马来酸酐)与亚硫酸氢钠进行加成反应,可制得含有二羧基磺酸盐结构的产物,如图 2-10 所示。此类磺酸盐结构中含有两个羧基和一个亲水性磺酸基,可用于制备水性 UV 环氧树脂:将二羧基磺酸盐与环氧树脂按官能团比 1∶2 的比例投料反应,待酸值达到要求后再滴加丙烯酸,反应完全后乳化。二羧基磺酸盐分子结构中的羧基也可与异氰酸酯或二元醇反应而制备聚氨酯型或聚酯型水性树脂。

苯磺酸型亲水结构也可用于亲水性树脂的设计和合成,其化学结构式如图 2-11 所示。苯磺酸型亲水结构中的仲氨基可以与环氧或异氰酸酯反应,而将亲水性的苯磺酸盐基团引入分子结构中。

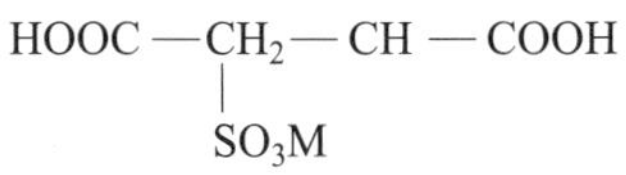

$$HOOC-CH_2-CH-COOH$$
$$\hspace{3.5cm}|$$
$$\hspace{3.5cm}SO_3M$$

图 2-10　二羧基磺酸盐化学结构式

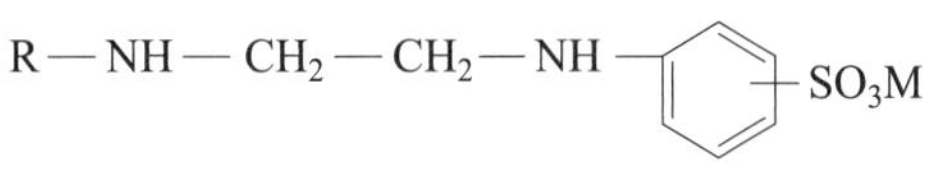

$$R-NH-CH_2-CH_2-NH-\!\!\!\bigcirc\!\!\!-SO_3M$$

图 2-11　苯磺酸型亲水结构化学结构式

2. 阳离子型亲水结构

阳离子型水性树脂分子主链或侧链结构中,含有可离子化并带正电的结构(如季铵盐),

相应的配合离子为阴离子(如氯离子、溴离子、硫酸根离子等)。阳离子型水性树脂可用于制备阴极电泳漆,其分子结构中带正电的离子化基团主要是季铵盐结构。通常采用含有叔胺结构的化合物,与酸成盐而得季铵盐,或在分子结构中引入卤素,再通过季铵化反应形成季铵盐。

(1)N-甲基二乙醇胺类化合物

在阳离子型水性 UV 聚氨酯树脂的设计中,常用的阳离子型亲水结构为叔胺类二元醇,其中 N-甲基二乙醇胺较为常见。其他类似结构的叔胺类化合物有 N-丙基二乙醇胺、N-苄基二乙醇胺、N-叔丁基二乙醇胺、N-甲基乙醇胺、双(2-羟乙基)苄基苯胺、双(2-羟丙基)苄基苯胺等(见图 2-12)。叔胺类二元醇用于阳离子型水性聚氨酯的制备,以羟基参与聚氨酯的扩链反应,同时引入叔胺结构,引入的叔胺结构可以通过与酸直接中和而离子化,也可通过季铵盐化反应与卤代烷,如碘甲烷或溴甲烷反应形成季铵盐而离子化。值得注意的是叔胺可以催化羟基与异氰酸酯的反应,故在扩链反应中需采用滴加方式添加,且需时刻注意体系黏度的变化。

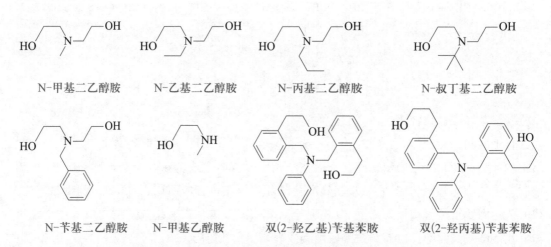

N-甲基二乙醇胺　　　N-乙基二乙醇胺　　　N-丙基二乙醇胺　　　N-叔丁基二乙醇胺

N-苄基二乙醇胺　　　N-甲基乙醇胺　　　双(2-羟乙基)苄基苯胺　　　双(2-羟丙基)苄基苯胺

图 2-12　用于制备阳离子型聚氨酯丙烯酸酯树脂的叔胺类二元醇的化学结构式

(2)2,3-二溴丁二酸类化合物

二元羧酸的化合物也可用于聚氨酯树脂的扩链,反应生成脲胺结构并释放出二氧化碳,但由于反应较慢,一般不用于聚氨酯树脂的制备。2,3-二溴丁二酸[见图 2-13(a)]可作为环氧树脂扩链剂与环氧树脂反应在树脂分子主链结构上引入溴原子,再与叔胺,如三乙胺发生季铵盐化反应引入亲水链段。其他类似于 2,3-二溴丁二酸结构的是以不饱和二元酸与溴化氢反应制备的含溴化合物,如马来酸与溴化氢反应制得的 2-溴丁二酸[见图 2-13(b)]。

3. 非离子型亲水结构

(1) 聚乙二醇

用于自乳化型光聚合树脂制备的非离子型亲水结构主要是聚乙二醇(PEG)。聚乙二醇化学结构式如图 2-14 所示。聚乙二醇在水性体系中形成螺旋柱状亲水结构,其疏水的烷烃结构包裹于柱状内,其表面为醚的氧原子,可与水分子形成氢键。

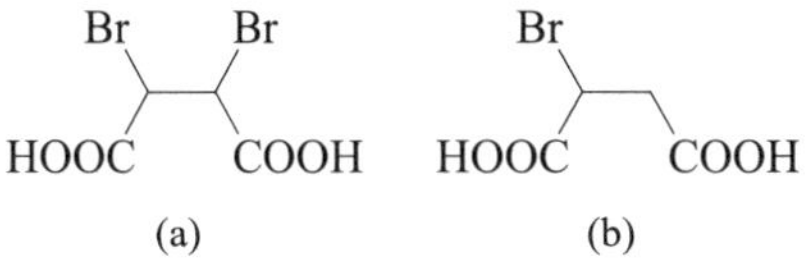

图 2-13 2,3-二溴丁二酸和 2-溴丁二酸化学结构式　　图 2-14 聚乙二醇化学结构式

PEG 可直接用于非离子型水性聚氨酯的制备,一般将中低分子量的 PEG 和其他的聚醚二元醇混合使用,制备的聚氨酯有亲水性软链段。若单独使用 PEG 为亲水链段,通常其用量大于 20% 才有可能获得稳定的乳液,但乳液粒径随 PEG 用量的增加而减小,聚合后材料的拉伸强度降低,断裂伸长率增加。

PEG 也可直接参与酯化反应,制备水性光聚合聚酯树脂。将 PEG 与马来酸酐反应制备聚乙二醇二酸,再将聚乙二醇二酸与含羟基的丙烯酸酯酯化获得光聚合聚酯树脂,最后乳化形成水性光聚合乳液。PEG 合成的聚乙二醇二酸也可充当环氧树脂扩链剂,与二元环氧树脂反应,再以丙烯酸开环氧键制备水性的环氧丙烯酸酯树脂。

(2) 其他非离子型亲水化合物

其他类型的非离子型亲水结构是基于聚乙二醇结构改性合成的产物(化学结构式如图 2-15 所示),如聚酯型聚乙二醇,是将聚乙二醇与含有长链烷烃的二元酸酯化,形成亲水性结构。可用的二元酸包括:己二酸、壬二酸、癸二酸、二聚脂肪酸等。疏水型长链烃结构有利于形成亲水-亲油界面层,有利于提高乳液的稳定性。

其他改性的聚醚结构还包括聚氧化乙烯胺、聚氧化乙烯酰胺。在图 2-15 所示分子结构中,R 为引入的长链烃结构。

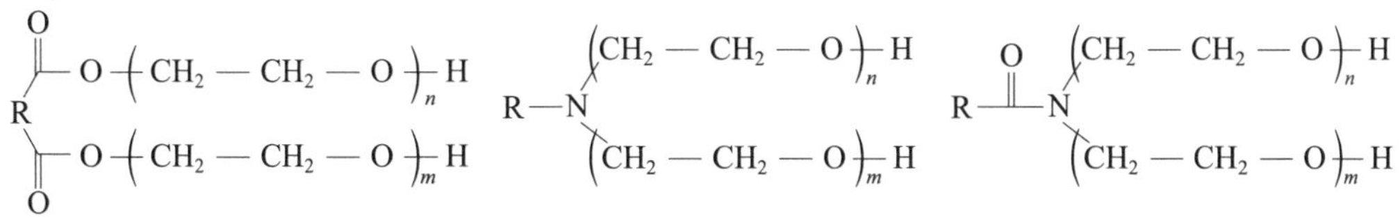

聚酯型聚乙二醇醚　　　聚氧化乙烯胺　　　聚氧化乙烯酰胺

图 2-15 聚乙二醇改性的非离子型亲水结构化学结构式

非离子型亲水结构与其他离子型亲水结构可共存,对乳液稳定性有协同作用。故可将

非离子型亲水结构与其他离子型结构并用,设计合成双亲水结构的水性树脂。以非离子型亲水结构设计的光引发剂可同时适用于阳离子型亲水体系和阴离子型亲水体系。

4.低聚物型亲水结构

低聚物型亲水结构是指分子量较高的一类亲水聚合物,其在水相中可溶或可形成稳定的聚合物胶束。以下所述小分子结构通过逐步聚合亦可形成聚合物型亲水结构,但其本质上的亲水结构仍为本节所述的小分子,故不做重复介绍。这里所述的低聚物型亲水结构是通过双键聚合而制备的低聚物型亲水结构。

此类聚合物制备方法多样,且结构复杂多变,难以详述。总体的制备方法是含亲水结构的烯类单体和其他烯类单体通过相应的聚合方法,制得如无规共聚物结构、嵌段共聚物结构、接枝共聚物结构的亲水性低聚物。在此仅介绍相关的含亲水结构的烯类聚合单体和一些特殊结构的亲水性聚合物。

(1)阴离子型亲水聚合单体

①(R 基)丙烯酸

将(R 基)丙烯酸与(R 基)丙烯酸酯类单体共聚,可制备具有不同酯类侧基的结构(见图 2-16),(R 基)丙烯酸的羧基可与碱中和成盐,形成亲水链段。其他类型的(R 基)丙烯酸酯则可提供继续反应的活性位点。如(R 基)丙烯酸羟乙酯参与共聚的聚丙烯酸酯,聚丙烯酸酯侧链上含有的羟基可与半封端的聚氨酯丙烯酸酯发生接枝反应,制备聚丙烯酸酯树脂改性的聚氨酯丙烯酸酯水性 UV 树脂。

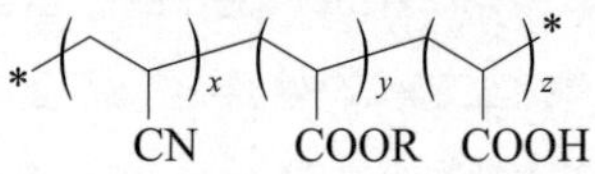

图 2-16 亲水性聚丙烯酸酯树脂化学结构式

含有(R 基)丙烯酸羧基侧链的聚丙烯酸酯可直接与甲基丙烯酸缩水甘油酯(GMA)反应接枝上丙烯酸酯双键,反应剩余的羧基成盐后成为亲水链段,制得了聚丙烯酸酯水性 UV 树脂。

丙烯酸可与多种烯类单体共聚,不仅是丙烯酸酯,还包括苯乙烯、丙烯腈等,故通过共聚即可设计具有优异性能的水性聚丙烯酸酯树脂,其侧基可作为接枝反应位点接枝上丙烯酸酯双键用于光聚合反应。

②马来酸半酯

马来酸酐与苯乙烯或丙烯酸酯类化合物共聚合,制备的聚合物与醇反应制备半酯,制备的羧酸成盐后可形成亲水性链段。另外,在选择丙烯酸酯类化合物时,可选择功能化的丙烯酸酯类化合物,从而在聚合物中引入新的反应位点,利用反应位点使聚合物丙烯酸酯化,从而制备具有光聚合性能的水性树脂。

③苯乙烯磺酸盐

苯乙烯磺酸盐(见图 2-17)和丙烯酸酯或马来酸酯共聚合制备的聚合物可用于制备磺酸型水性光聚合树脂。苯乙

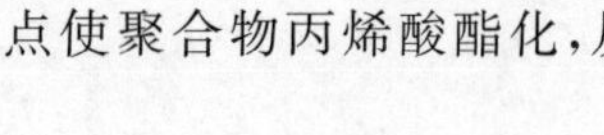

图 2-17 苯乙烯磺酸盐化学结构式

烯磺酸盐与马来酸酐共聚后,用丙烯酸羟乙酯进行开酸酐反应即可制备具有亲水性的光敏树脂。

　　所有含有不饱和双键的磺酸结构都可以用来制备磺酸型亲水聚合物,通过接枝改性的方法可在相应的聚合物侧链上接枝有光聚合活性的丙烯酸双键结构,从而制备水性光聚合树脂。其他可聚合磺酸型亲水结构如图 2-18 所示。

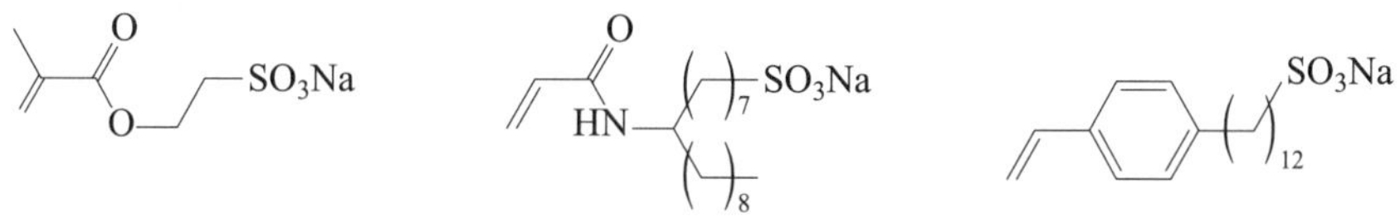

甲基丙烯酸乙基磺酸钠　　　　丙烯酰胺类磺酸钠　　　　　　苯乙烯磺酸盐

图 2-18　其他可聚合磺酸型亲水结构化学结构式

　　④自由基接枝的亲水性结构

　　制备含有自由基接枝活性位点的聚合物,是通过自由基接枝反应将丙烯酸和丙烯酸酯类化合物接枝于聚合物侧链,从而获得具有亲水性侧基的亲水树脂。氯化聚丙烯在过氧化二苯甲酰(BPO)引发下,将丙烯酸(AA)和丙烯酸羟乙酯接枝聚合,制备氯化聚丙烯亲水性侧基,再通过与甲基丙烯酰氯化或甲基丙烯酸缩水甘油酯(GMA)反应接枝上丙烯酸酯双键,反应过程如图 2-19 所示。

注: $R = -\overset{O}{\underset{}{C}} - \overset{CH_3}{\underset{}{C}} = CH_2$

图 2-19　利用含接枝位点的聚合物制备双亲性聚合物基光聚合树脂

　　(2)阳离子型亲水聚合单体

　　①苯乙烯苄基氯

　　将苯乙烯苄基氯(见图 2-20)与可聚合烯类单体共聚,如苯乙烯、丙烯酸酯等,制得的聚合物侧基含有苄基氯结构,如图 2-21 所示。苯乙烯苄基氯通过与三乙胺季铵化反应成盐,制备三乙基苄基氯化铵的亲水结构。此外,苄基氯结构可以通过亲核取代反应进行功能化改性。对于光聚合体系的改性,可以接枝丙烯酸酯

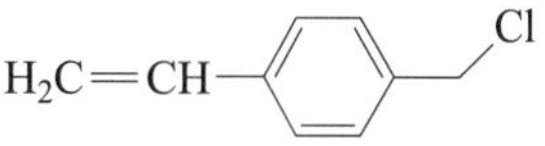

图 2-20　苯乙烯苄基氯
化学结构式

双键,或与含羟基结构的光引发剂发生亲核取代反应,制备大分子接枝光引发剂等。

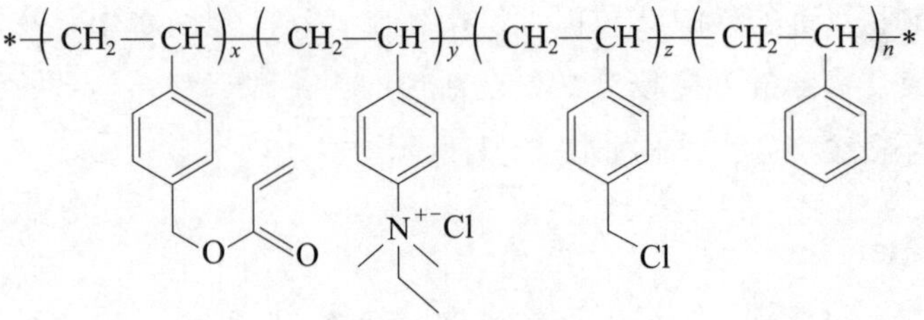

$$*{\left(CH_2-CH\right)}_x{\left(CH_2-CH\right)}_y{\left(CH_2-CH\right)}_z{\left(CH_2-CH\right)}_n*$$

图 2-21　苯乙烯共基氯与可聚合烯类单体制备的阳离子型双亲性光聚合树脂

②三甲基乙烯基苯基氯化铵

利用三甲基乙烯基苯基氯化铵(见图 2-22)制备水性树脂及相应光敏性树脂的制备方案类似于聚苯乙烯磺酸盐。三甲基乙烯基苯基氯化铵的主要功能是为树脂提供亲水性的铵盐。功能化改性则是与其他类型的烯类单体共聚而引入改性位点。其他结构的可聚合季铵盐,如三乙基乙烯基氯化铵、季铵盐化的乙烯基吡啶或酸中和的乙烯基吡啶盐等,在制备阳离子水性树脂中也有应用。

$$H_2C{=}CH-\!\!\!\!-\!\!\!\!-N^+(CH_3)_3\ Cl^-$$

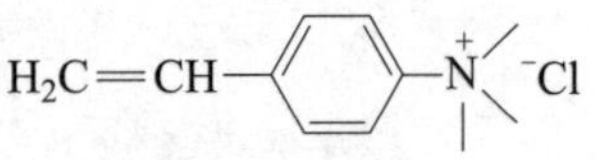

图 2-22　三甲基乙烯基苯基氯化铵化学结构式

5. 成盐剂及成盐反应

对于阴离子型水性 UV 树脂,其成盐剂主要是与羧酸或磺酸发生酸碱中和反应而成盐的试剂,主要包括三乙胺、氨水、氢氧化钠、氢氧化钾等。而阳离子型水性 UV 树脂的成盐剂可以是与碱性的叔胺反应的盐酸或乙酸等酸性试剂,也可以是发生季铵盐化的反应试剂,如碘甲烷、环氧氯丙烷等。对于含卤素侧基的树脂,其通过与叔胺发生季铵化反应而成盐。常见的成盐反应如图 2-23 所示。

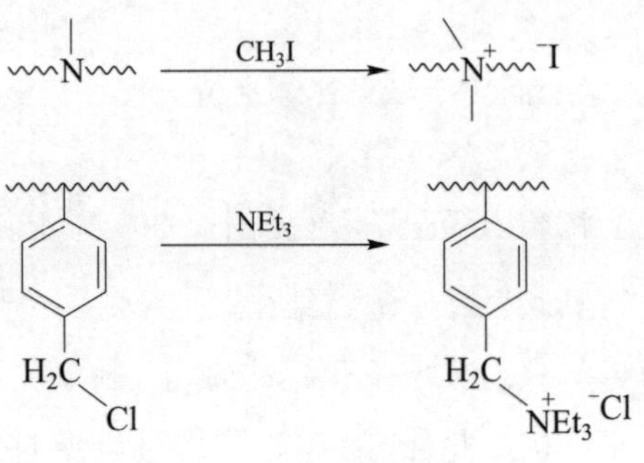

成盐反应可以完全进行,在树脂合成中,通常按照树脂中含有成盐基团的物质的量,1:1 加入成盐剂。多数水性体系中,成盐剂加入量小于成盐基团量时,形成的乳液粒径随着成盐剂加入量的增加而减小,乳液的稳定性提高。

离子型水性树脂亲水性离子对的含量越高,其亲水性越强,形成粒径越小的乳液体系。但是亲水性过高会影响聚合后涂层的耐水性,且乳胶粒表面的离子对浓度高,会造成乳胶粒表面有高

图 2-23　常见的成盐反应

水溶胀率,使体系黏度增加,甚至形成糊状物。

水性树脂成盐的配对离子对分散体系的稳定性也有重要影响。在聚氨酯水性体系中,分别采用 NaOH、氨水、三乙胺、三乙醇胺作为成盐剂,考察分散体系的稳定性。不同成盐剂对比结果表明,用 NaOH 中和成盐的聚氨酯水性体系,乳液粒径粗,稳定性差,易发生聚沉,而氨水体系易产生黄变,相比而言叔胺体系所制备的乳液稳定性和分散性较好。对于叔胺体系而言,氨基的烷基链长度影响其水化能力,如采用三丙胺为成盐剂,即使树脂含有高浓度的羧基也很难得到稳定的分散体系。而长烷基链有利于降低离子化表面的表面张力,有利于乳液粒子分散细化。相比于碱金属盐中和体系,叔胺中和的水性体系表面张力相对较低,有利于形成稳定细化的乳液体系。

阴离子型乳液体系,其 pH 一般为 7~8,过高的 pH 会使体系中含有过量的碱基配离子,不利于树脂的稳定储存和涂层聚合后的物理性能。而非离子型水性体系对水相的 pH 具有较好的容忍度。离子型水性体系主要依靠静电斥力使体系稳定,而非离子型水性体系主要依靠水化作用使体系稳定。如果复合使用离子型和非离子型水性体系,则在乳胶粒表面既有较大的静电斥力,又会形成厚厚的水化层,双层作用的效果使乳液体系稳定性大大提高。

2.1.3 水性光聚合树脂的制备

水性低聚物,又称为水性光聚合树脂,是水性光聚合涂料的重要组成部分,决定着聚合膜的硬度、柔韧性、附着力、耐磨性、耐水性等重要性能。水性光聚合树脂需要在树脂分子结构上引入可聚合的不饱和双键,还需要引入一定量的亲水性基团,如羧基负离子、磺酸盐、季铵盐等。按照所合成的树脂种类可分为水性聚氨酯丙烯酸酯、水性环氧丙烯酸酯、水性聚酯丙烯酸酯及聚丙烯酸酯改性的丙烯酸酯树脂等。在合成不同树脂的过程中,根据引入亲水基团的属性又可分为阴离子型、阳离子型、非离子型、复合型亲水树脂。

1. 水性聚氨酯树脂

聚氨酯树脂分子结构中含有氨酯键,故分子间可通过氨酯键形成氢键。分子间的氢键作用提高了树脂的分子间作用力,受外力冲击时,氢键断裂吸收能量,所以聚氨酯树脂有较好的抗冲击性能,聚氨酯涂层有较好的机械耐磨性和柔韧性。与其他类型的涂料相比,在同样的硬度下,聚氨酯涂层具有较高的断裂伸长率。

(1)聚氨酯主要化学反应

异氰酸酯(RNCO)具有两个累积双键,非常活泼,易与其他含活泼氢化合物反应。—NCO 基团上氧原子和氮原子均呈负电性,碳原子的电子密度最低,呈正电性,反应时易受亲核试剂进攻。

①异氰酸酯与羟基反应

异氰酸酯与羟基反应方程式如图 2-24 所示。羟基化合物会作为亲核试剂进攻异氰酸酯上带正电性的碳原子,氧的电负性强,会吸引氢原子形成羟基。不饱和碳上的羟基不稳定,发生重排,形成氨基甲酸酯。因反应剧烈放热,故在反应制备过程中需要缓慢滴加多元醇,控制反应速率,同时需要快速搅拌散热。

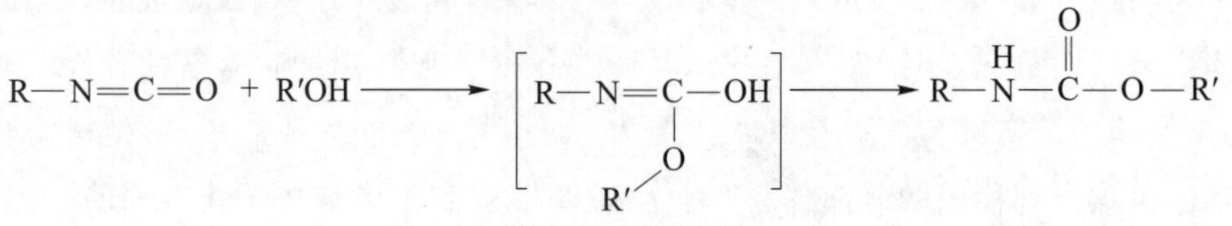

图 2-24 异氰酸酯与羟基反应方程式

②异氰酸酯与水反应

异氰酸酯与水反应方程式如图 2-25 所示。反应生成伯胺,同时放出二氧化碳。通常与水反应用胺类催化剂催化反应。

$$R—N{=}C{=}O + H_2O \longrightarrow R—NH_2 + CO_2$$

图 2-25 异氰酸酯与水反应方程式

③异氰酸酯与氨基反应

异氰酸酯与水和氨基的反应通常联合进行,异氰酸酯与水的反应相比而言较慢,而与氨基反应较快(见图 2-26)。在水性树脂制备过程的扩链反应中,可加入三乙胺后,直接加水分散,利用水与异氰酸酯反应生成胺,再与异氰酸酯反应而扩链。成膜过程中,如遇水气,由于反应释放二氧化碳,会造成漆膜鼓泡现象。

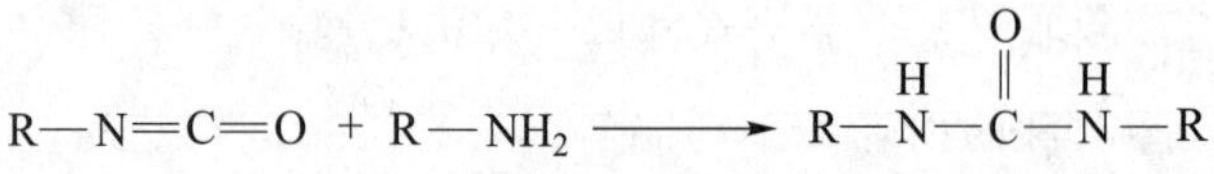

图 2-26 异氰酸酯与氨基反应方程式

④异氰酸酯与羧基反应

异氰酸酯可与羧基反应生成酰胺,放出二氧化碳,此反应较慢,反应方程式如图 2-27 所示。在合成水性聚氨酯树脂的过程中,分子结构中引入羧基。羧基连接在季碳原子上时,空间位阻大,羧基不易反应。而异氰酸酯与半酯结构的羧基或聚丙烯酸类羧基反应时,异氰酸酯与羧基可能反应。

$$R—N{=}C{=}O + R—COOH \longrightarrow R—\overset{H}{\underset{}{N}}—\overset{O}{\overset{\|}{C}}—R + CO_2$$

图 2-27 异氰酸酯与羧基反应方程式

异氰酸酯在高温下(大于 100 ℃)会与氨基甲酸酯、酰胺发生反应。此类反应在制备步骤中,反应温度通常小于 100 ℃,防止交联,而后期成膜后烘烤,可提高交联密度。异氰酸酯还可发生诸如与环氧基团的反应、二聚化或三聚化反应,由于此类反应与水性聚氨酯制备过程关系不大,主要用于树脂结构设计和改性方面,相关聚氨酯书籍都有相应的叙述,故在此不做详细介绍。

(2)反应活性的影响因素

异氰酸酯的反应活性取决于碳原子的带正电性,吸电子基团使异氰酸酯电子密度降低,提高碳原子的正电性,有利于亲核试剂的进攻,提高异氰酸酯的反应活性。反之,推电子基团降低异氰酸酯的反应活性。

空间位阻效应也是影响异氰酸酯反应活性的重要因素。如 2,4-甲苯二异氰酸酯的 2 个异氰酸酯基在 29 ℃时,反应速率常数相差 7.9 倍,反应温度提高至 72 ℃时,反应速率常数相差倍数降为 4.7 倍。苯环上的甲基有推电子效应,会降低异氰酸酯基的活性,2 号位的异氰酸酯基受到甲基的位阻效应,活性更低。聚氨酯制备过程中,可利用异氰酸酯基反应活性的差异。反应活性差异越大,所制备的聚氨酯分子量分布越窄。

芳香族异氰酸酯的反应速率较脂肪族异氰酸酯的反应速率快。由于 TDI、IPDI 的 2 个异氰酸酯基所处的环境不一样,反应活性有显著差异,可用于设计分子量窄分布的聚氨酯。IPDI分子结构中,含有一个伯异氰酸酯基和一个仲异氰酸酯基,当 IPDI 与正丁醇反应时,在 20 ℃不加催化剂条件下,仲 NCO 比伯 NCO 反应速率快 5.5 倍,反应以 0.075% 的二月桂酸二丁基锡催化,仲 NCO 比伯 NCO 快 11.5 倍。

活泼氢化合物的反应活性同样受电子效应和空间位阻效应影响。在活泼氢化合物中引入亲核性的结构,提高反应活性,连接有推电子基团的活泼氢化合物反应活性高,如脂肪胺与异氰酸酯的反应活性大于芳香胺与异氰酸酯的反应活性。胺类化合物反应活性大于醇类化合物,醇类化合物反应活性大于酚类化合物。

比较伯醇、仲醇和叔醇与苯异氰酸酯的反应活性可以看出空间位阻效应对反应活性的影响。实验表明,伯醇、仲醇、叔醇与异氰酸酯反应速率比为 1.0 : 0.3 : (0.003～0.007)。利用活泼氢化合物与异氰酸酯反应活性的差异,可以设计制备带有功能化侧链的聚氨酯树脂。由于叔醇的反应速率相比而言很小,所以有些异氰酸酯的合成反应采用叔醇为溶剂,特别是在有较难溶解的多羟基化合物参与反应时。

(3)水性聚氨酯光聚合树脂结构及合成

水性聚氨酯光聚合树脂需要具备可光聚合性和水乳化性,在树脂结构设计中需要引入可光聚合的不饱和双键,一般为丙烯酸酯双键或甲基丙烯酸酯双键,以及亲水链段,包括阴离子型亲水链段、阳离子型亲水链段和非离子型亲水链段。

在满足水性化和光聚合性能要求后,调节水性光聚合树脂合成过程中使用原料的结构及配比,可获得性能各异的水性光聚合聚氨酯树脂。调节中主要的考量因素包括:软段和硬段的比例、聚醚多元醇的结构、合成聚氨酯的分子量、引入丙烯酸酯化合物的结构及分布、亲水链段的类型及结构等。

①软段和硬段的比例

聚氨酯分子结构中软段和硬段的比例直接影响聚氨酯材料的物理性能,不同软段结构及软硬段比例的水性光聚合树脂合成反应式如图 2-28 所示。在水性光聚合聚氨酯树脂合成中,调节软段和硬段比例的方法主要有两种:一是调节聚醚二元醇的分子量,高分子量的聚醚二元醇可增加软段的比重;二是添加小分子多元醇或多元胺,增加分子结构中硬段的比重。

Hwang 等研究发表了一种聚碳酸酯基聚氨酯水性分散液的合成方法及过程。通过制备不同分子量及结构的聚酯二元醇,观察分析了不同分子量软段所合成的水性聚氨酯性能的变化。

采用不同分子量和分子结构的聚酯多元醇反应,可以获得不同性能的聚氨酯聚合膜。由于引入了亲水段 DMPA,它是一种在聚氨酯硬段引入亲水结构的方法。聚酯多元醇分子量的增加,降低亲水性离子基团的密度及聚氨酯硬段的密度,从而造成乳液粒径的增加以及玻璃化转变温度的降低。

加入小分子化合物可显著提高聚氨酯材料的硬段含量。高硬段含量的聚氨酯树脂的制备工艺中,需要使用到较大量的小分子化合物。对于水性光聚合聚氨酯树脂的合成,加入小分子二元醇或二元胺可显著提高聚合膜的硬度。DMPA 即为一种小分子二元醇,水性树脂合成过程中加入 DMPA 提高树脂亲水性是在树脂的硬段引入亲水结构的方法之一。对于高硬段含量的聚氨酯树脂,大量加入 DMPA 会使聚合膜的耐水性变差。故通常将 DMPA 与其他小分子扩链剂,如与 1,4-丁二醇配合使用,可改变 DMPA 与其他扩链剂的比例调节亲水基的含量。

②聚醚多元醇的结构

在聚氨酯结构中,聚醚或聚酯二元醇是构成聚氨酯树脂的主要组成部分。水性光聚合聚氨酯树脂体系中,聚醚结构的选择和设计可显著改变聚氨酯聚合膜的性能。软段结构可根据需要选定不同的聚酯二元醇或聚醚二元醇。一般来说,聚酯多元醇的软段可与硬段中氨基甲酸酯结构形成氢键,提高分子间作用力,微相分离减弱。由于酯基可水解,故会造成聚合膜耐酸碱性降低。聚醚结构分子柔性高,制备的树脂具有良好的延展性,分子间作用力相对较弱,聚合膜强度较低,微相分离作用增强。通过控制聚醚的分子量,可调节聚氨酯树脂中氨基甲酸酯结构的密度及分布。低分子量所制备的聚氨酯黏度高、硬度大、耐磨性好。增加分子量可提高聚氨酯聚合膜的柔韧性,降低玻璃化转变温度。

对于水性光聚合聚氨酯树脂,可将亲水基设计引入软段结构中,制备软段亲水的光聚合树脂。通常以含有聚乙二醇结构的软段作为亲水段参与反应,如采用含有长链烷烃结构的 PEG 二元醇制备的聚氨酯。软段亲水的水性光聚合聚氨酯丙烯酸酯树脂制备如图 2-29 所示。

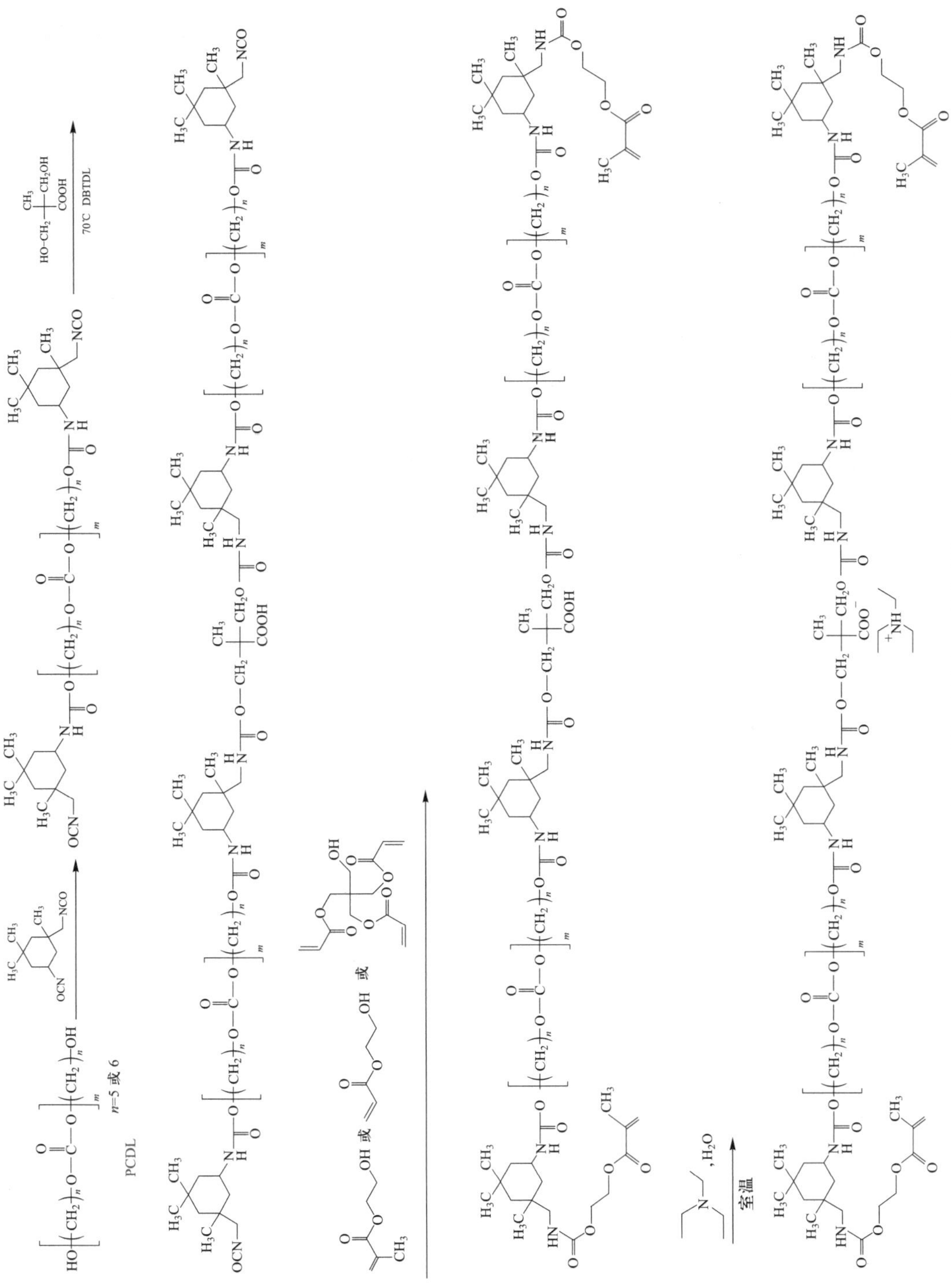

图2-28　不同软段结构及软硬段比例的水性光聚合树脂合成反应式

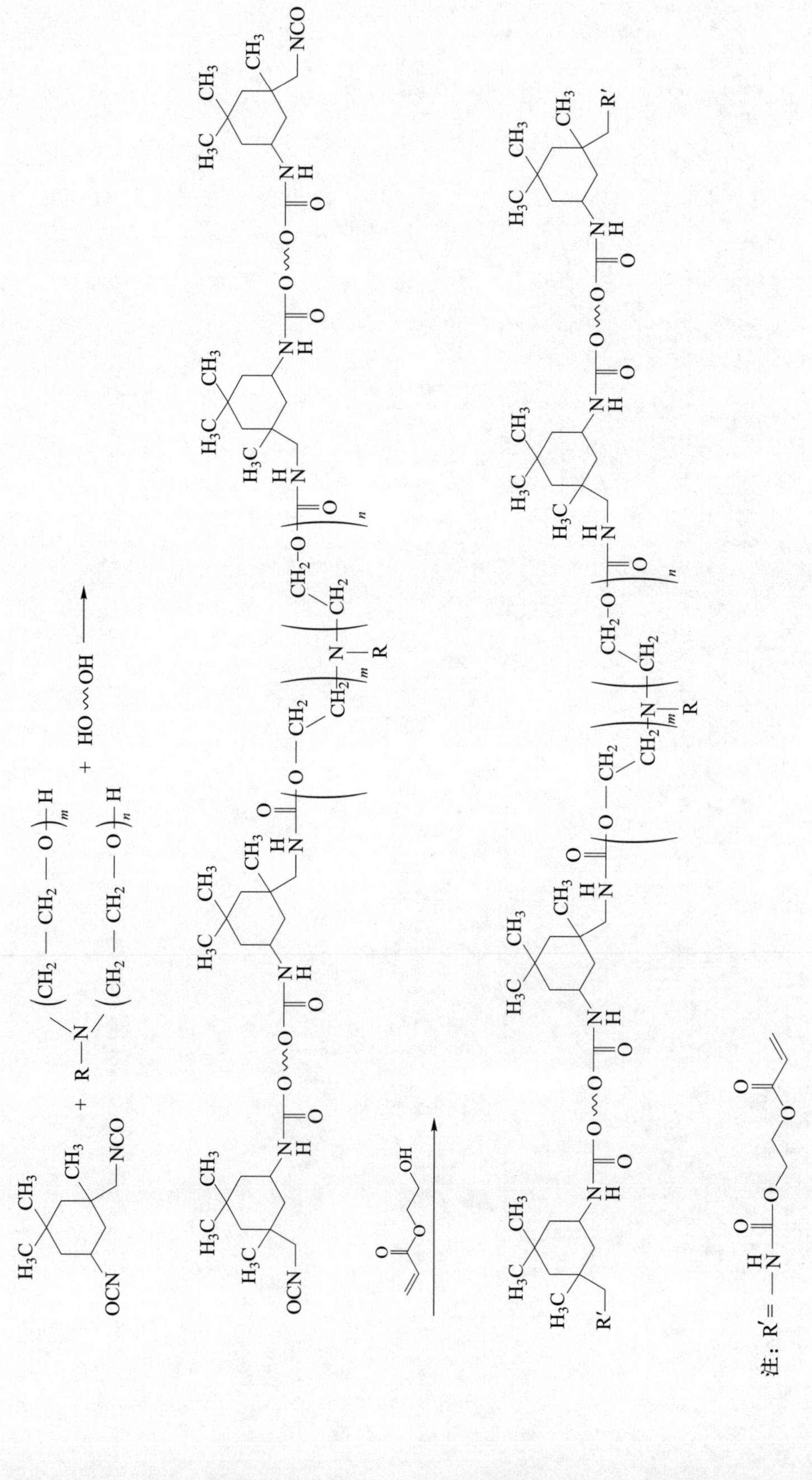

图2-29 软段亲水的水性光聚合聚氨酯丙烯酸酯树脂制备

长链烷烃结构的 R 基,在亲水的链段上引入了疏水的侧基,从而将亲水段铆接于疏水的内核中,在乳液粒子表面形成亲水亲油层,降低界面张力,有利于聚氨酯树脂分散成颗粒均匀的乳胶粒。

③聚氨酯分子量

制备高分子量的聚氨酯树脂,有利于提高聚合后漆膜的性能。高分子量引起的高黏度不利于树脂的分散。高黏度树脂在乳化分散过程中往往得到粒径较粗、分布不均匀、易沉降的不稳定乳液。为了制备高分子量的聚氨酯水性分散液,可以采用水分散扩链法,即调节—NCO/—OH 比例,使—NCO 过量,制备异氰酸酯基封端的小分子量预聚物,在乳化阶段同时进行扩链反应。由于预聚物分子量较低、黏度小,高剪切速率下易分散为细小的乳液粒子,此时再与水相中的扩链剂反应,增加树脂的分子量。—NCO/—OH 比例较低时,所制备的预聚物分子量较高,分散较为困难,光聚合体系可加入适量单体以稀释。当提高—NCO/—OH 比例时,预聚物分子量减小,所制备乳液粒径减小。过高的—NCO/—OH 比例,会导致扩链后聚氨酯分子结构中亲水基密度过低而不利于乳液的稳定。故选择合适的—NCO/—OH 比,对于合成扩链型高分子量聚氨酯树脂十分关键,通常设计—NCO/—OH＝1.1～1.5。

Wang 等研究发表了一种用扩链法制备水性光聚合聚氨酯纤维表面胶料的方法,利用水分散扩链法制备了高分子量的树脂,如图 2-30 所示。

采用扩链法设计高分子量的水性聚氨酯丙烯酸酯树脂,—NCO/—OH 的比例除了影响预聚物的分子量、乳液分散的粒径外,还影响合成的聚氨酯树脂的硬段含量。过量的异氰酸酯基与扩链剂反应后,在分子结构中形成硬段,高—NCO/—OH 比所制备的聚氨酯具有较高的强度和耐磨性等性能。

④丙烯酸酯化合物的结构和分布

在水性光聚合聚氨酯丙烯酸酯中引入可聚合双键的方法,主要是丙烯酸羟乙酯或甲基丙烯酸羟乙酯等含羟基的丙烯酸酯单体与异氰酸酯反应,而在结构中接入双键。单羟基的丙烯酸酯单体所制备的光聚合聚氨酯,丙烯酸酯双键位于分子链的末端。甲基丙烯酸酯的双键相比丙烯酸酯的双键聚合后会赋予聚氨酯膜更高的玻璃化转变温度。采用高官能度的聚氨酯丙烯酸酯(如 PETA),可以提高聚合膜的交联密度,常用于高硬度、耐磨树脂的制备。

设计高分子量的水性聚氨酯树脂,分子结构中可参与光聚合的丙烯酸酯双键含量会降低,光聚合膜的交联密度降低,从而影响聚合膜的性能。在分子主链的侧基位置引入可聚合的丙烯酸酯双键可提高聚氨酯丙烯酸酯聚合膜的交联密度。

陈新等研究发表了含有光聚合活性 GMA 侧基的水性光聚合树脂的合成工艺及成果,其制备流程如图 2-31 所示。聚己二酸新戊二醇酯与异佛尔酮在有机铋催化下,于 80 ℃反应 2 h,生成聚氨酯预聚物。加入 2,2-二羟甲基丁酸以及 2,2 二羟甲基丁酸与甲基丙烯酸缩水甘油醚的加成产物,于 60 ℃下反应 5 h 后,降温至 50 ℃,加入三乙胺中和。再于 1 200 r/min 的高速搅拌下加入去离子水乳化,减压蒸馏除去丙酮。

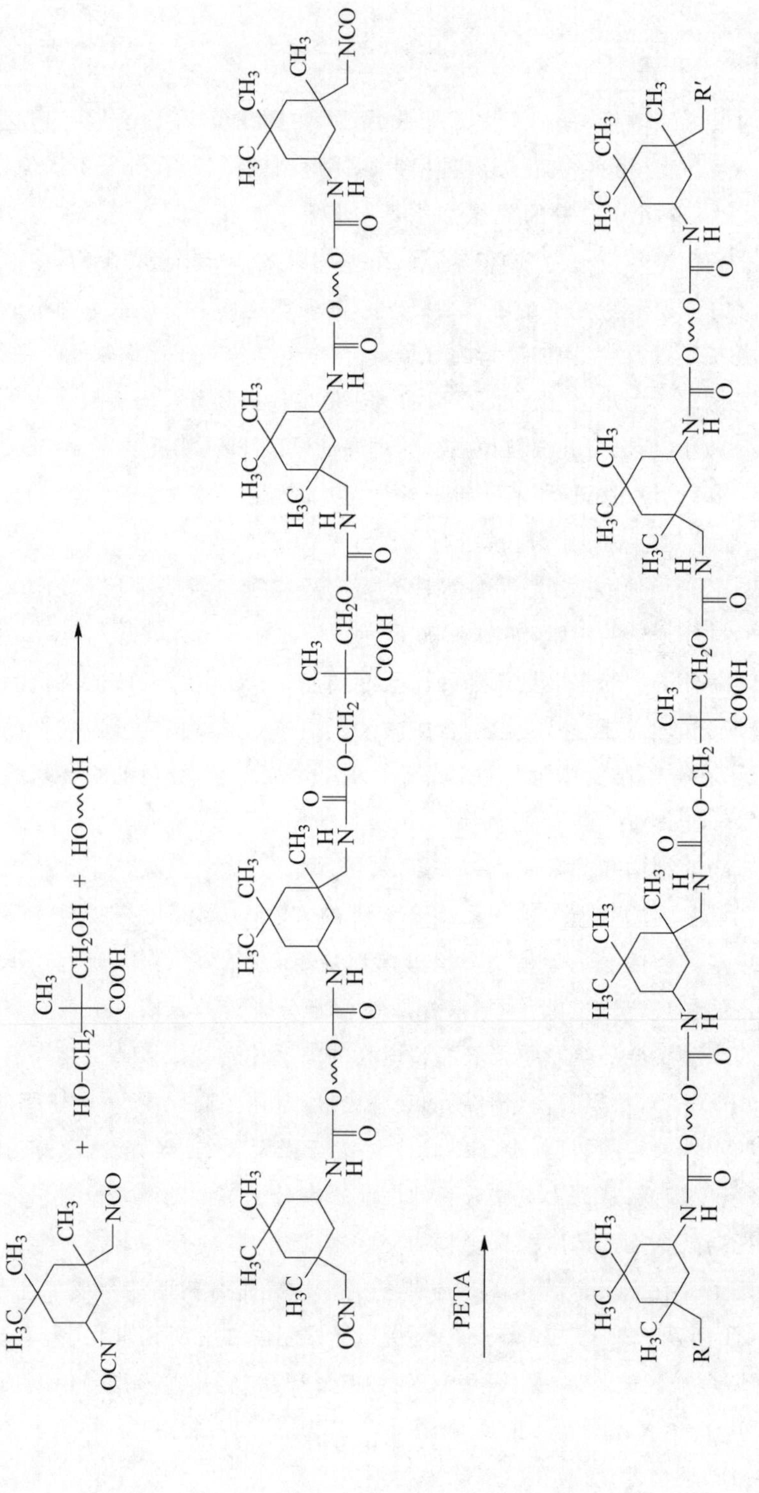
PETA

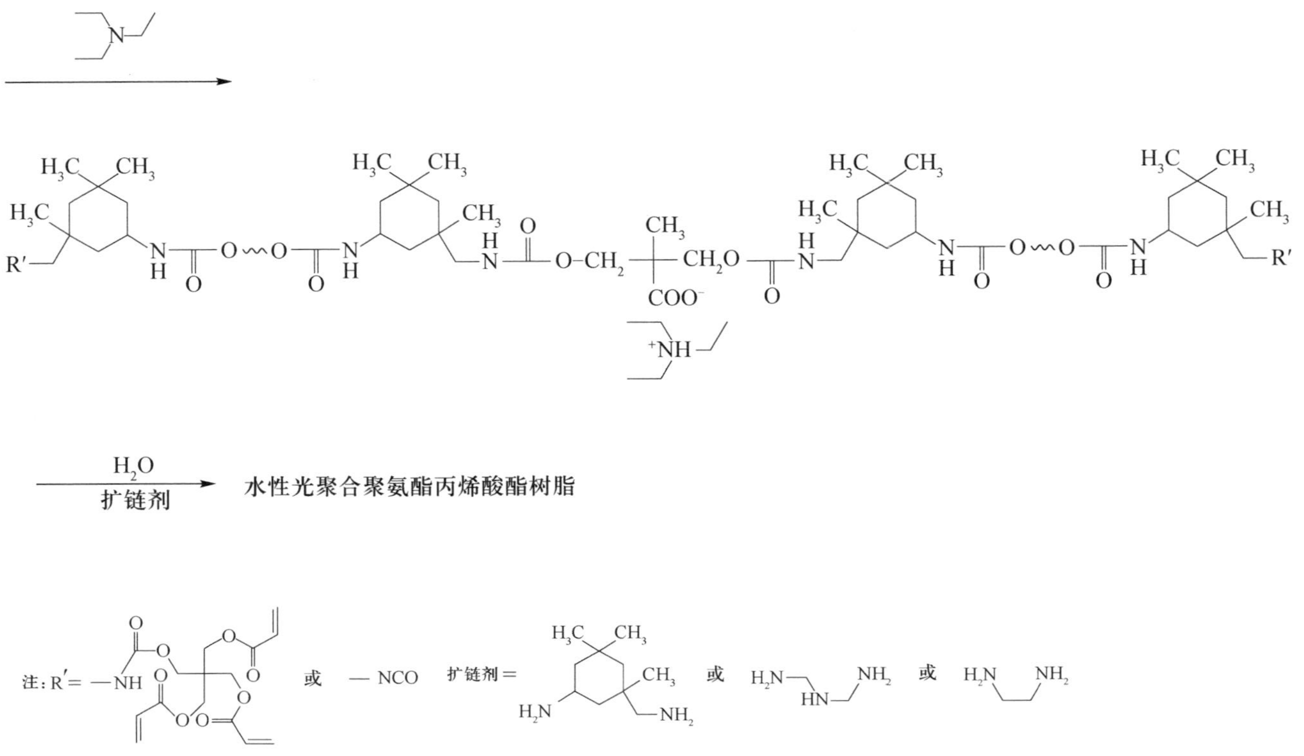

图2-30 不同扩链剂以扩链法制备的高分子量水性光聚合聚氨酯丙烯酸酯树脂

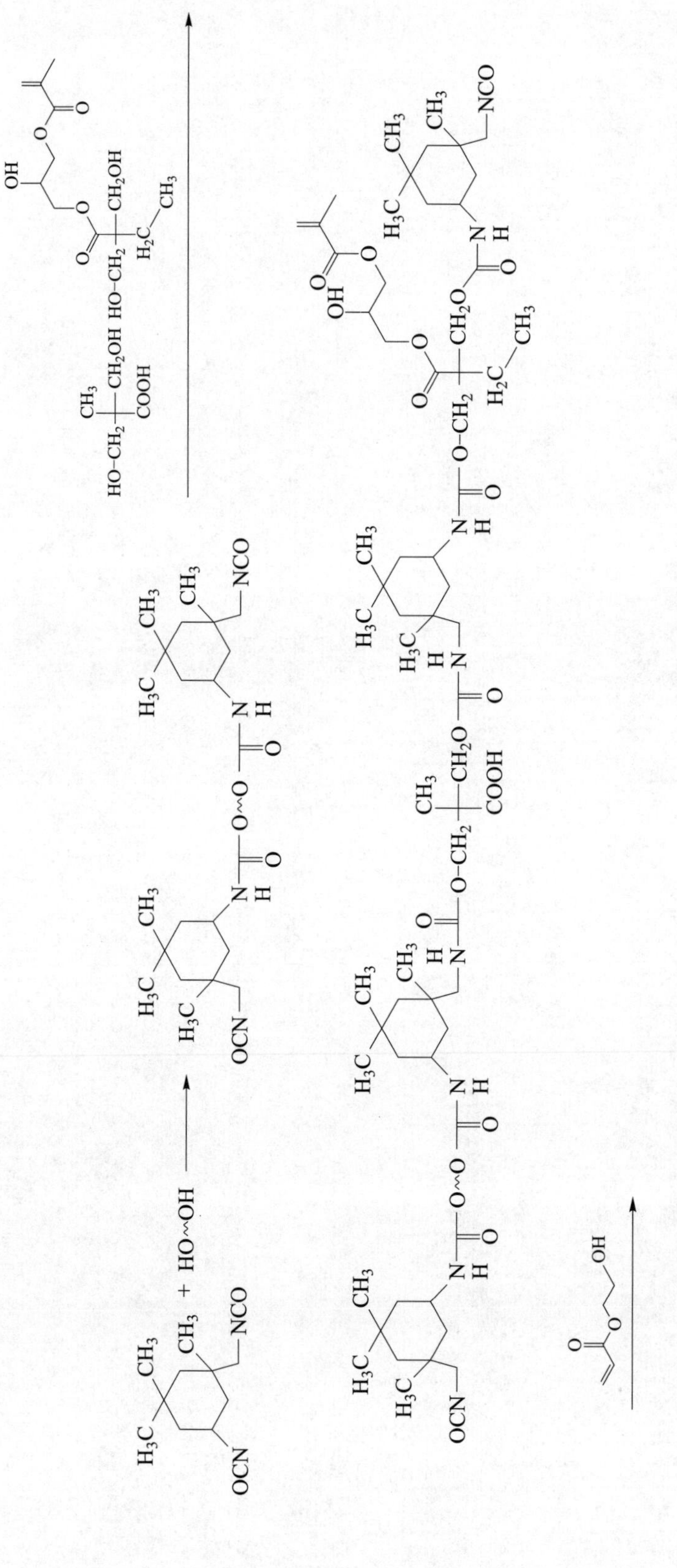

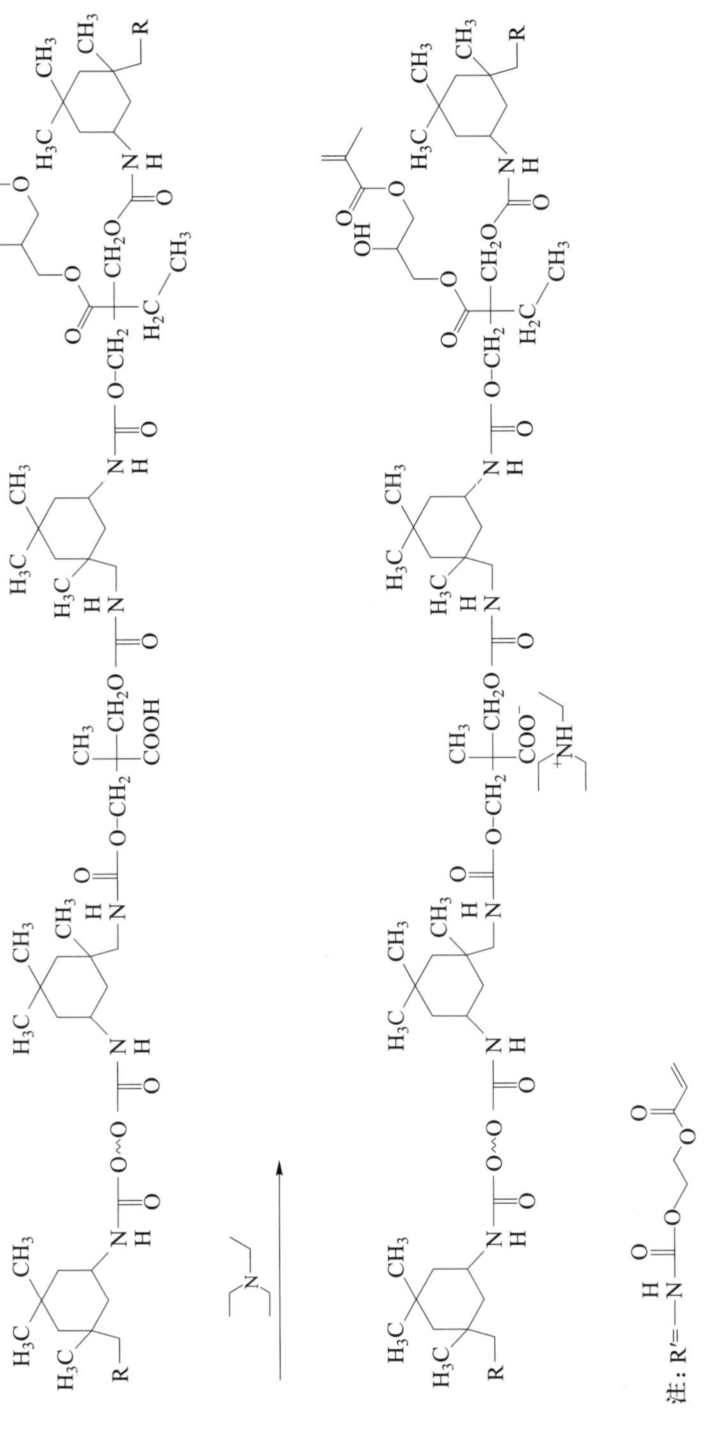

图2-31　含有光聚合活性侧基的高分子量水性光聚合树脂制备

在合成制备过程中,水性聚氨酯丙烯酸酯树脂的制备过程与前述的水性聚氨酯丙烯酸酯类似。在进行扩链反应时,除了引入亲水的 DMPA 结构,还引入了 DMPA 开环接枝 GMA 的产物,在分子链的侧基上引入可聚合双键。带有甲基丙烯酸酯双键侧基的水性聚氨酯,分子链结构中无规分布着可聚合的双键,相比于双键在末端的聚氨酯,其双键密度更高,交联度更大,可用于制备高硬度耐磨树脂。若提高树脂分子量,交联度不会因为双键密度的降低而降低。

⑤亲水基的类型及结构

水性聚氨酯丙烯酸酯树脂的亲水基具有多样性。根据亲水基带电类型,水性聚氨酯丙烯酸酯树脂可分为离子型(包括阳离子型和阴离子型)及非离子型,其中常见的是离子型水性树脂。根据亲水基引入方式的不同,制备水性聚氨酯丙烯酸酯树脂可分为扩链法和接枝法。

阳离子型扩链亲水树脂的制备过程与 DMPA 扩链法的类似,只不过将亲水性化合物以 N-甲基二乙醇胺代替,通过与盐酸或卤代烷反应而离子化,获得亲水性。对于阳离子型亲水树脂,乳液体系保持弱酸性有利于水性体系的稳定。阳离子型聚氨酯丙烯酸酯树脂可用于阴极电泳涂装。

接枝法制备水性聚氨酯丙烯酸酯树脂,是将聚氨酯丙烯酸酯预聚物接枝到大分子的亲水性树脂的侧链,形成复合型聚氨酯树脂。阳离子体系可使苯乙烯苄基氯与丙烯酸羟乙酯或其他丙烯酸酯单体聚合形成含有苄氯和羟基的亲水性聚合物,接枝聚氨酯预聚物后,再通过季铵化反应制备核壳结构的乳液粒子。

采用扩链法引入离子型亲水基的聚氨酯丙烯酸酯树脂的亲水基,通常位于聚氨酯的硬段,软段的亲水树脂常以非离子型的 PEG 二元醇为扩链剂。实际设计合成过程中可将离子型和非离子型亲水基复合使用。而接枝法制备的水性聚氨酯结构通常形成核壳结构的乳液粒子。亲水性树脂位于壳层,接枝链段包埋于乳液粒子内核。因此可以设计硬核-软壳或硬壳-软核的改性聚氨酯乳液,从而获得不同性能的聚合膜涂层。

(4)水性聚氨酯丙烯酸酯的功能化改性

水性聚氨酯丙烯酸酯树脂可以从聚氨酯主链分子结构、引入功能化侧链及与其他类型的树脂复合等方面进行改性,获得性能优异的功能化聚氨酯聚合膜。

在分子结构中引入疏水结构,可降低聚合膜的吸水性,如在水性聚氨酯丙烯酸树脂结构中引入植物油结构的改性设计。在植物油改性聚氨酯体系中,常用的植物油是蓖麻油,蓖麻油是含有多羟基的植物油,可直接用于聚氨酯树脂的合成。研究表明,聚氨酯体系中引入蓖麻油链可显著降低水性聚氨酯光聚合膜的吸水性。郝宁等发表了蓖麻油基水性光聚合树脂的研究成果。其树脂合成设计将 DMPA 和 BDO 协同使用作为硬段扩链剂,软段为蓖麻油,所制备的聚氨酯亲水基、双键密度及硬段含量较高,预聚体的分子量小且黏度高。由于蓖麻油的羟基为仲羟基,且包埋于非极性的长链烷烃内,故初期选择较高的反应温度。高反应温度使 IPDI 的异氰酸酯基的反应活性差异减小,可能导致分子量分布变宽。不同于直接以蓖麻油为多元醇,在分子主链上引入耐水性基团,而降低水性 PUA 树脂的耐水性,ChiaWei Chang 等研究发表了以亚麻油改性的水性聚氨酯丙烯酸酯树脂的研究成果。其设计思路是将亚麻油和甘油酯进行交换反应制备含有羟基的甘油单酯或甘油二酯的油酸酯,以该油酸酯为软段与 IPDI、DMPA 反应制备侧链上含有亚麻油酸结构的水性聚氨酯树脂,实现光聚合和催化聚合的双重聚合,用于木器涂料。该树脂设计思路可拓展至其他类型的植物油制备耐水性水性聚氨酯树脂上,原料选择更加广泛。

提高水性聚氨酯丙烯酸酯聚合涂层的耐水性还可以通过功能化的扩链剂,如采用含氟的二元醇制备含氟水性光聚合树脂。又如李冠荣等合成的含氟聚氨酯水性光聚合树脂,通过二乙醇胺与甲基丙烯酸十三氟辛酯在乙醇钠催化下,通过迈克尔加成反应制备了含氟二元醇,后将 N-甲基二乙醇胺作为聚氨酯改性剂制备了阳离子型水性光聚合树脂,其制备过程如图 2-32 所示。

水性聚氨酯软段结构设计也是水性聚氨酯丙烯酸酯改性的一个方向。邓剑如等以四氢呋喃和环氧氯丙烷在三氟化硼-乙醚催化下,阳离子聚合制备了侧链含有烷基氯结构的聚醚二元醇,用于聚氨酯水性光聚合树脂的制备。软段结构中引入氯原子增大了聚氨酯聚合漆膜的拉伸强度,降低了断裂伸长率,在提高涂层的附着力和硬度的同时,具有良好的抗冲击性。

水性聚氨酯丙烯酸酯树脂另一个改性方向是,以其他树脂(如环氧树脂、聚丙烯酸酯树脂、有机硅树脂等)改性聚氨酯,来获得性能优异的聚合膜。

使用端羟基的二甲基硅氧烷与聚醚二元醇协同制备含硅氧烷结构的水性聚氨酯丙烯酸酯树脂是常用的有机硅改性聚氨酯的制备方法。其合成工艺与常规水性聚氨酯制备过程类似。刘伟等合成了有机硅改性水性聚氨酯光聚合树脂,研究分析了有机硅含量对树脂性能的影响。有机硅含量的提高有利于提高树脂热稳定性、降低聚合膜吸水性,但同时也会降低涂层表面硬度和耐刮伤性。

环氧树脂具有高强度、高模量、高硬度、耐化学药品等优异性能。将环氧树脂引入聚氨酯的制备,可显著提高聚氨酯漆膜的性能。例如可利用异氰酸酯基与环氧树脂的羟基反应,将环氧丙烯酸酯树脂接入到聚氨酯体系中。水乳化过程中,亲水的聚氨酯位于乳液粒子的表层,起到稳定乳液作用,而改性的环氧丙烯酸酯树脂位于乳液粒子核层,提高聚合膜的性能。袁腾等合成的 PUA/EA 水性光聚合树脂,就是先合成了含有亲水基的聚氨酯丙烯酸酯树脂,合成过程与常规水性聚氨酯丙烯酸酯的合成过程无显著差异。预留设计量的异氰酸酯基与最后加入的环氧丙烯酸酯树脂反应,再乳化形成核壳乳液。结果显示,环氧树脂结构的引入增加了光聚合速率和聚合涂层的硬度,但降低柔韧性,耐水、耐热性能先增加后降低。将聚氨酯设计为亲水结构,乳化过程中其位于乳液粒子的壳层。

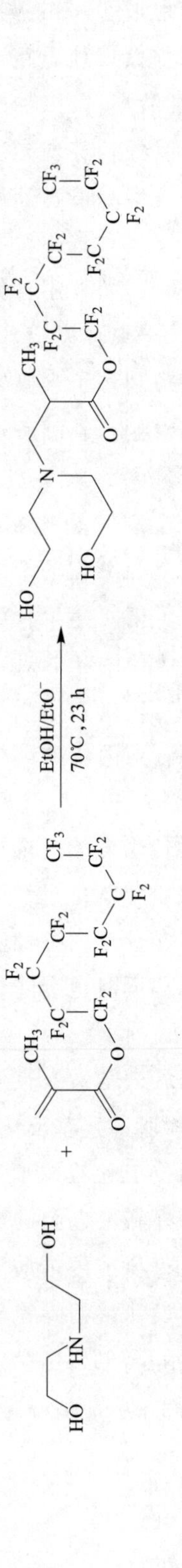

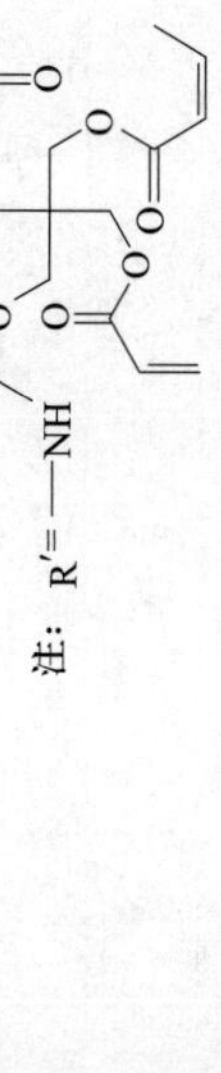

图2-32 含氟二元醇的制备及其水性光聚合树脂

(a) 含氟二元醇扩链剂的制备

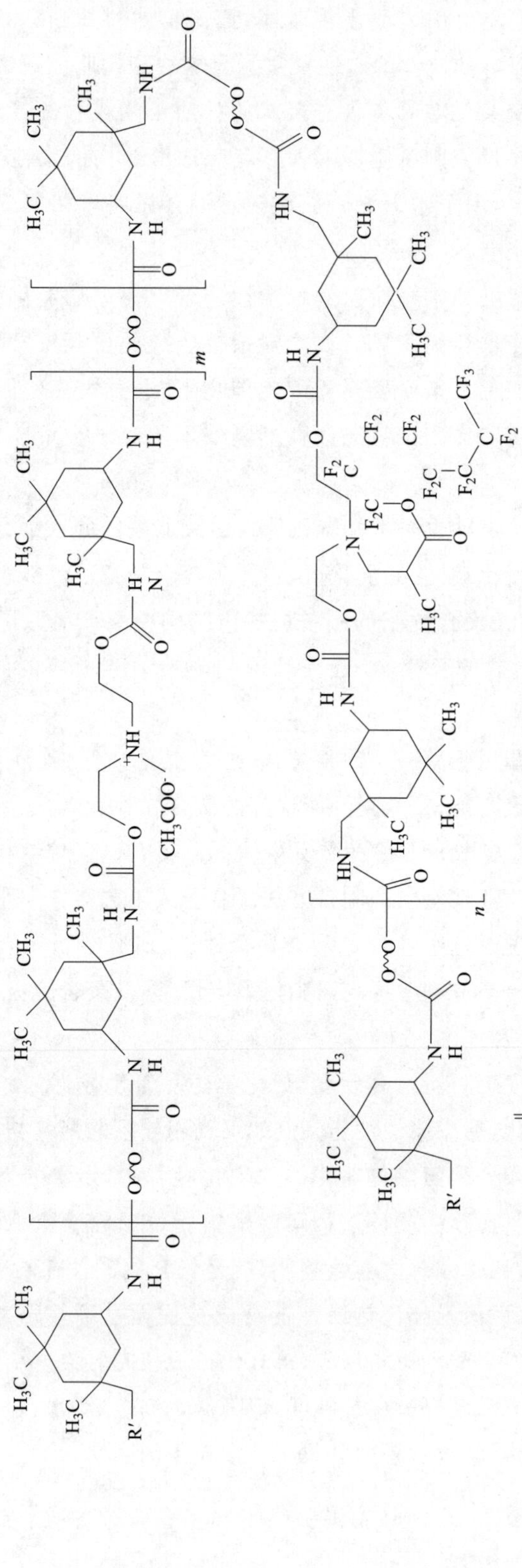

(b) 含氟水性光聚合树脂

注: R'=

聚丙烯酸酯改性的聚氨酯树脂通常以聚丙烯酸酯聚合物为亲水结构,在聚丙烯酸酯树脂侧基接入聚氨酯丙烯酸酯树脂。亲水性的聚丙烯酸酯可以通过与丙烯酸酯单体、丙烯酸羟乙酯及丙烯酸共聚,制备侧基含有羧基和羟基的聚合物。通过控制合成工艺可以合成不同分子量的聚丙烯酸酯树脂。加入含异氰酸酯基的聚氨酯丙烯酸酯树脂,其合成过程与常规聚氨酯丙烯酸酯树脂的合成过程无显著差异,控制含羟基的丙烯酸酯加入量,预留设计量的异氰酸酯基与聚丙烯酸酯聚合物分子的侧基反应。杨建文等制备的聚丙烯酸酯树脂接枝聚氨酯水性光聚合树脂,当聚氨酯含量在 30%～50% 时,聚合膜具有较好的硬度、耐溶剂性和耐水性。

其他含亲水基的水分散性聚合物也可用接枝法制备改性的聚氨酯丙烯酸酯树脂。如适量的马来酸酐改性的聚乙烯醇缩丁醛的亲水树脂,与半封端的聚氨酯丙烯酸酯树脂接枝改性。结果显示,用聚乙烯醇缩丁醛树脂改性后显著提高了聚氨酯丙烯酸酯聚合膜热稳定性,且降低了聚氨酯软段和硬度的微相分离程度。

聚氨酯结构可设计性强,结构中硬段含量、分子量及分子量分布、聚合双键的密度、亲水基的结构等方面皆可通过不同方法设计合成。在设计水性聚氨酯丙烯酸酯树脂的合成中,可借鉴参考传统聚氨酯树脂改性的考量因素。此外,需考虑引入的亲水链段对聚氨酯丙烯酸酯聚合膜性能的影响,聚氨酯预聚物黏度对分散性的影响,以及亲水基的种类和离子化程度对乳液稳定性的影响等。

2. 水性环氧丙烯酸酯树脂

环氧树脂聚合膜由于分子结构中含有大量的羟基和醚键结构,对多种基材具有良好的附着力。故环氧树脂聚合膜具有优异的耐化学药品性能,可应用于多种防护性涂料领域。在抗金属腐蚀方面,由于其具有良好的耐碱性,抵抗金属腐蚀过程中阴极产生碱性物质,而常用于防锈底漆。由于环氧树脂的优异性能及广泛应用,在光聚合树脂制备中,环氧丙烯酸酯树脂成为光聚合树脂的一个重要成员。环氧丙烯酸酯树脂通常黏度较高,使用时需要加入较高用量的活性稀释剂。使用大量的活性稀释剂会降低环氧树脂的性能。水性体系中采用水为活性稀释剂,使高分子量的环氧丙烯酸酯树脂的使用成为可能。

(1)环氧树脂的主要反应

环氧基是含氧原子的三元环结构,具有较高的环张力,易发生开环反应,这些反应常用于环氧树脂的聚合和改性。

①环氧基与羧酸类化合物反应

在环氧丙烯酸酯树脂的制备过程中,羧基与环氧基的反应应用最多,反应过程如图 2-33 所示。羧基可以在季铵盐或三苯基磷催化下发生环氧的开环反应,如丙烯酸发生环氧的开环反应。羧基与环氧基的反应也可在碱性条件下,制备羧基负离子,以亲核反应机理进行。常用的碱性催化剂有 2-苯基咪唑、二甲基苄胺等。

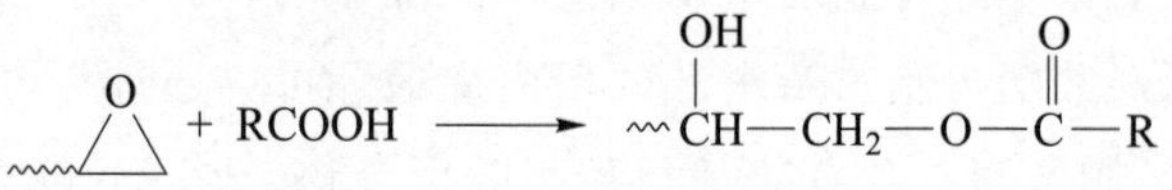

图 2-33　环氧基与羧基反应

②环氧基与胺反应

环氧基与氨基的反应较快(见图 2-34),环氧基与脂肪胺可在室温下快速反应。伯胺反应速率较仲胺快。氨基上的每一个氢原子皆可与环氧发生开环反应。其反应是 S_N2 亲核取代反应,氨基进攻带正电性的碳原子,同时碳氧键断裂,形成的氧负离子碱性较强,快速夺氢形成羟基。

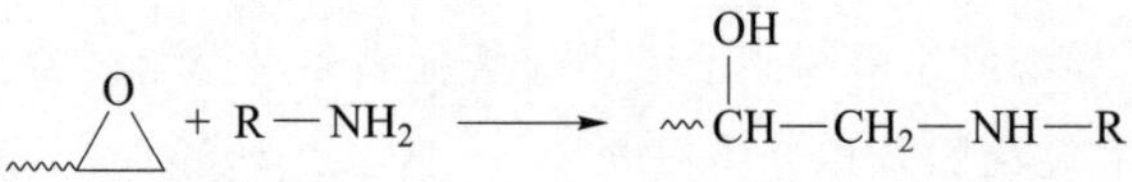

图 2-34　环氧基与氨基反应

③环氧树脂结构中的羟基与酸酐反应

环氧树脂结构中的羟基可以与酸酐反应(见图 2-35),在环氧树脂的分子结构中接枝羧基结构的环氧树脂。含羧基结构的环氧树脂经过碱中和离子化后可制备出水分散性环氧树脂。

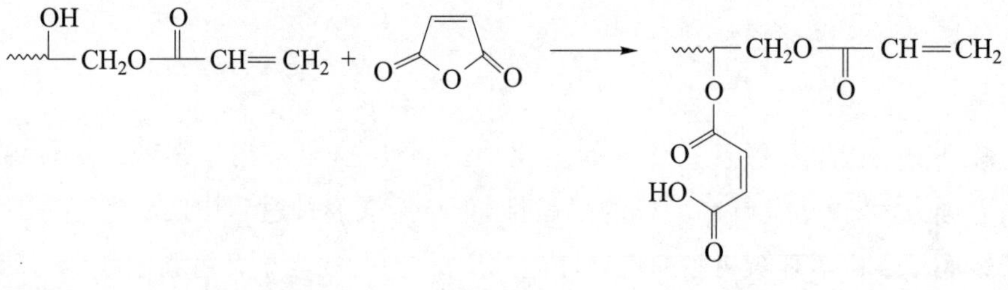

图 2-35　环氧树脂结构中的羟基与酸酐反应

④环氧树脂结构中的羟基与异氰酸酯反应

环氧树脂结构中的羟基与异氰酸酯反应可用于制备异氰酸酯改性的环氧树脂,如图 2-36所示。由于环氧树脂结构中的羟基为仲羟基,反应活性较弱,故接枝异氰酸酯的反应需要较高的温度。

(2)环氧基的反应活性

水性环氧丙烯酸酯树脂是基于环氧树脂丙烯酸化而制备的可光聚合树脂。其水性化及改性离不开环氧基和环氧树脂上仲羟基的反应。环氧树脂按其结构和环氧的来源可分为缩水甘油醚类、缩水甘油酯类、缩水甘油胺类和脂肪族环氧化合物、脂环族环氧化合物。缩水甘油类环氧树脂是通过环氧氯丙烷和相应的亲核试剂反应制备而得。脂肪族环氧树脂和脂环族环氧树脂是通过双键的环氧化制备而得。各类环氧树脂由于结构不同,反应活性差异较大。

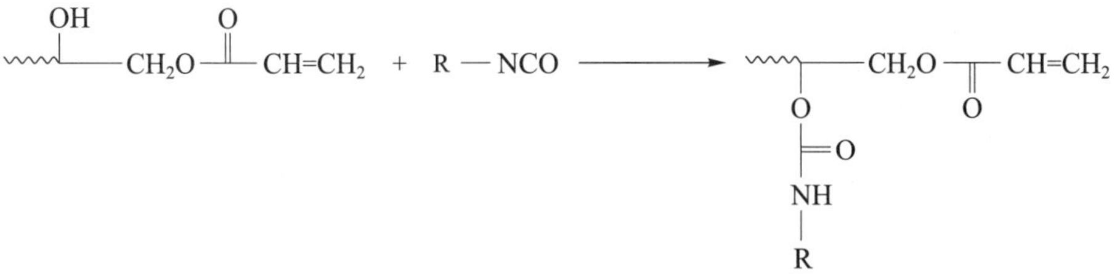

图 2-36　环氧树脂结构中的羟基与异氰酸酯反应

环氧基是由一个氧原子和两个碳原子形成的三元环,氧的电负性大于碳,所以在环氧基结构中,氧原子易受到亲电试剂的进攻而反应,碳原子则可受到亲核试剂的进攻而反应。故环氧树脂的反应可以通过两种反应机理进行。其一是环氧基在 BF_3 等亲电试剂如路易斯酸或质子酸作用下的开环反应;其二是环氧基受到亲核试剂如酚、氨基的进攻而开环。环氧树脂与亲电试剂和亲核试剂反应过程如图 2-37 所示。

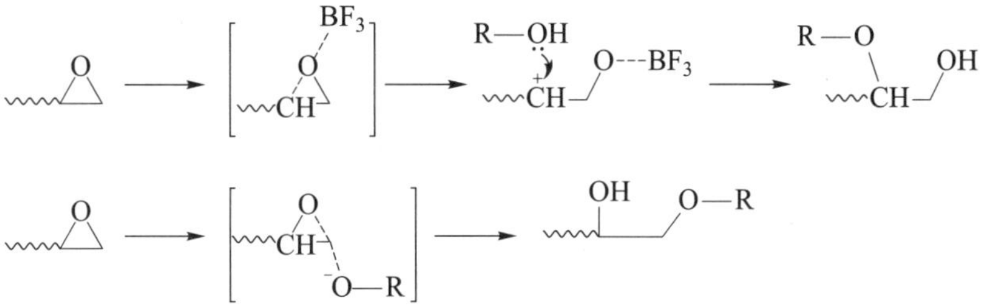

图 2-37　环氧树脂与亲电试剂和亲核试剂反应过程

反应过程中会形成碳正离子中间体,反应中存在有利于碳正离子稳定的因素,有利于反应的进行。如环氧基链结在推电子基团上,形成仲碳正离子或叔碳正离子的反应。反应过程中还会经历 S_N2 亲核取代反应。提高与环氧基相连的碳原子正电性,有利于反应的进行。如环氧基连接在吸电子基团上,空间位阻效应有利于亲核试剂进攻端环氧基。脂环族环氧树脂及端基环氧结构如图 2-38 所示。

不同的环氧基结构对不同机理的环氧开环反应的影响有所不同。如脂环族环氧化合物,其参与形成环氧基的碳原子在受亲核试剂进攻时,空间位阻作用较大,造成其反应活性相比于端环氧基的环氧化合物的反应活性低很多。而质子酸或路易斯酸等亲电试剂进攻环氧基氧原子,相比于亲核试剂进攻环氧基碳原子,无明显的空间位阻效应,且其形成的碳原子相对稳定并具有较高的反应活性。

图 2-38　脂环族环氧树脂
及端基环氧结构

按照碳正离子机理进行的反应,与环氧基反应的化合物酸性越强,环氧开环反应活性越高,如反应活性的大小上,羧基大于酚羧基,酚羧基大于醇羧基;而按照亲核反应机理进行的反应,环氧开环反应活性与化合物的亲核性相关,如环氧基与亲核性较高的脂肪胺的反应活性大于与芳香胺的反应活性。而环氧基的开环反应选择何种反应机理进行,取决于参与反应的化合物,还取决于反应条件。如对于醇羟基、酚羟基和羧基与环氧基反应,在酸性条件下按照碳正离子机理反应,而在碱性条件下,醇羟基、酚羟基及羧基转化为醇负离子、酚负离子及羧基负离子,反应变为按亲核反应机理进行,且反应活性的大小上,醇负离子大于酚负离子,酚负离子大于羧基负离子。

(3)水性环氧丙烯酸酯树脂的制备

相比于光聚合环氧丙烯酸酯树脂,水性环氧丙烯酸酯树脂的制备过程中,增加了引入亲水基或亲水链段结构的反应。在树脂设计时,可以减少考虑黏度对配方体系的影响,使用较高分子量的环氧树脂,或采用柔性扩链剂改性的高分子量的环氧树脂设计水性环氧丙烯酸酯树脂。结合光聚合活性稀释剂的使用,可以设计具有较高玻璃化转变温度的环氧丙烯酸酯预聚物,而使用活性稀释剂作为成膜助剂,可以调节成膜水性环氧乳液的成膜性。

环氧丙烯酸酯树脂结构中引入亲水结构的反应主要有以下几种。

①羟基与酸酐反应

环氧树脂分子结构中的羟基与二元酸酐反应,形成含羧基的半酯,如马来酸酐、六氢苯酐等,再通过有机胺中和后,形成具有亲水性的盐。此盐可用于制备水溶性或自乳化型环氧丙烯酸酯树脂。采用羟基开酸酐法制备可水性化环氧丙烯酸酯光聚合树脂的反应过程及制备工艺如图 2-39 所示。

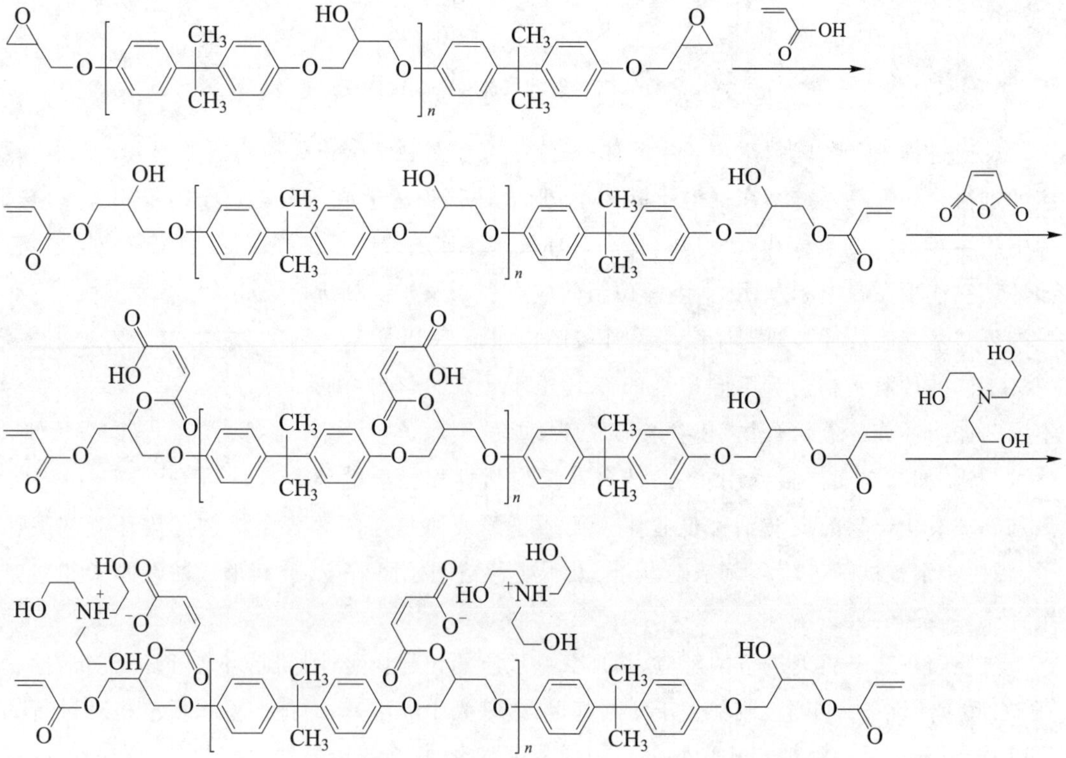

图 2-39 采用羟基开酸酐法制备可水性化环氧丙烯酸酯光聚合树脂

将双酚 A 环氧树脂与丙烯酸按官能团等摩尔比加入反应烧瓶中,再加入 1%～2%三苯基膦(或四丁基溴化铵)和 0.5%对羟基苯甲醚,升温至 100 ℃,反应 2 h 后测试反应体系酸值,当酸值小于 5 mg KOH/g 时,降温至 90 ℃;向烧瓶中加入 0.1%～0.5%的三乙胺,并滴加顺丁烯二酸酐的丙酮溶液,滴加酸酐的摩尔数为所加入的丙烯酸摩尔数的 50%～80%,控制滴加速率为 5～10 mL/min,并注意观察反应温度,当反应温度显著升高时,需减缓滴加速率,滴加完毕后恒温反应,每间隔 1 h 测试一次酸值,当相邻两次测得的酸值差小于 5 mg KOH/g 时,停止反应;降温至 50～60 ℃,并按测得酸值加入等摩尔的三乙醇胺中和,制备获得自乳化型环氧丙烯酸酯树脂。

该方法制备水性环氧丙烯酸酯树脂较为简单且成本较低,但是在环氧树脂分子结构中引入羧基,会降低环氧树脂的耐水性,可能会在聚合膜中形成亲水性的水分子通道,降低环氧树脂膜的防护性。而较低含量的羧基不利于水性体系的稳定。可设计水性环氧树脂结构中含有过量的环氧基,水性涂层聚合时增加一个烘烤过程,使亲水的羧基与过量的环氧基反应,提高交联密度的同时降低羧基含量,提高耐水性。

②环氧树脂与叔胺反应

采用酚醛型环氧树脂参与反应,其含有多个环氧基官能团,部分环氧基与丙烯酸发生开环反应,引入可光聚合的双键,另一部分环氧基与叔胺反应,形成阳离子型亲水基团,反应过程如图 2-40 所示。

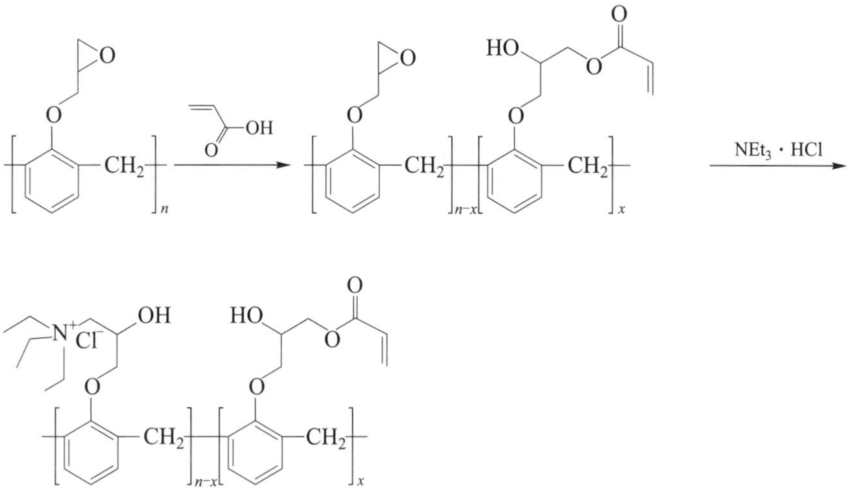

图 2-40 基于多官能度环氧树脂制备水性环氧丙烯酸酯树脂

③用亲水性扩链剂法制备环氧丙烯酸酯树脂

两官能度的环氧树脂可以与含两羧基的聚乙二醇酯发生扩链反应,将亲水链段引入到环氧树脂结构中,再进行丙烯酸与环氧官能团的开环反应而制备水性聚氨酯丙烯酸酯树脂。亲水扩链剂法制备水性环氧丙烯酸酯树脂过程如图 2-41 所示。

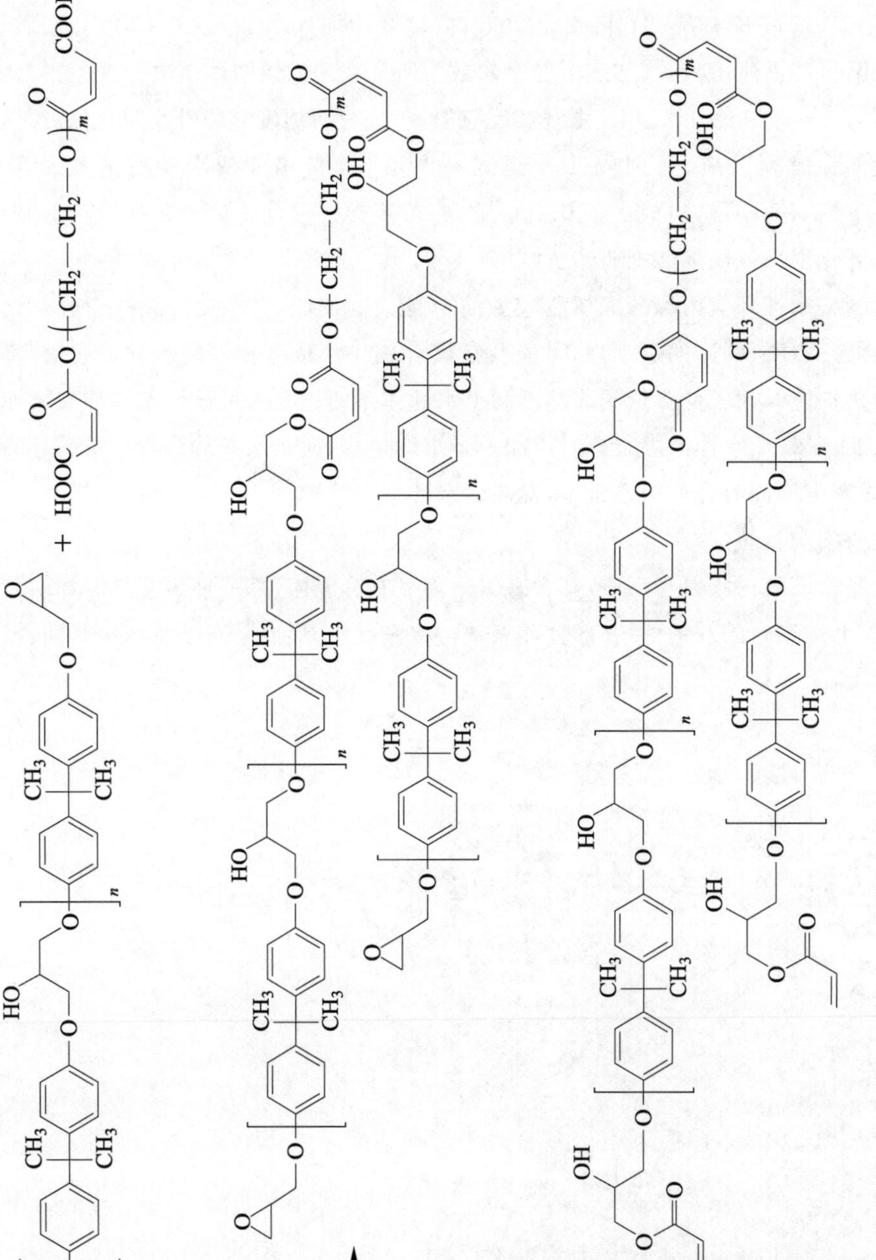

图2-41 亲水扩链剂法制备水性环氧丙烯酸酯树脂

另一种引入离子型亲水基的方法是将氨基磺酸盐化合物与两官能度环氧树脂反应,引入亲水基后,再以丙烯酸开环氧键制备水性环氧丙烯酸酯树脂。氨基磺酸盐扩链制备水性环氧丙烯酸酯树脂过程如图 2-42 所示。

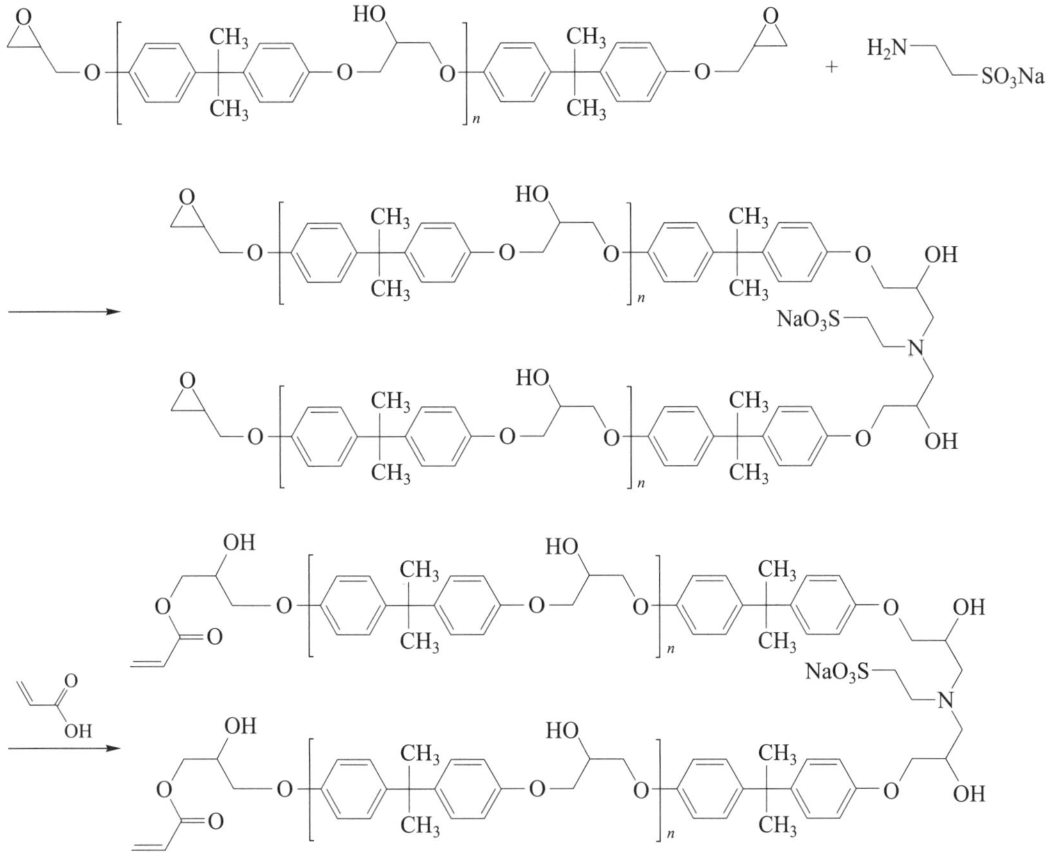

图 2-42 氨基磺酸盐扩链制备水性环氧丙烯酸酯树脂

马来酸与溴或氢溴酸加成产物(2,3-二溴丁酸或 2-溴丁酸)与环氧树脂扩链反应,再用叔胺与溴代化合物进行季铵盐化反应而引入亲水基。最后利用丙烯酸与环氧的开环反应制备水性丙烯酸酯树脂。溴代丁酸扩链法制备水性环氧丙烯酸酯树脂过程如图 2-43 所示。

④环氧树脂的水性化接枝反应

在双酚 A 型环氧树脂结构中,醚键邻位碳原子的 α-H 或仲碳原子的氢可在自由基引发剂过氧化二苯甲酰(BPO)或其他的自由基引发剂作用下,接枝聚合丙烯酸酯和苯乙烯等烯类单体。在接枝的单体中设计一定量的丙烯酸,则可合成含有亲水性侧基的环氧树脂,再以丙烯酸开环氧键反应引入光聚合双键,可制备水性光聚合环氧丙烯酸酯树脂。自由基接枝法制备水性高分子量环氧树脂过程如图 2-44 所示。

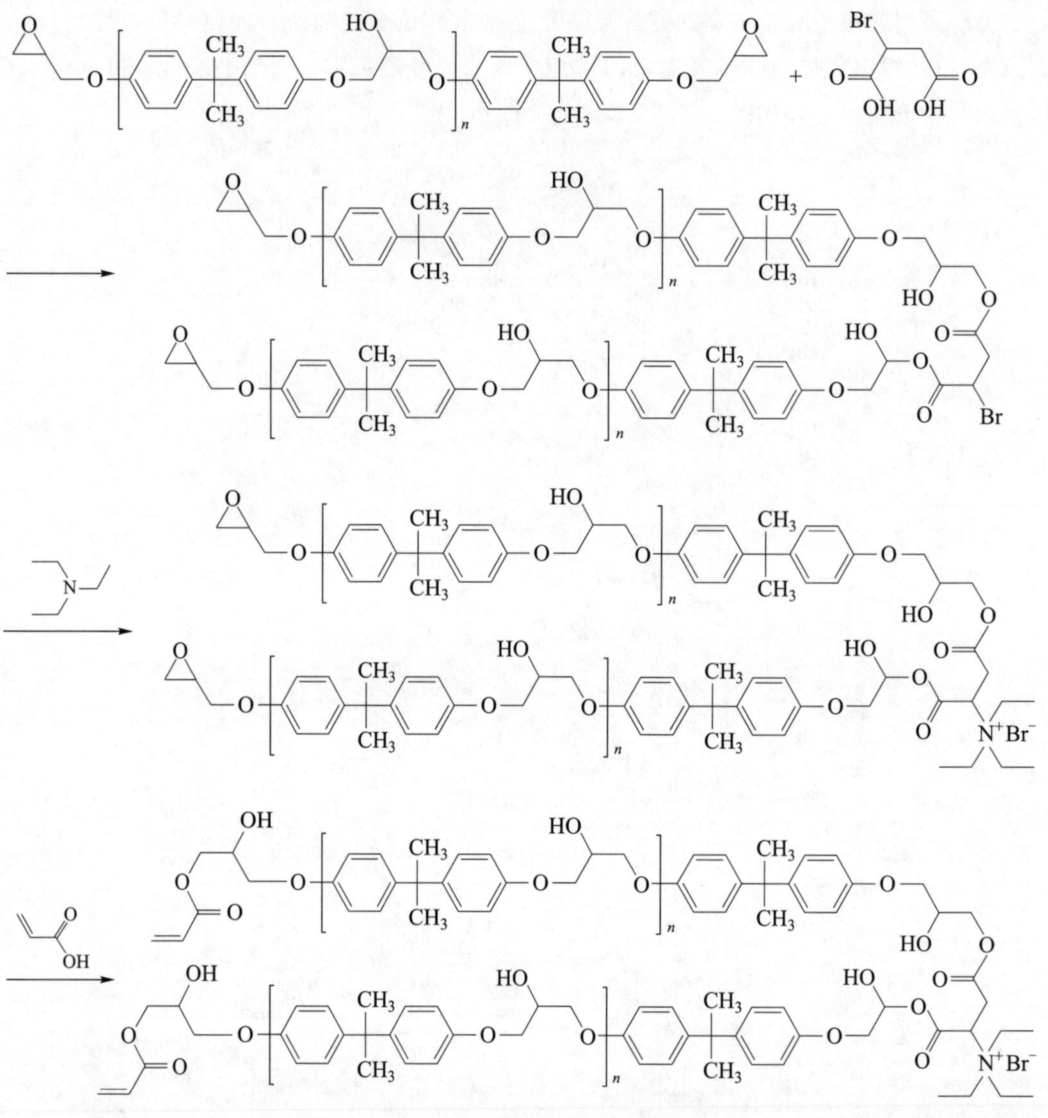

图 2-43 溴代丁酸扩链法制备水性环氧丙烯酸酯树脂

周显宏等在醇酸树脂酯化反应后期加入 E20 环氧树脂,制备了环氧树脂 E20 改性醇酸树脂,再加入苯乙烯、甲基丙烯酸甲酯、丙烯酸丁酯、甲基丙烯酸接枝共聚,制备了侧基亲水的水性环氧丙烯酸酯改性醇酸树脂。研究表明,加入 8%～12% 的环氧树脂 E20,20% 的丙烯酸酯类化合物,6% 的 BPO,于 115 ℃反应制备的改性树脂聚合膜的硬度、附着力、耐水性、耐盐雾性等性能较优。

与其他水性树脂复合制备水性环氧丙烯酸酯树脂,是设计制备环氧树脂基复合树脂的一个方法。如前所述,以可水性化的聚氨酯预聚物接枝环氧丙烯酸酯,制备环氧-聚氨酯核-壳型乳液。利用接枝改性方法制备复合型环氧树脂基乳液也有大量研究成果。例如马来酸酐与环氧树脂的开环扩链反应,再以自由基引发剂引发接枝共聚,然后以丙烯酸及丙烯酸酯类单体与环氧树脂基中的马来酸酐双键共聚,引入聚丙烯酸酯结构,最终制备出以聚丙烯酸酯为壳环氧树脂为核的复合乳液。

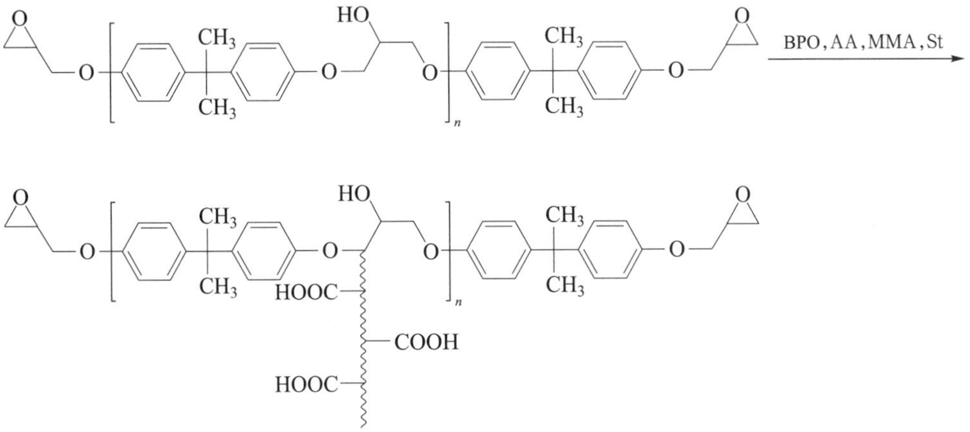

图 2-44 自由基接枝法制备水性高分子量环氧树脂

(4)水性环氧丙烯酸酯树脂性能

在设计制备环氧丙烯酸酯树脂时,存在多种因素影响环氧丙烯酸酯树脂性能,如环氧树脂的结构、分子量及其分布、环氧当量、环氧分子结构中羟基含量等。由于传统光聚合树脂设计时需要考虑树脂黏度和性能平衡,所以高分子量的环氧树脂很少使用,这一定程度限制了环氧丙烯酸酯树脂所使用的环氧树脂的选择范围。在设计水性环氧丙烯酸酯树脂时,黏度和性能的矛盾有所缓和,可选用较高分子量的环氧树脂,高黏度导致乳液分散性能变差的问题,可以采用活性稀释剂或溶剂调节解决。在环氧树脂结构中引入亲水基同样会对环氧树脂的性能产生严重的影响。聚合后可能会在环氧丙烯酸酯树脂的聚合膜中形成亲水的通道,造成环氧树脂膜的防护性能降低。在设计制备防护性环氧丙烯酸酯树脂的时候需要采取相应的解决方案,如提高交联密度、设计可反应亲水基等。

①选用环氧树脂结构对性能的影响

环氧树脂按其环氧基结构可分为缩水甘油类环氧树脂,包括缩水甘油醚、缩水甘油酯、缩水甘油胺以及烯烃氧化环氧树脂(如环氧大豆油等)。制备环氧丙烯酸酯树脂选用的环氧树脂多为缩水甘油类环氧树脂。相比而言,缩水甘油醚较为常用,酯类化合物耐水性和耐碱性较差,胺类化合物易发生黄变。

环氧树脂主链结构亦是影响环氧树脂的重要因素。如相比于双酚 A 环氧树脂,酚醛环氧树脂苯环密度高、官能度高、交联密度大、分子量刚性程度高,所以具有更高的硬度、耐热性,但同时树脂韧性降低。又如双酚 S 型环氧树脂相比于双酚 A 型环氧树脂有更高的强度和耐热性。

双酚 A 型环氧树脂结构中含有芳香醚结构,用其制备的环氧丙烯酸酯树脂耐光老化性、耐黄变性较差。氢化双酚 A 型环氧树脂的耐光老化性、耐黄变性明显提高。环氧树脂分子结构中的羟基和环氧基含量对环氧丙烯酸酯树脂有较大影响。羟基和环氧基赋予环氧树脂反应活性,高羟基含量有利于提高树脂附着力;高环氧基含量,提高可接入丙烯酸酯的双键密度,从而提高交联度。对于官能度固定的环氧丙烯酸酯树脂,羟基含量高的环氧树脂,环氧基密度较低,聚合膜交联密度低。羟基可与酸酐反应而引入亲水基,羟基含量的高低,会影响亲水基的含量及分布。

②水性环氧丙烯酸酯树脂分子量及分布对性能的影响

设计水性环氧丙烯酸树脂考虑分子量大小及分布时,不仅仅须考虑选用环氧树脂的分子量,还需要考虑树脂总体分子量。对于用扩链法引入亲水基的水性环氧丙烯酸酯树脂,其分子结构中通常含有多个环氧树脂链节,因而其分子量是成倍增长的。环氧基和扩链剂的比例和反应活性剂的反应条件会影响分子量及分子量分布。对于用接枝法引入亲水基结构,如与酸酐反应引入亲水基,除了会损失部分羟基,对分子量及其分布影响不大。而采用接枝聚合法引入聚丙烯酸酯侧链,则会对环氧丙烯酸酯树脂结构有较大改变,而影响最终性能。支链结构分子量越高,环氧树脂分子间距越大,致使环氧树脂基分子间作用转变为环氧树脂与聚丙烯酸酯分子间作用,而后分子结构中提高漆膜强度和附着力的羟基,会因无法发挥作用而降低环氧丙烯酸酯树脂的性能。故设计丙烯酸酯接枝改性环氧树脂时需谨慎考虑接枝量及接枝侧链分子量及分布。

③亲水基团密度及分布对性能的影响

亲水基密度提高,可提高环氧树脂的亲水性,直至合成水溶性的环氧丙烯酸酯树脂。用不同的方法引入亲水基结构,会有不同的亲水基密度和亲水基分布。总体而言,亲水基含量越大,环氧树脂分子量越小,合成的水性环氧丙烯酸酯树脂亲水性越好。亲水基含量过高,聚合膜的耐水性差,在聚合膜中一旦形成可供水通过的亲水性通道,涂层的防护性将急剧降低。所以根据需要,设计引入亲水基的种类和含量。制备的亲水性树脂中亲水性基团含量越高,所制备的乳液粒径越小,聚合膜的表面越平滑,光泽度越高。对于要求高亲水基含量的树脂,可设计反应性亲水基,通过后聚合反应而实现亲水基转变,或者通过在涂料配方设计时加入阻隔性能较高的填料等方法获得满意的性能。

④聚合膜交联密度对性能的影响

水性环氧丙烯酸酯树脂的官能度及双键密度对最终聚合膜的性能影响显著,特别是采用扩链法制备的水性环氧丙烯酸酯树脂。环氧树脂分子量增加时,环氧基团的密度降低,造成丙烯酸酯双键密度降低,光聚合交联时聚合膜的交联密度降低。低交联密度有利于聚合膜中形成亲水性通道。

为提高聚合膜的交联密度,可在配方中引入高官能度的活性稀释剂。而要提高树脂的交联度,则需要在分子链的侧基引入可聚合的双键。如采用衣康酸扩链环氧树脂,可在树脂的分子链侧基上引入双键,或在水性环氧丙烯酸酯的环氧制备过程中,在羟基与羧基反应后再引入羧基与 GMA 反应,在分子链的侧基引入甲基丙烯酸酯双键。过高的交联密度使涂层体积收缩增加,聚合内应力增加,脆性增大而降低聚合膜的性能。故合适的交联密度也是水性环氧丙烯酸酯树脂设计需要考虑的重要因素。

3. 水性聚酯丙烯酸酯树脂

饱和聚酯丙烯酸酯树脂、不饱和聚酯丙烯酸酯树脂及丙烯酸酯化改性醇酸树脂的主要反应皆为酯化反应,其水性化改性方法近似。在树脂合成设计时根据应用要求和性能,选择不同的原料设计合成不同类型的树脂。以下仅从水性化改性方面介绍聚酯类丙烯酸酯树脂的水性化改性方法。

(1)带亲水基化合物酯化缩聚

聚酯类化合物是由多元醇和多元酸通过逐步聚合而制备的聚合物。在设计水性聚酯丙烯酸酯树脂的时候可以采用多个羧基结构的化合物,如偏苯三酸酐、均苯四酸酐等参与酯化反应,保证羧基官能团过量,或控制反应程度,保留部分羧基。过量的羧基用于引入光聚合双键及亲水性基团。如 Jung 等报道一种用于木器涂料的阴离子水性光聚合聚酯,以三羟甲基丙烷二烯丙基醚为光聚合基团,通过偏苯三酸酐引入过量的羧基。

二羟甲基丙酸(DMAP)也可用于制备水性化聚酯丙烯酸酯。由于其分子结构中的羧基空间位阻较大,导致其反应活性降低,难以参与聚酯反应而保留,最终用于成盐反应而引入亲水基。严晶等报道了以三羟甲基丙烷单烯丙基醚、新戊二醇、二羟甲基丙酸、己二酸为原料合成的聚酯,以 GMA 接枝改性引入光聚合基团,以 N,N-二甲基乙醇胺中和羧基引入亲水基制备水性光聚合聚酯。结果表明当 DMAP 含量为 24%,接枝 GMA 含量为 15% 时,可获得稳定性较好的乳液,且聚合膜综合性能较好。水性聚酯丙烯酸酯光聚合树脂的制备如图 2-45 所示。

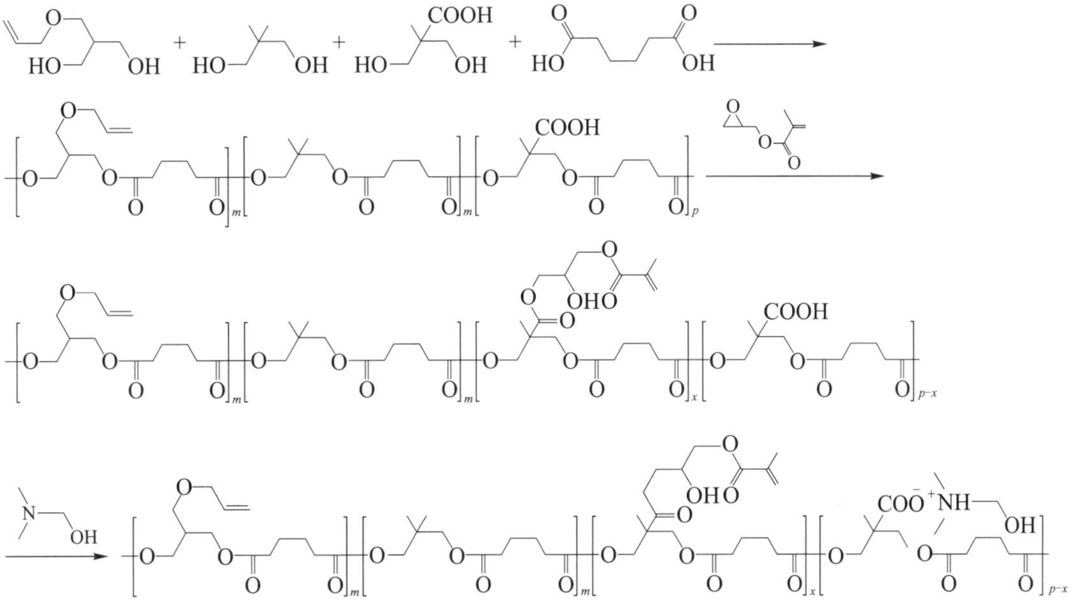

图 2-45 水性聚酯丙烯酸酯光聚合树脂的制备

非离子型亲水基聚乙二醇可通过酯化反应接入到聚酯丙烯酸酯分子链中，制备亲水聚酯丙烯酸酯树脂。Meixner等研究了以聚乙二醇、三羟甲基丙烷二丙烯酸酯、麦芽酸为原料合成一种非离子型自乳化水性光聚合聚酯树脂，此树脂可用作木器涂料。聚醚结构在质子酸和路易斯酸作用下分子链易断裂，所以聚醚二元醇可作为酯化反应时的主要催化剂。

（2）接枝亲水性侧基

使用马来酸酐或类似的二元酸、酸酐参与酯化反应制备的不饱和聚酯，可在引发剂作用下接枝丙烯酸酯或丙烯酸侧链，从而在聚酯分子结构中引入亲水结构。在乳化分散时，亲水结构位于壳层，而聚酯结构聚集于核层。在树脂结构设计时，可以设计不同玻璃化转变温度的侧链聚丙烯酸酯，从而获得不同性能的核壳乳液。所用的聚酯结构也可以是醇酸树脂，从而可引入不饱和脂肪酸酯的长链碳结构。聚酯结构中的马来酸酐双键密度决定了接枝点密度，引发剂和单体含量等参数影响接枝侧链链长。聚酯分子结构中过量的羧基或羟基皆可用于引入可光聚合的丙烯酸酯双键。其引入水性聚丙烯酸酯侧基工艺与环氧树脂接枝法制备水性环氧树脂工艺类似。

制备醇酸树脂过程中，引入部分马来酸酐代替苯酐合成符合设计要求的醇酸树脂。将所制备的醇酸树脂溶解于甲苯，滴加溶解BPO的丙烯酸酯类单体，接枝聚合，在醇酸树脂分子结构中引入亲水的聚丙烯酸酯支链。通过分子结构中的羧基与GMA发生开环反应，即可接枝上可光聚合的甲基丙烯酸酯双键。除去溶剂后，加入适量活性稀释剂和丙酮，于40~50 ℃环境下加水乳化制备聚丙烯酸酯改性醇酸光聚合乳液。基于马来酸酐接枝法制备亲水性聚酯树脂如图2-46所示，图中R为植物油不饱和脂肪酸酯。

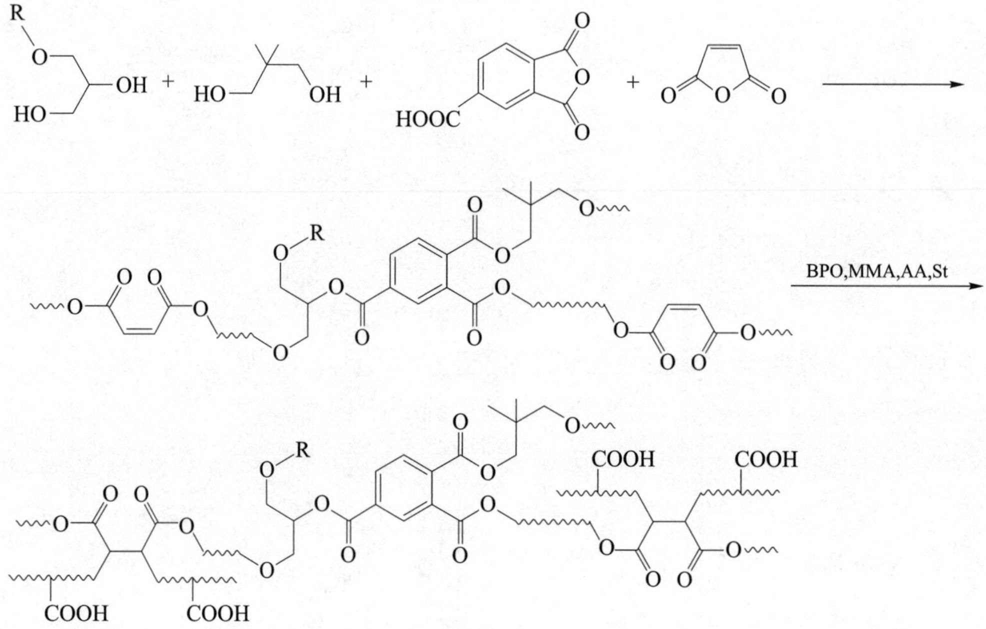

图2-46　基于马来酸酐接枝法制备亲水性聚酯树脂

（3）制备超支化聚酯结构

制备高度支化的聚酯树脂时，其分子结构中含有大量羟基或羧基端基。部分端基接枝丙烯酸酯双键，部分端基用于亲水基引入，可获得超支化水性聚酯树脂。如 Anila Asif 等研究发表的以超支化聚酯制备的水性聚酯光聚合树脂，是以季戊四醇为起始剂，与 DMAP 酯化聚合，制备了超支化的多羟基树脂。再与马来酸酐反应制备了含羧基的超支化树脂，部分羧基与 GMA 开环反应，引入了甲基丙烯酸酯双键，部分羧基用于与叔胺中和成盐，引入离子型亲水基。超支化水性聚酯甲基丙烯酸酯树脂的制备如图 2-47 所示。

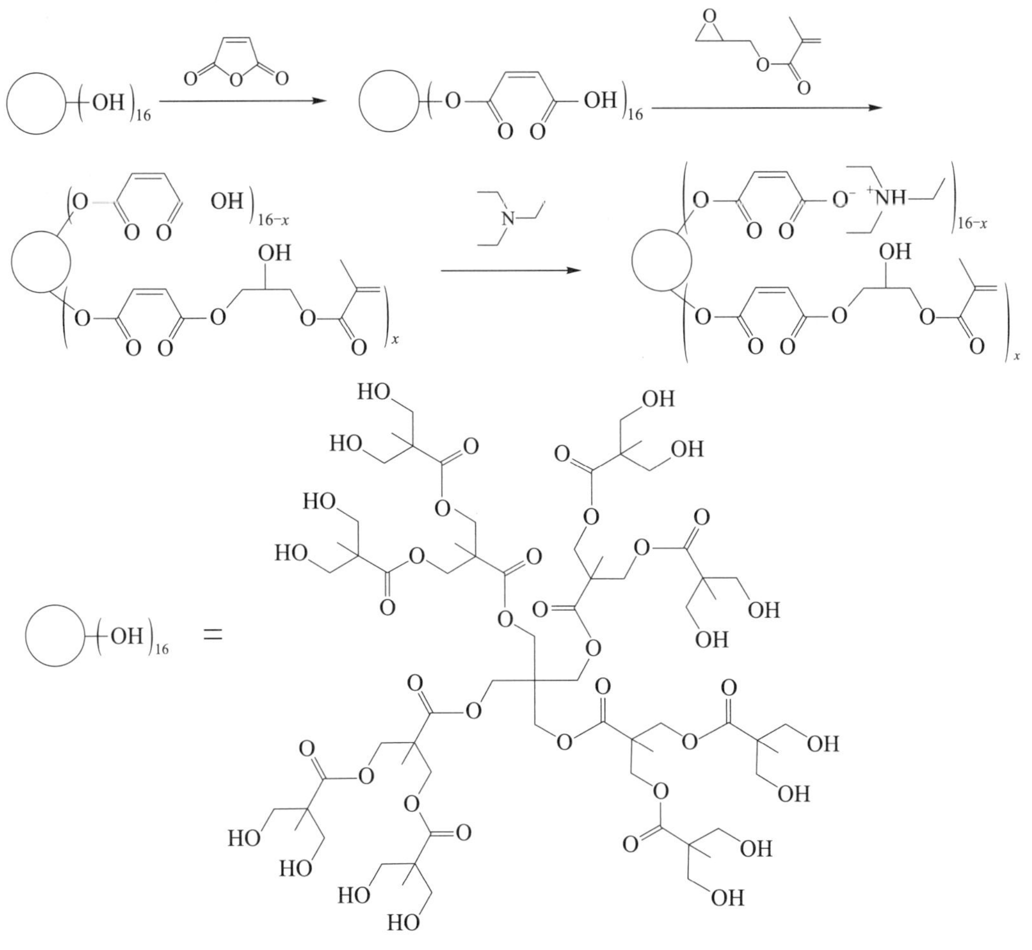

图 2-47　超支化水性聚酯甲基丙烯酸酯树脂的制备

光聚合聚酯丙烯酸酯树脂分子量一般较小，黏度低，在配方设计中既可用作树脂，也可用作稀释剂。相比于溶剂型涂料，由于聚酯的分子量小，且光聚合反应速度快，难以获得理想的机械性能。水性化后，由于水为主要稀释剂，配方中活性稀释剂用量大大减少，可设计具有高分子量的聚酯丙烯酸酯树脂。可根据应用的性能要求设计或引入饱和聚酯树脂、不饱和聚酯及醇酸树脂改性制备水性光聚合树脂。

2.2　天然产物基光聚合树脂

天然产物基 UV 树脂是指来源于自然界,分子(链)上具有光活性基团,可在光引发剂作用下或无光引发剂条件下,经紫外光照射发生聚合反应的预聚物。

天然产物基 UV 树脂主要来源于自然界中广泛存在且储量丰富的天然高分子,包括多糖(如淀粉、纤维素、壳聚糖、透明质酸等)、蛋白(如胶原、丝素等)。这些天然高分子分子(链)上富含羟基、氨基、羧基等反应性基团,可以通过结构修饰等化学手段接枝上不饱和双键、不饱和三键等具有光活性的基团,以便后续进行光化学反应。

天然产物基 UV 树脂分子(链)上的光活性基团一般是具有—C＝C—结构或—N_3 结构的基团。此类光活性基团可以在光引发剂吸收紫外光能量后裂解产生的初级自由基的引发下,产生单体自由基,或者自身直接吸收紫外光能量后裂解生成单体自由基,再通过链增长等反应过程,固化形成交联聚合物。

因为大多数天然产物基 UV 树脂具有水溶性,所以天然产物基 UV 树脂在固化过程中用到的光引发剂一般都是具有较好水溶性的 α-羟基酮类衍生物。

天然产物基 UV 树脂作为光聚合产品的主体,不仅具有传统 UV 树脂具备的光聚合速率快、聚合收缩率低及较为优良的物理性能,而且还具有天然材料独有的天然无毒、生物相容性好及生物可降解等优点,是一种人体相容且环境友好的材料。

2.2.1　壳聚糖基 UV 树脂

甲壳素是自然界中迄今为止发现的唯一天然碱性多糖,其化学名为(1,4)-2-乙酰氨基-2-脱氧-β-D-葡聚糖。甲壳素广泛存在于甲壳纲动物(虾和蟹)的甲壳、昆虫的甲壳、真菌(酵母、霉菌)的细胞壁和植物(如蘑菇)的细胞壁中,年生物合成量近 100 亿 t,甲壳素是地球上仅次于纤维素的第二大再生资源,亦是地球上除蛋白质外数量最大的含氮天然有机化合物。

壳聚糖是甲壳素的 N-脱乙酰基产物,是一种白色或灰白色、半透明、略带珍珠光泽的片状或粉状固体,N-脱乙酰基含量一般在 55% 以上,可以溶解于稀酸。壳聚糖独特的阳离子分子结构,赋予壳聚糖及其衍生物独特的理化性质和生物活性。国内外学术研究已经证明,壳聚糖具有抑菌、螯合重金属及优良的生物相容性、生物可降解性、促进组织再生等特点,使其在医药、食品、化工、化妆品、水处理和生物医学工程等诸多领域获得广泛应用。甲壳素和壳聚糖的结构如图 2-48 所示。

壳聚糖分子链上本身不含有光活性基团,无法进行光化学反应。但是,鉴于壳聚糖分子链上含有大量的氨基和羟基,可通过化学修饰的方法,将光活性基团接枝到其分子链上,使其成为壳聚糖基 UV 树脂。有三种制备壳聚糖基 UV 树脂的方法,分别是将(甲基)丙烯酰基、叠氮基及苯乙烯基等光活性基团接枝到壳聚糖分子链上,形成壳聚糖基 UV 树脂。

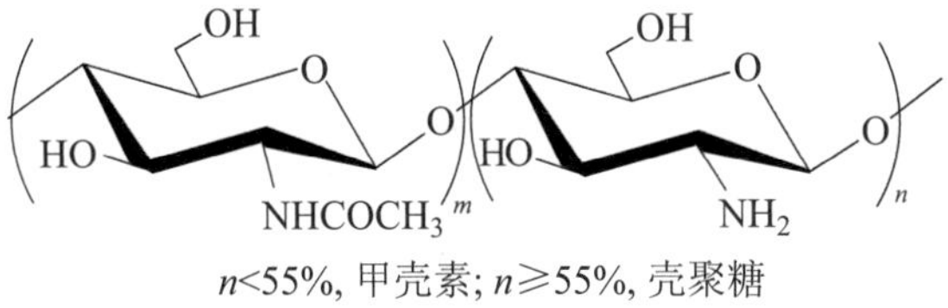

$n<55\%$，甲壳素；$n\geqslant55\%$，壳聚糖

图 2-48 甲壳素和壳聚糖的结构

Matsuda 等用 4-乙烯基苯甲酸与低分子量壳聚糖在 EDC·HCl 作用下发生缩合反应，得到乙烯基壳聚糖 UV 树脂[见图 2-49(1)]。该树脂分子量较小，可完全溶于水，可以通过紫外光的照射，在光引发剂的引发下发生交联反应，制得光聚合组织工程支架，用于修复人体组织。然而，当采用的壳聚糖分子量较大时，该树脂将无水溶性，而仅能溶解在稀酸中，这给该树脂的医学应用带来困难。

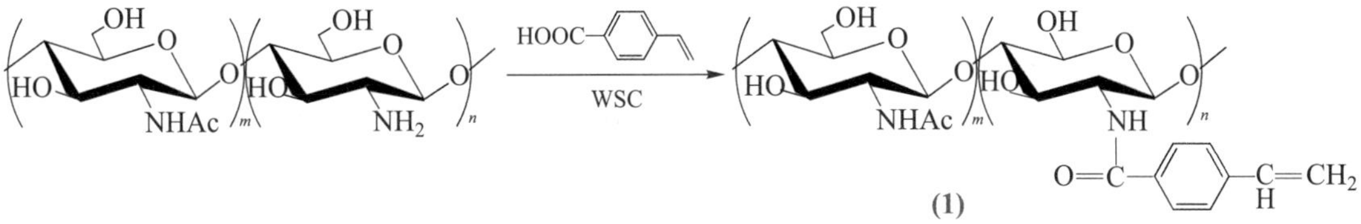

图 2-49 乙烯基壳聚糖 UV 树脂的合成

采用叠氮基团接枝壳聚糖制备壳聚糖基 UV 树脂，是另一种较为常见的方法。叠氮基团是改性高分子材料中光化学固定法所采用的一种光活性基团，经光照会发生不可逆光解，产生氮气和高活性的氮宾中间体。氮宾中间体进一步与氨基反应，形成交联结构（—N ＝ N—），从而固化。Jameela 等通过酰化反应在壳聚糖分子链上氨基位置接枝叠氮基团，制备得到脂肪族叠氮接枝壳聚糖基 UV 树脂[见图 2-50(2)]，用作药物递送的载体基质。Fukuda 等通过缩合反应制备芳香族叠氮接枝壳聚糖 UV 树脂[见图 2-50(3)]，用作细胞的培养基质。该树脂能促进 NIH-3T3 成纤细胞的黏附、生长与增殖，为研究细胞之间的相互作用、发展可移植的人工器官等提供了良好的基质平台。同时，他们也研究尝试将此树脂用于手术后防止器官黏连。然而，动物水平试验结果表明，该树脂对于脏器黏连的防治效果有限。此外，该树脂在后续紫外光的照射下会产生高活性的氮宾中间体，容易与带有氨基基团的物质反应，因此该树脂在用作蛋白质药物或生长因子控制释放的基质时，可能会导致其负载的蛋白质类药物失活。

最常用制备壳聚糖基 UV 树脂的方法是将（甲基）丙烯酰基接枝到壳聚糖分子链上，形成壳聚糖基 UV 树脂。例如，Tsai 等采用酰化反应制备得到 6-O-丙烯酰接枝壳聚糖 UV 树脂[如图 2-51(4)所示]，Elizalde-Pena 等采用开环反应制备得到 6-O-丙烯酰接枝壳聚糖 UV 树脂[如图 2-51(5)所示]等。令人感兴趣的是，Renbutsu 等采用低毒试剂，通过壳聚糖

分子链上氨基 Schiff 碱式反应合成了一系列的(甲基)丙烯酰基壳聚糖 UV 树脂，如图 2-51
(6)所示。动物皮下埋植试验结果显示，该树脂埋植周围组织未出现炎性细胞，表明其具有
良好的组织相容性。

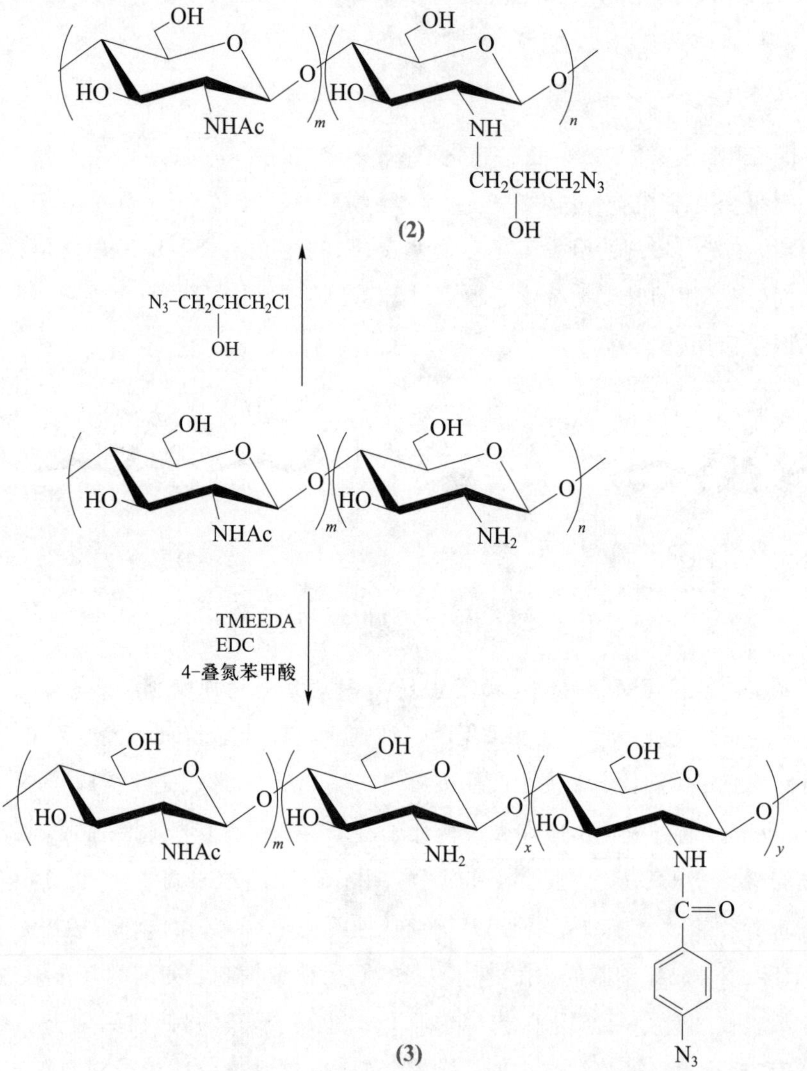

图 2-50　叠氮接枝壳聚糖基 UV 树脂的合成

　　然而，令人较为遗憾的是，上述制备得到的壳聚糖基 UV 树脂仅能在酸性水环境中溶
解，在近中性 pH 条件水环境中几乎不溶，这势必限制其在医学尤其是组织工程中的应用。
因此，制备近中性水环境下可溶的壳聚糖基 UV 树脂就成为研究的必要与热点。为此，研究
者们首先想到的是，从壳聚糖分子结构修饰出发，通过同时接枝亲水性基团与甲基丙烯酰基
团的方法，制备得到水溶性壳聚糖基 UV 树脂，拓宽其在医学和组织工程领域的应用范围。
Don 等将壳聚糖与马来酸酐在甲酸溶剂中反应制备得到水溶性马来酰化壳聚糖 UV 树脂，

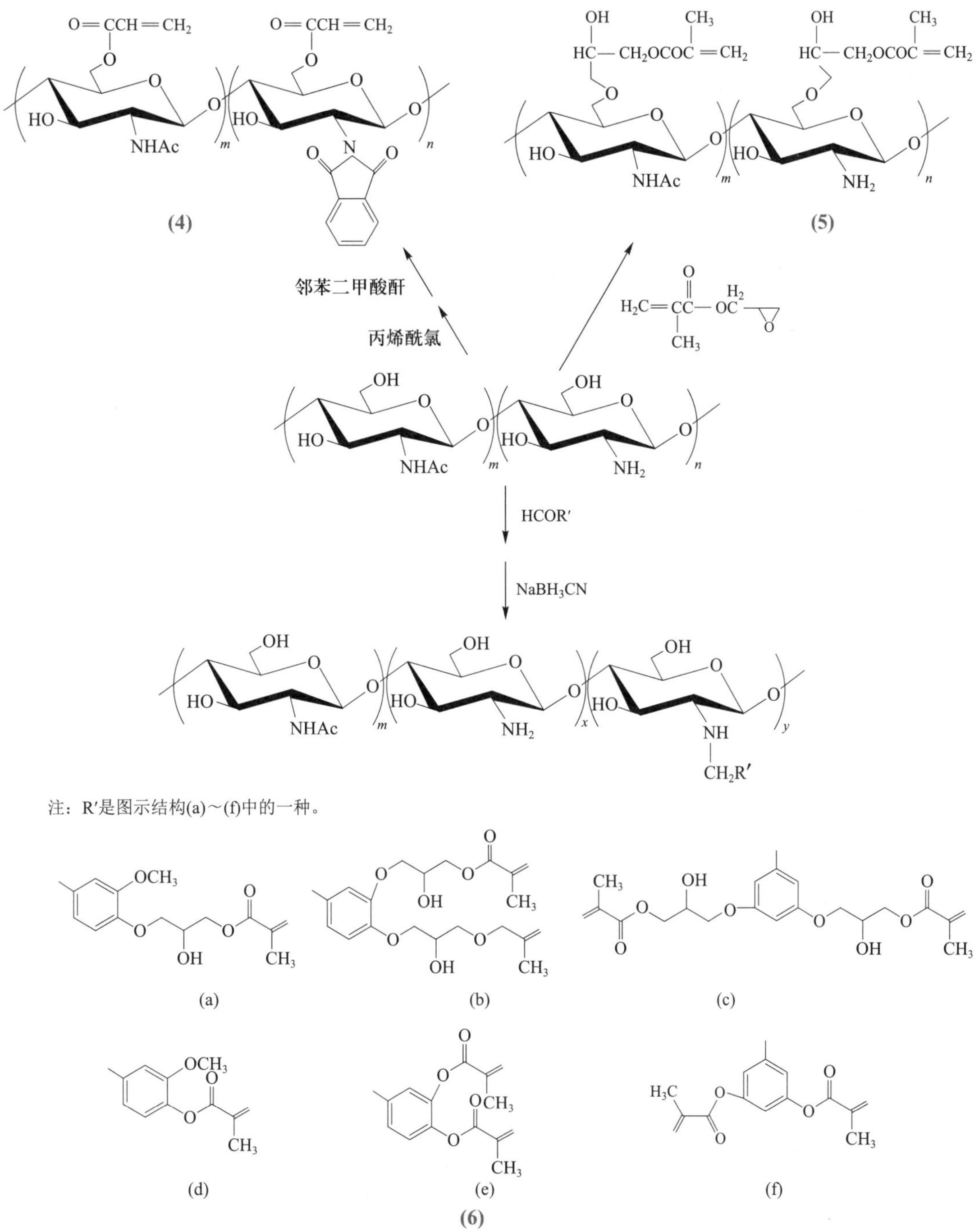

注：R′是图示结构(a)～(f)中的一种。

图 2-51 （甲基）丙烯酰基壳聚糖 UV 树脂

如图 2-52(7)所示。然而，因甲酸体系容易导致壳聚糖分子链严重降解，研究者们逐渐改进此种制备方法，制备得到高分子量马来酰化壳聚糖 UV 树脂。Poon 等同样也将高亲水性的羧基基团接枝到壳聚糖分子链上，然后与甲基丙烯酸缩水甘油醚（GMA）反应，制备得到水溶性的甲基丙烯酰化羧甲基壳聚糖 UV 树脂,如图 2-52(8)所示,并进行了细胞相容性评价。主要实验结果显示,该树脂能控释蛋白质类药物,且能显著促进细胞的黏附与增殖。Kufelt 等利用丁二酸酐接枝壳聚糖得到水溶性的羧化壳聚糖,然后与 GMA 反应,制备得到水溶性的甲基丙烯酰基壳聚糖 UV 树脂,如图 2-52(9)所示。也有研究者从原料筛选出发,采用水溶性羟乙基化壳聚糖作为原料,与 GMA 反应,制备得到水溶性的甲基丙烯酰基壳聚糖 UV 树脂,如图 2-52(10)所示。该树脂具有良好的细胞相容性,能促进软骨细胞的黏附、生长与增殖。此外,通过调控分子链上接枝的憎水性基团含量,同样也可得到水溶性壳聚糖 UV 树脂。Zhou 等采用丙烯酰基氧乙基甲基丙烯酸酯与壳聚糖反应,通过调控甲基丙烯酰基的取代度,使其处于 0.10~0.35 之间,从而得到水溶性的甲基丙烯酰化壳聚糖 UV 树脂[见图 2-53(11)]。

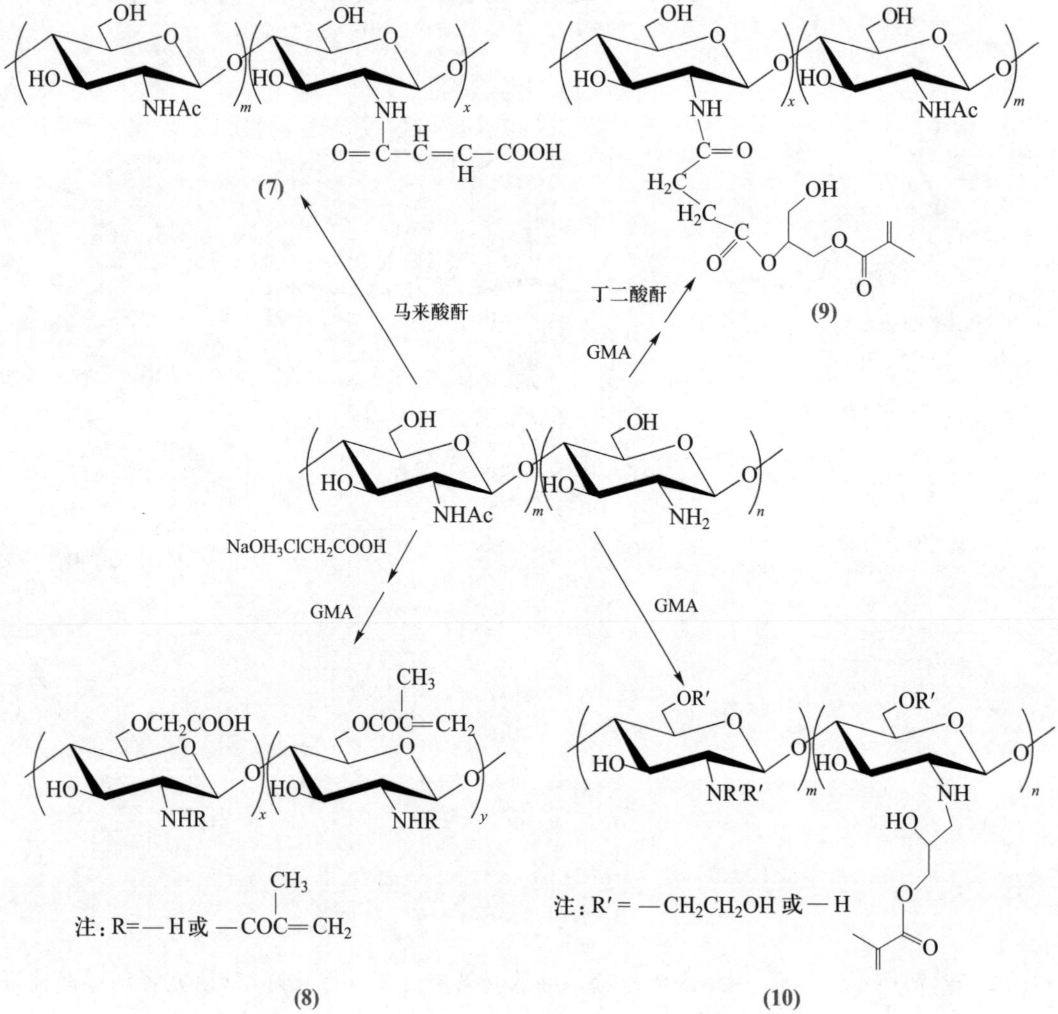

图 2-52　水溶性(甲基)丙烯酰化的壳聚糖 UV 树脂

当然,研究者们也可以通过在壳聚糖分子链上接枝亲水性基团或叠氮基团的方法,制备得到水溶性壳聚糖基 UV 树脂。Ishihara 等制备了水溶性的叠氮基-乳糖基-壳聚糖 UV 树脂[见图 2-53(12)]。该树脂的水溶液在紫外光照下 60 s 就能迅速形成弹性凝胶。动物实验结果表明,该凝胶能在 30 s 内完成伤口止血,且能促进伤口收缩,加速伤口愈合。在此基础上,Obara 等将成纤维细胞生长因子(FGF-2)包埋于此树脂形成的凝胶中,用于治疗伤口。动物实验病理结果表明,涂有此凝胶的伤口,血管形成明显,这表明此凝胶具有促进伤口愈合的功效。同时,Obara 等也用此树脂包埋紫杉酚药物,研究其抗癌性能。实验结果表明,负载紫杉酚药物的叠氮基-乳糖基-壳聚糖 UV 树脂形成的水凝胶能够显著减少皮下路易斯肺癌细胞(3LL)形成的肿瘤上的 CD34 血管数量,有效抑制肿瘤生长。另外,利用壳聚糖对于金黄色葡萄球菌等的广谱抑菌特性,Fujita 等将该树脂用于血管移植手术的抗感染治疗,取得了良好的效果。考虑到该树脂成型时对生物机体组织有良好的黏附特性,也有研究者将此树脂用作生物体组织黏合剂。虽然该树脂具有良好的使用性能,但是未来应用时需要考虑高活性的氮宾中间体与氨基等基团的非选择性反应可能导致树脂内部包埋的蛋白质药物或者生长因子等蛋白变性失活的问题。

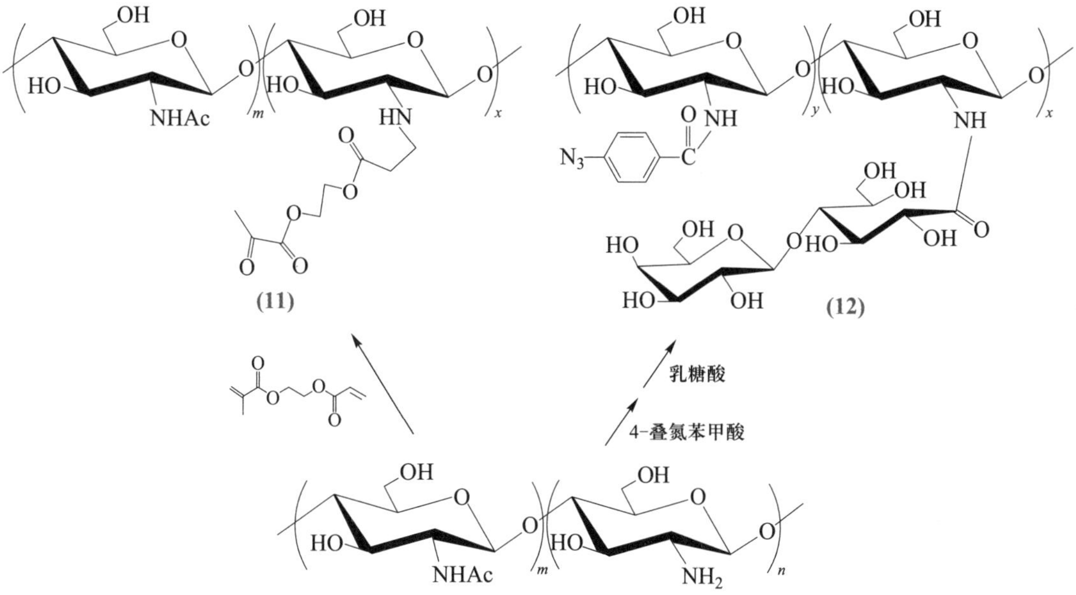

图 2-53　水溶性壳聚糖 UV 树脂的合成

2.2.2　透明质酸基 UV 树脂

透明质酸又名"玻璃酸",是由 D-葡萄糖醛酸(GlcA)和 N-乙酰氨基葡萄糖(GlcNAc)为双糖单元通过 β-1,4 和 β-1,3 糖苷键交替连接而成的一种直链线性阴离子多糖,其结构如图 2-54 所示。透明质酸分子量范围在 $10^3 \sim 10^7$ Da,广泛分布于动物和人体的细胞外基质中,在皮肤、肺和肠中含量较高,同时也存在于关节滑液和血液中。当前,透明质酸的制备方法主要包括动物组织提取法和微生物发酵法。其中的微生物发酵法由于具有不受原料资源限制、分离纯化工艺简便等特点,已发

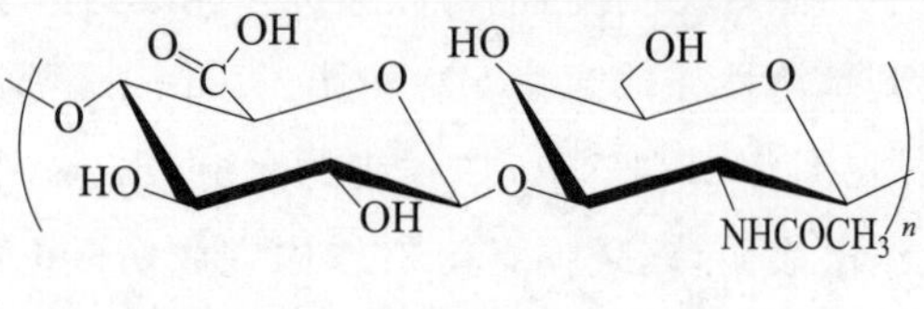

图 2-54 透明质酸的结构

展成为生产透明质酸的主要方法。透明质酸独特的分子结构赋予其特殊的性质,比如独特的黏弹性、润滑性、优良的生物相容性和可降解性。正是由于这些特殊的性质,使其在医药、食品、化工和生物医学等诸多领域获得广泛的应用。更令人感兴趣的是,透明质酸因其结构中含有大量的羟基和羧基,从而具有强的亲水性,保水作用强,被称为"理想的天然保湿因子",广泛用于化妆品和食品中。

同壳聚糖分子链结构一样,透明质酸分子链上也不含有光活性基团,不能进行光化学反应。但是,透明质酸分子链上富含羟基和羧基,可以通过化学修饰的方法,将光活性基团接枝到分子链上,形成透明质酸基 UV 树脂。有三种制备透明质酸基 UV 树脂的方法,分别是将(甲基)丙烯酰基、乙烯基及降冰片烯基等光活性基团接枝到透明质酸分子链上,形成透明质酸基 UV 树脂。

Gramlich 等用透明质酸钠作为原料,先将其转换成溶于二甲基亚砜的四丁基铵盐,然后与降冰片烯反应,制备得到降冰片烯基透明质酸 UV 树脂[见图 2-55(13)]。该树脂具有较低的细胞毒性,与双巯基化合物交联剂反应可以形成强度可调控的复合凝胶。Qin 等同样是利用透明质酸四丁基铵盐与乙烯基酯在脂肪酶的作用下发生酯交换反应,制得乙烯基透明质酸 UV 树脂[见图 2-55(14)]。该树脂与传统的(甲基)丙烯酰基透明质酸 UV 树脂相比,具有更低的细胞毒性、更高的光反应活性与交联效率,可用于紫外光双光子聚合,构建 3D 生物凝胶支架。

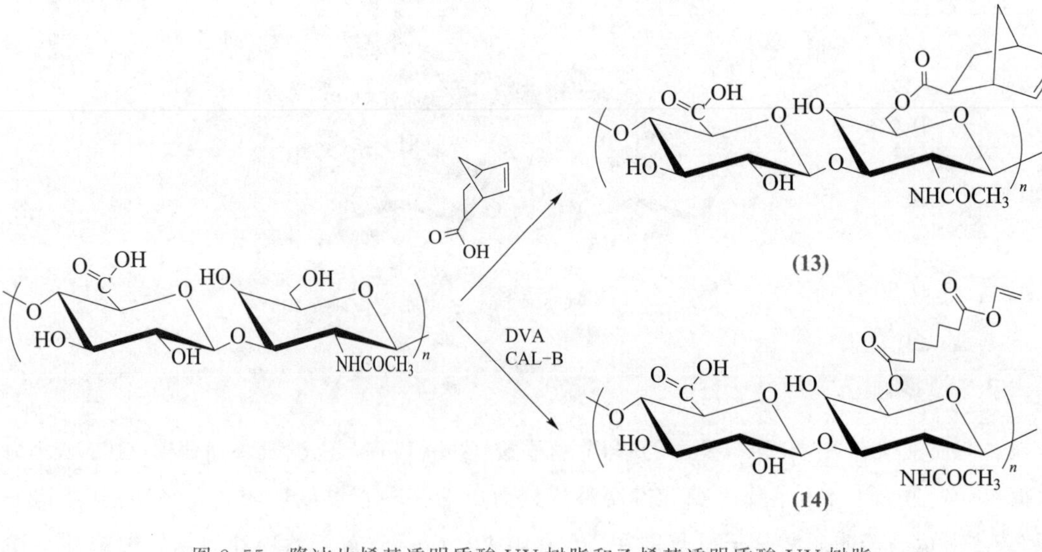

图 2-55 降冰片烯基透明质酸 UV 树脂和乙烯基透明质酸 UV 树脂

利用透明质酸分子链上大量带有的羟基与羧基基团,采用各种结构修饰的方法,将(甲基)丙烯酰基接枝到透明质酸分子链上,形成透明质酸基 UV 树脂,是众多研究者常选用的方法。

从透明质酸分子链上的羧基基团入手,研究者们通过羧基与氨基[带有(甲基)丙烯酰基团的伯胺或酰肼]分子之间的缩合反应,将光活性基团引入到透明质酸分子链上。Kim 等利用 N-(3-氨基丙基)甲基丙烯酰胺(盐酸盐)与透明质酸在 EDC/HOBt 的催化下发生缩合反应,制备得到甲基丙烯酰基透明质酸 UV 树脂[见图 2-56(15)]。该树脂具有良好的细胞相容性和生物可降解性,与其他功能性高分子复合形成的水凝胶可用作人类生长激素的控释载体、包封并传递细胞的载体等。Bae 等利用 2-氨乙基甲基丙烯酸酯与透明质酸在 EDC/NHS 催化下缩合,制备得到甲基丙烯酰基透明质酸 UV 树脂[见图 2-56(16)]。该树脂负载成骨生长与分化因子 5(GDF-5)后形成的水凝胶,具有良好的生物相容性,能显著提高骨细胞分化程度,促进新骨再生。Bobula 等利用甲基丙烯酰肼与透明质酸在 EDC/HOBt 的催化下缩合,制备得到甲基丙烯酰肼取代的透明质酸 UV 树脂[见图 2-56(17)]。该树脂具有良好的力学性能与生物相容性,可以利用光刻技术(或光媒介微成型技术)构建适合细胞生

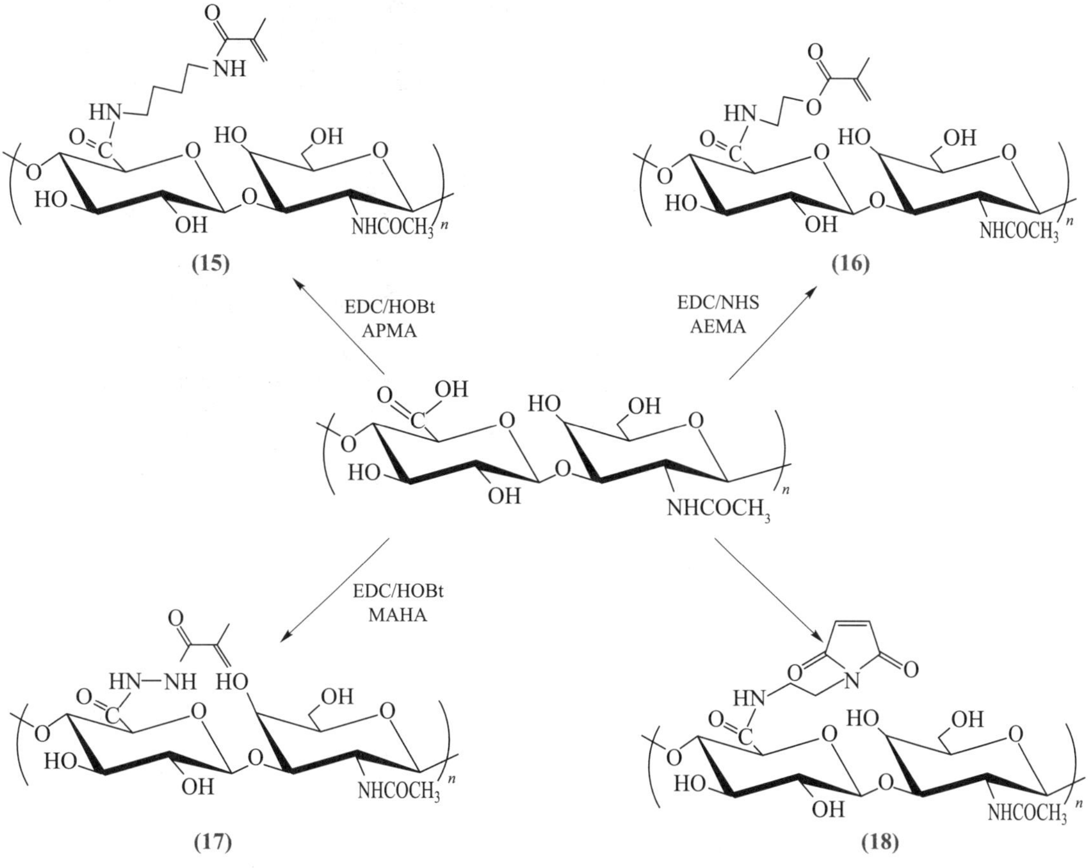

图 2-56　甲基丙烯酰化透明质酸 UV 树脂和马来酰亚胺透明质酸 UV 树脂

长环境的组织工程支架(透明质酸 UV 树脂的光刻或光媒介成型见图 2-57)。Feng 等利用透明质酸四丁基铵盐与 N-(2-氨基乙基)马来酰亚胺三氟乙酸盐在 BOP 的催化下进行缩合反应,制备得到马来酰亚胺基透明质酸 UV 树脂[如图 2-56(18)所示]。该树脂可与金属蛋白酶裂解多肽或与多巯基交联剂发生交联反应,制备得到金属蛋白酶敏感且水解稳定性高的水凝胶支架,可以通过控制该水凝胶支架的降解速率,调控人骨髓间充质干细胞向软骨细胞的分化程度。Khetan 等在透明质酸分子链上同时接枝甲基丙烯酰基和马来酰亚胺基团,制得透明质酸 UV 树脂,并利用其树脂构建的水凝胶体系,系统地研究了体系对于干细胞的调控分化作用。

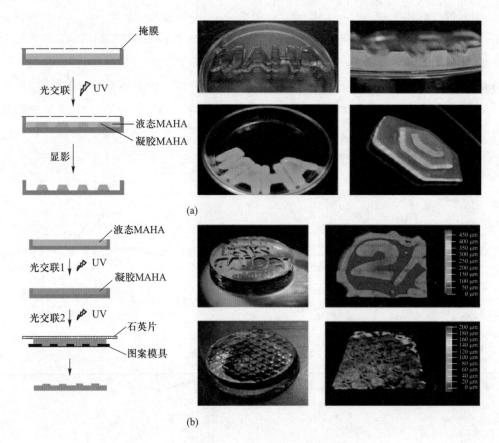

图 2-57　透明质酸 UV 树脂的光刻或光媒介成型

透明质酸分子链上羟基具有较高的反应活性。研究者们利用这一点,通过羟基与带有(甲基)丙烯酰基团的分子之间的反应,将光活性基团引入到透明质酸分子链上,形成透明质酸 UV 树脂。

Khetan 等采用两步法,将丙烯酸羟乙酯和丁二酸酐反应的产物与透明质酸四丁基铵盐进行酯化反应,制备得到丙烯酰基透明质酸 UV 树脂,如图 2-58(19)所示。该树脂进一步与含巯基的金属蛋白酶裂解多肽交联,形成可负载细胞并可通过降解来调控细胞扩散与增殖行为的水凝胶支架。

　　利用透明质酸上羟基与 GMA 反应制备透明质酸 UV 树脂,是众多研究者常采用的合成路径,如图 2-58(20)所示。Prado 等制备了 GMA 接枝透明质酸 UV 树脂,并研究了该树脂的水溶液形成水凝胶的动力学过程。结果表明,该树脂的水溶液能在光强为 20 mW/cm² 的紫外灯下曝光约 25 s 就可完成溶胶—凝胶转变,具有快速凝胶的特性。当树脂分子链上甲基丙烯酰基取代度较高时,该树脂形成的凝胶机械强度较好,同时具有良好的细胞相容性,适合细胞黏附与增殖。老鼠皮下植入试验结果表明,该树脂形成的凝胶具有较低的炎症反应,能促进植入处周围组织的血管化,从而促进伤口的愈合,未来可以用作敷料,治疗伤口。该树脂亦可以和其他高分子如聚乙二醇、聚碳酸酯、胶原、多肽等复合,构建互穿网络水凝胶或双网络水凝胶,用于蛋白质药物控释的载体、软骨、神经等组织工程支架。也有研究者采用该种树脂作为基质材料,通过调控包埋其中的蛋白质分子尺寸大小,诱导细胞黏附及增殖,用作神经修复导管。

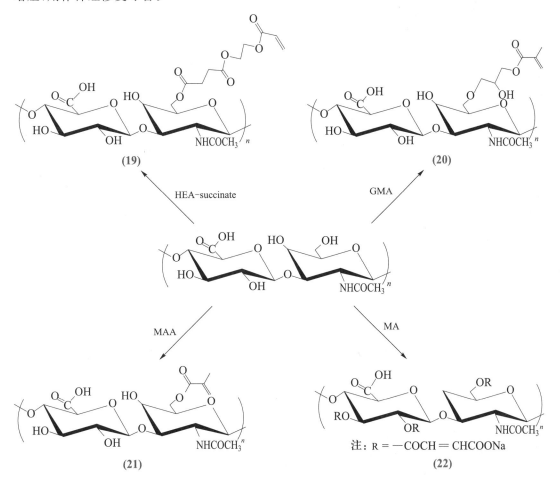

图 2-58　甲基丙烯酰化透明质酸 UV 树脂和马来酰化透明质酸 UV 树脂

利用透明质酸分子链上羟基与甲基丙烯酸酐(MAA)反应制备透明质酸 UV 树脂,也是众多研究者常采用的合成方法之一。Burdick 等利用甲基丙烯酸酐与透明质酸反应,制备得到甲基丙烯酰基透明质酸 UV 树脂,如图 2-58(21)所示。该树脂具有可调的力学性能、生物可降解性和细胞相容性,可促进软骨组织的再生。当分子结构中甲基丙烯酰基团取代度小于 0.5 时,该树脂的水溶液在紫外光下曝光几分钟就可以形成凝胶,具有可控的凝胶黏弹性,适合哺乳动物细胞的黏附与迁移。

透明质酸 UV 树脂作为细胞培养的基质,除了给细胞的黏附与生长提供良好的微环境外,还可通过调控树脂的参数,实现对细胞诱导与分化的调控,为未来疾病的治疗奠定基础。Bian 等通过调控透明质酸 UV 树脂浓度、交联密度等参数,诱导人类骨髓间充质干细胞向成骨细胞的分化,促进软骨组织再生,未来该树脂有望用于软骨缺损疾病的治疗。Kim 等利用透明质酸 UV 树脂包埋髓核细胞,通过调控基质的含量和力学等参数,实现了髓核细胞的高水平基因表达。利用该基质包埋细胞,通过组织工程和细胞治疗的方法,未来有望治愈椎间盘退行性疾病。Seidlits 等利用透明质酸 UV 树脂培养神经祖细胞,通过调控水凝胶的力学参数,实现不同强度下神经祖细胞的差异化分化。凝胶强度接近于脑组织强度的透明质酸 UV 树脂水凝胶容易诱导神经祖细胞分化成神经元细胞,而强度更大的透明质酸 UV 树脂水凝胶更易诱导神经祖细胞分化成神经胶质细胞。这一研究为帕金森疾病的基因治疗提供可行路径。也有研究者将透明质酸 UV 树脂制备成纳米凝胶,用作递送药物的载体,实现对所包含药物的精确控制释放,以达到治疗疾病的目的。该树脂亦可以和其他高分子如聚乙二醇、明胶等复合,构建互穿网络水凝胶基质,用于培养细胞,调控细胞的分化,以促进组织再生。基于透明质酸的保湿特性,研究者将透明质酸 UV 树脂作为润湿剂,与聚硅氧烷复合,制成隐形眼镜。为了进一步提高透明质酸 UV 树脂的使用性能,研究者们通常采用提高透明质酸分子链上甲基丙烯酰基取代度的方法,以期望获得更高的交联密度。Lin 等采用在甲酰胺溶剂中透明质酸与马来酸酐之间的均相反应,得到高取代度的马来酰化透明质酸 UV 树脂,如图 2-58(22)所示,其取代度可达 0.75。该树脂形成的水凝胶具有较好的力学性能。

2.2.3 海藻酸基 UV 树脂

海藻酸是从褐藻类的海带或马尾藻中提取出来的一种天然多糖,是由 α-L-古罗糖醛酸(G 单元)与 β-D-甘露糖醛酸(M 单元)按 β-1,4-糖苷键链接而成的线性高分子聚合物,海藻酸结构如图 2-59 所示。在海藻酸分子链上,G 和 M 单元排列成三种嵌段类型:GG 嵌段、MM 嵌段和 MG 嵌段。对于 GG 嵌段,两个重复单元的空间结构可以产生一个螯合钙离子的空间,与钙离子螯合形成一个稳定的凝胶结构。而 MM 嵌段则较难形成胶体。海藻酸来源广泛,具有优异的生物相容性和生物可降解性,已经在食品、生物医药等领域得到广泛的应用。

海藻酸分子链上富含羟基和羧基,一般通过偶联剂将带有光活性基团的分子接枝在海藻酸分子链上,形成海藻酸基 UV 树脂,如图 2-60(23)所示。Jeon 等利用甲基丙烯酸氨乙基酯在碳二亚胺/N-羟基琥珀酰亚胺体系催化下与海藻酸反应,得到海藻酸基 UV 树脂。该树脂在波长为 365 nm、光强为 8～20 mW/cm² 的 UV 照射下,几分钟内就能形成水凝胶,其弹性模量、降解速率均可通过接枝的甲基丙烯酰基的量来控制。该树脂具有较低的细胞毒性,形成的水凝胶包埋细胞能支持细胞的存活和增殖行为。该树脂未来有望在细胞移植、药物递送等生物医用领域得到应用。为了进一步提高海藻酸基 UV 树脂形成的水凝胶在人体内的降解速率,Jeon 等用高碘酸钠氧化海藻酸,得到双醛基海藻酸,然后与甲基丙烯酸氨乙基酯在碳二亚胺/N-羟基琥珀酰亚胺体系催化下反应,制备得到带有醛基、甲基丙烯酰基的海藻酸基 UV 树脂,如图 2-60(24)所示。该树脂形成的水凝胶由于其海藻酸分子链上 M 单元糖环的断裂,其降解速率明显提高,由长达 1.25 个月的时间缩短至 1 个月以内。此外,该树脂形成的水凝胶也具有良好的细胞相容性,支持包埋其中的细胞的存活与增殖,有望在组织工程等生物医用领域得到应用。

图 2-59　海藻酸结构

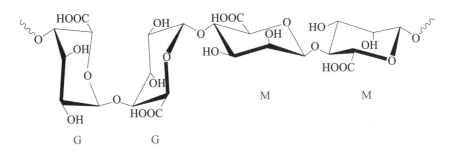

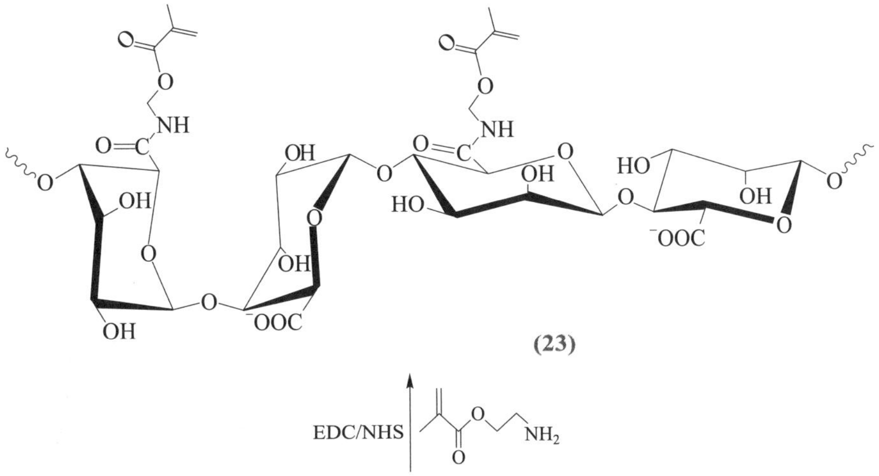

(23)

图 2-60　甲基丙烯酰化海藻酸的合成

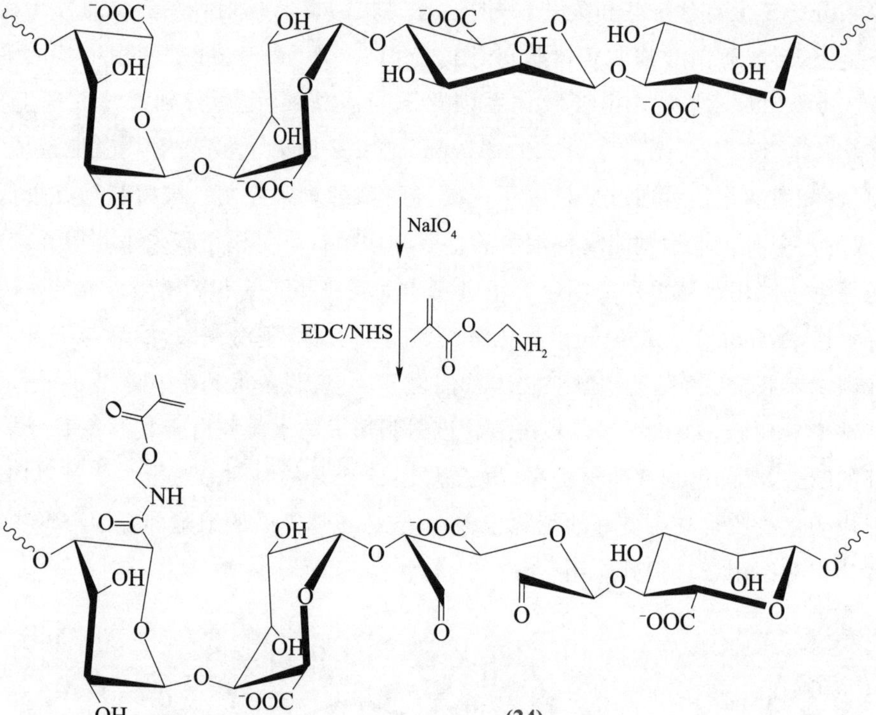

图 2-60　甲基丙烯酰化海藻酸的合成(续)

2.2.4　淀粉基 UV 树脂

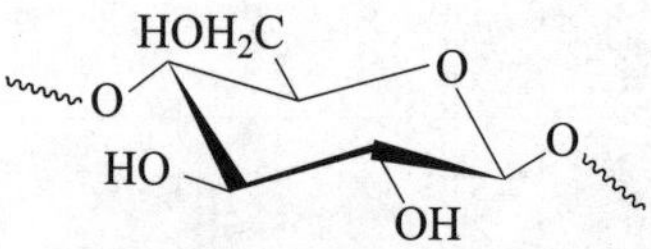

　　淀粉是从植物的种子、块茎中提取出来的一种天然多糖,是由葡萄糖单元以 α-1,4-糖苷键和 α-1,6-糖苷键链接而成的非还原性多羟基聚合物,其结构如图 2-61 所示。淀粉分直链淀粉和支链淀粉两类。直链淀粉含几百个葡萄糖单元,占天然淀粉分子质量的 20%～26%,是可溶性的。支

图 2-61　淀粉的结构

链淀粉含几千个葡萄糖单元。淀粉具有良好的生物相容性,是绿色、安全和廉价的生物质资源,除食用外,在工业上被广泛用于生产麦芽糖、葡萄糖、酒精等原料,也用作纺织品的上浆剂、药物片剂和黏合剂等。

　　淀粉分子链上富含羟基,可以利用结构修饰的方法,将光活性基团接枝到其分子链上,得到淀粉基 UV 树脂。一般而言,会将(甲基)丙烯基作为光活性基团接枝到淀粉分子链上。Li 等利用丙烯酰氯与淀粉在二甲基甲酰胺/三乙胺混合溶剂中反应,制备得到淀粉基 UV 树脂,如图 2-62(25)所示。该树脂进一步与磺酸基不饱和树脂复合,在紫外灯照射下形成具有高溶胀比、耐盐性的水凝胶,大大拓展其工业应用范围。Vieira 等利用甲基丙烯酸异氰基乙酯与淀粉在二甲亚砜溶剂中反应,制备得到带有氨基甲酸酯基结构的淀粉基 UV 树脂,如图

2-62(26)所示。该树脂可负载药物分子噻吗心安和氟比洛芬钠,并可在生理条件下缓释药物,用于眼科疾病的治疗。

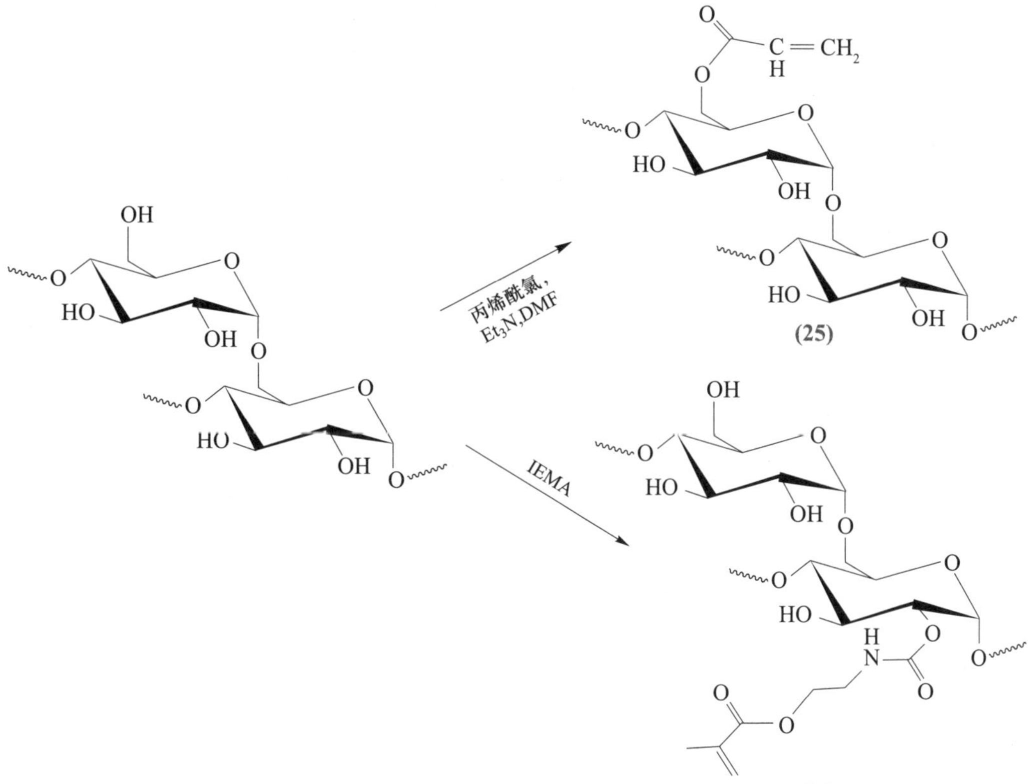

图 2-62　甲基丙烯酰基淀粉的合成

2.2.5　纤维素基 UV 树脂

纤维素是一种由 D-葡萄糖以 β-1,4 糖苷键组成的线性多糖,其结构如图 2-63 所示。纤维素是自然界中分布最广、含量最多的一种天然高分子,其占植物界碳含量的 50% 以上,主要来源于棉花、木材、麦草等植物的细胞壁。纤维素天然无毒、生物相容性好,但是在常温下既不溶于水,又不溶于一般的有机溶剂,大大限制其使用范围。为此,研究者们根据其特点,采用化学改性的方法,制备出一系列纤维素衍生物,包括甲基纤维素、羟乙基纤维素、羟丙基甲基纤维素等,大大拓展其应用范围,使其在纺织、医疗、食品等领域获得广泛的应用。

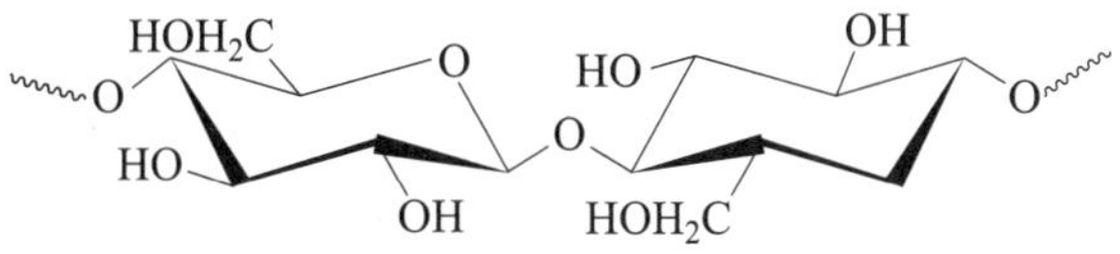

图 2-63　纤维素结构

纤维素分子链上富含羟基，可以通过化学反应将光活性基团接枝到纤维素分子链上，形成纤维素基 UV 树脂。研究者们常采用的方法是将纤维素进行预处理，得到纤维素溶液，或者直接采用具有水溶性或有机可溶的纤维素衍生物溶液。再与带有 C=C 的小分子反应，将其光活性基团接枝到纤维素分子链上。Stalling 等选用水溶性的甲基纤维素，与甲基丙烯酸酐反应，得到甲基丙烯酰基纤维素基 UV 树脂，如图 2-64(27)所示。该树脂的水溶液在长波长 UV 照射下 10 min 可形成凝胶，凝胶具有良好的机械强度，且不显示细胞毒性，也几乎不产生炎症反应，有望在软组织再生医学领域得到应用。Qi 等选用有机溶剂可溶的羟丙基纤维素，在氯仿中与甲基丙烯酸酐反应，制得甲基丙烯酰基羟丙基纤维素 UV 树脂，如图 2-64(28)所示。该树脂能支持间充质干细胞的黏附、迁移与增殖，具有良好的生物相容性、生物可降解性，有望用作组织工程支架。此外，该树脂还可作为基材，用于蛋白质和细胞诊断的纸基微流控芯片。Shen 等选用水溶性的羧甲基纤维素钠，在 EDC/NHS 偶联体系催化下，与烯丙基胺反应，得到带有不饱和碳碳双键基团的羧甲基纤维素基 UV 树脂，如图 2-64(29)所示。该树脂在 UV 照射下形成的薄膜具有较高的吸水溶胀性能，有望在生物医用领域得到应用。Reza 等选用羧甲基纤维素，与甲基丙烯酸酐反应，制备得到甲基丙烯酰化的羧甲基纤维素 UV 树脂，如图 2-64(30)所示。该树脂在紫外光照下形成的水凝胶在包埋细胞的培养过程中，可观察到细胞间质和外周位置沉积着硫酸软骨素蛋白多糖，表明该树脂是髓核细胞的良好培养基质。未来这种细胞-基质复合体有望用于椎间盘退行性病变的治疗。在此基础上，Gupta 等进一步将转化生长因子 β 加入到该树脂形成的水凝胶中，用于人类骨髓间充质干细胞的培养。结果表明，负载转化生长因子 β 的水凝胶中的氨基多糖、Ⅱ型胶原含量明显增高，且强度较高，表明负载人类骨髓间充质干细胞的复合水凝胶具有治疗椎间盘退行性病变的潜力。此外，Kamath 等制备了含有肉桂酸基团的纤维素基 UV 树脂，如图 2-64(31)所示，进一步丰富了纤维素衍生物家族，拓宽其应用范围。

2.2.6 明胶基 UV 树脂

明胶是动物皮肤和骨组织中提取出来的胶原蛋白经部分水解后得到的多肽高聚物，是胶原片段、单体及降解产物的混合体，由 65 种左右的氨基酸组成。明胶具有良好的凝胶性、成膜性及乳化性等功能特点，且无免疫原性，在食品、医药、纺织等领域有着广泛的应用。

明胶分子链上含有大量的羟基、氨基和羧基等活泼基团，可根据需要对其进行化学改性。一般而言，明胶是通过分子链上的氨基与甲基丙烯酸酐反应，将其光活性基团接枝到明胶分子链上，得到明胶基 UV 树脂(见图 2-65)。该树脂具有良好的软骨细胞相容性，当光活性基团含量较高时，能起到对软骨细胞的保护作用，降低较高含量的光引发剂和较高光照剂量对于细胞的伤害。Sun 等利用该树脂，通过电纺丝与光聚合技术，构建明胶基水凝胶纤维支架。动物试验结果表明，该纤维支架能快速促进老鼠皮肤皮瓣的血管生成，提高皮瓣的成活率，未来有望在皮肤组织工程中得到应用。Shi 等利用明胶基 UV 树脂，通过微流体纺丝

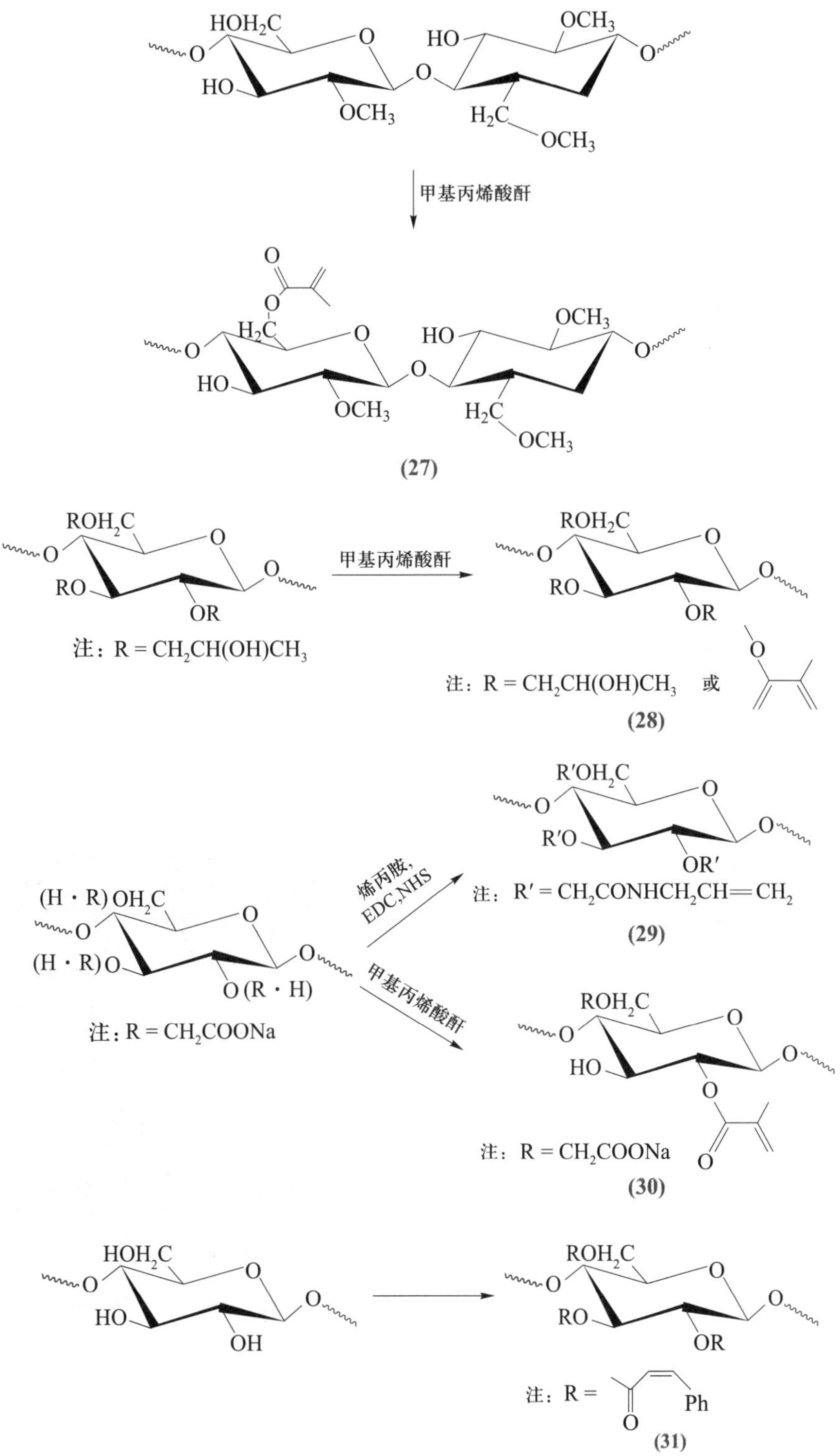

图 2-64　纤维素基 UV 树脂的合成

与光聚合技术,制备得到表面具有沟槽结构的水凝胶纤维。该纤维能有效促进细胞的包封和黏附,更重要的是,该纤维能诱导细胞的取向与排列,实现对细胞的调控,未来有望作为制造纤维状组织或组织微结构的模板。

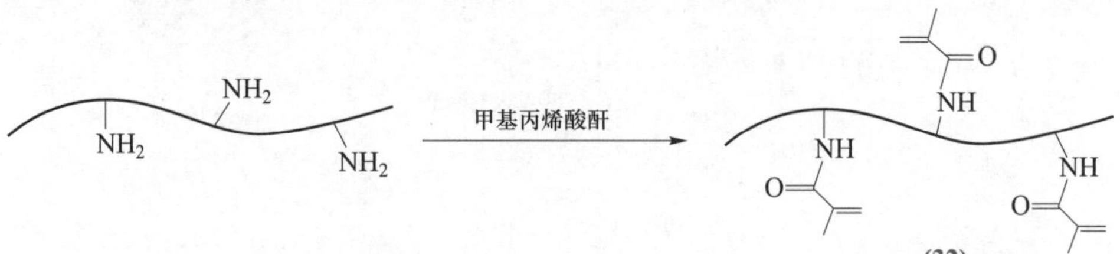

图 2-65　明胶基 UV 树脂的合成

Eke 等利用明胶基 UV 树脂与透明质酸基 UV 树脂复合,包埋脂肪干细胞,制备得到细胞-水凝胶复合体。该复合体能促进真皮层微血管的生成,促进伤口的愈合,提高组织工程皮肤的存活率。Hjortnaes 等也利用明胶基 UV 树脂与透明质酸基 UV 树脂复合,用于调控瓣膜间质细胞的分化与表型。Divito 等利用明胶基 UV 树脂与聚乙二醇复合,制造小口径人造血管(见图 2-66)。实验过程中能明显观察到人造血管周围毛细血管的生成,表明该复合树脂具有促进微血管生成的能力,未来有望用于器官修复领域。Jia 等采用明胶基 UV 树脂与海藻酸等高分子复合,制备"生物墨水",并利用 3D 生物打印技术,构建仿血管组织结构水凝胶。也有研究者将明胶基 UV 树脂与无机纳米粒子如羟基磷灰石、纳米黏土等复合,构建纳米复合水凝胶,用于骨组织、心血管组织的再生修复研究。

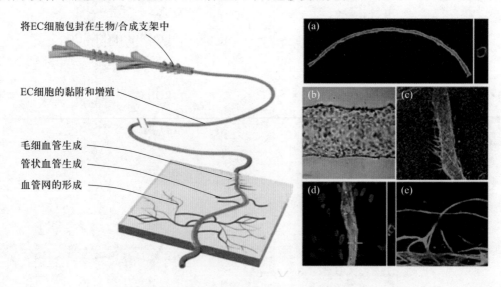

图 2-66　微流控技术制造的人内皮微血管和新生血管的形成

天然产物基 UV 树脂由于具有来源广泛、生物相容性良好与可生物可降解等特性,在食品、纺织和组织工程等领域有着良好的应用前景。然而,与合成高分子 UV 树脂相比,天然产物基 UV 树脂仍然存在着原料参数批次差异较大、机械强度较弱等不足之处,未来需要在此方面加以改进,以促进天然产物基 UV 树脂的广泛应用。

参考文献

[1]　聂俊,肖鸣.光聚合技术与应用[M].北京:化学工业出版社,2008.

[2]　金养智.光聚合材料性能及应用手册[M].北京:化学工业出版社,2010.

[3]　潘祖仁.高分子化学(增强版)[M].北京:化学工业出版社,2007.

[4]　曹同玉,刘庆普,胡金生.聚合物乳液合成原理性能及应用[M].2 版.北京:化学工业出版社,2007.

[5]　许戈文.水性聚氨酯材料[M].北京:化学工业出版社,2006.

[6]　ASIF A,SHI W F. Synthesis and properties of UVcurable waterborne hyperbranched aliphatic polyester[J]. European Polymer Journal,2003,39(5):933-938.

[7]　ROSEN M J,KUNJAPPU J T.表面活性剂和界面现象(第四版)[M].崔正刚,等译.北京:化学工业出版社,2015.

[8]　孙曼灵.环氧树脂应用原理与技术[M].北京:机械工业出版社,2002.

[9]　刘登良.涂料工艺[M].4 版.北京:化学工业出版社,2009.

[10]　ZHANG T,WU W,WANG X. Effect of average functionality on properties of UV-curable waterborne polyurethane-acrylate[J]. Progress in Organic Coatings,2010,68:201-207.

[11]　李冠荣,张力,何游.水性 UV 固化含氟丙烯酸酯涂料的制备及性能研究[J].涂料工业,2013(8):18-23.

[12]　XU H P,QIU F X. UV-curable waterborne polyurethane-acrylate:preparation,characterization and properties[J]. Progress in Organic Coatings,2012,73:47-53.

[13]　GUO Y H,LI S C. Waterborne polyurethane/poly(n-butyl acrylate-styrene)hybrid emulsions:particle formation,film properties,and application[J]. Progress in Organic Coatings, 2012, 74(1):248-256.

[14]　LIU T,PAN X,WU Y. Synthesis and characterization of UV-curable waterborne polyurethane acrylate possessing perfluorooctanoate side-chains[J]. Journal of Polymer Research,2012,19(2):9741.

[15]　张文君,张海召,杨永登.新型水性紫外光固化聚氨酯丙烯酸酯的制备及性能[J].涂料工业,2016,46(8):58-63.

[16]　李季,王滨,程发.新型光固化环氧丙烯酸酯乳液的制备及其防腐性能研究[J].高分子通报,2017,7:29-38.

[17]　谭湘璐,邓剑如,罗塞,等.桐油基水性光固化树脂的合成及性能[J].精细化工,2016,33(8):862-866.

[18]　覃健耀,韦星船,邓妮,等. UV 固化水性环氧衣康酸树脂氟改性研究[J].涂料工业,2017,47(6):51-56.

[19]　李冠荣,张力,彭毅成,等.水性 UV 固化含氟聚氨酯树脂的制备及性能研究[J].化工性材料,2015,43(7):57-59.

[20] 邓剑如,王祝愿,李尚钰,等.软段改性 UV 固化水性聚氨酯涂料的合成与性能[J].湖南大学学报(自然科学版),2016,43(6):89-92.

[21] 高旭瑞,姚伯龙,王利魁,等.基于柠檬酸架构的水性光固化环氧-聚氨酯的制备与性能研究[J].涂料工业,2016,46(4):45-52.

[22] LI K B,SHEN Y D,FEI G Q. Preparation and properties of castor oil/pentaerythritol triacrylate-based UV curable waterborne polyurethane acrylate[J]. Progress in Organic Coatings,2015,78:146-159.

[23] WANG L,LAI X J,MA S Y. Microporous bamboo biochar for lithium-sulfur batteries[J]. Advanced Matericals Research,2013,821:925.

[24] XU H P,YANG D Y,GUO Q. Waterborne polyurethane-acrylate containing different polyether polyols:preparation and properties[J]. Polymer-Plastics Technology and Engineering,2012,51:50-57.

[25] 任龙芳,郭子东.超支化水性聚氨酯的合成及其应用研究进展[J].陕西科技大学学报,2014,32(3):20-25.

[26] 陈新,王聪颖,吴锦京.侧基双键光固化水性聚氨酯的合成及固化工艺研究[J].中国涂料,2016,31(9):23-29.

[27] 张海召,周宏勇,王家喜.丙烯酸酯改性桐油基乳化剂的合成、表征及光固化性能[J].化工进展,2017,36(10):3860-3865.

[28] 袁腾,陈任,王锋,等.UV 固化 PUA/EA 核壳复合乳液的制备与性能[J].高校化学工程学报,2014,28(4):844-850.

[29] 严晶,闫福安.GMA 改性水性光固化不饱和聚酯乳液的合成[J].涂料技术与文摘,2014,35(3):7-13.

[30] CHANG C W,LU K T. Linseed-oil-based waterborne UV/air dual-cured wood coatings[J]. Progress in Organic Coatings,2013,76:1024-1031.

[32] HWANG H D,PARK C H,Moon J I. Breakdown of the vaginal ecosystem in patients with rheumatoid arthritis[J]. Progress in Organic Coatings,2011,72:663-675.

[33] WANG H,FAN J,FEI G. A facile approach to fabricate waterborne,nanosized polyaniline-graft-(sulfonated polyurethane)as environmental antistatic coating[J]. Journal of Applied Polymer Science,2015,132(31):45412.

[34] 臧利敏,郭金山,杨超.UV 固化环氧丙烯酸酯的合成和水性化研究[J].现代涂料与涂装,2010,13(7):37-40.

[35] 李学良,聂孟云,刘华.聚乙二醇改性环氧丙烯酸阴极电泳涂料用乳液的制备[J].电镀与涂饰,2011,31(2):57-61.

[36] 康云飞,沈一丁.水性环氧交联丙烯酸树脂乳液的结构及性能表征[J].高分子材料科学与工程,2009,25(3):17-20.

[37] 周宏显,袁腾,赵韬,等.自干型环氧丙烯酸改性水性醇酸树脂的制备与性能[J].电镀与涂饰,2014,33(22):957-961.

[38] FUKUDA J,KHADEMHOSSEINI A,YEO Y,et al. Micromolding of photocrosslinkable chitosan hydrogel for spheroid microarray and co-cultures[J]. Biomaterials,2006,27:5259-5267.

[39] AMSDEN B G,SUKARTO A,KNIGHT D K,et al. Methacrylated glycol chitosan as a photopolymerizable biomaterial[J]. Biomacromolecules,2007,8:3758-3766.

[40] ZHOU Y,ZHANG C,LIANG K,et al. Photopolymerized water-soluble maleilated chitosan/methacrylated poly(vinyl alcohol)hydrogels as potential tissue engineering scaffolds[J]. International Journal of Biological Macromolecules,2018,106:227-233.

[41] GAO X,ZHOU Y,MA G,et al. A water-soluble photocrosslinkable chitosan derivative prepared by Michael-addition reaction as a precursor for injectable hydrogel[J]. Carbohydrate Polymers,2010,79:507-512.

[42] PARK Y D,TIRELLI N,HUBBELL J A. Photopolymerized hyaluronic acid-based hydrogels and interpenetrating networks[J]. Biomaterials,2003,24:893-900.

[43] BOBULA T,BUFFA R,HERMANNOVA M,et al. A novel photopolymerizable derivative of hyaluronan for designed hydrogel formation[J]. Carbohydrate Polymers,2017,161:277-285.

[44] JEON O,ALT D S,AHMED S M,et al. Photocrosslinked alginate hydrogels with tunable biodegradation rates and mechanical properties[J]. Biomaterials,2012,33:3503-3514.

[45] VIEIRA A P,FERREIRA P,COELHO J F J,et al. Photocrosslinkable starch-based polymers for ophthalmologic drug delivery[J]. International Journal of Biological Macromolecules, 2008, 43:325-332.

[46] STALLING S S,AKINTOYE S O,NICOLL S B. Development of photocrosslinked methylcellulose hydrogels for soft tissue reconstruction[J]. Acta Biomaterialia,2009,5:1911-1918.

[47] DIVITO K A,DANIELE M A,ROBERTS S A,et al. In situ gelling silk-elastinlike protein polymer for transarterial chemoembolization[J]. Biomateirals,2017,138:142-152.

第3章 低表面能光聚合树脂

3.1 含硅光聚合树脂及应用

有机硅树脂是指一类以 Si—O 键为骨架,余键连有有机基团的聚合物。其结构中包含有机结构和无机结构,因此兼有有机聚合物和无机化合物的特性,如具有耐高低温性、耐候性、耐老化性、耐腐蚀性、低表面张力和生理惰性等。有机硅与高效环保的 UV 技术的结合使得 UV 有机硅树脂研究应用发展迅速。

3.1.1 UV-硅树脂在涂料中的应用

光聚合(UV)涂料是一种绿色环保型涂料。与传统热固化涂料相比,光聚合涂料拥有固化速率快、节能环保的优势。在涂料工业生产中,紫外光聚合固化速率已达到 2 500~3 000 m/min,生产效率远远高于传统热固化涂料。与热固化涂料相比,光聚合涂料能耗较少(一般为热固化涂料耗能的 1/10~1/5);还可以减少甚至不使用有机溶剂,减少了挥发性有机物的排放,是一种环境友好型涂料,近年来其生产和应用有较大发展,成为光聚合领域规模较大的产品。相应地,光聚合有机硅涂料近些年也得到迅猛发展。按照聚合机理,光聚合有机硅涂料可分为自由基型和阳离子型。

1. 自由基型光聚合有机硅涂料

自由基型光聚合有机硅涂料主要以丙烯酰胺基或者丙烯酸酯基作为光敏性基团,其光聚合反应速度快、活性高,抗氧阻聚能力相对较强,且成本较其他产品低廉,是现阶段开发最多、用量最大、应用最为广泛的光聚合有机硅涂料。

Yanchang Gan 等利用苯乙烯改性的巯基丙基聚倍半硅氧烷(St-POSS-SH)与含有丙烯酸和苯乙基硫醚基团(LPSQ)的梯状聚倍半硅氧烷合成了基于硫醇烯的可光聚合有机硅液体树脂。即使在开放空气条件下,该液体有机硅树脂也能在室温下光聚合,固化时间仅需 2 min。同时在无须模具的情况下,该有机硅树脂经光聚合后可保持半球形状,用该光聚合有机硅树脂封装的 LED 具有较高的光提取效率。St-POSS-SH 和 LPSQ 结构式如图 3-1 所示。

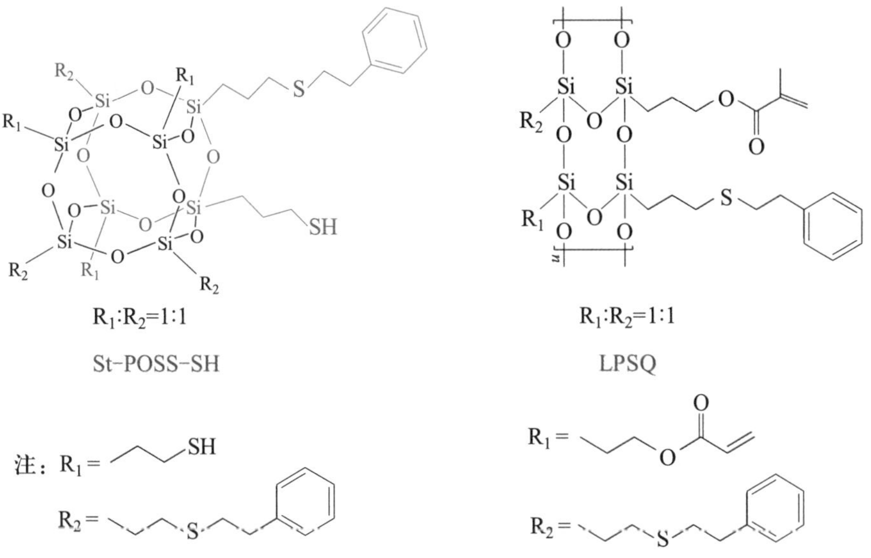

R₁:R₂=1:1
St-POSS-SH

R₁:R₂=1:1
LPSQ

注：$R_1=$

$R_2=$

图 3-1　St-POSS-SH 和 LPSQ 结构式

　　胡秀智等采用多面齐聚倍半硅氧烷（POSS）化学接枝改性聚氨酯丙烯酸酯紫外光聚合涂料。改性后的聚氨酯丙烯酸酯（PUA）固化时间仅为 4 s,邵氏硬度为 99HD,耐磨度测量结果为 0.0042 g/cm²,附着力 1 级,光泽度为 45%。该高硬度、高耐磨的 UV 聚合涂料可应用于木地板和建筑地板。多面齐聚倍半硅氧烷结构如图 3-2 所示。

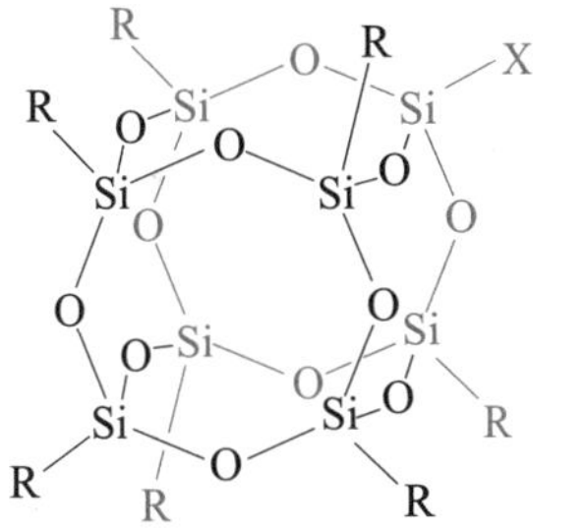

注：X=活性基团；R=惰性基团

图 3-2　多面齐聚倍半硅氧烷结构

　　UV 有机硅树脂材料在皮革面层保护涂层领域亦具有潜在的应用。北京化工大学孙芳课题组合成了一系列用于皮革面层保护涂层的低聚物。于勇等合成了一种自由基型光聚合聚硅氧烷聚氨酯丙烯酸酯低聚物,以其为主体树脂制备的 PU 皮革涂饰剂具有较好的综合性能。通过热重测试表明,加入不同稀释剂制备的聚硅氧烷聚氨酯丙烯酸酯皮革涂饰剂耐热温度均在 310 ℃ 以上,拉伸强度均在 8 MPa 以上,其在无机玻璃、PVC 皮革和 PU 皮革表面黏附力均达到 4B（依据黏附力测试标准 ASTM D3359）。低聚物的结构式如图 3-3 所示。

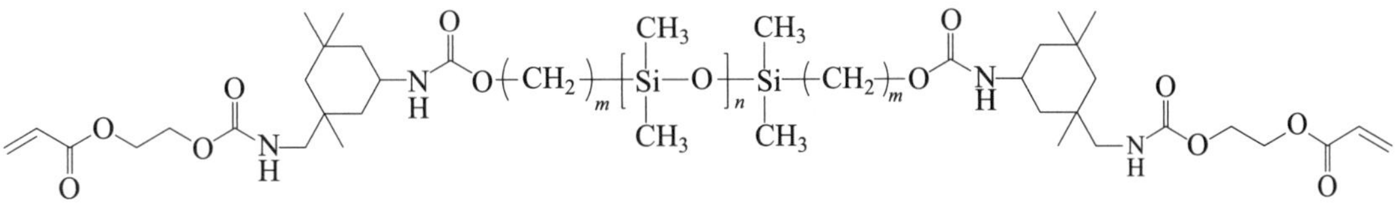

图 3-3　聚硅氧烷聚氨酯丙烯酸酯低聚物

北京化工大学程继业等合成了一系列用于 PVC 皮革涂饰剂的多官能聚硅氧烷-聚醚嵌段聚氨酯丙烯酸酯预聚物。所得预聚物具有优异的光聚合效率,随着聚硅氧烷链段含量的增加,UV 聚合膜的耐热性能也逐渐增加,同时其断裂伸长率也得到提高。热重测试表明随着聚硅氧烷的增加,固化膜的热降解性能提高,起始降解温度达到 326 ℃。最大热失重速率温度在 377 ℃以上,固化膜的断裂伸长率可达 250.2%。固化膜均具有较好的耐热黄变性,且固化过程中体积收缩率均在 6% 以下。基于多官能聚硅氧烷-聚醚嵌段聚氨酯丙烯酸酯设计的 PVC 皮革涂饰剂性能满足实际需求,在皮革涂饰剂领域具有潜在的应用价值。

于勇等合成了两种新型光敏氟硅氧烷-氨基甲酸酯丙烯酸酯预聚物($Si-F_{15}-IPDI-HEA$ 和 $Si-F_6-IPDI-HEA$)。这两种预聚物与通用的丙烯酸酯单体具有优异的相容性,他们组成的体系双键转化率能达到 90%。随着单体官能度的增加,其体系所得到的固化膜的热稳定性相应增大,$Si-F_{15}-IPDI-HEA$ 和 $Si-F_6-IPDI-HEA$ 与三羟甲基丙烷三丙烯酸酯(TMPTA)组成的体系,其固化膜热失重率为 10% 时的温度分别为 357 ℃和 337 ℃。由这两种预聚物与各种单体组成的体系,所得的固化膜在皮革上均有较强的附着力,在皮革工业中作为保护涂层具有潜在的应用。预聚物结构式如图 3-4 所示。

此外,含硅有机-无机光聚合杂化材料由于兼具有机物和无机物的性能,比未杂化的 UV 光聚合材料具有更高的硬度、耐磨性和柔韧性。程显为等以异佛尔酮二异氰酸酯(IPDI)、丙烯酸-α-羟乙酯(HEA)和 γ-氨丙基三乙氧基硅烷(KH550)为原料,合成出了一种含硅的聚氨酯丙烯酸酯大单体(Si-PUA)。以该大单体与正硅酸乙酯为原料采用溶胶凝胶法合成一种新型改性硅溶胶,将其与环氧丙烯酸酯(CN104NS)复合,进而制备得到一种可改善环氧丙烯酸酯涂层柔韧性与抗冲击性的可 UV 固化的有机/无机杂化涂料。当涂料中硅溶胶的比例为 20% 时,其杂化涂层的硬度为 4 H,柔韧性为 5 mm,抗冲击性为 0.052 kJ/m^2,且耐磨性较好。含硅聚氨酯丙烯酸酯大单体合成路线如图 3-5 所示。

Chiara Ingrosso 等成功制备了一种甲基丙烯酸-硅氧烷树脂型紫外光聚合纳米复合材料。此材料是一种电位自修复结构涂料,可用于保护古迹、艺术品、光学元件和牙科修复。该材料由油酸配位改性的 TiO_2 纳米棒和甲基丙烯酸-硅氧烷树脂组成。在紫外光照下,这种 TiO_2 纳米棒作为自由基光引发剂引发甲基丙烯酸硅氧烷树脂聚合,得到具有防水性和自清洁性的有机硅涂层。另外,经油酸改性后的 TiO_2 纳米棒与有机硅树脂预聚物具有较好的相容性,经光聚合后形成多重共价键,增加了涂层交联密度,表现出更高的固化反应性,同时也可以限制氧气对光聚合反应的抑制作用。甲基丙烯酸-硅氧烷光聚合树脂配方各组分的分子结构式如图 3-6 所示。

王双等发明了一种含有机硅 LED-UV 防涂鸦抗污涂料,此涂料由 4 或 5 官能度的氟硅化丙烯酸树脂、低能量固化的特殊功能性丙烯酸树脂、8 官能度的超支化聚氨酯丙烯酸

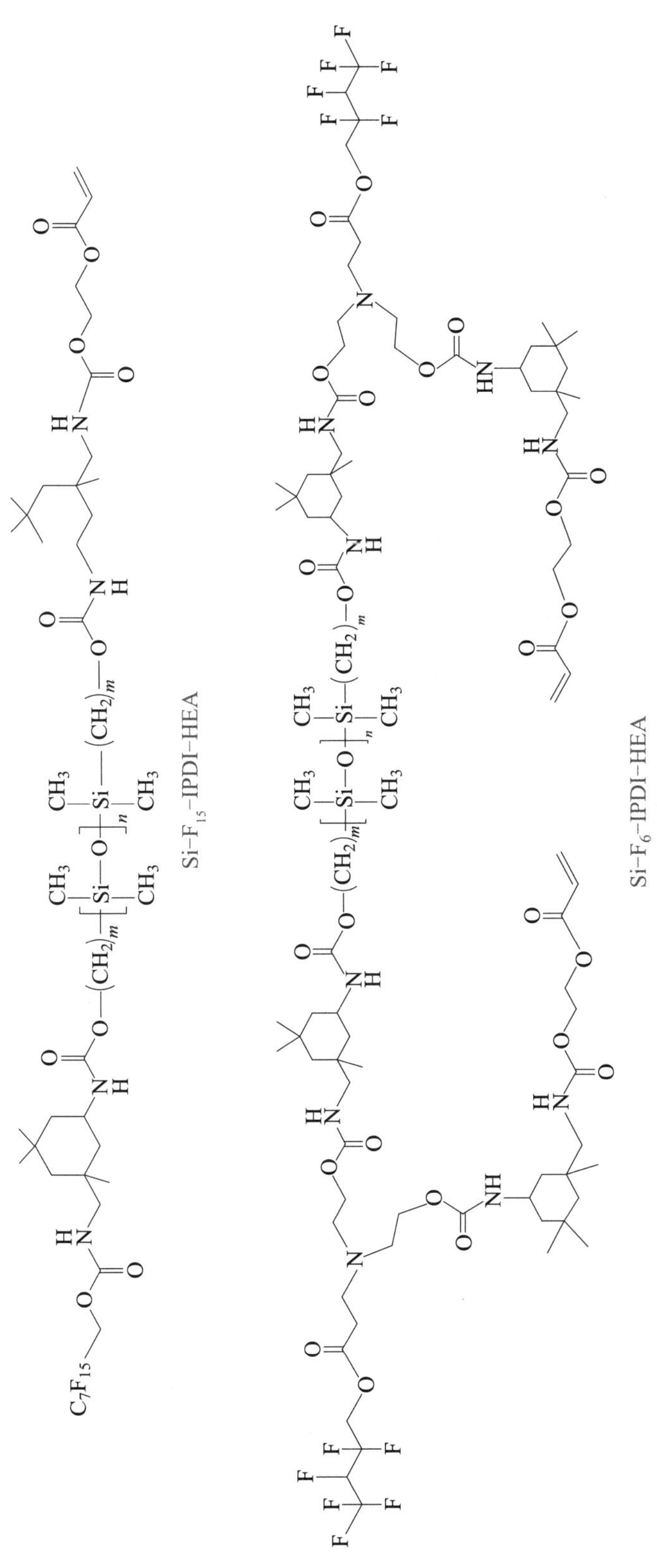

图3-4 Si-F₁₅-IPDI-HEA和Si-F₆-IPDI-HEA的结构式

树脂、光引发剂、湿润分散剂、消泡剂和防涂鸦助剂组成。涂料中有机硅的加入使漆膜具有防污染、自清洁、耐水、耐油和耐化学品的性能，而且漆膜致密滑爽、硬度高、耐污性好。

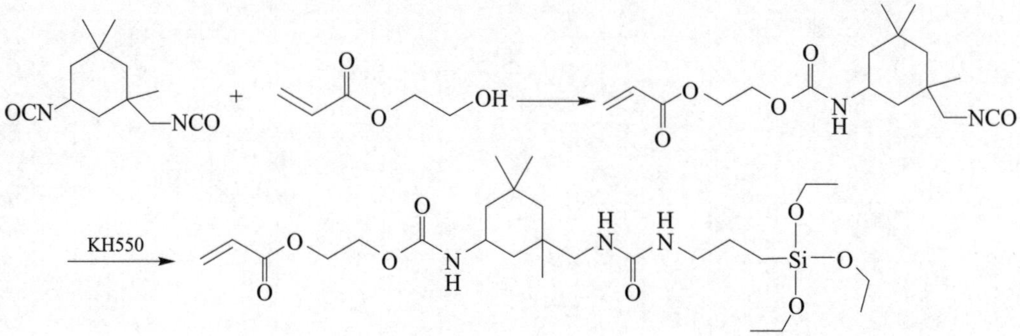

图 3-5　聚氨酯丙烯酸酯大单体合成路线

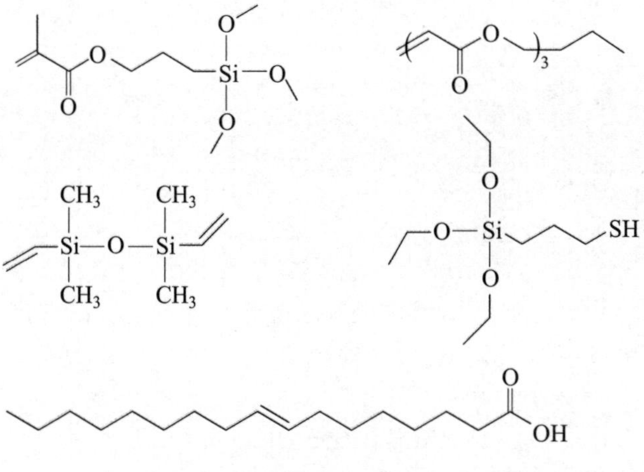

图 3-6　甲基丙烯酸–硅氧烷光聚合树脂配方组分分子结构式

王忠义发明了一种防水球阀，球阀的内外表面涂覆一层防水层，防水层的组分包括硅氧烷改性的 UV 聚合水性聚氨酯乳液、玻璃鳞片、水合硅酸镁、乙二醇丁醚、丙烯酸异辛酯、烯丙基磺酸钠、硅溶胶、纳米二氧化钛和钠基膨润土。组分中有机硅的加入使防水球阀具有良好的防水效果和较长的使用寿命。

2. 阳离子型光聚合有机硅涂料

阳离子型光聚合有机硅涂料主要以环氧基、苯乙烯基和乙烯基醚基作为光敏性基团。阳离子型光聚合体系具有较小的体积收缩率，且不会受到氧阻聚干扰，具有耐磨、高硬度、强附着力等优势。但其也具有相当的缺陷，例如同其他低聚物和单体之间的相容性较差、阳离子引发剂价格昂贵、光聚合速率相对缓慢等。相比较自由基光聚合体系，阳离子光聚合体系的应用受限较大。

王涛等利用 1,3,5,7-四甲基环四硅氧烷(D_4H)合成了两种新型阳离子型环氧硅氧烷，分别为咔唑键合环氧四甲基环四硅氧烷(Ep-Cz-Si)和咔唑键合环氧甲基含氢硅油(Ep-Cz-SiO)。Ep-Cz-Si 和 Ep-Cz-SiO 在光聚合中显示出很强的自增感效果，并且可以在高压汞灯下由普通的锍盐光引发剂直接引发。经光聚合后得到的固化膜的折射率均在 1.51 以上。随着固化膜中咔唑含量的增加，折射率可增加到 1.579。其固化膜也具有较好的耐热性，最大热降解温度均在 380 ℃以上。此材料在食品封装上有较大的应用前景。Ep-Cz-Si 和 Ep-Cz-SiO 的合成过程与结构式如图 3-7 所示。

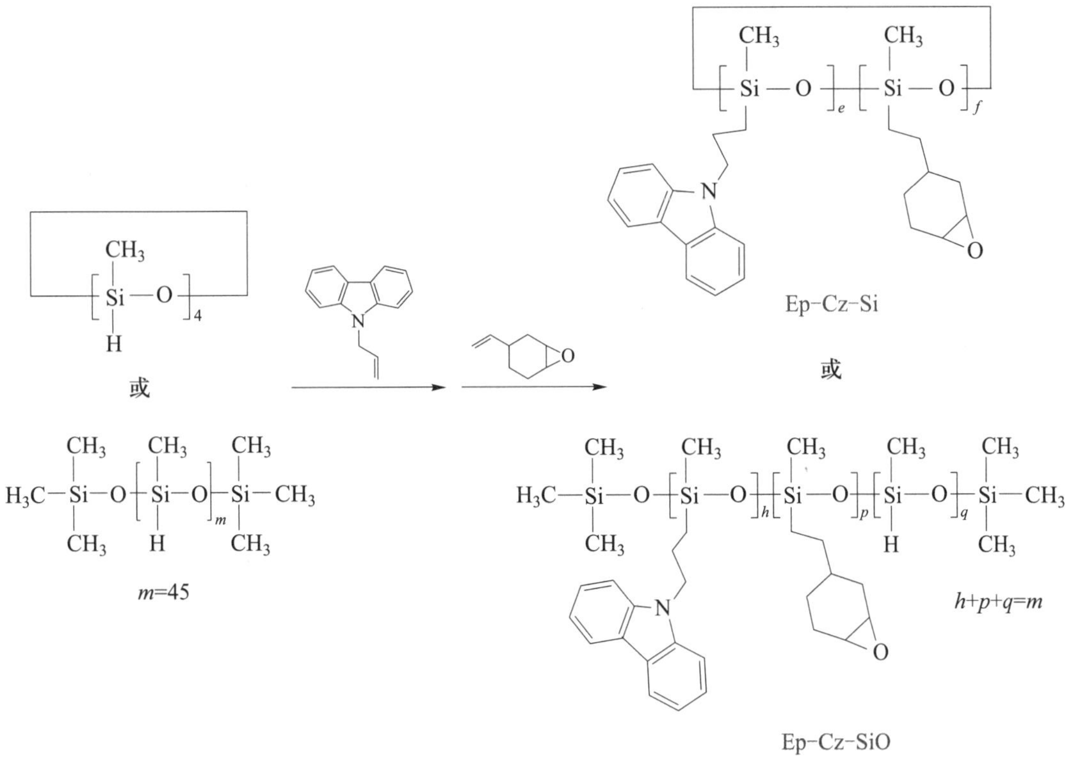

图 3-7　Ep-Cz-Si 和 Ep-Cz-SiO 的合成过程与结构式

李永杰等以高含氢硅油（甲基氢硅油）为原料，通过与苯乙烯、4-乙烯基环氧环己烷在 Lamoreaux 催化剂作用下发生硅氢加成反应，制备了具有苯环侧链的脂环族环氧有机硅低聚物(Ep-Ph-SiO)。在高压汞灯照射下对 Ep-Ph-SiO 进行阳离子光聚合实验，证实其光聚合活性高于常用的缩水甘油型环氧低聚物。与不含苯环的环氧有机硅低聚物相比，具有苯环侧链的脂环族环氧有机硅低聚物经光聚合后所得到的固化膜折射率明显提高（折射率由 1.489 提高到 1.526）。因此 Ep-Ph-SiO 在光学封装材料方面具有潜在的应用价值。Ep-Ph-SiO 合成路线如图 3-8 所示。

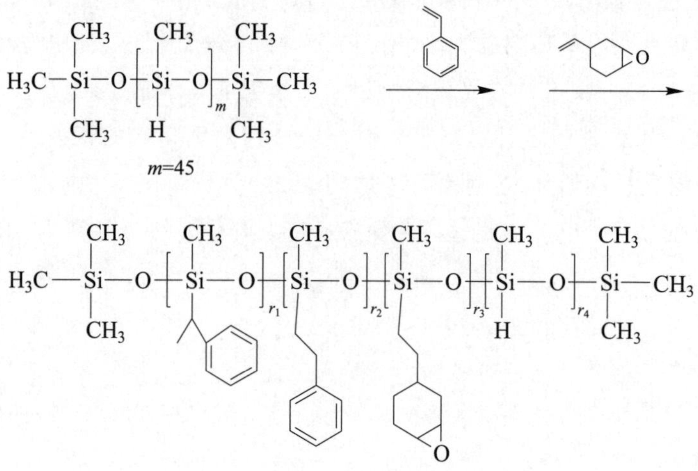

图 3-8　Ep-Ph-SiO 合成路线

3.1.2　UV-硅树脂在油墨中应用

光聚合油墨作为常见的光聚合产品,大规模地应用在印刷包装行业及光电子行业。它同样具有固化速度快、节能环保等诸多优点,是一种绿色环保、环境友好型油墨,是当今绿色印刷所推广应用的绿色油墨之一。光聚合有机硅油墨不仅具备光聚合油墨的诸多优点,同时结合有机硅材料的特殊性能,这使光聚合有机硅油墨有了更加广泛的应用。

液态光致成像型油墨(又称阻焊油墨)是印制电路板制作过程中的重要组成部分。为适应柔性印制电路板的无铅焊接的环保要求,阻焊油墨必须具有耐高温、耐弯曲性、电气绝缘可靠性、良好的附着性和耐化学药品等性能。孙芳课题组针对柔性印制电路板用阻焊油墨的性能需求设计开发了一系列有机硅聚氨酯丙烯酸树脂。

史金等以异佛尔酮二异氰酸酯(IPDI)、烷羟基硅油(SD9134)和丙烯酸-2-羟乙酯(HEA)为原料,合成了一种油溶性 UV 聚合有机硅聚氨酯丙烯酸酯预聚物(PSUA)。该种预聚物经 UV 聚合所得到的固化膜具有较好的耐水性、拉伸强度和耐热性。除 HEA 体系外,各体系的固化膜吸水率均在 4% 以下,拉伸强度和断裂伸长率分别可达 14.41 MPa 和 61%,在 300 ℃下固化膜的失重率为 4.61%。有机硅聚氨酯丙烯酸酯预聚物结构式如图 3-9 所示。

为了实现稀碱显影,孙芳等以环氧树脂、丙烯酸、羟烷基硅油、异佛尔酮二异氰酸酯和二羟甲基丙酸为原料,采用两步法合成了碱溶性光敏有机硅聚氨酯丙烯酸酯(APSUA)。APSUA 体系光聚合体积收缩率在 6% 以下,且该体系中除含 HEA 的感光体系外,各体系经光聚合后得到的固化膜吸水率均小于 5%,硬度可达 6H,在 300 ℃时的热失重率在 8% 以内。APSUA 能较好地溶解于 1% 的 Na_2CO_3 溶液中,且在光强为 10 mW/cm^2 的高压汞灯下曝光 90 s 后能完全固化。该碱溶性光敏有机硅聚氨酯丙烯酸酯用于阻焊油墨能够赋予阻焊剂更好的弯曲性、焊接耐热性及电气可靠性。有机硅聚氨酯丙烯酸酯结构式如图 3-10 所示。

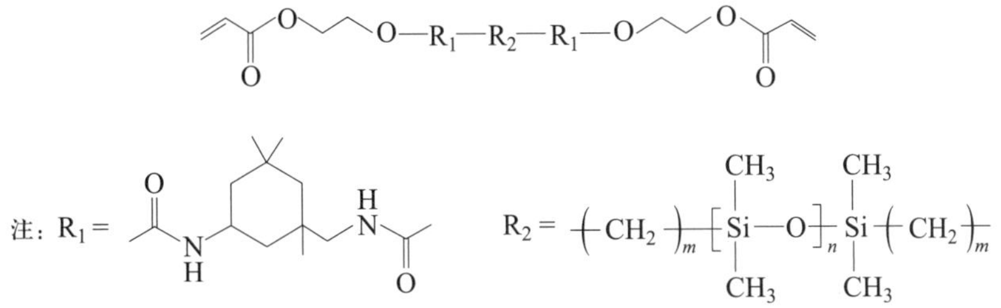

图 3-9　有机硅聚氨酯丙烯酸酯预聚物结构式

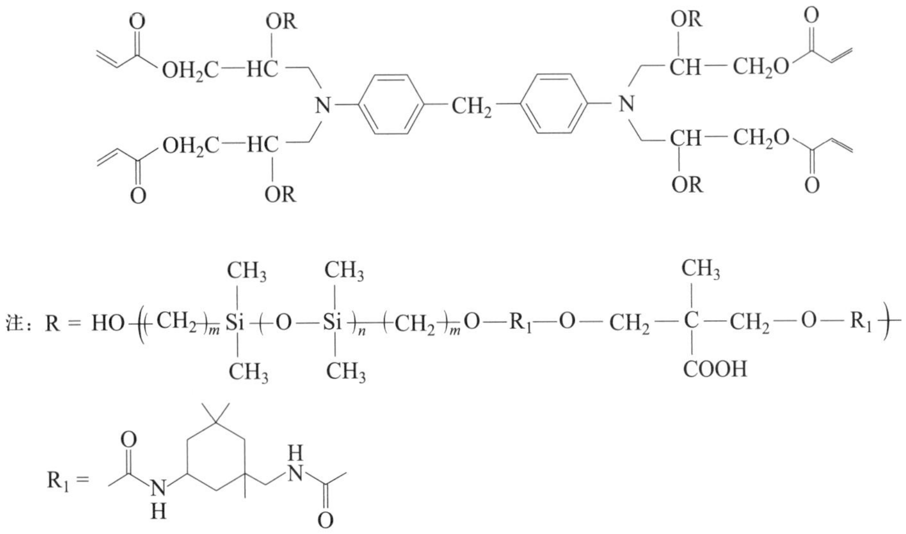

图 3-10　有机硅聚氨酯丙烯酸酯结构式

由于稀碱显影体系仍存在环境污染,孙芳课题组在之前的工作基础上做了进一步改进,在超支化光敏有机硅聚氨酯低聚物中引入水溶性基团,使其兼备有机硅和超支化低聚物特性的同时,能够实现水显影。孙芳等设计合成了支化度分别为 6、12 和 24 的三种水溶性超支化光敏有机硅聚氨酯丙烯酸酯。含有各支化度低聚物的配方经光聚合后得到的固化膜体积收缩率均小于 7%,在低聚物含量不超过 70% 时,固化膜硬度均达到 5H,最高达 6H 以上。固化膜具有优异的拉伸强度和耐热性,拉伸强度最大达到 81 MPa,热分解温度在 300 ℃以上。当加入 DMPA 和羟烷基硅油的物质的量为 1∶1 时,所合成的水溶性超支化光敏有机硅聚氨酯丙烯酸酯低聚物的固化膜吸水率均在 7.2% 以下,同时膜也具有较好的成像性。图 3-11 所示为水溶性超支化光敏有机硅聚氨酯丙烯酸酯结构式。

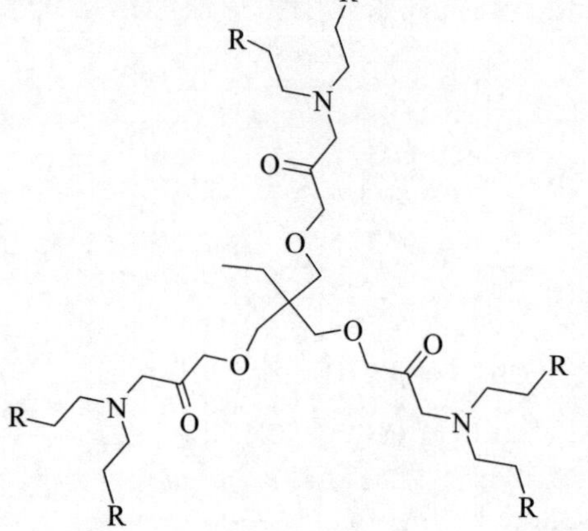

HB₁P–OH

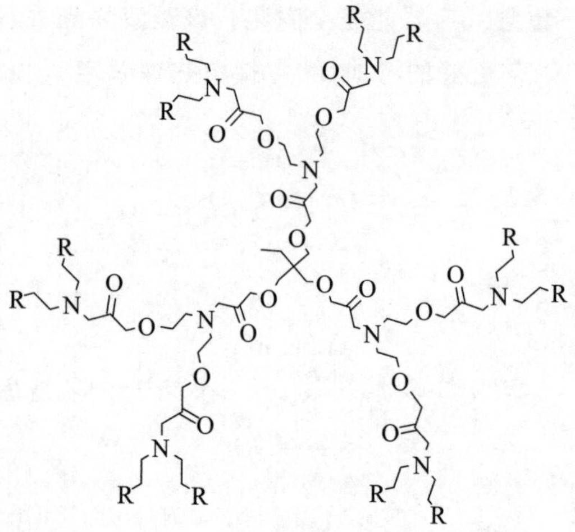

HB₂P–OH

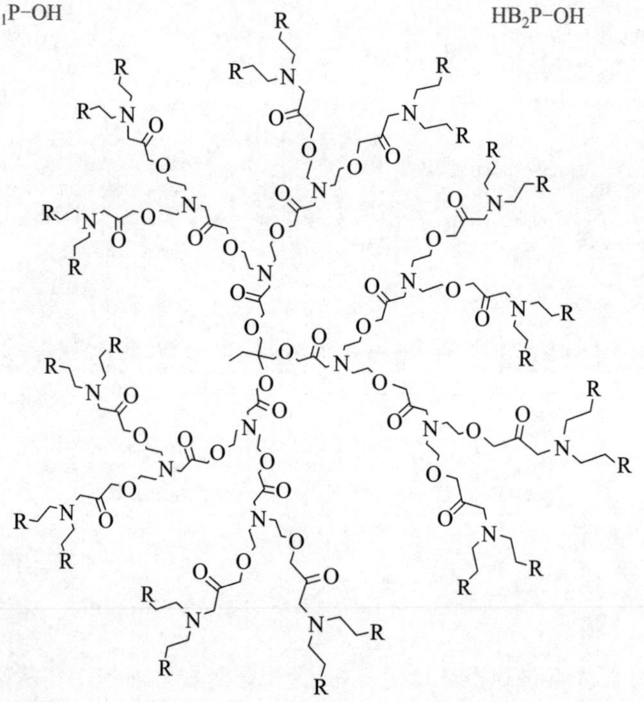

HB₃P–OH

注：R =

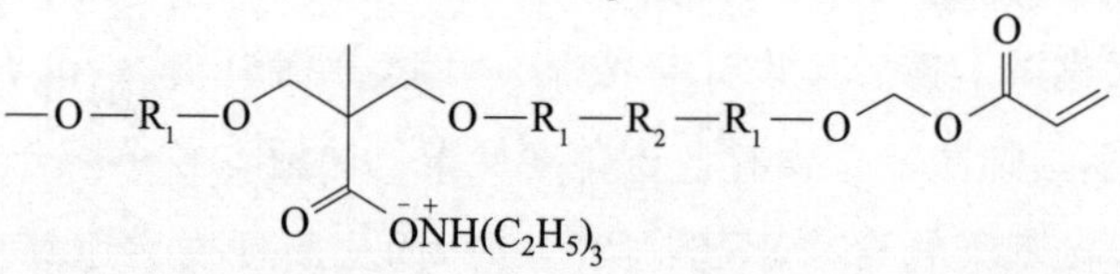

$R_1 =$ 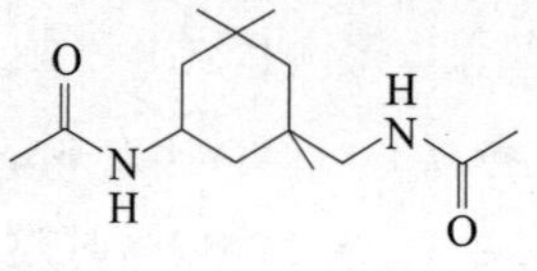 $R_2 =$

图 3-11　水溶性超支化光敏有机硅聚氨酯丙烯酸酯结构式

水溶性超支化光敏有机硅聚氨酯丙烯酸酯体系的成像效果如图 3-12 所示。

WHB₁PSUA　　　　　WHB₂PSUA　　　　　WHB₃PSUA

图 3-12　水溶性超支化光敏有机硅聚氨酯丙烯酸酯体系的成像效果

刘兴海等发明了有机硅改性 LED-UV 油墨及其制备方法。该油墨具有固化速度快、耐候性和耐溶剂性好、附着力强及耐摩擦性优异等特点，适用于多种印刷方式和生产需求。LED-UV 固化树脂及引发剂结构式如图 3-13 所示。

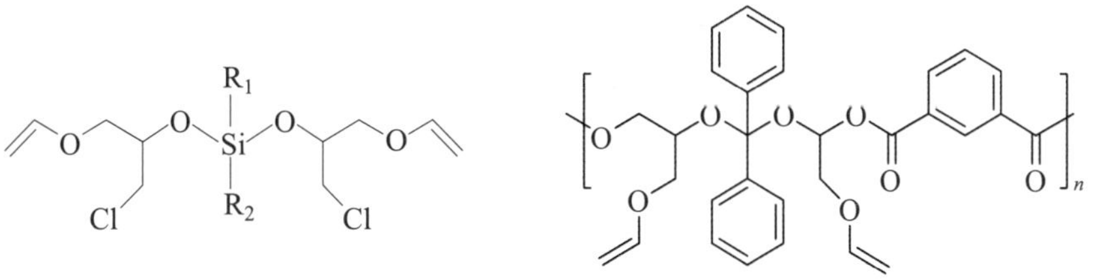

图 3-13　性 LED-UV 固化树脂及引发剂结构式

Goethals 等以巯基改性倍半硅氧烷（POSS-SH）为主体树脂制备了一种新型的紫外光聚合油墨。由于 POSS-SH 的笼状结构，该油墨具有较低的黏度、高反应活性、低迁移率及固化后低毒性的特点，因此，可用于食品包装的喷涂等。POSS-SH 结构式如图 3-14 所示。

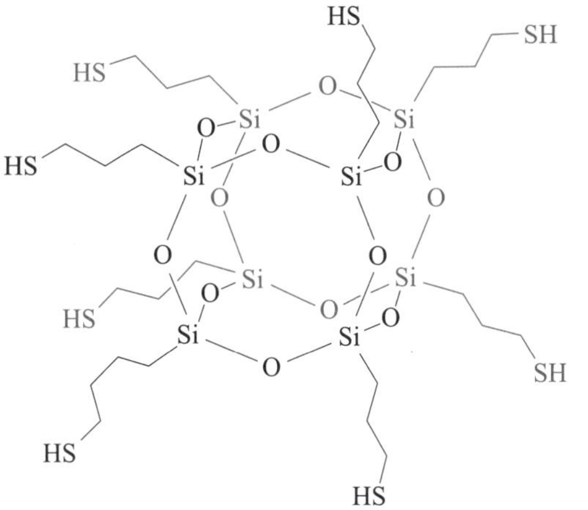

图 3-14　POSS-SH 结构式

3.1.3　UV-硅树脂在黏合剂中应用

黏合剂又称胶黏剂，是以黏料为主剂，配合助剂配制而成。助剂主要包括各种固化剂、增塑剂、填料、溶剂、防腐剂、稳定剂和偶联剂等。火箭、导弹和宇航等新技术的迅速发展,对黏合剂的耐热性提出了很高的要求。有机硅黏合剂是以有机硅高分子化合物为基料的黏合剂,是现今主要的耐热性黏合剂之一。有机硅黏合剂与紫外光聚合技术的结合使得黏合剂又有了全新的发展,其应用已扩展到电子、机械制造、日常生活等领域。

Jie Gao 等采用溶剂交换法将石墨烯分散到发光二极管(LED)的硅氧烷密封剂中,并采用 UV 聚合的方式使其与器件贴合。与使用纯硅氧烷密封剂相比,石墨烯材料的加入使产品的抗拉强度提高了 46% 且延展性保持不变,同时折射率、热稳定性有所增加。因此,用该方法合成的密封剂在 LED 封装方面具有广阔的应用前景。

李海银等以 γ-甲基丙烯酰氧丙基三甲氧基硅烷(KH-570)、二端羟基二甲基聚硅氧烷(107 硅橡胶)为原料,盐酸作为催化剂,在水与甲苯混合体系中制备了一系列含有丙烯酰氧基团的硅氧烷预聚体。制备的硅氧烷预聚体外观无色透明,黏度可调,具有优异的紫外光(UV)固化特性,固化后产物具有较高的热稳定性,在压敏胶的制备上具有潜在的应用。硅氧烷预聚体结构式如图 3-15 所示。

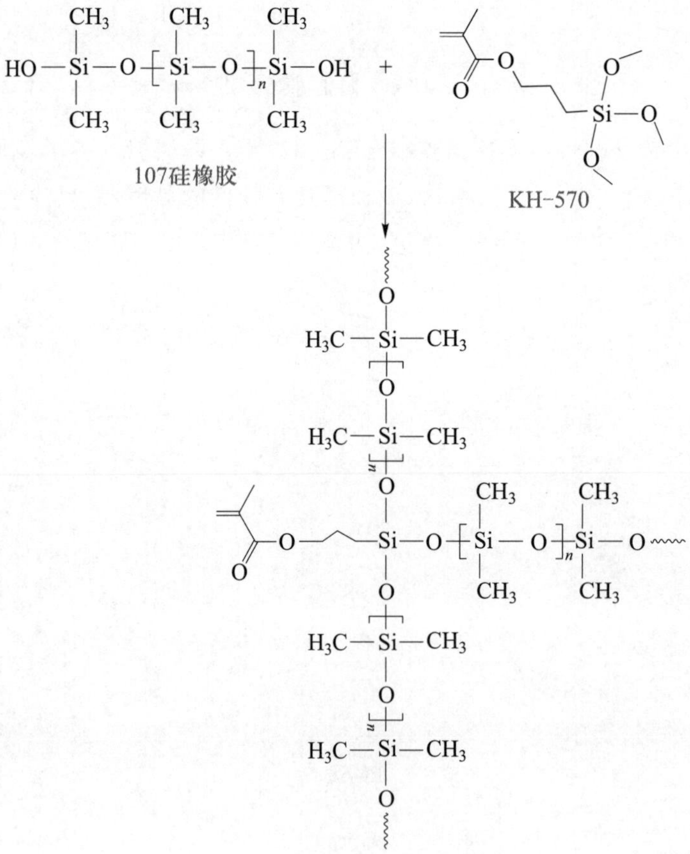

图 3-15　硅氧烷预聚体结构式

　　Rantala Juha 等发明了一种可 UV 聚合的透明硅氧烷胶黏剂。该胶黏剂由乙烯基封端的硅氧烷、金属氧化物纳米粒子、光引发剂 1173 等组成。研究表明该胶黏剂在 450 nm 下的透射率大于 95%，而纳米粒子的加入可以使折射率由 1.64 提高至 1.75。因此，该胶黏剂可应用于 LED 灯具、汽车尾灯及内部照明等方面。

　　龚甜研等制备了一种可 UV 聚合的硅氧烷胶黏剂。该胶黏剂由聚氨酯丙烯酸酯、γ-(甲基丙烯酰氧基)丙基三甲氧基硅烷、1173 光引发剂及其他助剂组成。该胶黏剂柔韧性较好，透光率为 93.86%，与无机玻璃间的剪切强度为 5.36 MPa，固化时间为 20 s。而且 γ-(甲基丙烯酰氧基)丙基三甲氧基硅烷的加入可增加玻璃胶层的黏结力，因此，该胶黏剂可用来黏接无机玻璃与有机塑料两种极性相反的材料。

　　吴军等发明了一种可作为 LED 封装的胶黏剂。该胶黏剂由端乙烯基聚二甲基二苯基硅氧烷、光引发剂及其他助剂组成，胶黏剂折射率在 1.54 以上，在 −40~200 ℃下可以长期使用。其中端乙烯基聚二甲基二苯基硅氧烷中重复的 Si—O 链段提高了胶黏剂的柔韧性，解决了高折射率 LED 封装硅胶的应力释放问题。端乙烯基聚二甲基二苯基硅氧烷的分子结构如图 3-16 所示。

　　Seung Bo Shim 等发明了一种含光敏性硅氧烷结构的胶黏剂。该胶黏剂由光敏性硅氧烷树脂、1,2-二叠氮醌化合物、光引发剂和溶剂组成。该胶黏剂对 400 nm 波长的光的透光率为 90% 以上，耐热变色性变化率低于 5%，吸湿性变化率低于 0.1%，而且其热分解温度可达 450 ℃ 以上。因此，该胶黏剂可应用于液晶显示器和有机发光显示器中。

　　Keller Keith 等发明了一种包含环硅氧烷重复单元的胶黏剂。该胶黏剂由含乙烯基的环硅氧烷、光引发剂和其他助剂组成。将其暴露于 200 ℃ 的温度下 1 000 h 后未呈现出发黄现象，该胶黏剂的折射率大于 1.57，体积收缩率在 2%~5% 之间。因此，该胶黏剂特别适合用于电子设备的封装，例如用于发光二极管(LED)的封装。乙烯基环硅氧烷分子结构如图 3-17 所示。

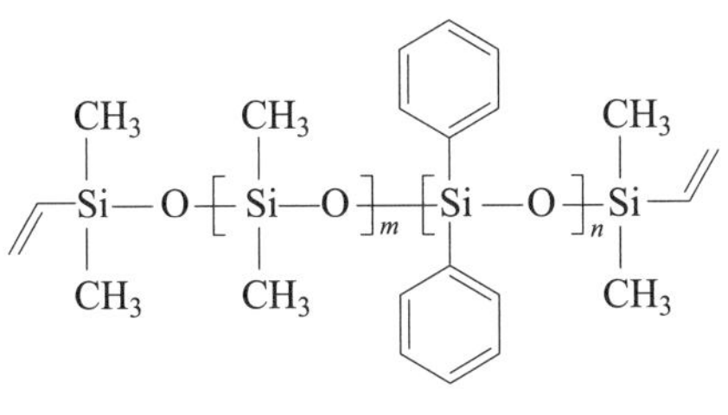

图 3-16　端乙烯基聚二甲基二苯基
硅氧烷分子结构

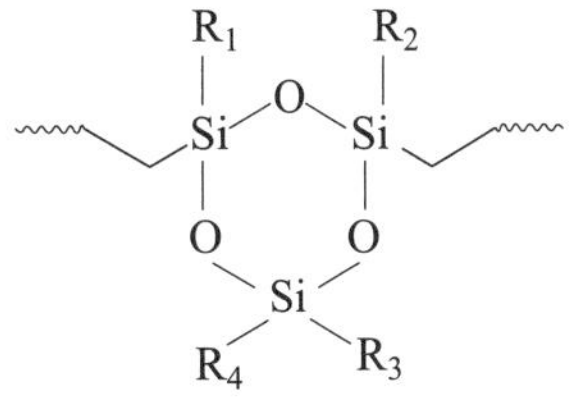

注：R₁、R₂为烷基；R₃、R₄为乙烯基

图 3-17　乙烯基环硅
氧烷分子结构

　　何晓峰等发明了一种含三乙烯基多苯基环状硅氧烷的胶黏剂。该胶黏剂由三乙烯基多苯基环状硅氧烷、光引发剂和其他助剂组成。由于三乙烯结构可以提高该胶黏剂的交联程度，进而提高了胶黏剂的黏结能力，而多苯基结构提高了该胶黏剂的抗辐射能力、抗剪切能

力和耐高温性能,因此该胶黏剂适合应用于航空航天以及核工业领域。三乙烯基多苯基环状硅氧烷的合成路线如图 3-18 所示。

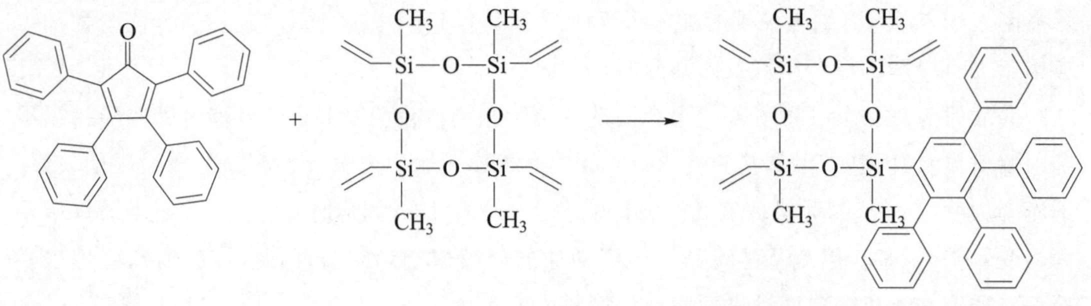

图 3-18　三乙烯基多苯基环状硅氧烷的合成路线图

张汝志等发明了一种乙烯基封端硅氧烷的胶黏剂。该胶黏剂由乙烯基封端硅氧烷树脂、交联剂、光引发剂和其他助剂组成。由于所用的交联剂是由硅氢加成所得的环硅氧烷,所以该胶黏剂固化后硬度较高,折光率为 1.533 2~1.535 1,在 150 ℃保持 4 h 的热重损失为 0.64%~0.72%,此外,其对可见光的透过率为 95%以上。因此,该胶黏剂适用于各类电子器件、半导体光电器件的封装和黏接。乙烯基封端硅氧烷结构式如图 3-19 所示。

黄战光等发明了一种 UV-湿气双固化液态光学胶。此光学胶由丙烯酸酯或硅氧烷封端的主体树脂、有机硅增黏树脂、活性稀释剂、光引发剂和含巯基结构的偶联剂组成。他们通过 UV 预固化快速地将胶液转变为非流动的凝胶,解决了普通液态光学胶贴合后的溢胶问题,而且贴合后无气泡产生。研究表明,配方中有机硅的加入可以显著降低该胶的体积收缩。因此,该光学胶在触摸屏和液晶显示模组的全贴合、触控屏盖板与功能片的贴合和电子光学组件的贴合方面有着广泛的应用。该 UV-湿气双固化液态光学胶主体树脂结构如图 3-20 所示。图中,R_1、R_2 为含甲基丙烯酸酯基团的封端剂或含硅氧烷封端剂中的任一种。

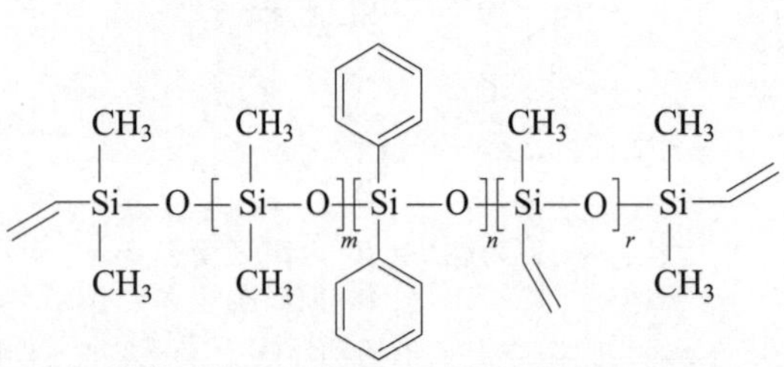

图 3-19　乙烯基封端硅氧烷结构式

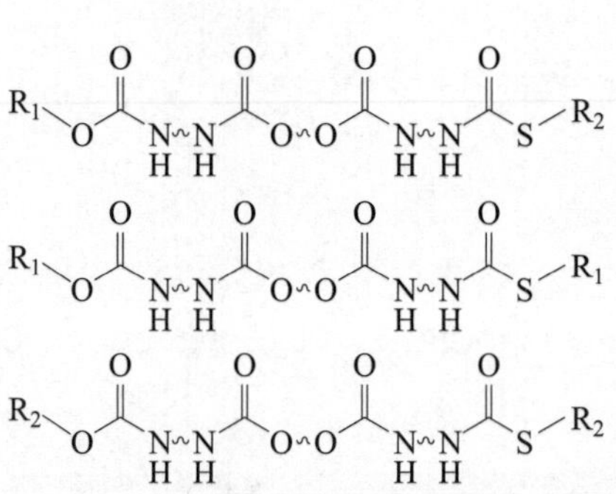

图 3-20　UV-湿气双固化液态光学胶主体树脂结构

3.1.4　UV-硅树脂在微电子领域中应用

光聚合有机硅树脂在电子领域中主要作为半导体封装材料和电子、电器零部件的绝缘材料,分为通用电子和微电子两个领域,此外其在太阳能领域也有所应用。光聚合有机硅材料具有耐腐蚀、不易自燃及优异的绝缘性和耐候性等优点,因此在光纤保护、光刻胶、显示屏电路保护及太阳能电池等方面有较多应用。

1. 光纤保护涂层

紫外光聚合光纤涂料是 20 世纪 70 年代以后欧美国家为提高光纤拉制速度而研制并发展起来的。紫外光聚合光纤涂料具有无大量溶剂挥发、固化速度快、涂膜性能优异等优点,涂料中以含氟的有机硅聚合物为主体成分。含氟的有机硅聚合物本身具有优异的防潮防水性能和耐候性,而且由于氟原子沿主链螺旋分布,使得光波难以穿透聚合物,因此,含氟的有机硅聚合物具有较低的折射率,将光信号封闭在纤芯内,可降低光纤内光束信号的损失等,这些优异的性能是其他类型聚合物所不可替代的。近年来,采用紫外光聚合有机氟硅聚合物的光纤涂料因其以上独特的优势,在保护光纤、稳定光纤传输性能等方面得到了广泛的发展和应用。

王国志等以乙烯基聚硅氧烷、巯基聚硅氧烷、丙烯酸氟硅聚合物等为原料,通过紫外光聚合研制了一种新型的 UV 聚合光纤涂料。该固化体系固化速度快,固化膜折射率低(小于 1.40),适用温度范围广(-60～200 ℃)。因此,它是一种良好的双包层石英光纤外层涂料。UV 聚合制备低折射率光纤涂料的配方见表 3-1。

表 3-1　UV 聚合制备低折射率光纤涂料的配方

原　　料	规格型号	质量份
乙烯基聚硅氧烷聚合物	自制,相对分子质量为 20 万,黏度为 4 000 mPa·s	52～55
巯基聚硅氧烷聚合物	自制,相对分子质量为 0.5～0.6 万,黏度为 300 mPa·s	2～5
丙烯酸氟硅聚合物	自制,相对分子质量为 5～6 万,黏度为 2 000～3 000 mPa·s	30～35
1153D	工业级	3
184	工业级	3～5
光稳定剂	工业级	2

胥卫奇等研制的紫外光聚合低折射率光纤类涂料由特定结构的含氟聚硅氧烷、光引发剂及助剂等组成,其固化速率≤0.3 s,固化后的折射率≤1.39。采用该涂料涂装的双包层掺镱光纤的传输衰减≤6 dB/km,涂料可在-40～80 ℃ 范围内长期稳定使用。紫外光聚合制备低折射率光纤涂料的性能指标见表 3-2。

冯术娟等发明了一种紫外光聚合低折射率的光纤涂料。其主要原料包括脂肪族聚氨酯丙烯酸酯、乙烯基硅油、全氟烷基丙烯酸酯、巯丙基三甲氧基硅烷、三氟乙基甲基丙烯酸酯和光引发剂等。该低折射率(<1.50)的涂料可以提高光纤的数值孔径,增加纤芯的接收角度,具有传输能量和简化光路系统的作用,可以应用于工业自动化、医疗、激光等领域。

表 3-2　紫外光聚合制备低折射率光纤涂料性能指标

检测项目	性能指标	参考标准
固化前：		
外观	无色透明，无可见机械杂质	GB/T 1721—2008
黏度(25 ℃)/(mPa·s)	4 000～5 000	GB/T 9751—2008
折射率(25 ℃)	1.38～1.39	GB/T 6488—2008
固化速度(辐照能量为 0.2 J/cm²)/s	≤0.3	
固化后：		
折射率(25 ℃)	≤1.39	GB/T 9751—2008
拉伸强度/MPa	≥1.0	GB/T 1040—2018
拉伸弹性模量(2.5%弹变,25 ℃)/MPa	3.0～4.0	GB/T 1040—2018
玻璃化转变温度/℃	≤-20	GB/T 27816—2011
耐高温(120 ℃×240 h)	涂层材料稳定、不失效	GB/T 9751—2008
剥离强度(涂料/玻璃,宽 5 mm,180°拉伸)/N	5～8	GJB 1427B—2013

　　李晗等研制了一种高玻璃化转变温度的光纤涂料。该涂料以有机硅改性环氧丙烯酸酯为主体树脂，以 184 和 1173 作为光引发剂，在 UV 照射下固化形成。研究表明，由于乙烯基三乙氧基硅烷的侧链结构大大增加了其交联密度，所以有机硅改性环氧丙烯酸酯的热分解温度比环氧丙烯酸酯的热分解温度提高了 125 ℃，玻璃化转变温度提高了 110.2 ℃。由于在光纤的传送过程中易出现材料的软化现象，会导致光损耗的增加甚至信号中断，因此，该高玻璃化转变温度的光纤涂料在光纤传输中具有重要的实际意义。有机硅改性环氧丙烯酸酯的合成路线如图 3-21 所示。

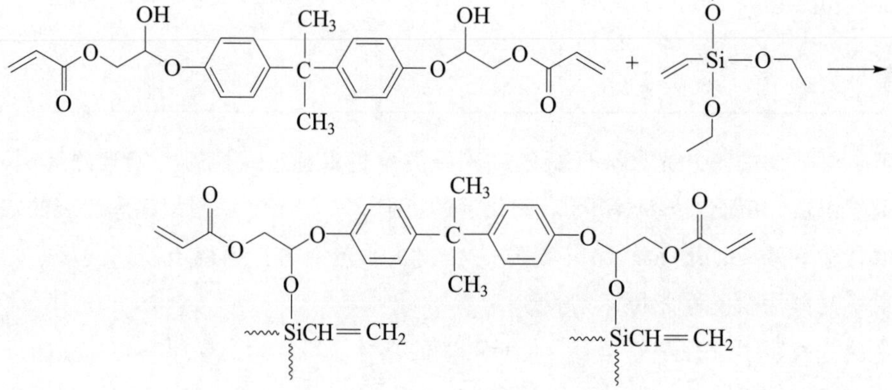

图 3-21　有机硅改性环氧丙烯酸酯的合成路线图

2. 光刻胶

光刻胶（photoresist）又被称为光致刻蚀剂，是指通过紫外光、电子束、离子束、X 射线等光源的照射或辐射，使其溶解度和亲和性等发生变化的耐蚀刻薄膜材料。它一般由成膜树脂、增感剂和溶剂等组成。将可 UV 聚合的有机硅树脂作为其成膜树脂可大大减小光刻胶固化后的体积收缩率，而且也能极大提高其抗刻蚀性。因此，含有机硅的光刻胶在印刷业和电子工业中，在集成电路及半导体器件的微细加工中有着广泛应用。

姜学松等设计了一种基于硫醇-烯点击化学的紫外压印胶 JTHC-b，由含巯基-氟的低倍多聚硅氧烷（POSS-F-SH），与稀释性单体 1,6-二（丙烯酰氧基）-2,2,3,3,4,4,5,5-八氟己烷（DCFA4）和光引发剂 907 按一定摩尔比在光照下聚合形成。由于硫醇-烯点击化学反应本身的高转化率及 POSS-SH-F 作为无机纳米粒子添加物，使得所合成的一系列紫外压印胶具有黏度低（16～239 MPa·s）、体积收缩率小（4.8%～7.5%）及极好的抗氧阻聚性能。因此，该紫外压印胶 JTHC-b 有很大的商业应用价值，组分（POSS-F-SH、DCFA4 和 907）结构如图 3-22 所示。

林宏等设计了一种基于硫醇-炔点击化学的紫外压印胶 JTHC-c。该胶由双官能团的 POSS-SH-OA、交联剂 1,9-癸-二炔（DDY）、活性稀释剂聚丙二醇类炔烃（PPGY）和光引发剂 907 在光照下聚合形成。研究表明，双官能团的 POSS-SH-OA 提高了光刻胶的相容性，而且采用硫醇-炔点击化学形成的光刻胶的交联密度更大，所以该胶具有更高的机械强度。同时该体系具有较小的黏度，光聚合速率快而且对环境无苛刻要求。因此，该光刻胶极其适合紫外低压压印。其组分（POSS-SH-OA、DDY、PPGY、HDDA、PTMP、907）结构如图 3-23 所示。

Carter 课题组设计了一种基于硫醇-烯点击化学的紫外压印胶。该胶由聚甲基-3-巯丙基硅氧烷（PMMS）、三聚氰酸三烯丙基酯（TAC）、乙氧基化双酚 A 二甲基丙烯酸酯（BPADMA）和光引发剂苯偶酰二甲基缩酮（DMPA）在光照下聚合形成。研究表明，该胶的 225 ℃ 以下热稳定性良好，在 -80～200 ℃ 没有任何相变，因此，该胶可作为纳米压印过程中的软模板使用。其组分（PMMS、TAC、DMPA、BPADMA）结构如图 3-24 所示。

Masaru Nakagawa 等首先合成出平均粒径大小为 3～4 nm 的 ZrO_2 纳米粒子，同时将粒子表面用含丙烯酸酯的硅烷偶联试剂进行修饰，然后以环戊酮作为胶体溶剂，分别与丙烯酸酯类、环氧树脂和氨基甲酸乙酯类紫外光刻胶混合，并在光照下固化成膜。研究发现，当 ZrO_2 质量分数为 0.66% 时，丙烯酸酯和环氧树脂材料形成的膜在可见光和近红外区域的透光率都大于 90%。通过调节纳米粒子的含量，在波长 633 nm 波段，丙烯酸酯的折射系数为 1.515～1.659，环氧树脂的折射系数为 1.589～1.679。同时纳米粒子的加入，降低了光刻胶的收缩率，因此，这种高透光率的微纳米结构的薄膜可进一步应用在光波导及 LED 封装中。

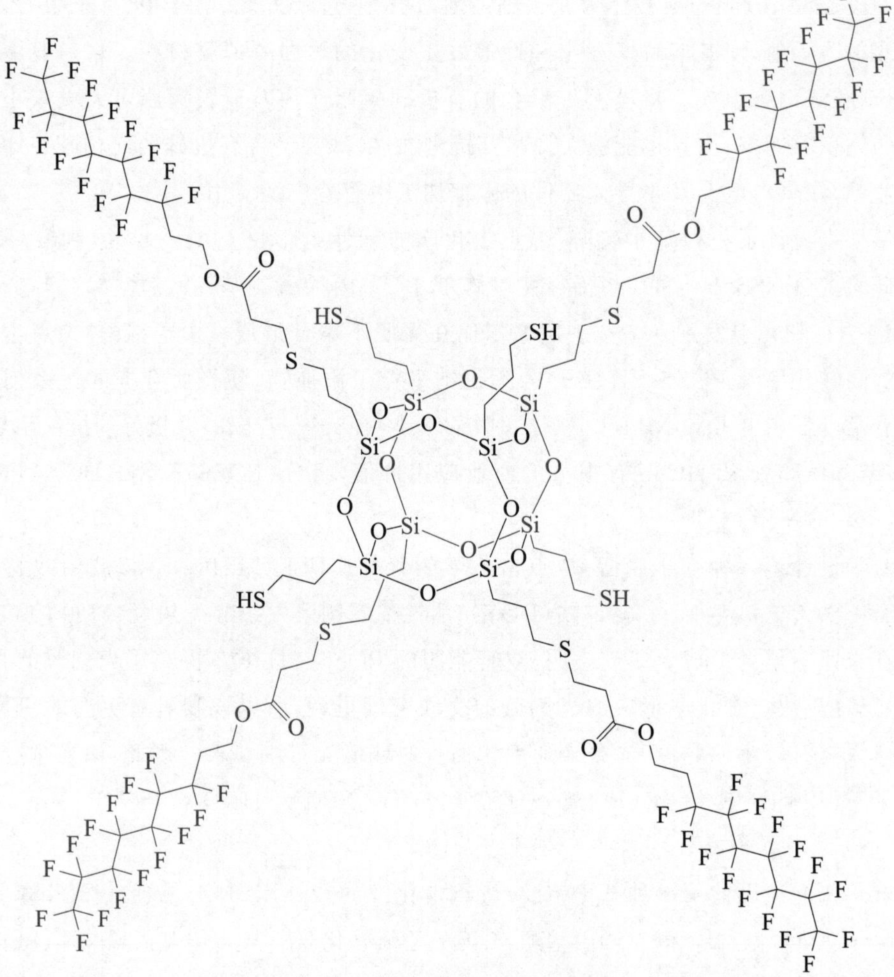

POSS-F-SH

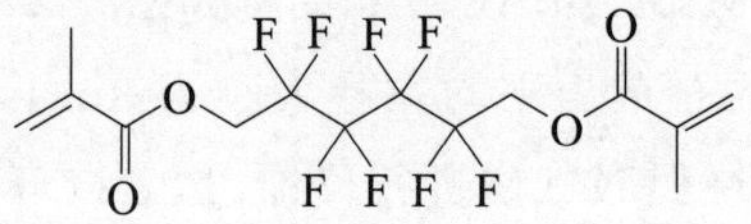

DCFA4

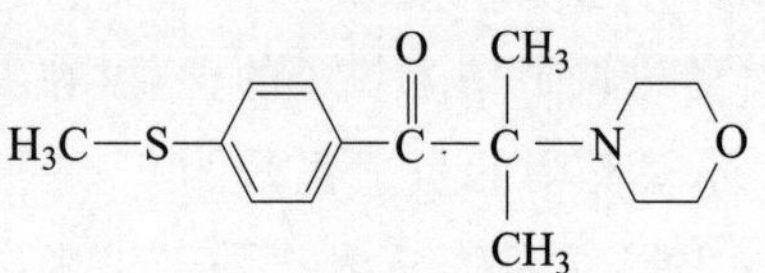

907

图 3-22　POSS-F-SH、DCFA4 和 907 结构

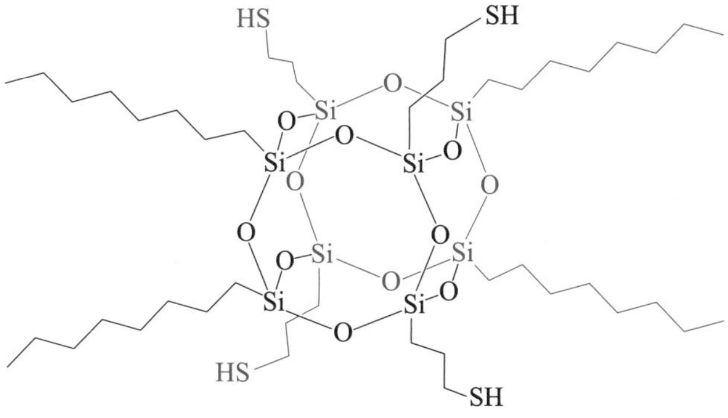

POSS-SH-OA

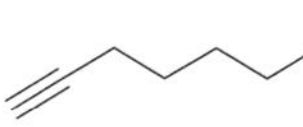

DDY

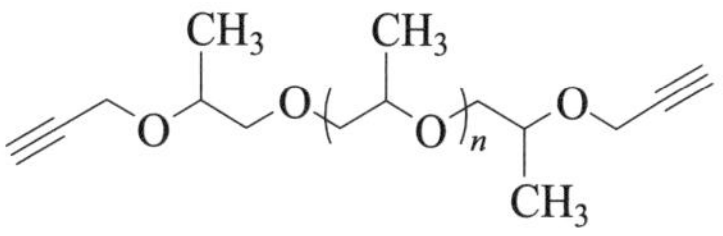

PPGY

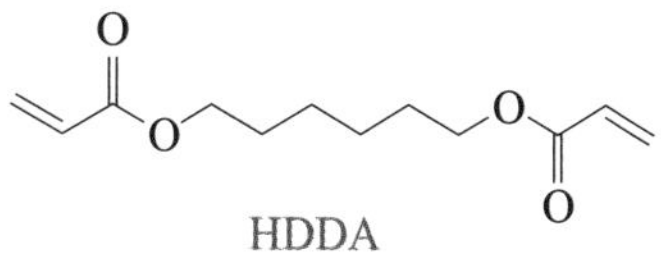

HDDA

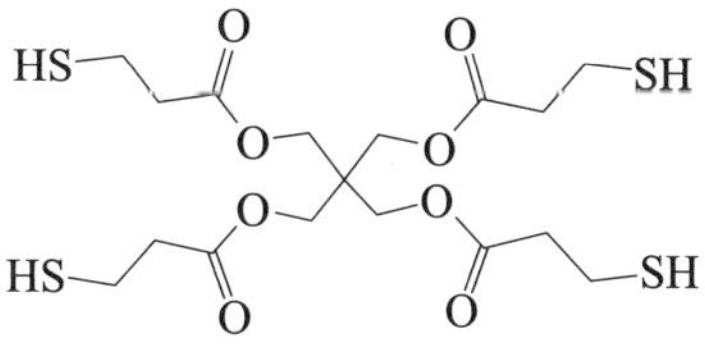

PTMP

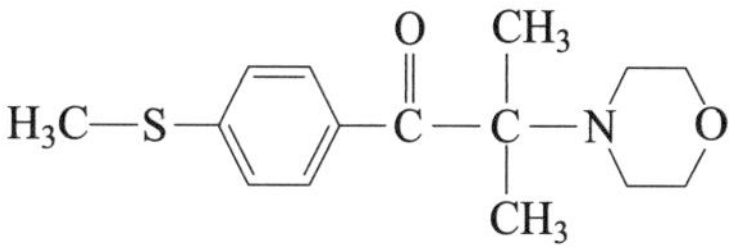

907

图 3-23　POSS-SH-OA、DDY、PPGY、HDDA、PTMP、907 结构式

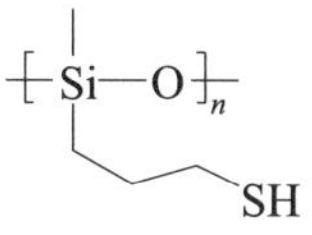

PMMS

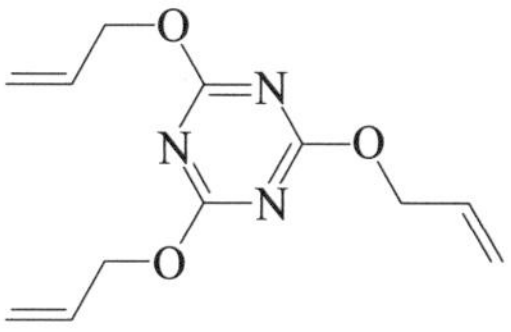

TAC

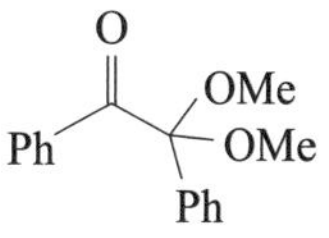

DMPA

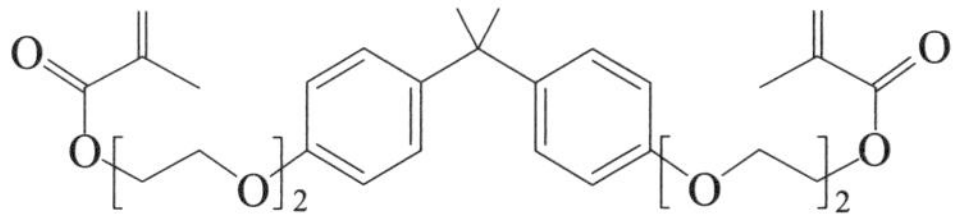

BPADMA

图 3-24　PMMS、TAC、DMPA、BPADMA 结构式

Tomoji Kawai 等将四氯化钛($TiCl_4$)和正硅酸乙酯(TEOS)的混合溶液,通过表面活性剂自组装水解合成出纯化的 TiO_2–SiO_2溶胶,然后加入 3-(三甲氧基硅基)甲基丙烯酸丙酯(TMSPM)作为抗黏剂,聚乙二醇二甲基丙烯酸酯(PEG–DMA,M_W = 550)作为光聚合交联单体,1%浓度的 DMPA(苯偶酰二甲基缩酮)作为光引发剂,在光照下固化成膜。研究表明,该聚合物膜具有较高的机械性能,弹性模量达到 1.76 GPa,并且具有较强的抗溶剂性能,因

此该光刻胶压印固化后可以作为软模板使用。含有 TiO_2-SiO_2 溶胶光刻胶压印膜反应机理如图 3-25 所示。

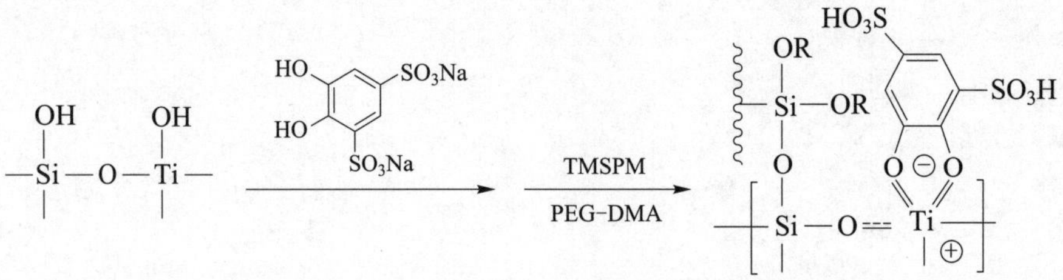

图 3-25 含有 TiO_2-SiO_2 溶胶光刻胶压印膜反应机理

B. K. Lee 等设计了一种端基为丙烯酸酯类的 POSS,并将其和丙烯酸酯类单体组合成新型的紫外压印光刻胶。研究表明,单体的加入可使体系的黏度降低到 $0.0008 \sim 0.05$ Pa·s,而笼状的 POSS 结构使得体系的体积收缩降低至 4%,同时也大大提高了抗氧刻蚀能力。其组分(SSQMA、EGDMA、TEGDMA、tBMA、MMA、DMPA)结构如图 3-26 所示。

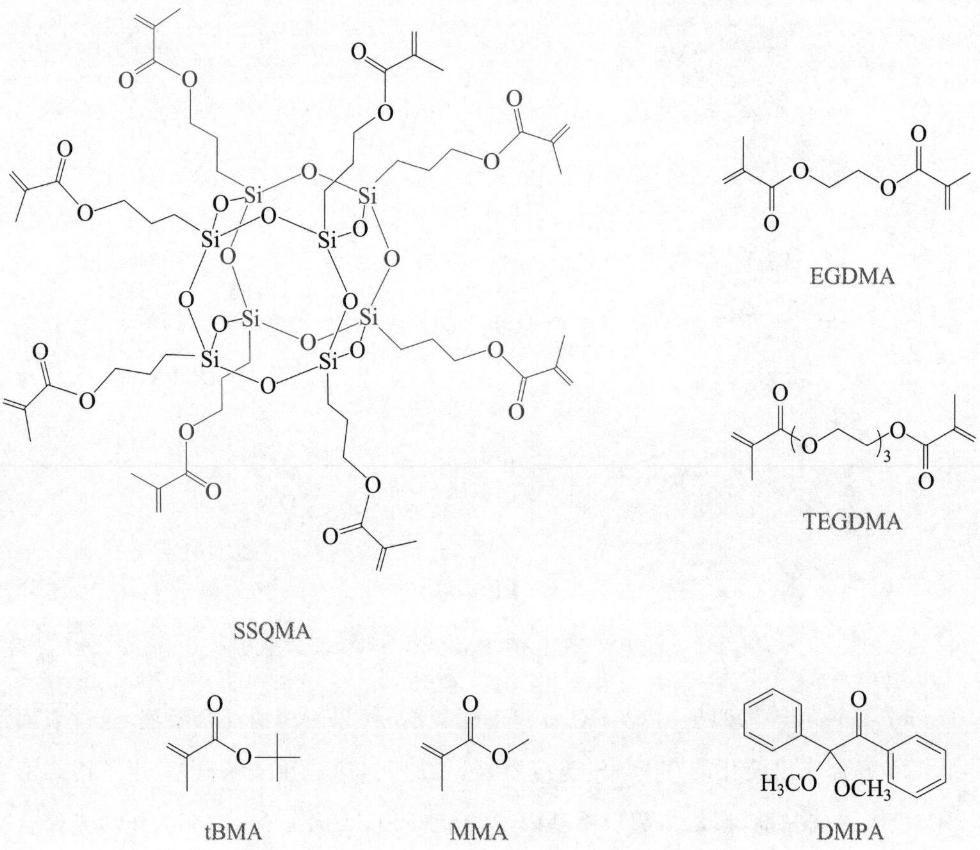

图 3-26 SSQMA、EGDMA、TEGDMA、tBMA、MMA、DMPA 结构式

L. J. Guo 等将 SSQ(silsesquioxane)端基分别引入环氧、苯环及含氟基团后,用于紫外压印胶中,得到具有良好铺展性能、高抗氧刻蚀能力的新型紫外光刻胶。虽然网状的低聚倍半硅氧烷黏度相对比较大,但是仍能够压印出 20 nm 的精细结构,同时由于二氧化硅的掺杂,提升了抗氧刻蚀能力,能够刻蚀出 3 倍于原图形的深度。

Kim 等设计了一种无氟的、高抗黏的聚乙烯基硅氮烷(PVSZ)紫外纳米压印胶。将 1% 的光引发剂 Irgarcure500 和 0.5% 的热引发剂过氧化二异丙苯加入到压印胶体系中,经过光聚合、热固化及水解交联后,该压印胶的拉伸强度达到 338 MPa,拉伸模量达到 2.76 GPa,同时具有极强的抗溶剂能力(膨胀率为 1.0%)及较低的表面张力(28 mN/m),虽然整体透光率相对较低(60%,350 nm),但是仍可以作为软模板使用,而且在压印 30 nm 线宽的结构时该压印胶无任何破损。

B. K. Lee 等用端基为丙烯酸酯类的 POSS(SSQMA)、端基接丙烯酸酯的二甲氧基硅烷(Si-DA)、双官能度的丙烯酸酯类单体 EGDMA、PPGDMA 以及光引发剂 DMPA 为原料,在光照下固化成膜。通过研究不同比例的组分对膜性能的影响,最终得到高拉伸模量(0.604~4.421 GPa)、高透光率(>92%,365 nm)、高抗溶剂性能(<1.2%)、低体积收缩率(<3%)和低表面能的新型的紫外压印光刻胶。优化后的组分,能压印出 25 nm 的超精密结构。含 POSS 的新型紫外压印光刻胶组分结构式如图 3-27 所示。

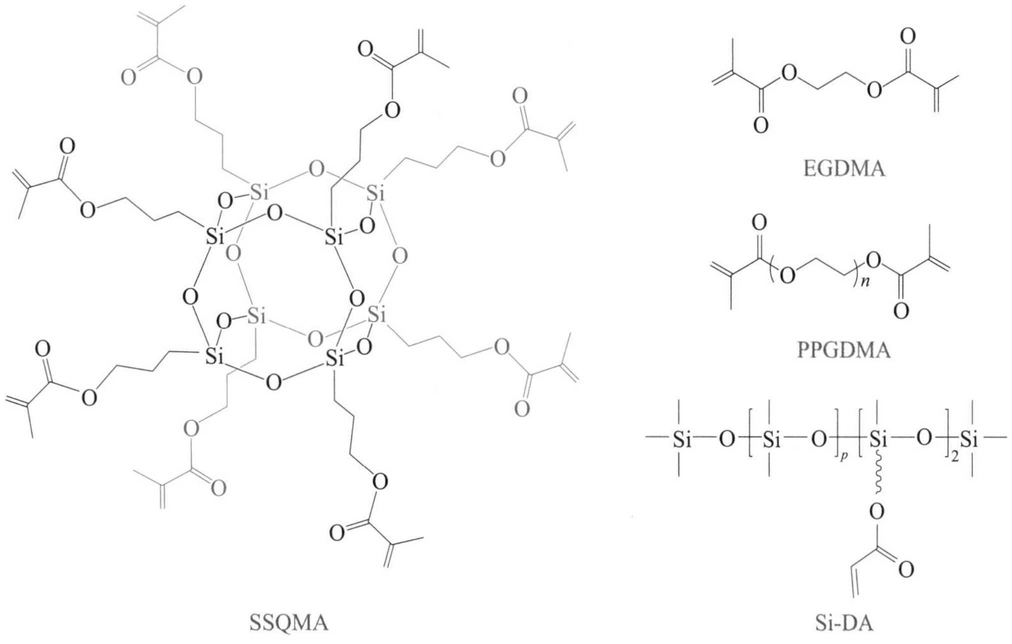

图 3-27 含 POSS 的新型紫外压印光刻胶组分结构式

3. 太阳能电池背板保护涂层

近些年,随着太阳能电池的发展,以硅氧烷为主要原料,通过紫外光聚合的方式来制造太阳能电池背板保护涂层也得到了快速发展。

Aritoshi Yohei 等发明了一种可 UV 聚合的含羟基硅氧烷的太阳能电池背板保护涂层。该保护涂层由硅氧烷的复合聚合物、包含羧基的非硅氧烷、交联剂衍生物和颜料组成。硅氧烷成分的加入使得太阳能电池背板保护涂层具有优异的耐候性和耐久性,而且断裂伸长率较之前提高了 50%~75%,极大地延长了太阳能电池的使用寿命。上述硅氧烷结构如图 3-28 所示。

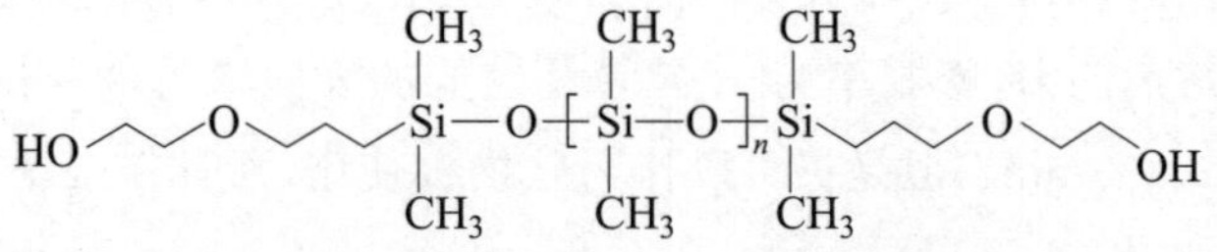

图 3-28　硅氧烷结构式

Lakmal kalutarage 等以硅氧烷为原料,采用等离子体化学气相沉积(plasma CVD)和 UV 聚合相结合的方法制备了低体积收缩率的薄膜。该薄膜折射率低(1.25~1.48),体积收缩率小(2.5%~6.8%),而且不易产生裂纹,膜层致密均匀。因此,该薄膜在半导体工业、电子器件、光电子工业中及太阳能电池背板保护涂层等方面有着潜在应用价值。该薄膜所使用的不同结构的硅氧烷如图 3-29 所示。

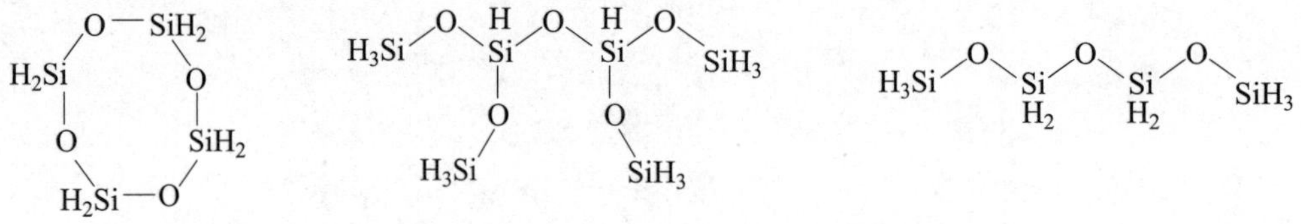

图 3-29　几种硅氧烷结构

4. 显示器保护涂层

在信息时代,显示器已经成为人与电视、计算机交流的主要媒介。将有机硅材料应用于显示器的保护中,可提高其防水性和耐热性,而紫外光聚合的速度极快,可以固化一些复杂线路。因此,以有机硅树脂作为主体树脂,通过紫外固化的方式形成的涂层,可以用来保护显示器的内部元件。

武晓娟等在显示器的基板和封框胶之间设置由具有反应性双键的硅氧烷和光聚合单体在光照条件下发生聚合反应而形成的超疏水层。该超疏水层中的有机硅成分,可提高显示面板的防水性能,使显示面板在长时间处于高温高湿环境的情况下仍然能够正常工作。有机硅成分的结构如图 3-30 所示。

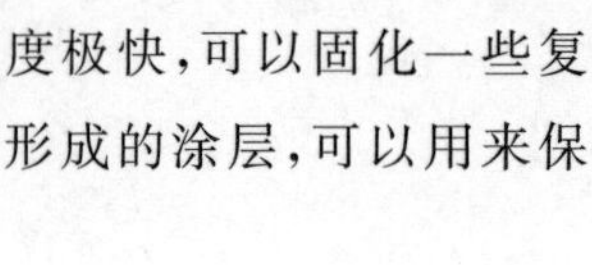

其中,$n>1$,R_1、R_2 和 R_3 为烷基

图 3-30　有机硅成分结构

Yujing Zuo 等通过硫醇–烯点击反应以含巯基的聚硅氧烷和烯丙基罗丹明为原料在紫外光照射下制备了一种基于聚硅氧烷基体的高效荧光弹性体。研究表明,通过调节罗丹明和 Tb^{3+} 离子的不同摩尔比,可在不同的发射波长下,使弹性体发出不同颜色的光,而且硅氧烷组分可提高弹性体的防水性和耐热性。因此,该弹性体在 LED 和显示器的制造中具有潜在的应用价值。聚硅氧烷基体的高效荧光弹性体的合成路线如图 3-31 所示。

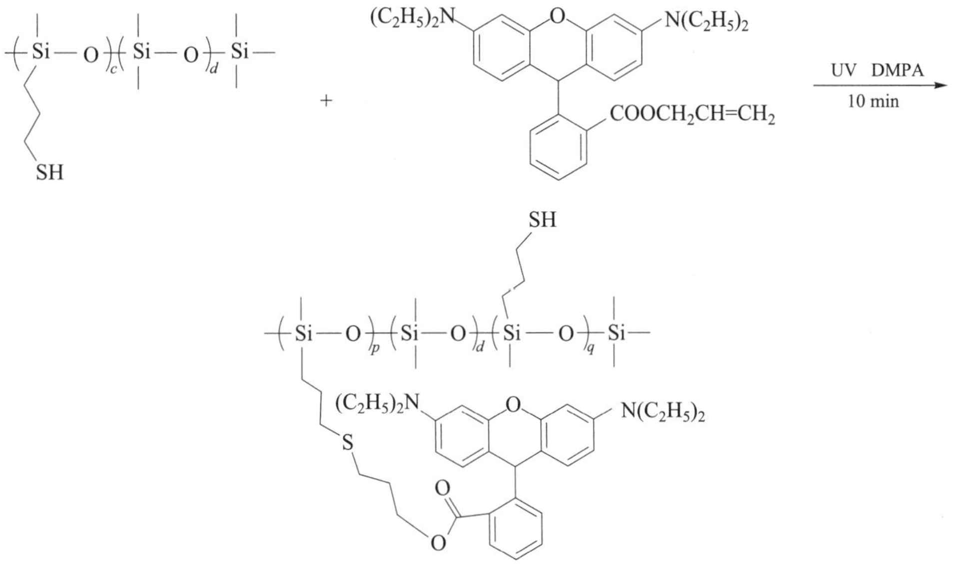

图 3-31　聚硅氧烷基体的高效荧光弹性体的合成路线

3.1.5　UV–硅树脂在离型剂中的应用

离型剂也叫隔离剂或防黏剂,是制备自黏性标签的隔离层及各类黏性物质的包装材料所需的配套材料。离型剂主要成分是硅氧烷树脂,采用射线固化(紫外光、电子束)的有机硅氧烷离型剂,具有聚合时间短、不含有机溶剂、绿色环保等优点,UV 聚合的有机硅离型剂已经成为新一代的离型剂产品。

J. J. Dumond 等通过 UV 卷对卷纳米压印技术将甲基丙烯酸酯化硅氧烷基脱模剂分子转移到固化树脂表面,在制造过程中降低树脂模具表面能,在纳米压印光刻中实现模具和图案化介质之间的低黏附力。甲基丙烯酸酯化硅氧烷结构如图 3-32 所示。

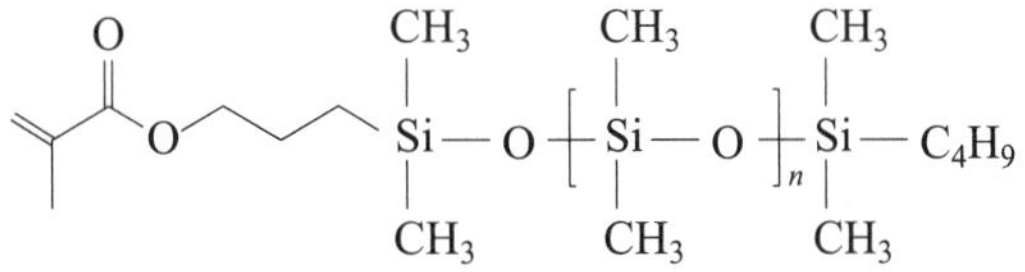

图 3-32　甲基丙烯酸酯化硅氧烷结构

王振卫等研制了一种紫外光聚合有机硅离型剂。该离型剂由氨基硅油、甲基丙烯酸缩水甘油酯、活性稀释剂、抗氧化剂、高黏度甲基硅油、光引发剂和溶剂组成。该离型剂的附着力为 1 级,剥离力和表面张力均较低,而且抗黏污性能好,可以应用于金属、陶瓷、玻璃等外表层。

黄波等研制了一种可用于电子领域的紫外防黏剂。该防黏剂由聚二甲基丙烯酸硅氧烷、芳香族聚氨酯丙烯酸酯、丙烯酸二甲氨基乙酯、光引发剂、流平剂和颜料组成。由于所用的光敏低聚物中聚硅氧烷含量较高,因此该防黏剂具备良好的剥离性能,并且生产成本低、工艺简单,具有广阔的发展前景。

3.1.6　UV-硅树脂在生物材料中应用

有机硅树脂是最常用的生物材料之一,目前已应用于人工皮肤、人工食道、组织增大填充物、人工眼内晶状体、人工角膜等很多生物医疗领域。有机硅树脂具有透明度高,透气性好,生理惰性和生物相容性好等一系列优良的特性,将其与高效环保的 UV 聚合技术相结合,使得 UV 有机硅树脂在隐形眼镜、牙科材料、骨科材料等方面有了广泛的发展和应用。

1. 隐形眼镜

JingJing Wang 等制备了聚(乙二醇)甲基醚丙烯酸酯(PEGMA),并使 PEGMA 通过 UV 诱导经自由基聚合接枝到硅氧烷水凝胶上,以增强表面亲水性和防污性能。制备得到的硅胶水凝胶材料具有优异的表面亲水性、防污性、生物相容性、氧气透过性和机械性能,因此,硅胶水凝胶在隐形眼镜的制备中具有潜在的应用价值。硅胶水凝胶制备过程如图 3-33 所示。

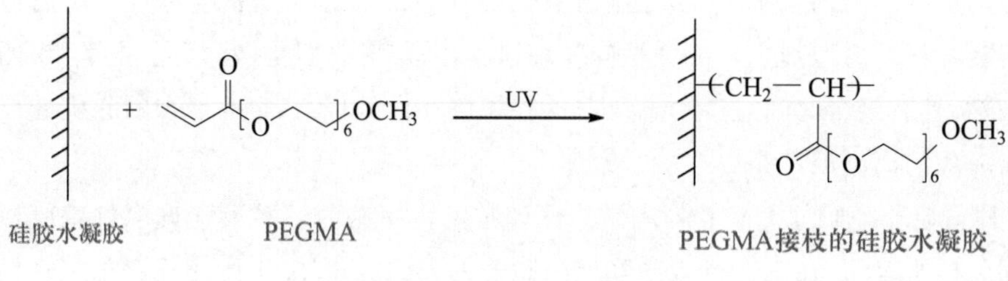

图 3-33　硅胶水凝胶制备过程

Chengfeng Zhang 等通过 RAFT 合成了含有聚乙二醇(PEG)链段的聚合物,进而接枝 L-半胱氨酸,合成了聚甲基丙烯酸烯丙酯-聚乙二醇-聚甲基丙烯酸烯丙酯(PAMA-b-PEG-b-PAMA)的三嵌段共聚物。最后三嵌段共聚物(P4)和含巯基的硅氧烷(PDMS-SH)在 UV 光照下通过硫醇-烯点击化学反应形成了两亲性的聚合物(APCN)。研究表明,亲水的 PEG 链段使得该聚合物的含水量达 39.6%~59.4%,而高透氧性的 PDMS 链段使其透氧系数达到$(101 \sim 133) \times 10^{-11}$ cm^2/s。在一组最优的配比中,该聚合物的弹性模量为1.35 MPa,拉伸强度为 1.63 MPa,断裂伸长率可达 185%。该材料适合应用于软性隐形眼镜。PAMA-b-PEG-b-PAMA 与 PDMS-SH 分子结构和制备的软性隐形眼镜分别如图 3-34 和图 3-35 所示。图 3-35 所示的软性隐形眼镜具有优异的透明、透氧及柔韧性。

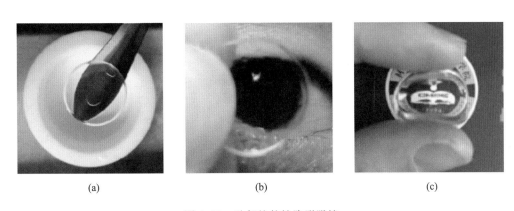

图 3-34　PAMA-b-PEG-b-PAMA 与 PDMS-SH 分子结构

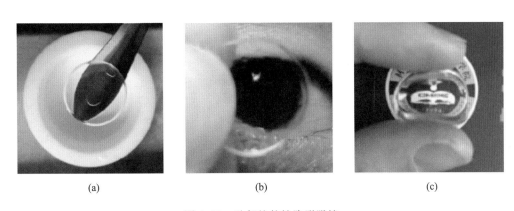

(a)　　　　　　　　　　(b)　　　　　　　　　　(c)

图 3-35　硅氧烷软性隐形眼镜

2. 牙科材料

Han Byul Song 等研制了一种可以代替 BisGMA/TEGDMA 体系的低收缩应力的牙科修复材料。该反应材料以叠氮化合物(BZ-AZ)、炔类化合物(AK)、Cu(Ⅱ)配体、光引发剂和乙炔封端的硅氧烷(Si-AK)为原料,在可见光照射下通过叠氮环加成反应合成。与 BisGMA/TEGDMA 体系相比,虽然该体系在可见光下的固化时间较长(3 min),但是,由于采用叠氮环加成反应,极大地降低了该体系的收缩应力(0.43 ~ 0.64 MPa),韧性提高了 8 ~ 10 倍左右。BZ-AZ、AK、CuCl$_2$(PMDETA)、Si-AK 结构式如图 3-36 所示。

Maciej Podgórski 等研制了一种基于硫醇-烯点击化学的牙科修复材料。该反应体系由四巯基硅烷(SiTSH)、1,3,5-三-2-丙烯基-1,3,5-三嗪-2,4,6(1H,3H,5H)-三酮(TTT)、四烯丙基单体(TENE)、1,3,5-三-(3-巯基丙基)-1,3,5-三嗪-2,4,6-三酮(TTTSH)、光引发剂 819 和硅烷填料为原料，在可见光照射下形成。与 BisGMA/TEGDMA 反应体系相比，该反应体系的收缩应力较低（0.45～0.76 MPa），而且韧性高 2～3 倍。TENE、TTT、TTTSH、SiTSH 结构式如图 3-37 所示。

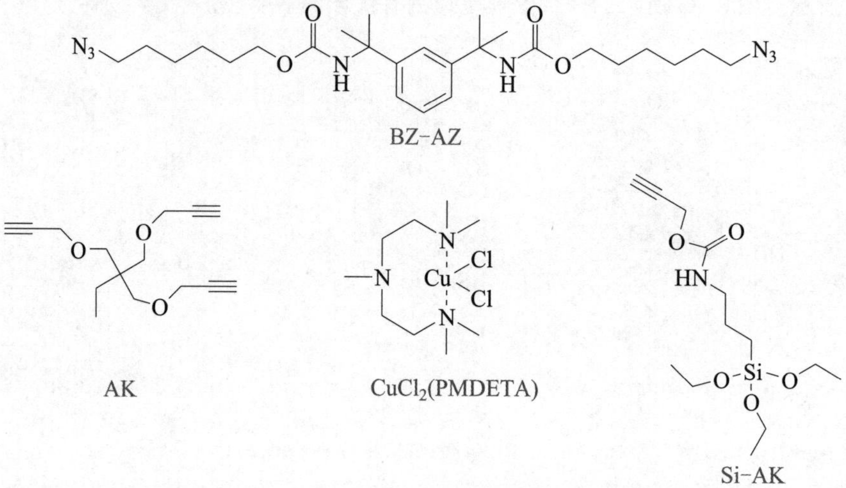

图 3-36　BZ-AZ、AK、CuCl₂（PMDETA）、Si-AK 结构式

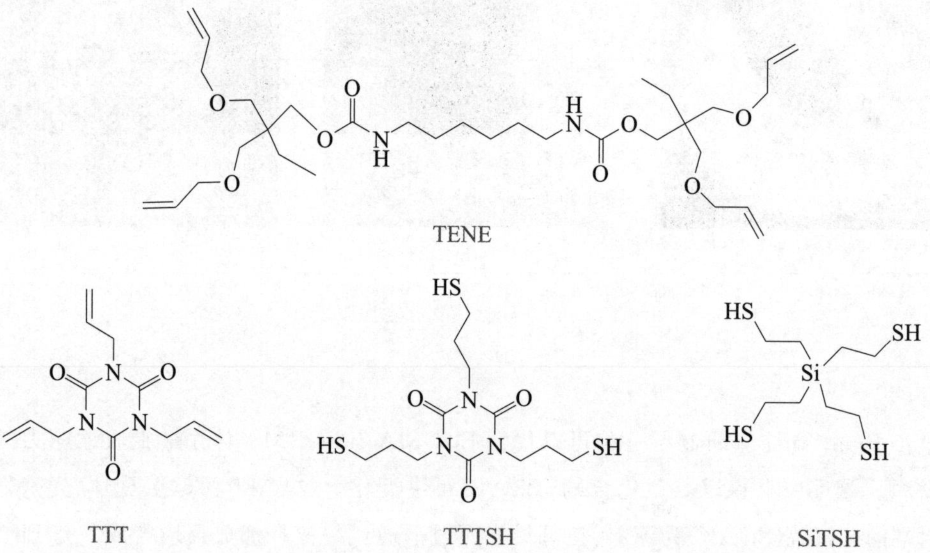

图 3-37　TENE、TTT、TTTSH、SiTSH 结构式

3. 骨科材料

Dandan Su 等以羟基磷灰石（HA）、四乙氧基硅烷（TEOS）和 3-（甲基丙烯酰氧）丙基三甲氧基硅烷（MAPS）为原料合成了硅氧烷羟基磷灰石的光聚合复合材料。通过对 HA-g-Si 在体系中含量的探究，得知当 HA-g-Si 的含量为 7.4% 时，该复合材料的抗压强度高达

68.10 MPa，断裂形变达到 11.07%，与水的接触角为 74°，即该 HA-g-Si 含量下的复合材料
表现出优异的综合性能。因此，硅氧烷羟基磷灰石的光聚合复合材料有望在骨修复材料中
得到应用。其合成路线如图 3-38 所示。

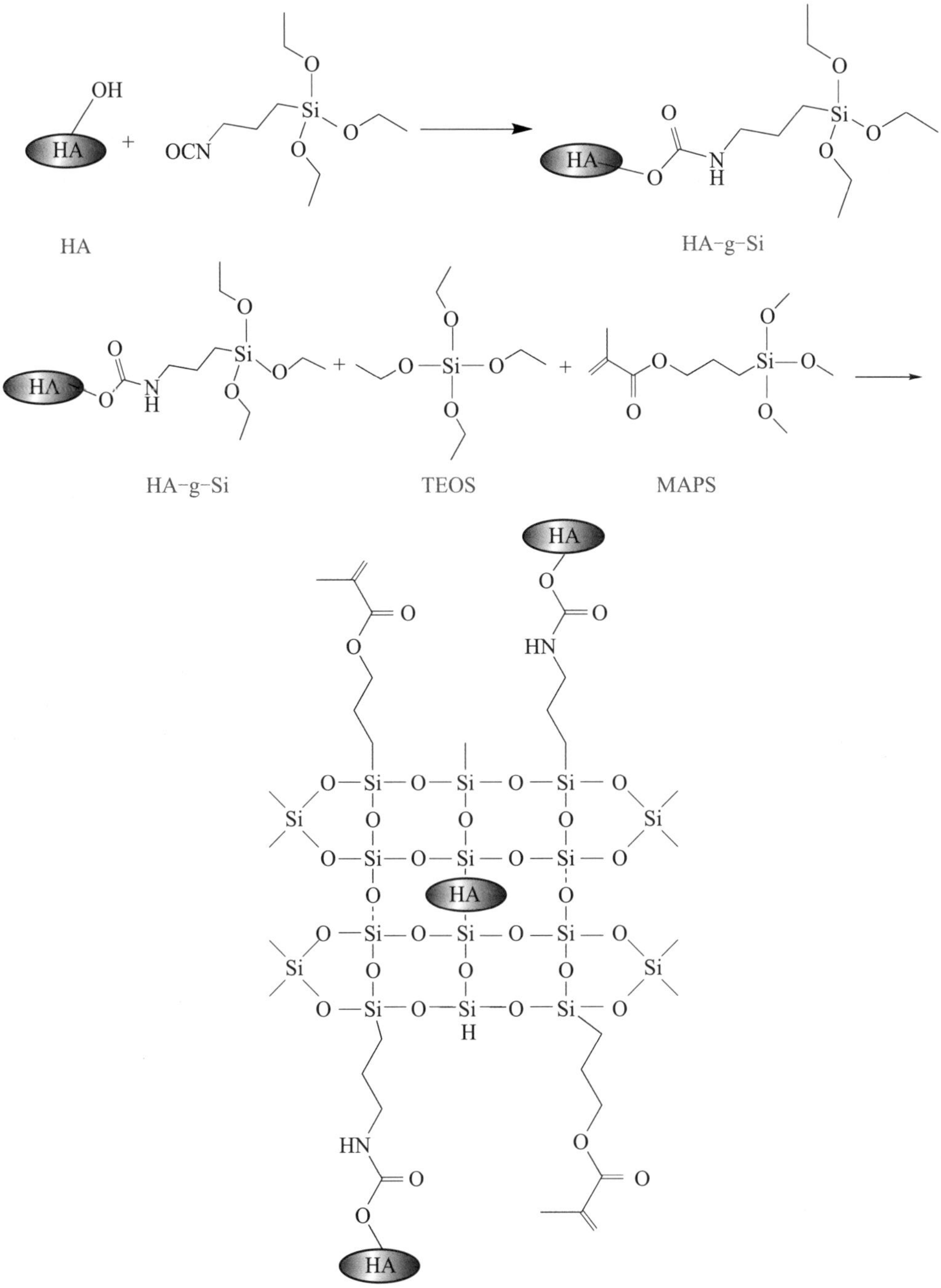

图 3-38　硅氧烷羟基磷灰石的光聚合复合材料的合成路线

4. 其他

E. Walker 等以水性硅氧烷、稀释剂、光引发剂和去离子水为原料，在紫外光照射下合成了与人体肝脏相似的水性硅凝胶。研究表明，当去离子水的体积分数为 20% 时，水性硅凝胶的固化时间仅需 20 s。该水性硅凝胶可用于人体组织的 3D 打印。

杨金梁等合成了基于硅氧烷嵌段（SiO）和两个聚氧乙烯嵌段（EO）的线性大分子单体亲疏水硅氧烷（SiPEGDA）（结构式见图 3-39），所得到的低聚物因同时具有疏水硅氧烷基团和亲水聚氧乙烯基团而具有双相形态，且有较好的生物相容性和无毒性，能较好地替代聚二甲基硅氧烷应用于生物分析的微流控芯片中。

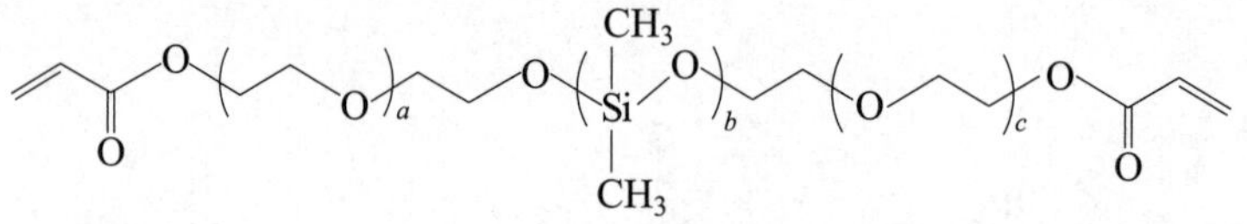

图 3-39　亲疏水硅氧烷

陈聪等通过改变有机硅的含量及有机硅的链段长度合成了一系列具有自上浮能力的有机硅纳米凝胶。该纳米凝胶是以二脲烷二甲基丙烯酸酯（UDMA）、甲基丙烯酸异冰片酯（IBOMA）、甲基丙烯酸改性硅油（PSMA）、2-巯基乙醇（ME）和甲基丙烯酸-2-异氰酸甲酯（IEM）为原料制备的。将纳米凝胶加入到三乙二醇二甲基丙烯酸酯（TEGDMA）中，在光照下固化成聚合物棒，有机硅的低表面能和低表面张力赋予该纳米凝胶一定的自上浮能力，其在聚合体系中从上到下呈现梯度分布，从而使合成的聚合物棒每一层的硬度不同，因此，该自上浮纳米凝胶可用来制备性能呈梯度变化的聚合物。此外，该纳米凝胶加入 TEGDMA 中，降低了 TEGDMA 中体系的收缩应力（0.8～1.6 MPa）。该纳米凝胶可应用于生物材料、涂料及黏合剂领域。

韩钧亦等将光引发基团引入纳米凝胶分子中，制备了一种可自引发的纳米凝胶。该纳米凝胶是以二脲烷二甲基丙烯酸酯（UDMA）、甲基丙烯酸异冰片酯（IBOMA）、甲基丙烯酸改性硅油（PSMA）、2-巯基乙醇（ME）、异佛尔酮二异氰酸酯（IPDI）、4-羟基二苯甲酮（HBP）和甲基丙烯酸-2-异氰酸甲酯（IEM）为原料制备的。其最大吸收波长为 275 nm，可以在不额外添加光引发剂的条件下有效引发单体聚合反应，且无小分子碎片迁移。将其加入到 TEGDMA 中可显著降低体系的体积收缩（收缩率仅为 2.3%）。因此，该自引发纳米凝胶在生物材料、食品包装等领域有着很好的应用前景。该纳米凝胶原料结构及合成如图 3-40 所示。

3.1.7　UV-硅树脂基光引发剂

孙芳课题组合成了一系列有机硅聚硅氧烷基大分子光引发剂。有机硅具有低表面能和低表面张力的特性，赋予了光引发剂在体系中自发上浮的能力，在体系中能产生浓度梯度分布和表面富集,不仅可以引发梯度聚合制备分子量梯度聚合物,还能有效缓解自由基光聚合过程中的氧阻聚,改善材料的表面性能,为制备梯度材料及降低表面氧阻聚提供了一个新途径。

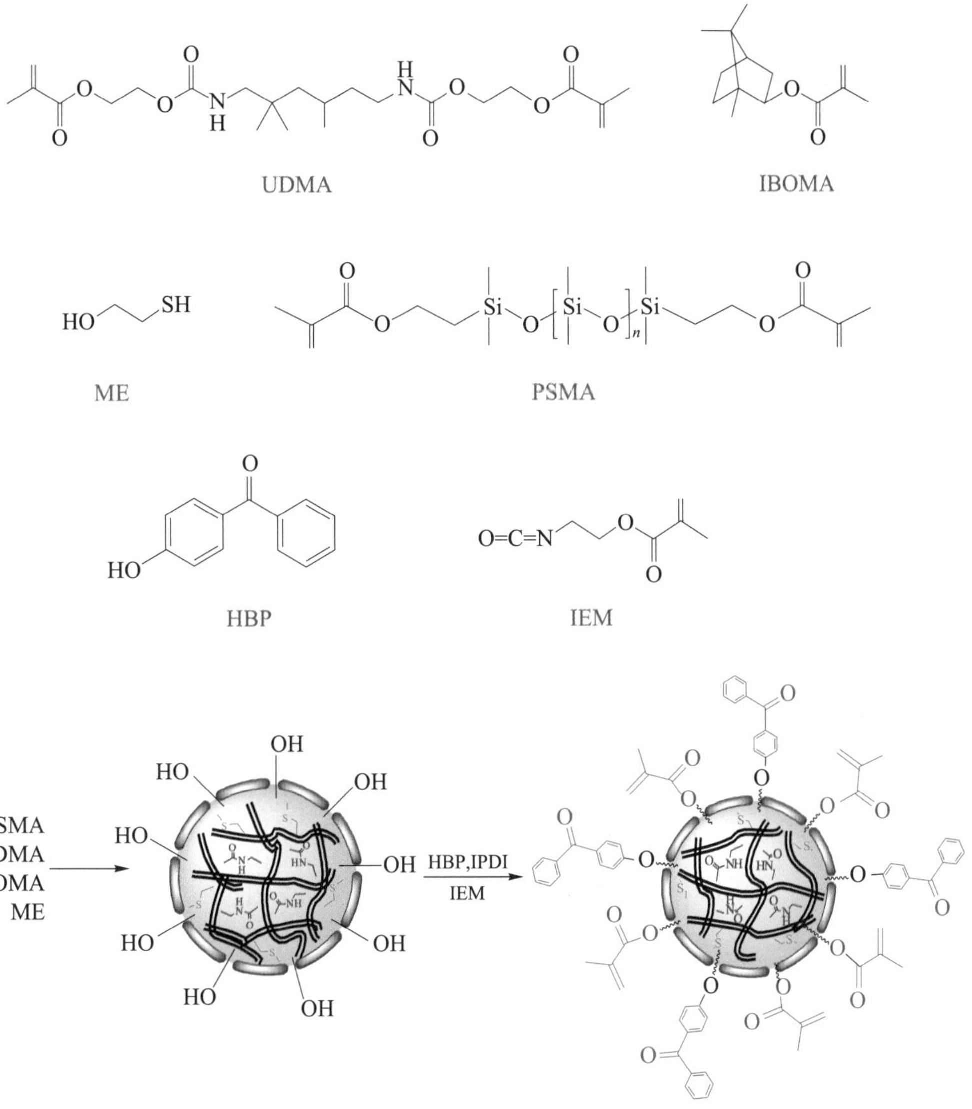

图 3-40　纳米凝胶原料结构及合成示意图

张南等将传统的光引发剂 4-羟基二苯甲酮(HBP)和环氧聚硅氧烷反应合成了三种不同硅链长度的聚硅氧烷基二苯甲酮大分子光引发剂(HBP-Si-A/B/C),并研究了该光引发剂分子中硅链长度对其光聚合性能、上浮能力的影响及该光引发剂引发聚合的固化膜的性能。含长硅链的光引发剂具有较好的上浮能力,可以引发得到疏水性更好的聚合物膜及分子量梯度分布显著的梯度聚合物。聚硅氧烷基二苯甲酮大分子光引发剂结构式如图 3-41

所示,聚硅氧烷基二苯甲酮大分子光引发剂制备的梯度聚合物的分子量分布如图 3-42 所示。

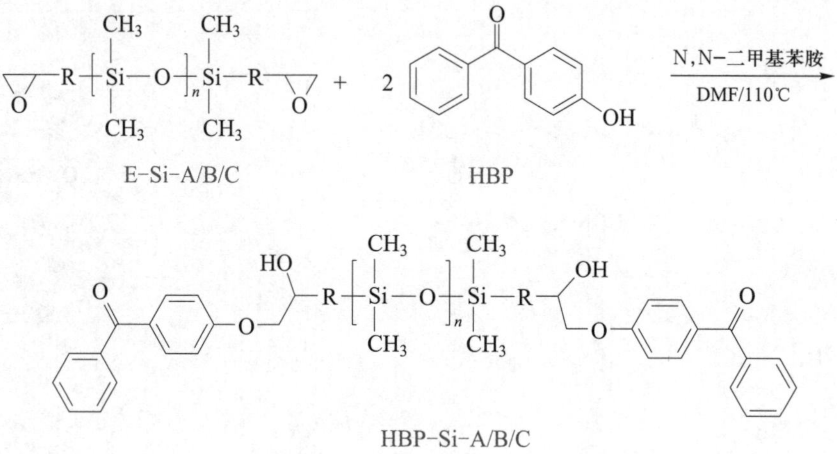

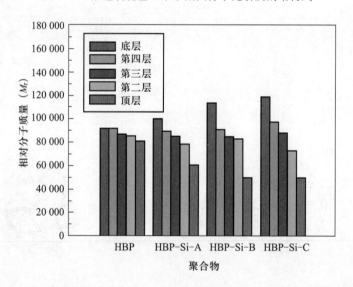

图 3-41 聚硅氧烷基二苯甲酮大分子光引发剂结构式

图 3-42 聚硅氧烷基二苯甲酮大分子光引发剂制备的梯度聚合物的分子量分布

孙芳、李艳霞等将可聚合的双键引入聚硅氧烷大分子光引发剂中,分解后的碎片可以锚定在大分子体系中,大大降低了引发剂分解碎片的迁移,能够应用于生物材料及食品包装材料中。光引发剂 HHMP-Si-CC 的结构式如图 3-43 所示。

王建生等合成了三种具有不同有机硅链长的水溶性双官能的聚硅氧烷基二苯甲酮大分子光引发剂(W-Si-HBP$_2$-A/B/C),程继业等合成一种水溶性四官能度的聚硅氧烷基二苯甲酮大分子光引发剂(W-Si-HBP$_4$)。这四种光引发剂在紫外光区域都有较好的吸收,在水中都具有良好的溶解性。由于聚硅氧烷的低表面张力,光引发剂具有显著的自上浮能力,能引发水体系梯度聚合,获得分子量梯度聚合物材料。W–Si–HBP$_2$–A/B/C 和 W–Si–HBP$_4$ 光引发剂的结构式如图 3-44 所示。

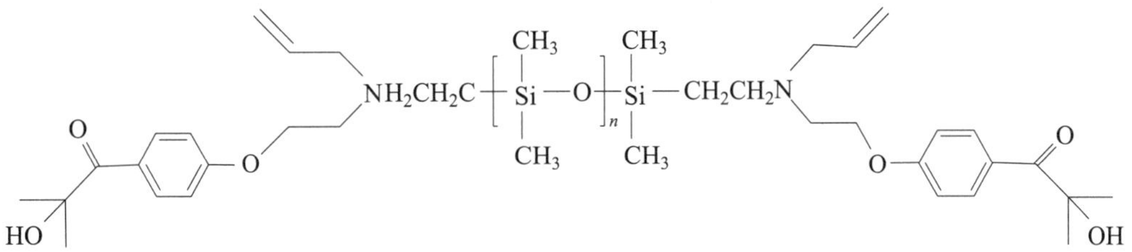

图 3-43　可聚合硅氧烷的大分子光引发剂结构式

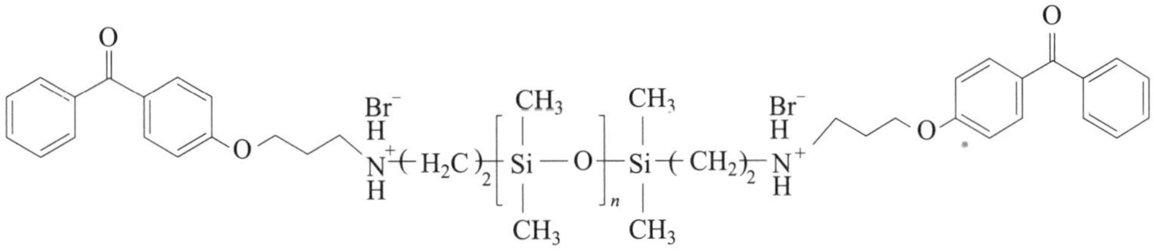

W–Si–HBP$_2$–A/B/C

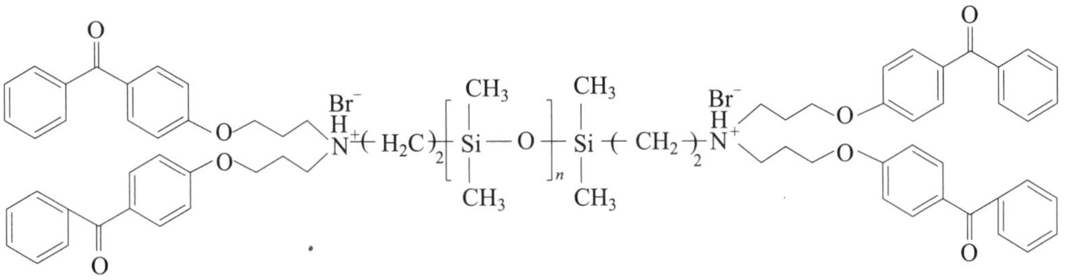

W–Si–HBP$_4$

图 3-44　W–Si–HBP$_2$–A/B/C 和 W–Si–HBP$_4$ 光引发剂结构式

　　程继业等将裂解型和夺氢型两种光引发剂基团引入聚硅氧烷分子中,合成了一种杂化的水溶性聚硅氧烷基大分子光引发剂(W–Si–HBP$_2$–HHMP$_2$)。该光引发剂在不需要共引发剂的条件下即可有效地引发光聚合,减少了因添加小分子胺共引发剂而对材料和环境带来的危害。W–Si–HBP$_2$–HHMP$_2$结构式如图 3-45 所示。

　　张国伟等分别设计并合成了一系列亲水性硅醚嵌段 α-羟基烷基苯酮类咪唑离子液体型大分子光引发剂[SiE$_n$IM–HHMP(n=1,3,5)]和水溶性可聚合硅醚嵌段咪唑离子液体型大分子光引发剂{[Si–E$_n$–2959IM–A][TsO](n=1,3,5)},并研究了其光引发和光降解机理。这两种光引发剂能够有效地引发光聚合反应。与 2-羟基-1-[4-(2-羟基乙氧基)苯基]-2-甲基丙烷-1-酮(HHMP)相比,此两种光引发剂引发聚合的固化膜不仅具有良好的热稳定性,而且具有良好的抗菌活性。这两种亲水性硅醚嵌段离子液体型大分子光引发剂在制备环保和抗菌材料方面具有潜在的应用价值。[SiE$_n$IM-HHMP(n＝1,3,5)]和[Si-E$_n$-2959IM-A][TsO](n＝1,3,5)结构式如图 3-46 所示。

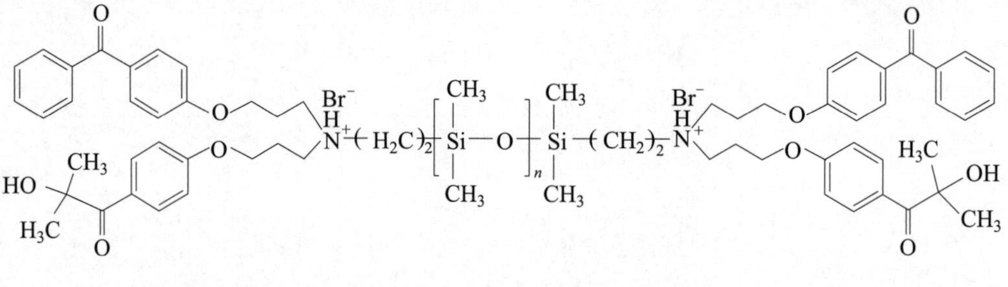

图 3-45　W-Si-HBP$_2$-HHMP$_2$ 结构式

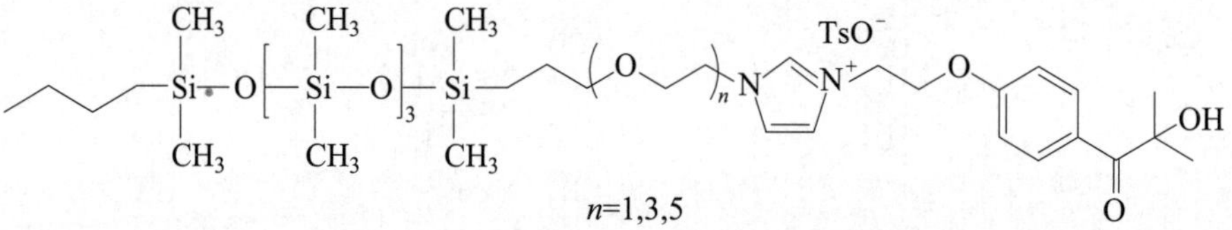

SiE$_n$IM-HHMP

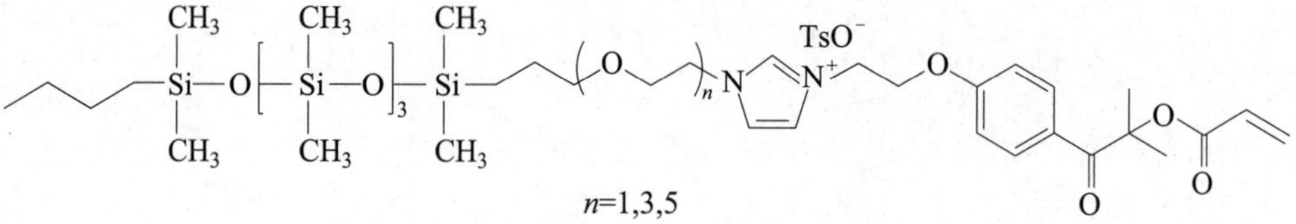

[Si-E$_n$-2959IM-A][TsO]

图 3-46　[SiE$_n$IM-HHMP]和[Si-E$_n$-2959IM-A][TsO]结构式

　　于佳等合成了三种不同硅氧烷链长度的阳离子大分子光引发剂(1187-Si-A/B/C)。该光引发剂在紫外光照射下不产生有毒物质,是一种环境友好型光引发剂。该含聚硅氧烷基阳离子大分子光引发剂在环氧单体中具有优异的溶解性和自上浮能力,在阳离子光聚合体系中能自发形成浓度梯度,通过阳离子光聚合制备梯度聚合物。聚硅氧烷基阳离子大分子光引发剂[1187-Si-A/B/C(n＝3,6,9)]结构式如图 3-47 所示。

3.1.8　UV-硅树脂在其他领域的应用

　　Sangermano 等基于双乙烯基封端的聚二甲基硅氧烷(PDMS-V)和三甲基甲硅烷氧基封端的聚甲基氢硅氧烷(MH-PDMS)(结构式如图 3-48 所示),通过 UV 活化硅氢化反应研究了有机硅聚合物的光聚合条件和固化后的硅氧烷材料的性能,证实了可以通过控制起始乙烯基低聚物分子量来调控材料的性能。该低聚物可应用于硅胶材料的制造和建筑材料之中。

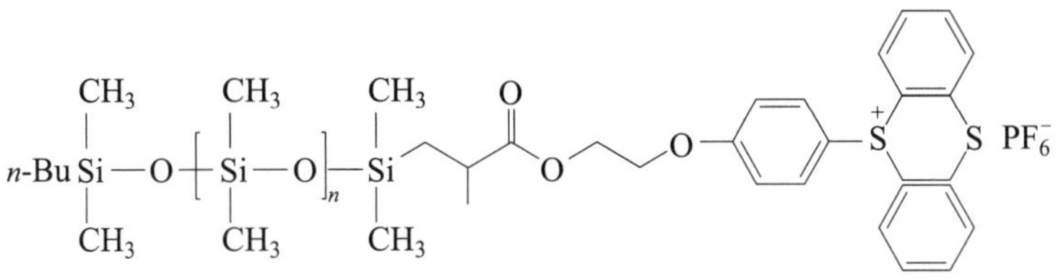

图 3-47　聚硅氧烷基阳离子大分子光引发剂结构式

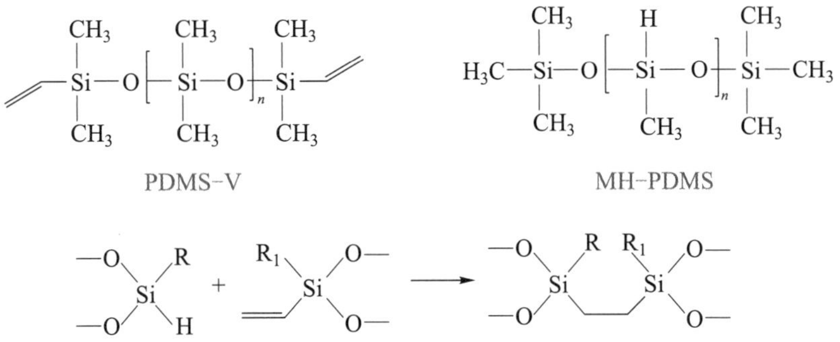

PDMS-V　　　　　　　　　　　MH-PDMS

图 3-48　PDMS-V 和 MH-PDMS 结构式

Sheng Jie Wang 等在紫外光照射下,通过硅氢化反应制备了一种超支化聚碳硅氧烷。该超支化聚碳硅氧烷可以在氮气或空气中迅速固化,因此可以作为具有复杂结构的高技术陶瓷器件的前驱体。该超支化聚碳硅氧烷的原料结构式如图 3-49 所示。

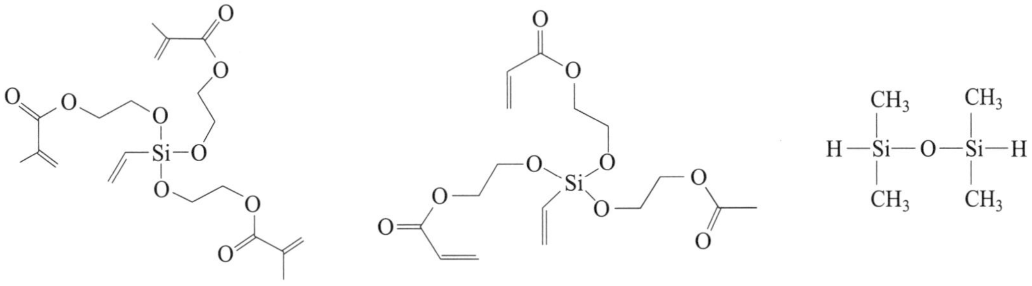

图 3-49　超支化硅氧烷的原料结构式

张英强等发明了一种可 UV 聚合的可剥性甲油胶。该胶由含硅氧烷链段的可 UV 聚合树脂、超支化 UV 聚合树脂、活性稀释剂、增稠剂、光引发剂、润湿剂、流平剂、消泡剂与色浆组成。该胶在波长为 395 nm 的 UV-LED 灯源照射下可以快速固化,固化时间仅为 1~7 s。作为主要成膜物质的含硅氧烷链段的可 UV 聚合树脂因有机硅表面能低,可降低涂膜与基材间的相互作用,所以该甲油胶体现出较好的可剥离性,剥离强度仅为 0.21~0.25 kN/m。含硅氧烷链段的可 UV 聚合树脂结构如图 3-50 所示。

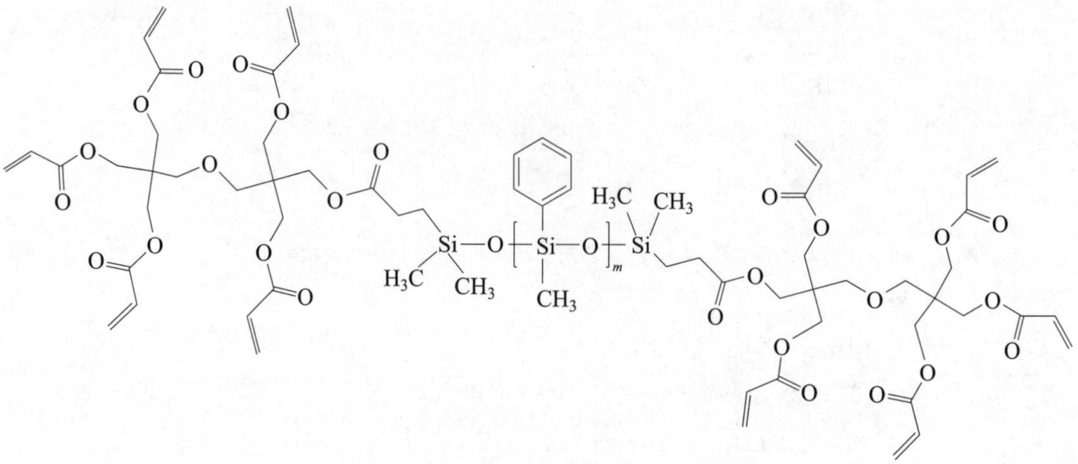

图 3-50　含硅氧烷链段的可 UV 聚合树脂

　　现代科技的发展使得光聚合材料的制备工艺及设备不断革新、丰富,可 UV 聚合的含硅树脂的种类也日渐增加,且制备成本随着技术的更新而逐渐降低,在未来必然会有着广阔的应用前景和发展空间。

3.2　含氟光聚合树脂进展

　　近年来,光聚合单体的研究和开发进展有限,鲜有新品种出现,而光聚合低聚物品种却不断丰富,主要是改性环氧丙烯酸酯和各种不同结构的聚氨酯丙烯酸酯、聚酯丙烯酸酯,虽然这些新品种存在着不同的优缺点,但还是极大促进了光聚合产品的性能和应用领域的发展。随着更多技术门类的快速发展,这些传统的光聚合低聚物已经无法满足人们的需求,尤其是在低表面能材料等方面。

　　在低表面能材料领域,国内外的研究主要集中在有机硅和有机氟材料,其中尤以含氟材料最具优势。氟元素在元素周期表中位于第二周期、第Ⅶ主族,特殊的结构决定了它拥有特殊的性能。氟是最活泼的非金属元素,氧化性极强。将氟原子引入到分子链段中,会极大地改变分子的化学性质。全氟烷烃碳碳单键的键长为 0.147 nm(1.47 Å),比普通烷烃相同原子间单键键长 0.154 nm(1.54 Å)短,故比其更稳定,受热分解更难,更耐热。碳氟键的键能是 485 kJ/mol,含氟低聚物可透过 95% 的中波长,即只有短波可以分解碳氟键,而太阳光中大部分短波紫外线会被臭氧吸收,因此含氟低聚物可以抵抗紫外线,有非常好的耐候性。因为碳氟键极性小,含氟体系具有低表面能,故其对油污等有很好的抵抗作用,而且具有良好的抗黏性和疏水性,可以用于自清洁涂料、低摩擦因数材料中。聚合物中氟原子产生的排斥作用使得碳链形成螺旋状,成为一个屏蔽结构,因此低聚物有良好的化学稳定性。含氟基团具有较低的摩尔极化度和较大的自由体积,可以改善材料介电性能。因此关于含氟聚合物的研究正成为科研工作的热点。

美国杜邦公司于 1938 年研制出聚四氟乙烯(PTFE),开启了含氟聚合物研究的篇章,于 1992 年研制出了可溶性全氟聚合物(Teflon AF),于 2002 年发明了采用超临界二氧化碳制备含氟塑料的方法,后来还设计合成了聚偏二氟乙烯等新型聚合物,这些都是在商业上研发含氟聚合物的重要成果。此外,在高校和商业公司中还有很多其他关于含氟聚合物的研究一直在持续不断地进行。这些研究使得含氟材料的许多优异性能得以应用,比如含氟聚合物良好的生物相容性、低的表面能、优良的耐候性、热稳定性、抗污染性、绝缘性和离子传导性能等。目前含氟聚合物作为涂料在光电领域也在不断地发展。

迄今为止,大多数研究人员研究的含氟材料均为溶剂型体系。而将光聚合技术与含氟聚合物的优点结合起来,可以制备具有优异性能的含氟光聚合低聚物。虽然对含氟光聚合低聚物的研究还在起步阶段,但是研究成果表明这种低聚物可以提高低表面能涂料性能,并且使生产出的涂料具有卓越综合性能,对满足时代对光聚合涂料的新要求和可持续发展的目标具有重要意义。

3.2.1　含氟单体

含氟聚合物是以含氟单体为基础,通过各种改性、聚合等化学反应来制备得到的。现在所使用的含氟材料的氟元素都是来源于氟化钙矿石,氟化钙通过酸处理后得到的氢氟酸,再和乙烯、丙烯反应制备最基础的含氟烯烃化合物(主要包括偏二氟乙烯、四氟乙烯、一氯三氟乙烯、3,3,3-三氟丙烯和苯基三氟乙烯),进而聚合得到上述的聚偏二氟乙烯、聚四氟乙烯等聚合物。虽然这几种聚合物非常重要,但是对于满足产业的技术需求明显是不够的,因此更加丰富的单体结构被开发出来。其中最重要的进展是延长碳链长度和引入可反应的官能团,诸如羟基,环氧基、羧基等,以便进行改性。这些衍生物都可以通过制备碘代的氟化物中间体来实现,因为碘原子具有很好的离去性能,碘代化合物非常容易进行取代或者消除反应。以四氟乙烯为原料进行碘代后得到五氟碘乙烷,再和四氟乙烯反应得到碘代的全氟丁烷,如此多次重复进行,可以得到预定碳链长度的碘代全氟烷烃;也可以再与乙烯反应,得到氟烷基取代碘乙烷,然后通过碱性消除反应制备氟烷基取代的端烯烃,而氟烷基取代碘乙烷通过水解能得到氟烷基取代乙醇,碘代全氟烷烃也可以和羟烷基取代的烯烃反应得到氟烷基取代的不同长度的醇,使用类似的方法还可以得到氟烷基二醇化合物。当然,如果使用苯乙烯或芳香取代的烯烃代替乙烯,就可以制备对应的带有芳香基团的化合物。长链含氟化合物的制备如图 3-51 所示。

在羟基引入后,很多反应就很容易发生了,比如利用羟基之间的脱水缩合反应,可以制备氟取代的醚,也可利用羟基和(甲基)丙烯酰氯或丙烯酸反应得到氟烷基取代的一元或二元丙烯酸酯。另外一个可以引入丙烯酸酯双键的方法是使用异氰酸乙基(甲基)丙烯酸酯反应,通过羟基和异氰酸酯的缩合来引入丙烯酸酯双键,这个反应非常容易发生,并且条件温和，不需要催化剂，产率高，缺点就是这个异氰酸酯化合物成本较高。用丙烯酰氯和异氰酸乙基甲基丙烯酸酯制备含氟丙烯酸酯单体如图 3-52 所示。

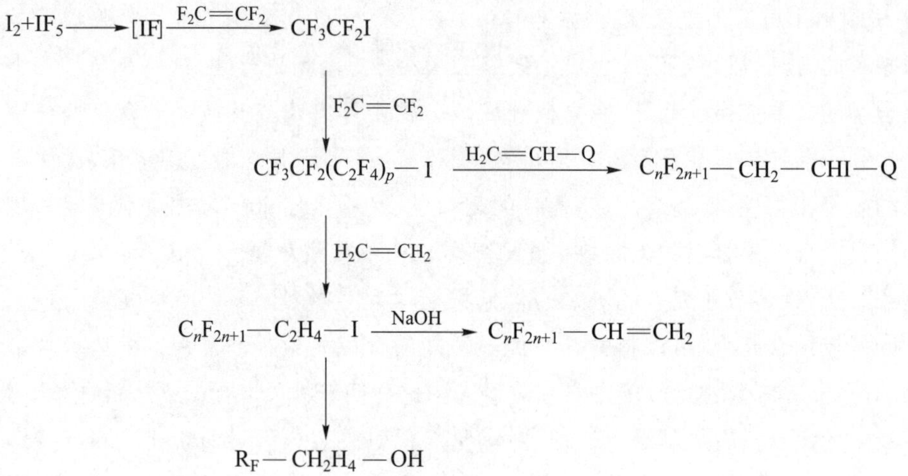

$$I_2+IF_5 \longrightarrow [IF] \xrightarrow{F_2C=CF_2} CF_3CF_2I$$

$$\downarrow F_2C=CF_2$$

$$CF_3CF_2(C_2F_4)_p—I \xrightarrow{H_2C=CH—Q} C_nF_{2n+1}—CH_2—CHI—Q$$

$$\downarrow H_2C=CH_2$$

$$C_nF_{2n+1}—C_2H_4—I \xrightarrow{NaOH} C_nF_{2n+1}—CH=CH_2$$

$$\downarrow$$

$$R_F—CH_2H_4—OH$$

图 3-51　长链含氟化合物的制备

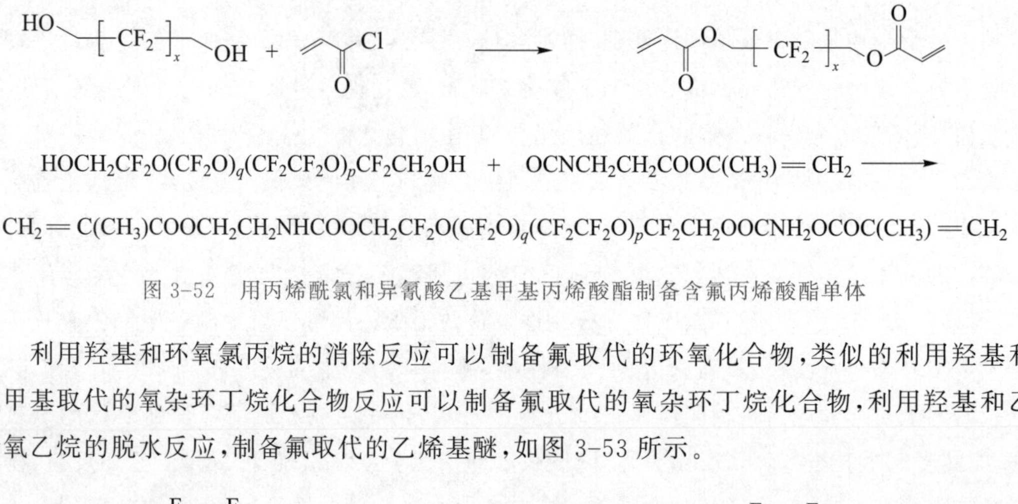

图 3-52　用丙烯酰氯和异氰酸乙基甲基丙烯酸酯制备含氟丙烯酸酯单体

$$HOCH_2CF_2O(CF_2O)_q(CF_2CF_2O)_pCF_2CH_2OH \;+\; OCNCH_2CH_2COOC(CH_3)=CH_2 \longrightarrow$$

$$CH_2=C(CH_3)COOCH_2CH_2NHCOOCH_2CF_2O(CF_2O)_q(CF_2CF_2O)_pCF_2CH_2OOCNH_2OCOC(CH_3)=CH_2$$

图 3-52　用丙烯酰氯和异氰酸乙基甲基丙烯酸酯制备含氟丙烯酸酯单体

利用羟基和环氧氯丙烷的消除反应可以制备氟取代的环氧化合物，类似的利用羟基和氯甲基取代的氧杂环丁烷化合物反应可以制备氟取代的氧杂环丁烷化合物，利用羟基和乙烯氧乙烷的脱水反应，制备氟取代的乙烯基醚，如图 3-53 所示。

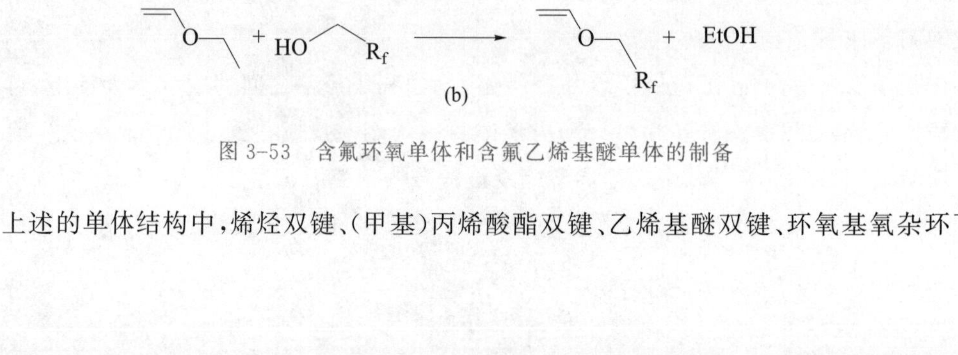

(a)

(b)

图 3-53　含氟环氧单体和含氟乙烯基醚单体的制备

上述的单体结构中，烯烃双键、(甲基)丙烯酸酯双键、乙烯基醚双键、环氧基氧杂环丁烷基团都具有聚合活性,可以通过链式聚合反应来制备聚合物,而羟基可以通过缩合聚合反应来制备聚合物。

3.2.2　主链含氟光聚合树脂

含氟聚合物种类很多,包括主链含氟聚合物和侧链含氟聚合物。所谓主链含氟聚合物就是和氟相连的碳位于聚合物主链上;相应地,侧链含氟聚合物就是和氟相连的碳位于聚合物侧链上。如果含氟聚合物结构中还带有可以聚合的基团,就成为含氟光聚合树脂。

第一类主链含氟聚合物就是以含氟烯烃通过链式聚合制得的,有全氟和非全氟两种。全氟聚合物就是构成聚合物的所有结构单元中所有的氢都被氟所取代,因此基本是由含氟烯烃的均聚和共聚所合成的,聚四氟乙烯和聚偏二氟乙烯都是属于这个类型。全氟聚合物的表面张力和耐受性是十分优异的,但是也存在着缺点,由于氟元素的特点,这类聚合物的结晶性很强,往往都是固体,即使不是固体,其柔性和韧性也是比较差的。因此和其他不含氟的烯烃共聚制造非全氟聚合物就成为了一个很好的解决办法,并已经实现了含有乙烯、丙烯等单体结构的聚合物。这类含氟聚合物包括了无规聚合物、交替聚合物、嵌段聚合物和接枝聚合物,并且已经大量进行商业化生产,而且通过进一步的交联反应实现了含氟弹性体的制备,并广泛用于轴封、油封、软管、密封圈和垫片等,成为具有不可替代地位的材料。但是这类主链含氟聚合物在涂料行业用途很少,也不能制备出光聚合树脂。

第二类主链含氟聚合物是由含氟羟基化合物为起始原料来制备的,包括链长不同的一元醇和二元醇。其链长可以通过前述的碘代含氟烷烃与含氟乙烯或普通烯烃的加成来调节,一元醇可以通过水解反应来制备,二元醇则可以使用类似的两端都被碘原子取代的化合物水解来制备。可以用来制备聚合物的一般都是二元醇化合物,其中短链的含氟二元醇可以通过自身的缩聚反应来制备羟基封端的全氟聚醚。可以通过与不含氟的二元醇缩合制备可调氟含量的聚醚,还可以和含氟或不含氟的多元酸或多元酸酐等制备羟基封端或羧基封端的含氟聚酯。这些聚醚和聚酯可以通过带有诸如羟基、羧基、环氧基、异氰酸酯基的丙烯酸酯来反应直接制备光聚合含氟树脂。比如一些研究者使用羟基封端的聚醚和二异氰酸酯及羟烷基丙烯酸酯通过羟基与异氰酸酯的缩合反应来制备聚醚型胺基甲酸酯丙烯酸酯(PUA),如图 3-54 所示,这是在光聚合树脂中种类最多、应用最为广泛的类型。还可以直接和环氧氯丙烷直接反应,引入环氧基团,得到主链氟取代的环氧树脂,而环氧树脂本身就是一种可以光聚合的活性化合物,如图 3-55 所示。在制备聚醚或聚酯时,可以选择不含氟的二元醇、多元酸和多元酸酐,其结构类型很多,这就使得这类主链含氟聚合物的种类非常丰富,可以提供宽广的性质范围。

但是,这种主链含氟聚合物的性质还是会受较长的含氟主链的控制,一方面可以提供很好的由氟元素所带来的特殊性质,另一方面也会出现诸如相容性不佳等问题。

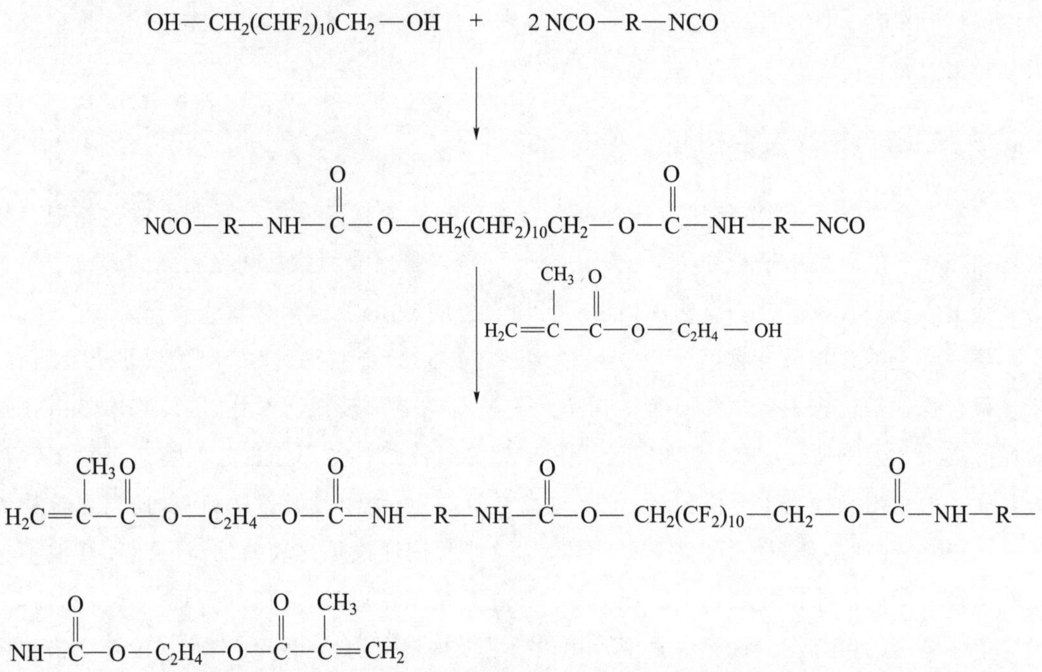

OH—CH₂(CHF₂)₁₀CH₂—OH + 2 NCO—R—NCO

↓

NCO—R—NH—C(=O)—O—CH₂(CHF₂)₁₀CH₂—O—C(=O)—NH—R—NCO

↓ H₂C=C(CH₃)—C(=O)—O—C₂H₄—OH

H₂C=C(CH₃)—C(=O)—O—C₂H₄—O—C(=O)—NH—R—NH—C(=O)—O—CH₂(CF₂)₁₀—CH₂—O—C(=O)—NH—R—

NH—C(=O)—O—C₂H₄—O—C(=O)—C(CH₃)=CH₂

图 3-54　含氟氨基甲酸酯甲基丙烯酸酯的制备

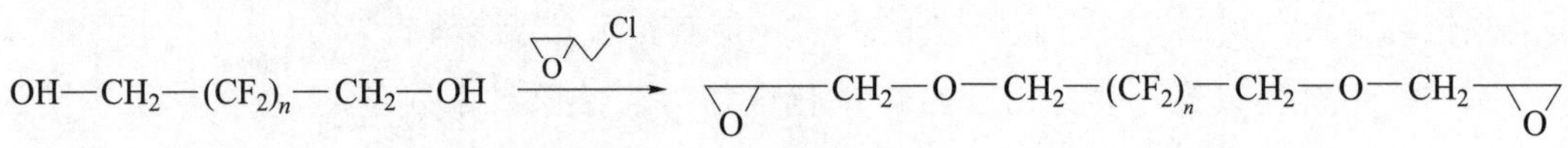

OH—CH₂—(CF₂)ₙ—CH₂—OH　──(环氧氯丙烷)──→　环氧—CH₂—O—CH₂—(CF₂)ₙ—CH₂—O—CH₂—环氧

图 3-55　含氟环氧树脂的制备

3.2.3　侧链含氟光聚合树脂

侧链含氟聚合物的氟元素大多数分布在聚合物的侧链上，一般是使用含氟丙烯酸酯、含氟乙烯基醚和含氟环氧单体的链式聚合，或是通过使用含氟化合物对聚合物进行改性而得到的。比如可以简单地用含氟羟基化合物通过二异氰酸酯来与具有羟基的碳氢聚合物反应，从而将氟元素引入聚合物侧链，如图 3-56 所示。这种体系结构简单，方法易行，但是调节空间不大，所以相对而言，还是小分子单体链式聚合的方式更为普遍。

这类通过链式聚合得到的侧链含氟聚合物，其主链为碳氢结构，因此其相容性会远好于主链聚合物。但是要得到好的、有使用价值的相容性，还需要对其进行结构设计和调整。

研究聚甲基丙烯酸甲酯（PMMA）和聚[2-（全氟辛基）乙基甲基丙烯酸酯]（PFMA）的嵌段共聚物在溶液中的状态发现，虽然这种嵌段共聚物[见图 3-57（a）]并不是全氟化合物，但是它在乙腈和氯仿溶剂不是以线形方式存在，而是进行自组装形成了以 PFMA 为核、以 PMMA 为壳的胶粒，并且其在乙腈中形成的胶粒半径要大于在氯仿中所形成的胶粒半径，如图 3-57(b)所示。因此,含氟聚合物的设计、合成及应用很多是以共聚物为对象展开的。

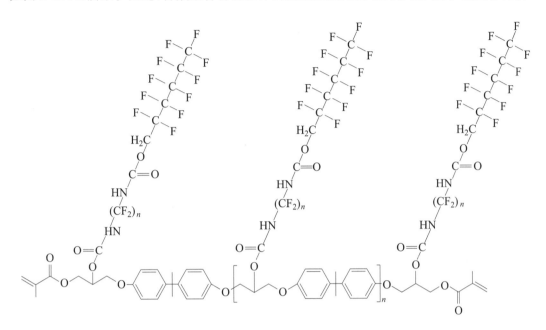

图 3-56　用全氟羟基化合物制备侧链氨基酸甲酸酯丙烯酸酯

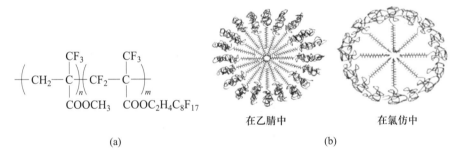

图 3-57　PMMA-PFMA 嵌段共聚物的结构及其在不同溶剂中自组装形态示意图

　　根据聚合方法划分,含氟聚合物的制备一般分乳液聚合和溶液聚合。采取乳液聚合的方式通常是利用含氟的酯类与丙烯酸或甲基丙烯酸酯进行连续乳液聚合。即使是共聚物而不是均聚物,也具有低表面能,表现出优异的抗水抗油性质。乳液聚合的方法虽然解决了含氟化合物的溶解性问题,也可以实现较大的分子量和更多的结构选择,但是却带来了乳化剂的使用问题以及后处理的烦琐,直接导致了成本的升高。

　　含氟化合物可以根据聚合产物结构将其划分为均聚物、无规共聚物和嵌段共聚物三大类,其中共聚物具有更宽的调节空间和更好的性质。所以,更多的含氟聚合物的合成还是以使用含氟丙烯酸酯类与其他可聚合单体进行溶液共聚为主。通常这类共聚物是使用不同含氟烷基长度的含氟单体与不同结构的丙烯酸酯配合,通过自由基溶液聚合的方法合成,如图

3-58 所示。含氟单体的增加可以提高玻璃化转变温度,随着含氟量的增加,低聚物表面水接触角也可以大幅增加,而且表面张力也明显降低。另外,诸如丙烯酸丁酯等丙烯酸长链烷基酯的加入可以调节低聚物的玻璃化转变温度 T_g,并且提高共聚物的溶解性。将不同结构的羟烷基丙烯酸酯作为共聚单体引入,就可以在所得到的共聚物结构中引入羟基,这使得进一步的改性非常容易,也可以很大程度改善产物的极性和亲水性。将所用的含氟丙烯酸酯单体与阳离子聚氨酯丙烯酸酯等进行共聚,可以制备得到带有聚氨酯大分子侧链的阳离子含氟共聚物(PUFA),并且可以水分散体系的形式稳定存在,非常适合作为水性涂料的主体树脂来使用。

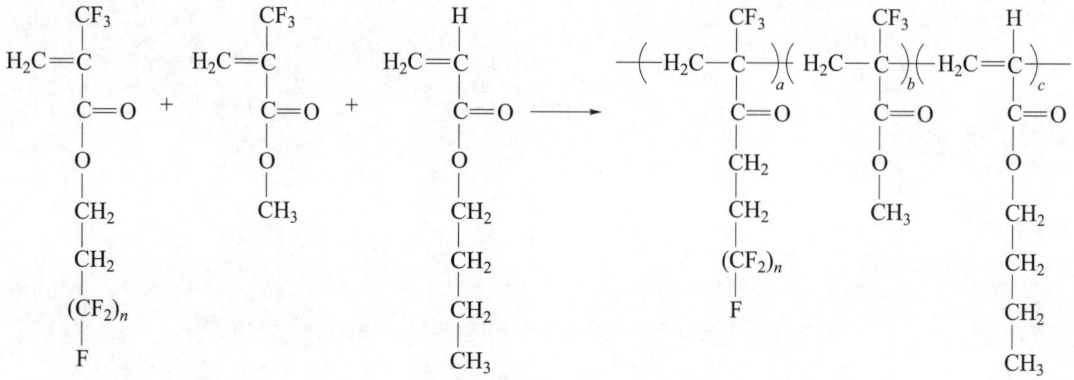

图 3-58　含氟共聚物合成示意图

除变化共聚单体组成外,含氟共聚物的性质还可以通过分子量的调控来改变。在自由基溶液聚合中,分子量可以很方便地使用链转移剂来进行调整,通过改变链转移剂的结构和用量,可以实现从几千到几十万的分子量并调整其分子量分布。提高分子量可以提高共聚物的玻璃化温度、黏度、疏水性,还可以提高所制备涂料的硬度、附着力和耐冲击性,但会降低其光泽度和耐磨性。控制分子量更为精确的方法是原子转移自由基聚合法(ATRP)和可逆加成-断裂链转移聚合法(RAFT)。有研究者用 ATRP 方法合成了一种分子量可控含氟共聚物,通过喷涂分子胶束溶液的方法制备一种超疏水的涂层,并对其表面的微观结构进行控制,实现了防冻特性。但是,这两种方法因为技术难度和成本较高并没有体现出较大的实际应用意义。

在聚合过程中,含氟丙烯酸酯单体的加料方式也会对产物性质产生影响。一种方式为直接投料,即将含氟单体和其他单体同时加入进行聚合;另一种方式为先将其他单体混合均匀,在聚合过程中将含氟单体通过滴加的方式加入。直接投料进行反应生成的产物表面含氟量更高,有更高的水接触角,表面自清洁能力更强。这是因为这种加入方式制备的共聚物更加均匀,氟烷基向表面迁移更容易,使得表面含氟量更高。

在上述工作的基础上,只要在侧链含氟聚合物中引入可聚合基团就可以制备得到侧链含氟光聚合树脂。如在聚合过程中引入羟基,然后使用丙烯酸或丙烯酰氯对羟基进行酯化,可以合成可进行自由基聚合的含氟光固化树脂(FPAA),合成路线如图 3-59 所示。此低聚物中加入了带有酯溶性基团的丙烯酸丁酯,提高了含氟低聚物与非含氟溶剂、单体间的相容性,且提高了光聚合效率。类似地,使用甲基丙烯酸缩水甘油醚可以一步制得带有环氧基团的光聚合树脂。

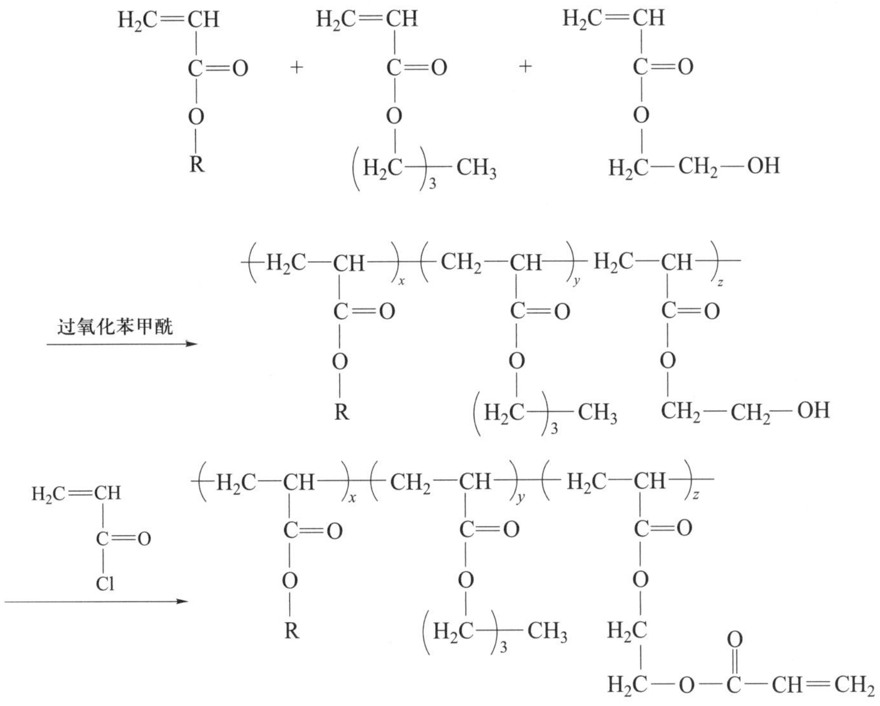

注：R = CH$_2$CF$_2$CHFCF$_3$　或　R = (CF$_2$)$_2$(CF$_2$)$_5$CH$_3$

图 3-59　含氟聚丙烯酸酯丙烯酸酯合成示意图

3.2.4　含氟光聚合树脂的应用进展

含氟光聚合树脂的用途以制造低表面张力材料为主,这已经得到了广泛的使用。而目前更为关注的是如何得到具有创新性质的材料,或是实现更低的表面张力。有报道将含氟共聚物和其他单体组成混合体系,对其进行紫外掩膜曝光,在光图案化的同时两类物质会发生微相分离,这导致了表面的润湿性会被含氟共聚物的种类和含量以及所采用的掩膜图案所调控,得到具有特殊功能的可控疏水表面,如图 3-60 所示。因为可以制备微米级分辨率的图形,这种技术可以在生物芯片材料领域具有非常广泛的应用前景。

更低表面张力的材料中,有一种材料叫作超疏水材料。所谓的超疏水是水滴在表面的稳定接触角大于 150°而滚动角小于 10°的现象。超疏水表面在大自然中普遍存在,最为常见的就是荷叶的表面,还有蝴蝶的翅膀、水黾的脚等。一些研究者受到昆虫复眼(例如蚊子和飞蛾的复眼)的启发,用简单的自下而上的技术制造具有微/纳米结构超疏水涂层。首先用微米级的二氧化硅微球用自组装的方法堆积一层,之后在微米级的二氧化硅微球上面采用自组装的方法堆积一层纳米微球阵列。自组装的微纳米粒子阵列使用氟硅烷表面改性后,水接触角(CA)大于 150°,再用软模板法将微纳米结构进行复制,通过 UV 固化与含氟聚合物全氟醚丙烯酸酯相结合制备超疏水涂层,也具有很好的超疏水性和自清洁性能,如图 3-61 所示。

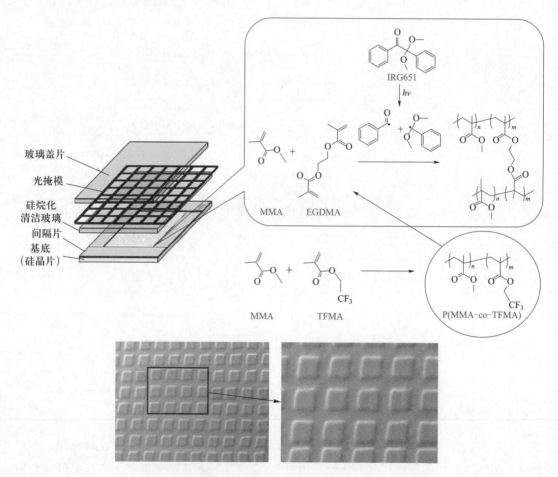

图 3-60 同步光刻和微相分离制备图形化疏水表面

还有一些研究者采用全氟化硫醇-烯树脂混合体系,通过喷雾沉积和 UV 光聚合的方法制备了超双疏性的涂层,对无水乙醇、十六烷、甲醇、聚二甲基硅烷、水以及环己烷分别呈现超疏水或疏油性,如图 3-62 所示。

更为方便的是以含氟聚丙烯酸酯丙烯酸酯为原料,采用仿生模板压印复制法制造具有微纳米混合结构的含氟表面,其水接触角可以达到 172°,得到了非常好的超疏水表面,并且以此为基础成功制备了高效的油水分离过滤膜,如图 3-63 所示。

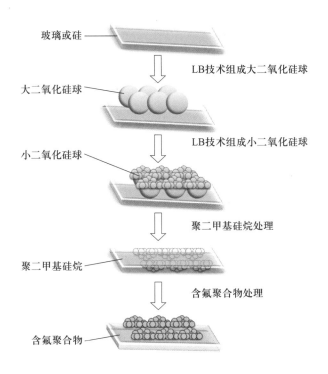

图 3-61　利用两级粒径微球的组装形成的微纳结构制备含氟超疏水表面流程图

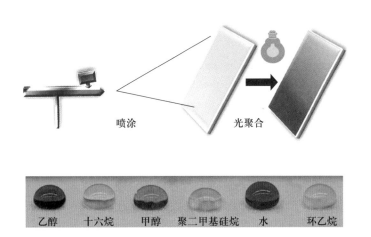

图 3-62　使用喷涂-光聚合工艺制备全氟化硫醇-烯超双疏性涂层

　　含氟光聚合低聚物的研究正处于刚刚起步的阶段，其结构设计和性质研究都不是十分完善，但是，从得到的结果可以看出，引入含氟官能团，可以使表面性能有很大的变化，实现超疏水性甚至具有超双疏的性质，可以在防污自洁、黏性减阻、防水防油、防雾防冰、液滴运输、油水分离等很多技术领域方面的应用，前景十分广阔。

图 3-63　光聚合仿生模板压印制备含氟超疏水表面

参考文献

[1]　GAN Y C,JIANG X S,YIN J. Thiol-ene photo-curable hybrid siilicone resin for LED encapsulation：enhancement of light extraction efficiency by facile self-keeping hemisphere coating[J]. Journal of Materials Chemistry C,2014,2(28)：5533-5539.

[2]　INGROSSO C,ESPOSITO C C,STRIANI R,et al. UV-curable nanocomposite based on methacrylic-siloxane resin and surface-modified TiO_2 nanocrystals[J]. Acs Applied Materials & Interfaces,2015,7(28)：15494-15505.

[3]　WANG T,YE H,ZHANG X S,et al. UV-curable epoxy silicone with a high refractive index and self-photosensitizing effect[J]. Industrial & Engineering Chemistry Research,2012,51(49)：15832-15838.

[4]　孙芳,李国弼,刘晓康,等.水溶性超支化光敏有机硅聚氨酯丙烯酸酯光固化膜的性能研究[J].辐射研究与辐射工艺学报,2013,31(2)：39-45.

[5]　SUN F,SHI J,DU H G,et al. Synthesis and characterization of hyperbranched photosensitive polysiloxane urethane acrylate[J]. Progress in Organic Coatings,2009,66(4)：412-419.

[6]　GAO J,BAO F,WU Q X,et al. Multifunctionalgraphenefilled silcone encapsulant for high-performance light-emitting diodes[J]. Materials Today Communications,2016,7：149-154.

[7]　王国志,胥卫奇,刘文兴,等. UV 固化低折射率光纤涂料的研制[J]. 现代涂料与涂装,2010,13(9)：19-22.

[8]　PARK S,PARK H H,HAN O H,et al. Non-sticky silicate replica mold by phase conversion approach for nanoimprint lithography applications[J]. Journal of Materials Chemistry,2010,20(44)：9962-9967.

[9]　LEE B K,CHO H,CHUNG B H. Nonstick,modulus-tunable and gas-permeable replicas for mold-Based,high-resolution nanolithography[J]. Advanced Functional Materials,2011,21(19)：3681-3689.

[10]　KALUTARAGE L,SALY M,THOMPSON D. Patent Application 15/297,262[P]. 2016-10-19.

[11]　DUMOND J J,HONG Y L,LEE H P,et al. Multi-functional silicone stamps for reactive release agent transfer in UV roll-to-roll nanoimprinting[J]. Materials Horizons,2016,3(2)：152-160.

[12]　ZHANG C F,LIU Z Y,WANG H Y,et al. Novel anti-biofouling soft contact lens：l-cysteine conjugated amphiphilic conetworks via RAFT and thiol-ene click chemistry[J]. Macromolecular Bioscience,2017,17(7)：1600444.

[13]　SONG H B,WANG X,PATTON J R,et al. Kinetics and mechanis of photo-polymerized triazole-containing thermosetting composites via the copper(I)-catalyzed azide-alkyne cycloaddition[J]. Dent-

al Materials,2017,33(6):621-629.

[14]　SU D,CHANG W K,MA G P,et al. Light-curable composite of siloxane/hydroxyapatite prepared by the sol-gel process for bone defect treatment[J]. Polymer Composites,2011,32(8):1235-1244.

[15]　CHEN C,HAN J Y,SUN F. Gradient polymer networks formed by photopolymerization with self-floating polysiloxane-containing nanogel[J]. Polymers for Advanced Technologies,2017,28(3):312-318.

[16]　HAN J Y,JIANG S L,GAO Y J,et al. Intramolecular-initiating photopolymerization behavior of nanogels with the capability of reducing shrinkage[J]. Journal of Materials Chemistry C,2016,4(45):10675-10683.

[17]　ZHANG G W,JIANG S L,GAO Y J,et al. Design of green hydrophilic polysiloxane-polyether-modified macromolecular photoinitiators with ionic liquid character[J]. Journal of Materials Science,2017, 52(16):9931-9945.

[18]　YU J,PAN H,SUN F,et al. Synthesis and performances of polysiloxane-modified 5-arylthianthrenium salt cationic photoinitiators with self-floating capability[J]. European Polymer Journal,2017,97: 338-346.

[19]　SANGERMANO M,MARCHI S,MEIER P,et al. UV-activated hydrosilation reaction for silicone polymer crosslinking[J]. Journal of Applied Polymer Science,2013,128(3):1521-1526.

[20]　AMEDURI B,BOUTEVIN B,KOSTOV G. Fluoroelastomers:synthesis,properties and applications [J]. Progress in Polymer Science,2001,26:105-187.

[21]　AMEDURI B,BOUTEVIN B. Update on fluoroelastomers:from perfluoroelastomers to fluorosilicones and fluorophosphazenes[J]. Journal of Fluorine Chemistry,2005,126:221-229.

[22]　BOSCHET F,AMEDURI B. (Co)polymers of chlorotrifluoroethylene:synthesis,properties,and applications[J]. Chemical Reviews,2014,114:927-980.

[23]　LIM H,LEE Y,PARK I J,et al. Synthesis and surface property of aqueous fluorine-containing polyurethane[J]. Journal of Colloid & Interface Science,2001,241(1):269-274.

[24]　LIU C,NIE J,HE Y. High compatible free radical UV-curable fluorine-containing polyacrylic acrylate prepolymer[J]. Journal of Fluorine Chemistry,2015,173:47-54.

[25]　ZHAO L,WEI M,NIE J,et al. Cationic UV-curable fluorine-containing polyacrylic epoxy prepolymer with good compatibility[J]. Progress in Organic Coatings,2016,100:70-75.

[26]　BIXLER G D,BHUSHAN B. Fluid drag reduction and efficient self-cleaning with rice leaf and butterfly wing bioinspired surfaces[J]. Nanoscale,2013,5(17):7685-7710.

[27]　SHI F,NIU J,LIU J,et al. Towards understanding why a superhydrophobic coating is needed by water striders[J]. Advanced Materials,2010,19(17):2257-2261.

[28]　XIONG L,KENDRICK L L,HEUSSER H,et al. Spray-deposition and photopolymerization of organic-inorganic thiol-ene resins for fabrication of superamphiphobic surfaces[J]. ACS Appl Mater Interfaces, 2014,6(13):10763-10774.

[29]　张平平. 光固化复制模塑技术制备仿生超疏水含氟表面[D]. 北京:北京化工大学,2017.

第4章 其他光聚合体系

4.1 阳离子光聚合体系及应用

20 世纪 70 年代末,美国科学家 Crivello 发现了阳离子光聚合,其原理是阳离子光引发剂在光照下发生直接光分解反应或敏化光分解反应,生成具有引发活性的离子型碎片,从而引发单体或预聚物发生聚合反应。

阳离子光聚合反应的主要优点包括:不受空气中氧的抑制,在实施聚合的过程中,不需要惰性气体保护,在空气氛围中也可实现完全聚合和快速聚合;阳离子光聚合可引发的单体种类很多,阳离子光聚合不仅可以进行双键的加成,也可以发生开环加成,如环氧化合物、环醚化合物、硫化物、乙缩醛化合物、内酯饱和化合物和烯类化合物等;聚合时体积收缩率低,所形成的聚合物的附着力更强,有利于改善光聚合涂料和油墨对基材的黏附性;阳离子光聚合只在开始阶段需要光的照射,然后即使没有光也可以继续进行聚合,这就是所谓的"暗聚合"或"活性聚合",这个特点使其非常适合用于厚涂层和有颜色的涂层聚合。

基于上述特点,阳离子光聚合可应用于光聚合涂料、印刷油墨、光敏抗蚀干膜、绝缘涂层、电子工业的封装材料、光刻胶、厚膜及色漆的光聚合等领域,同时也在低分子量环氧液晶化合物的固化、耐高温材料和玻璃纤维增强环氧预浸料的固化中得到良好应用。

4.1.1 阳离子光引发剂

阳离子光引发剂可以分为离子型和非离子型。离子型的阳离子光引发剂又可分为锍盐型和有机金属盐类,其中研究最多、应用最广泛的是锍盐型的阳离子光引发剂。锍盐型的阳离子光引发剂分子主要由阳离子部分和阴离子部分组成。阳离子部分主要决定了引发剂分子的光化学性质,包括最大吸收波长、分子吸光系数、光引发量子产率和光增感活性。主要的锍盐型阳离子光引发剂有二芳基碘锍盐、三芳基硫锍盐和芳茂铁盐,它们不仅具有高的光分解效率,同时易合成,具有好的热稳定性和贮存稳定性。部分常见锍盐型的阳离子光引发剂的名称和结构式见表 4-1,当前已商业化的硫锍盐和碘锍盐型阳离子光引发剂见表 4-2。阳离子光引发剂的阴离子部分在光解过程中生成强酸,从而引发聚合,所以阴离子部分的非亲核性直接影响光聚合反应动力学。常用的阴离子有 BF_4^-、PF_6^-、AsF_6^- 和 SbF_6^-,其中六氟化锑离子的亲核性最低。由于重金属锑和砷具有毒性,限制了它们在光聚合中的应用。阴离子部分的发展趋势是使用非重金属的强酸类物质,如全氟化烷基磺酰基甲烷化物(C-SF),由于其分子中阴离子电荷的离域性造成强布朗斯特酸度,可同时改进溶解性;又如硼酸盐 $BArF_5^-$,可通过用苯基电子屏蔽中心离子来抑制强阳离子与阴离子间相互作用。除此之外,还有多氟化烷氧基铝酸盐,如 $Al[OC(Ph)(CF_3)_2]_4^-$、$Al[OCH(CF_3)_2]_4^-$、$Al[OC(CH_3)(CF_3)_2]_4^-$、$Al[OC(CF_3)_3]_4^-$,该类阴离子具有出色的低亲核性和高稳定性。

表 4-1　常见鎓盐型阳离子光引发剂

名　称	结　构	名　称	结　构
芳基重氮盐	$Ar-N_2^+X^-$	三芳基磺酸盐	
二芳基碘鎓盐	$Ar-I^+-Ar X^-$	芳氧基二芳基磺酸盐	
三芳基硫鎓盐		N-烷氧基吡啶盐	
芳茂铁盐		苯丙酰吡啶盐	
三芳基硒鎓盐		苯丙氨酸铵盐	

表 4-2　目前已商业化的硫鎓盐和碘鎓盐型阳离子光引发剂

引发剂种类	化学结构	商品名缩写
芳基硫鎓盐		Cyracure UVI-6976 QL Cure 201 Speedcure 976

引发剂种类	化学结构	商品名缩写
芳基硫鎓盐		Cyracure UVI-6992 Esacure 1064 Omnicat 432 QL Cure 202 Speedcure 992 QL Cure 211 SP-150

引发剂种类	化学结构	商品名缩写
芳基硫鎓盐		Omnicat 550
		Esacure 1187
二芳基碘鎓盐		Hycure 810
		Uvacure 1600
		Sarcat CD–1012
		Irgacure 250
		UV 9310
		Rhodorsil 2074

1.芳基重氮盐

芳基重氮盐是最早用于阳离子光聚合的一类光引发剂,其结构如图 4-1 所示。

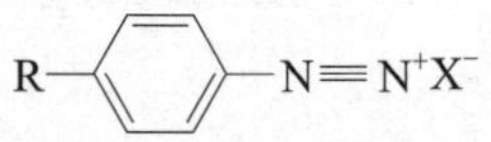

芳基重氮盐主要通过芳胺的重氮化反应来制备,其制备过程如图 4-2 所示。

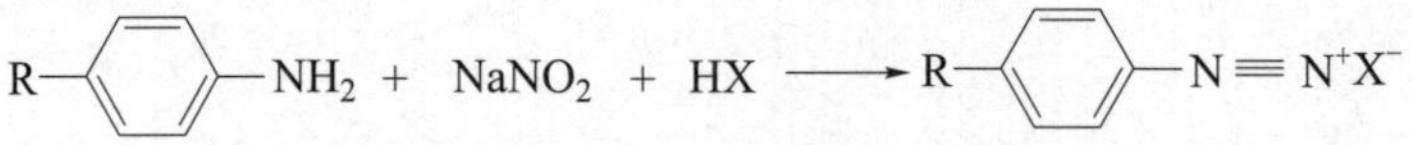

图 4-1　芳基重氮盐的结构

图 4-2　芳基重氮盐的制备过程

通过改变重氮盐中芳烃的结构以及取代基的种类,可以改变芳基重氮盐的稳定性和吸收峰的位置。图 4-3 中三种芳基重氮盐具有不同的取代基,对重氮盐的稳定性的影响也不同。表 4-3 是取代基不同的芳香重氮盐对应的最大吸收波长。

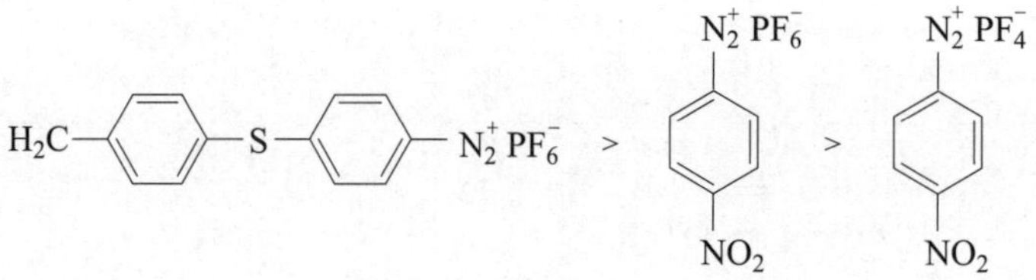

图 4-3　不同取代基的芳基重氮盐稳定性比较

表 4-3　不同取代基的芳香重氮盐对应的最大吸收波长

芳基结构	λ_{max}/nm	芳基结构	λ_{max}/nm
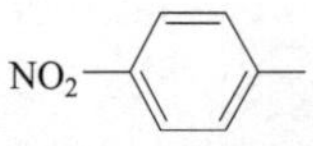	258,310	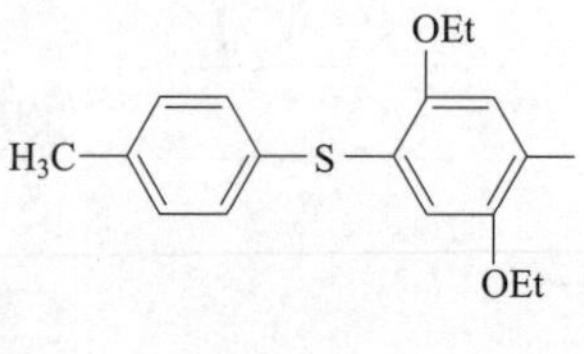	357
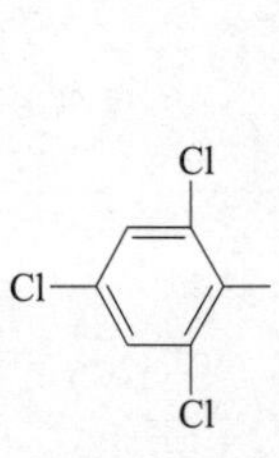	294,337	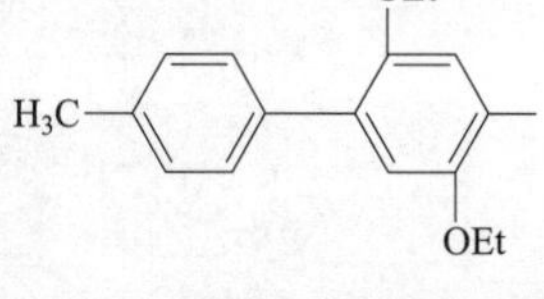	405

重氮盐在光照下发生光化学反应,生成卤代芳烃和 Lewis 酸,生成的 Lewis 酸可以直接引发聚合,也可以与具有活泼氢的物质反应产生强质子酸,该质子酸再引发环氧化合物的开环聚合。图 4-4 是苯基重氮四氟硼酸盐引发环氧化合物的光聚合过程。芳香重氮盐具有非常优良的光感特性,是一类有效的光引发剂,但其自身有不可克服的缺点:一是热稳定性差,

不能长期贮存;二是光解时有氮气产生,会在感光层中形成气泡或针眼,影响涂层质量,所以其应用受到了限制。

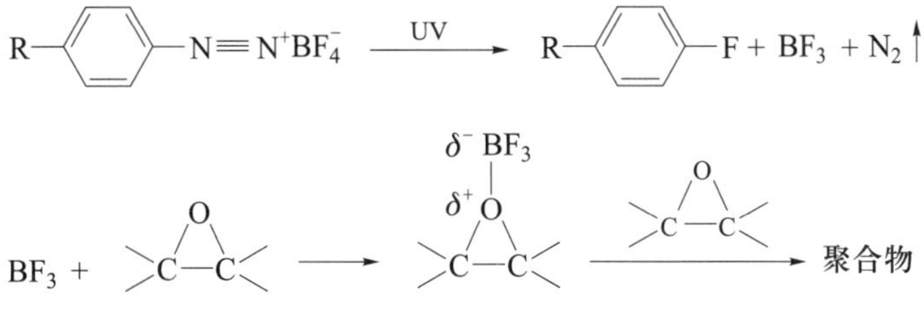

图 4-4　苯基重氮四氟硼酸盐引发环氧化合物的光聚合过程

2. 二芳基碘鎓盐

二芳基碘鎓盐是 20 世纪 70 年代末发现的一种反应活性很高的阳离子光引发剂,其结构通式如图 4-5 所示。

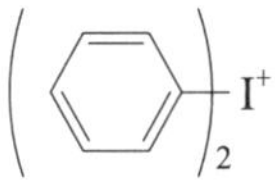

$$X^- = BF_4^-, AsF_6^-, PF_6^-, FeCl_4^-, BiCl_5^{2-}$$

图 4-5　二芳基碘鎓盐的结构通式

二芳基碘鎓盐分为对称的二芳基碘鎓盐和非对称的二芳基碘鎓盐两种,因此合成路线主要有两条。图 4-6 是对称的二芳基碘鎓盐的制备过程,用芳烃、碘酸钾、硫酸和醋酐为原料。图 4-7 是不对称的二芳基碘鎓盐的制备过程,以碘代芳烃为原料,经氧化反应制备二芳基碘鎓盐。

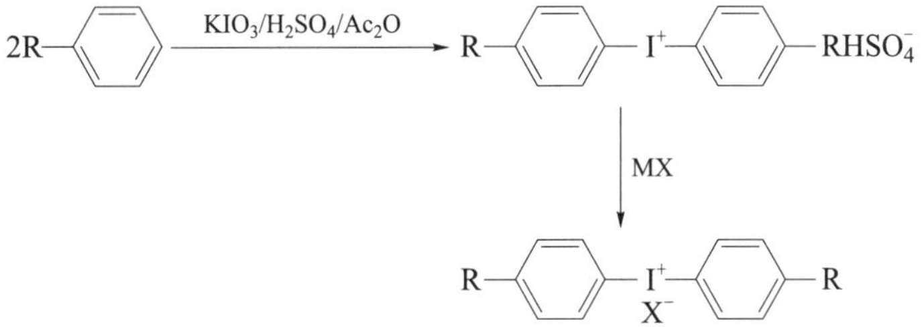

图 4-6　对称的二芳基碘鎓盐的制备过程

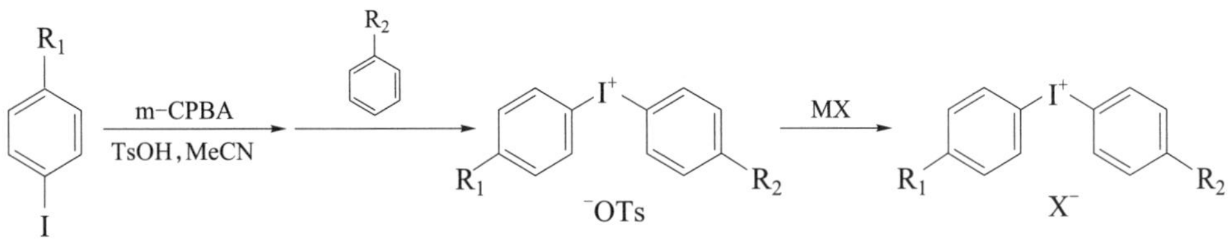

图 4-7　不对称的二芳基碘鎓盐的制备过程

通过改变二芳基碘鎓盐中芳烃的结构以及取代基的种类,可以改变碘鎓盐的最大吸收波长和溶解性等性质。表 4-4 是二芳基碘鎓盐上取代基对最大吸收波长的影响。

表 4-4 二芳基碘鎓盐上取代基对吸收波长的影响

芳基碘鎓盐	λ_{max}/nm	芳基碘鎓盐	λ_{max}/nm
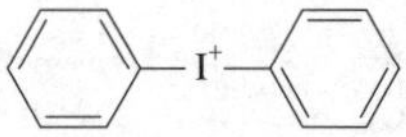	227	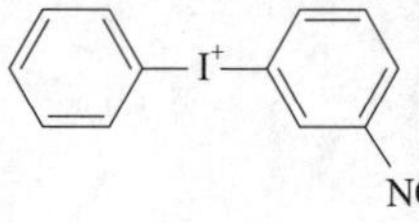	227
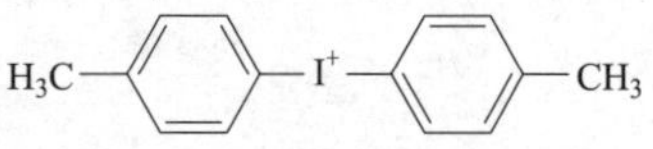	237	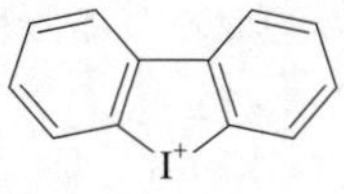	264
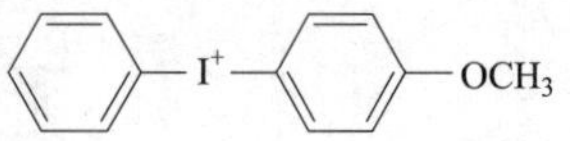	246	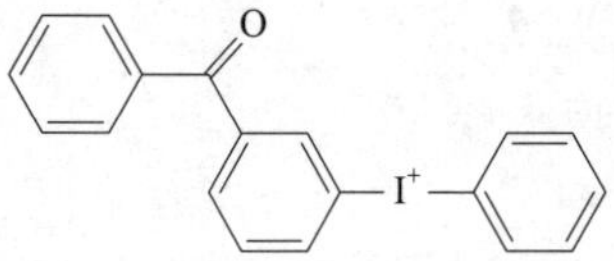	342
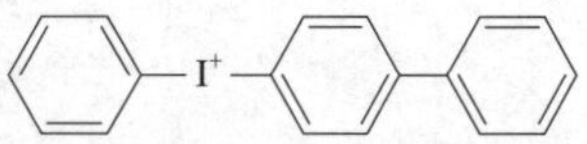	267	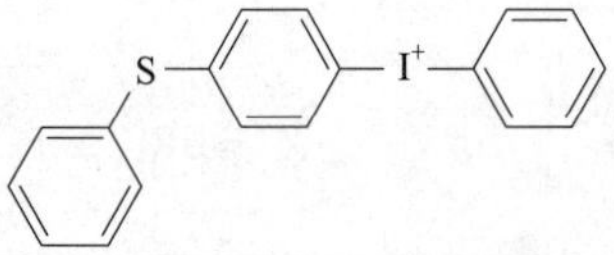	330

普遍认为芳基碘鎓盐在光照下生成的质子酸是真正具有引发活性的物质。在紫外光的照射下,芳基碘鎓盐中的碳卤键既可以发生均裂,也可以发生异裂,分别生成苯基自由基和苯基阳离子中间体,生成的中间体进一步反应生成质子酸和烷基自由基(见图 4-8)。

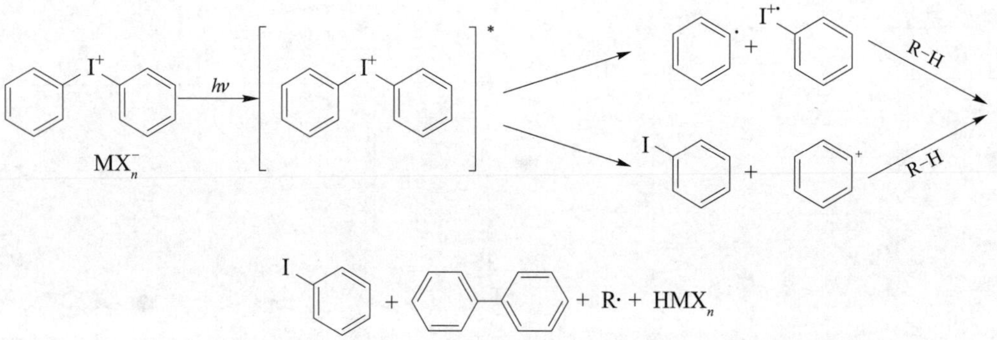

图 4-8 芳基碘鎓盐光分解过程

3. 三芳基硫鎓盐

图 4-9 是三芳基硫鎓盐的结构通式。不同结构的三芳基硫鎓盐的吸收峰位置不同(表 4-5),如没有取代的三芳基六氟锑酸盐的主吸收峰波长为 254 nm,苯硫基取代的三芳基六氟锑酸盐的主吸收峰波长为 313 nm。

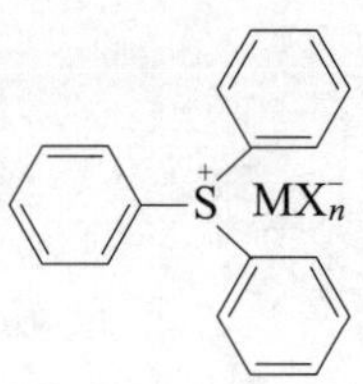

图 4-9 三芳基硫鎓盐的结构通式

表 4-5　不同结构的三芳基硫鎓盐的紫外–可见吸收的最大吸收波长

三芳基硫鎓盐	波长 λ_{max}/nm	三芳基硫鎓盐	波长 λ_{max}/nm
	254		254，298
	313		339
	344		300
	349		360
	351		360
	312，366		360

续上表

三芳基硫鎓盐	波长 λ_{max}/nm	三芳基硫鎓盐	波长 λ_{max}/nm
	241		360
	248		395
	237		381
	255		400
	225, 300		380
	250, 284		292

三芳基硫鎓盐合成方法比较多,如可以二苯亚砜为原料合成三苯基硫鎓盐(见图 4-10)。也可以用二芳基碘鎓盐为原料,与二芳基硫醚发生芳基化反应(见图 4-11)。

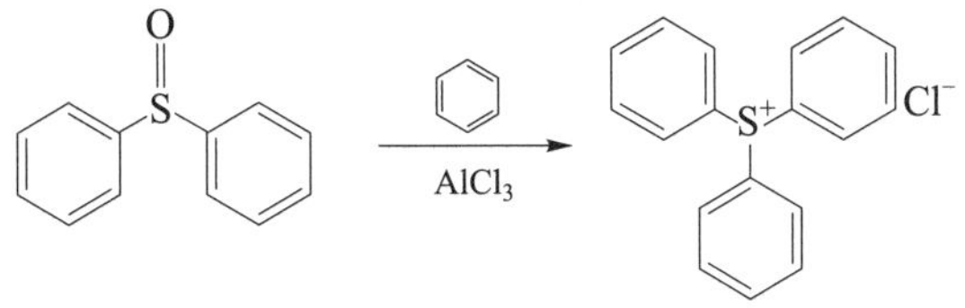

图 4-10　由芳烃和二苯亚砜为原料制备三芳基硫鎓盐

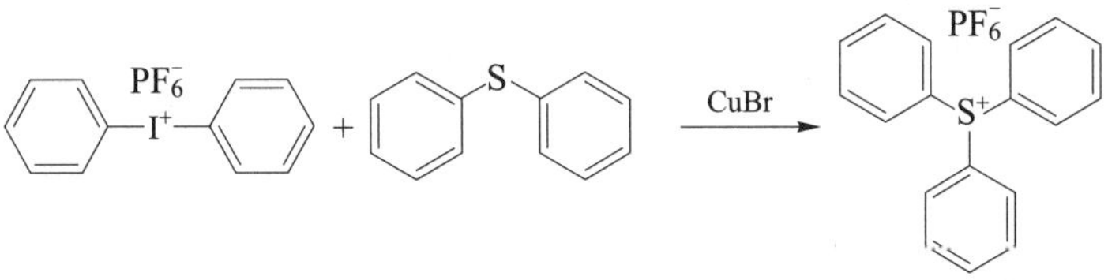

图 4-11　由二芳基碘鎓盐为原料制备三芳基硫鎓盐

芳基硫鎓盐的光分解机理(见图 4-12)与芳基碘鎓盐类似,可通过均裂和异裂产生苯基自由基和苯基阳离子中间体,生成的中间体进一步反应可生成质子酸和烷基自由基。

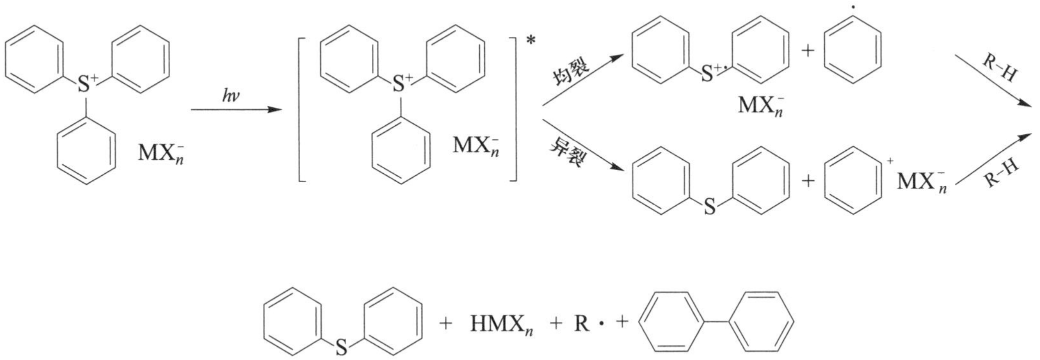

图 4-12　芳基硫鎓盐的光分解机理

4. 芳茂铁盐

阳离子光引发剂——二芳基碘鎓盐和三芳基硫鎓盐的发现,开启了阳离子光聚合领域。芳茂铁盐(见图 4-13)具有阳离子光引发活性是在 1986 年首次提出的。由于它们具有良好的热稳定性并且在可见光区的吸收性能好而受到人们的重视。

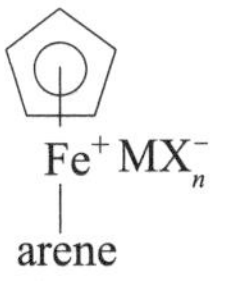

结构通式中,$MX_n^- = BF_4^-$、PF_6^-、SbF_6^-、AsF_6^-。常见芳烃有苯、甲苯、异丙苯、萘、蒽、菲、芘及它们的衍生物等。

图 4-13　芳茂铁盐
结构通式

芳茂铁盐的制备主要有两种方法,一种是以二茂铁为原料,在 Lewis 酸催化下,二茂铁的一个苯环直接与芳烃配体发生配体交换反应生成芳茂铁盐(见图 4-14);另一种是以二羰基环戊二烯基铁的卤化物为原料与芳烃反应制备芳茂铁盐(见图 4-15)。

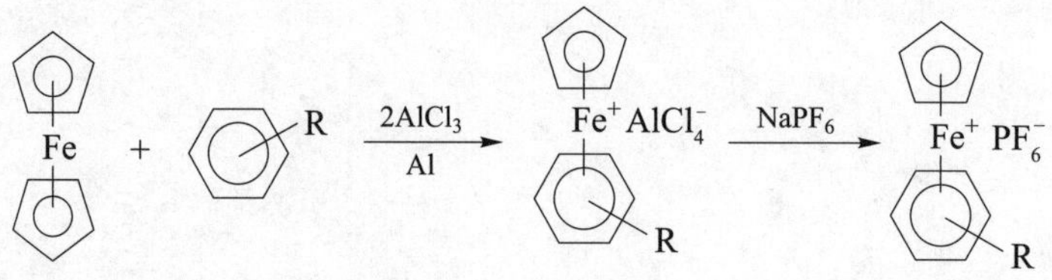

图 4-14　以二茂铁为原料制备芳茂铁盐的反应过程

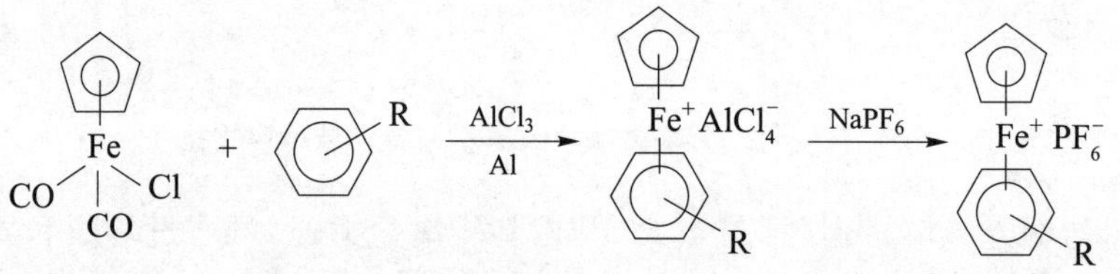

图 4-15　以二羰基环戊二烯基铁的卤化物为原料制备芳茂铁盐的反应过程

芳茂铁盐在乙腈溶液中受紫外光照射可发生光解反应,脱去不带电荷的芳烃配体,裸露出具有空轨道的铁离子,铁离子再与亲核体生成三齿配合物。光解产生的带有空轨道的铁离子具有引发活性。图 4-16 所示为芳茂铁盐引发环氧化合物反应的引发机理。

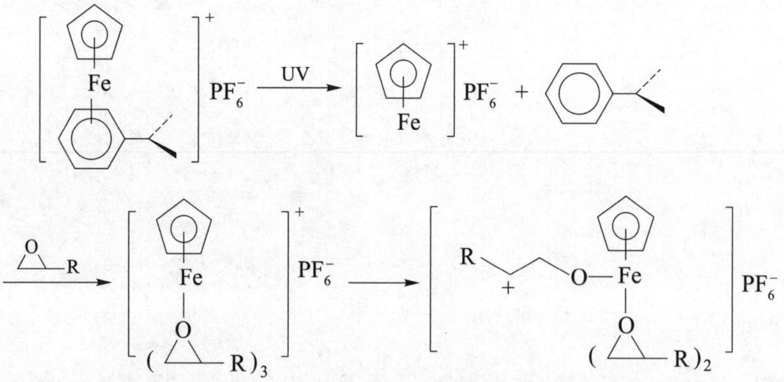

图 4-16　芳茂铁盐引发环氧化合物的反应机理

芳茂铁盐的紫外-可见吸收性质与芳烃配体的共轭程度密切相关,表 4-6 是具有不同芳烃配体的芳茂铁盐的最大吸收波长。

表 4-6　芳茂铁盐的紫外-可见吸收性质

茂铁盐结构	λ_{max}/nm	茂铁盐结构	λ_{max}/nm
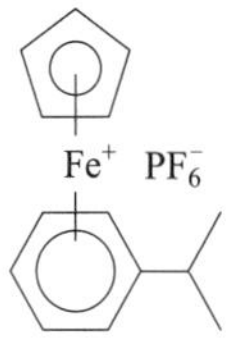 Fe^+ PF_6^-（异丙基苯）	241, 388, 453	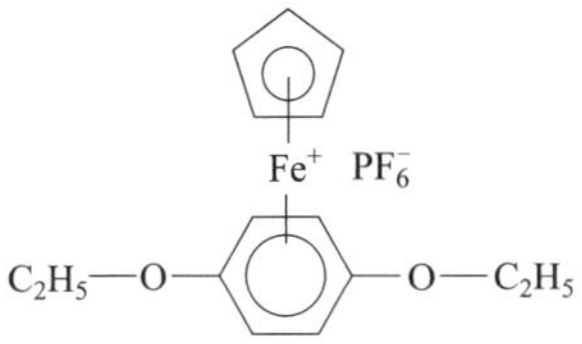 Fe^+ PF_6^-（C_2H_5-O ··· $O-C_2H_5$）	242, 404, 468
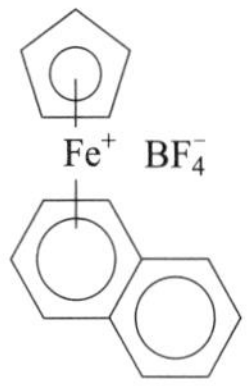 Fe^+ BF_4^-（萘）	254, 355, 480,	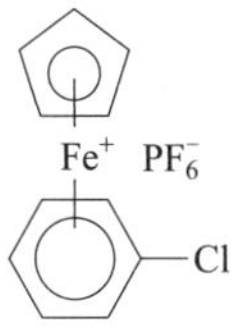 Fe^+ PF_6^-（Cl）	243, 386, 460
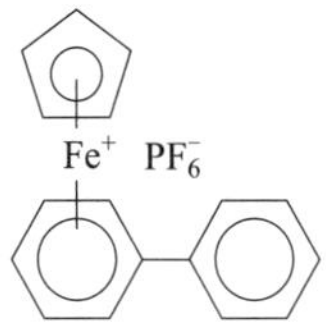 Fe^+ PF_6^-（联苯）	233, 253, 300, 389, 442	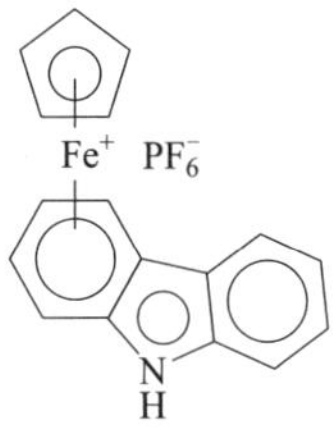 Fe^+ PF_6^-（咔唑 $\overset{}{N}H$）	219, 259, 347, 421
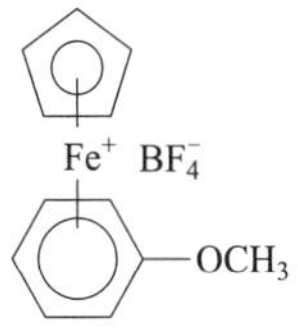 Fe^+ BF_4^-（OCH_3）	241, 398, 466	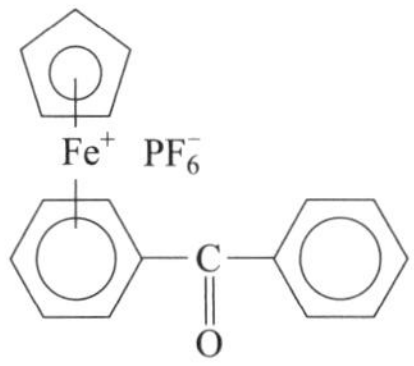 Fe^+ PF_6^-（$\overset{}{C}=O$ 二苯甲酮）	244, 330, 398, 464
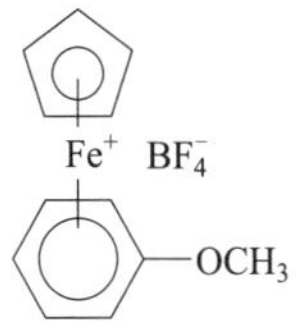 Fe^+ BF_4^-（OCH_3）	242, 396, 466	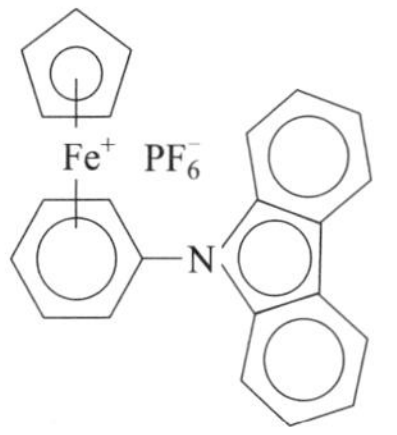 Fe^+ PF_6^-（N-咔唑）	241, 288, 315, 325, 364, 450

5. 吡啶鎓盐

　　Yagci 等在 1992 年成功合成了吡啶鎓盐（见图 4-17）并用于阳离子光聚合，其中具有非亲核性的苄基吡啶鎓盐是最广泛使用的该类阳离子型光引发剂。

　　吡啶鎓盐主要通过 N-氧化吡啶与三乙基氧鎓离子的反应来制备，或通过吡啶上的氧原子直接发生烷基化反应来制备（见图 4-18）。

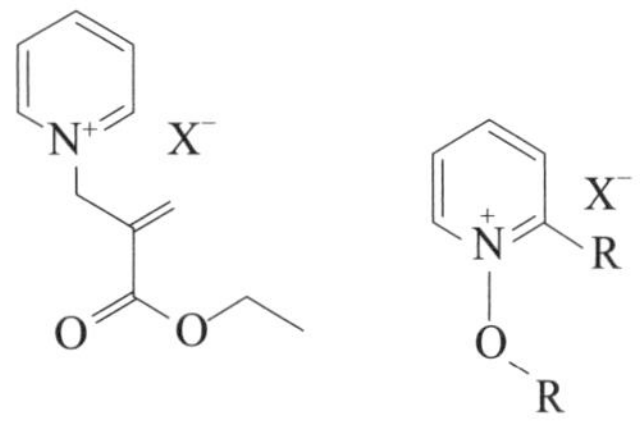

图 4-17　吡啶鎓盐的主要结构

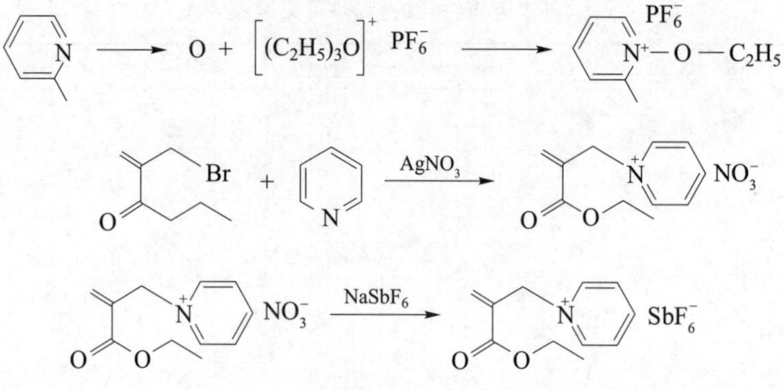

图 4-18 吡啶鎓盐的制备过程

通过改变苄基和吡啶基团所连接的取代基的种类，可以改变吡啶鎓盐的稳定性和吸收峰的位置（见表 4-7）。

表 4-7 不同取代基的吡啶鎓盐对应的最大吸收波长

吡啶鎓盐结构	λ_{max}/nm	吡啶鎓盐结构	λ_{max}/nm
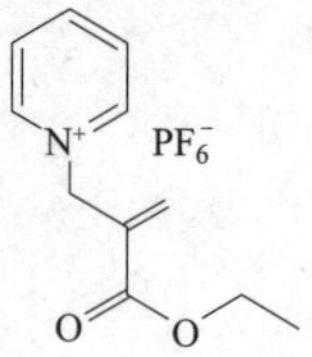	＜290	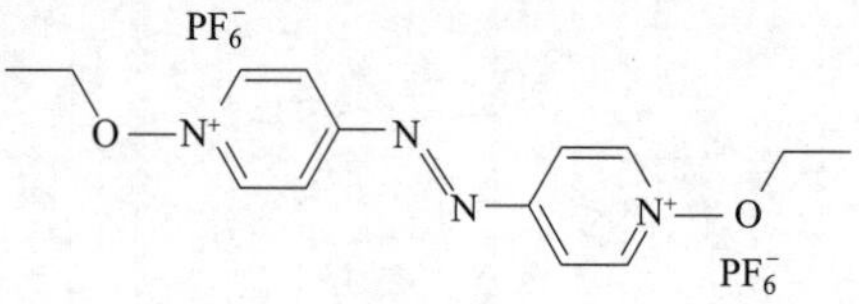	Cis 459 Trans 360
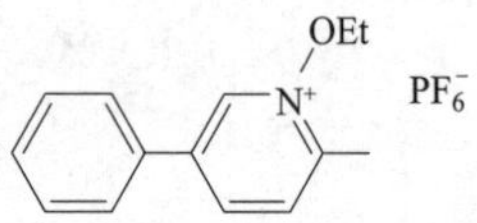	310	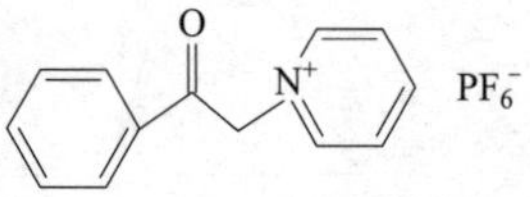	252
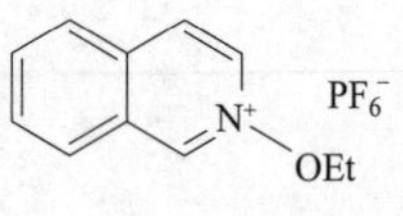	340	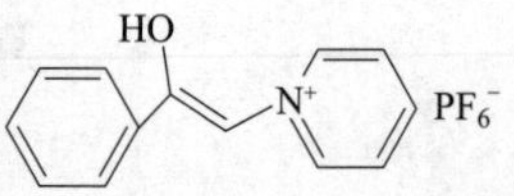	507

吡啶鎓盐在光照下发生光化学反应，光解生成 Lewis 酸，生成的 Lewis 酸可以直接引发聚合，也可以与具有活泼氢的物质反应产生强质子酸，该质子酸再引发聚合。图 4-19 和图 4-20 所示为吡啶鎓盐的直接光分解和敏化光解过程。

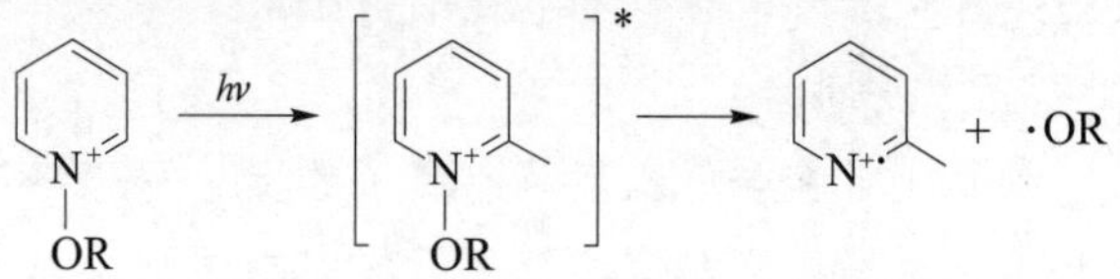

图 4-19 吡啶鎓盐的直接光解

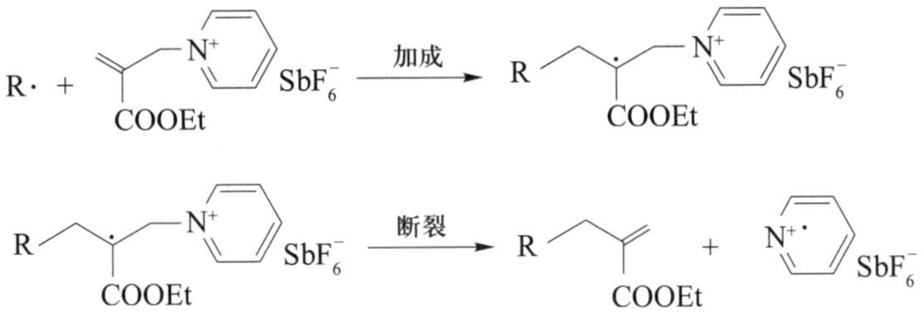

图 4-20　吡啶鎓盐的敏化光解

6.铵盐

在 1995 年,Nakano 和 Endo 确定了部分铵盐结构的
物质具有阳离子光引发活性(见图 4-21 和表 4-8)。

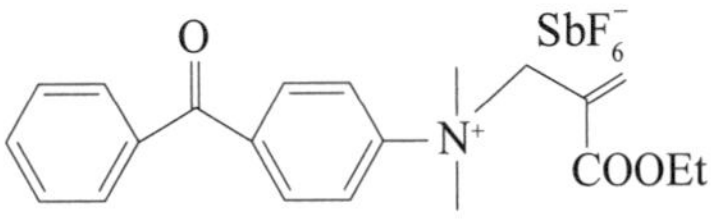

图 4-21　具有阳离子光引发
活性的铵盐结构式

表 4-8　取代基不同的铵盐对应的最大吸收波长

铵盐结构	λ_{max}/nm	铵盐结构	λ_{max}/nm
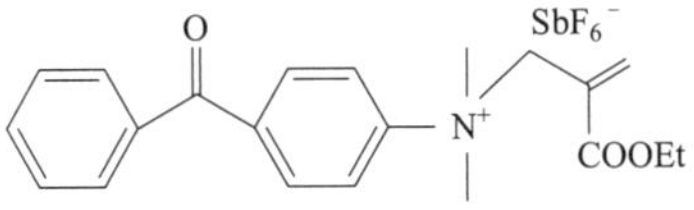	347	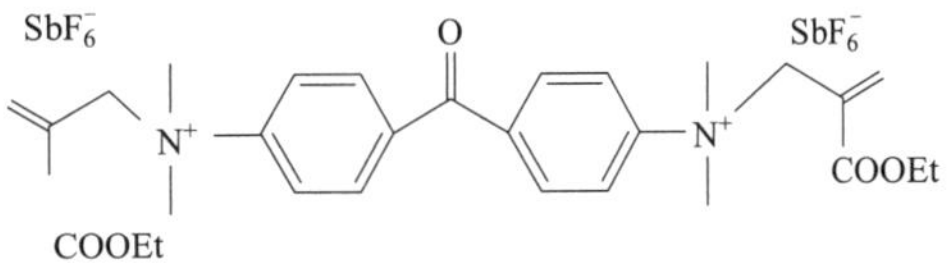	361

具有阳离子光引发活性的铵盐合成主要是通过氮的烷基化反应进行(见图 4-22)。图
4-23 所示为铵盐的光解及引发机理。

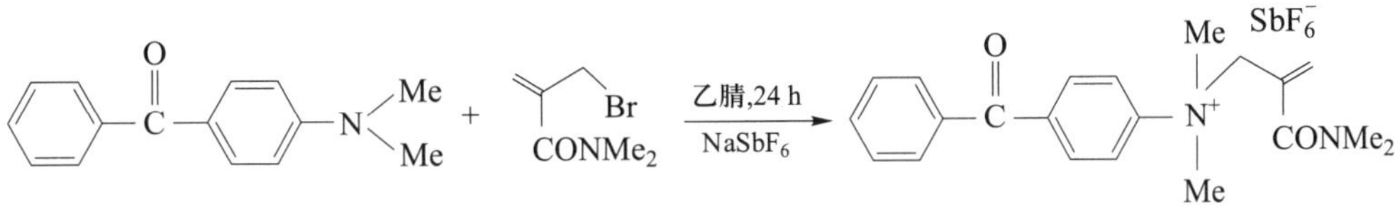

图 4-22　铵盐的合成

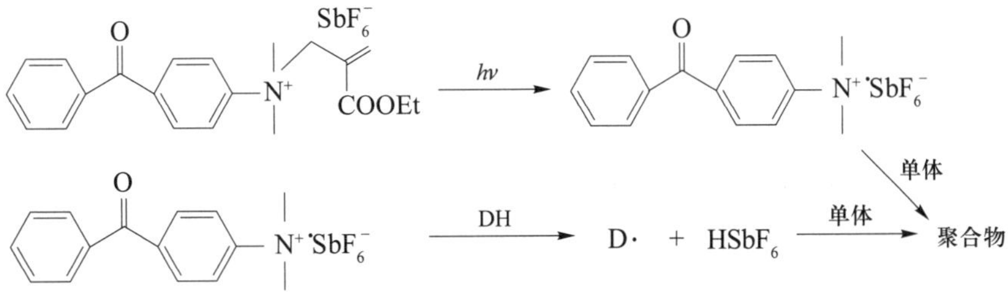

图 4-23　铵盐的光解及引发机理

7. 磷鎓盐

磷鎓盐经光照被激发后，快速分解形成共振稳定的叶立德和质子酸，之后引发环氧化物和乙烯基单体的阳离子光聚合（见图 4-24）。表 4-9 所示为四种磷鎓盐对应的最大吸收波长。

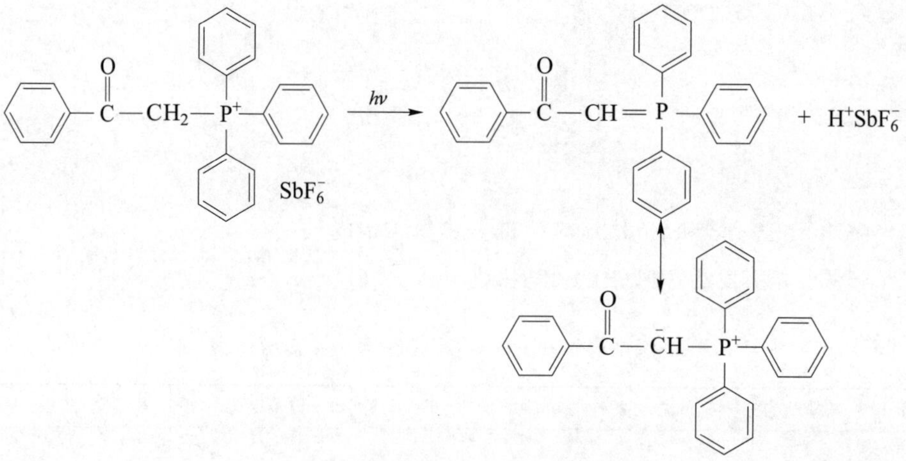

图 4-24　磷鎓盐的光解及引发机理

表 4-9　磷鎓盐对应的最大吸收波长

磷鎓盐结构	λ_{max}/nm	磷鎓盐结构	λ_{max}/nm
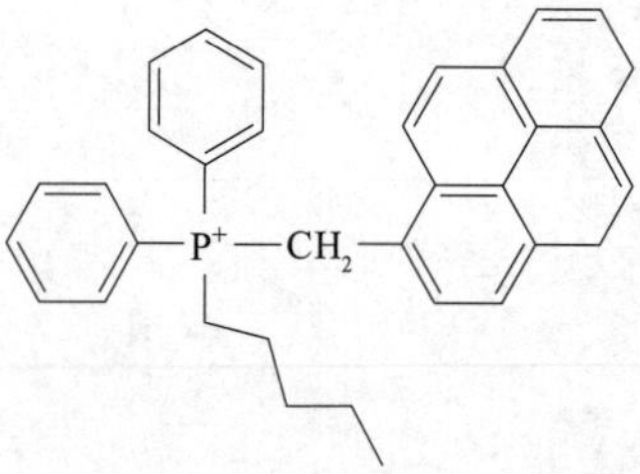	318, 333, 350	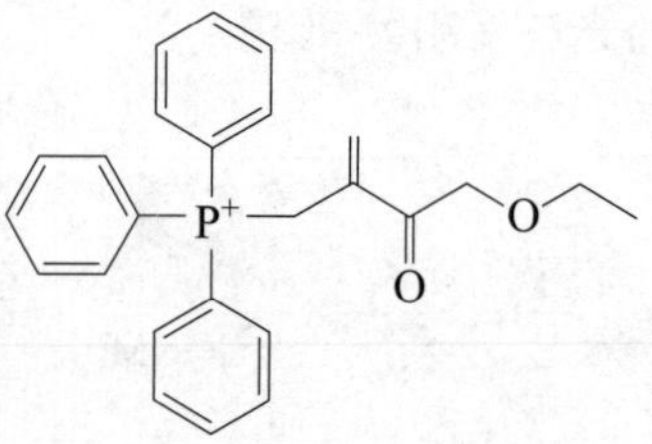	340, 380
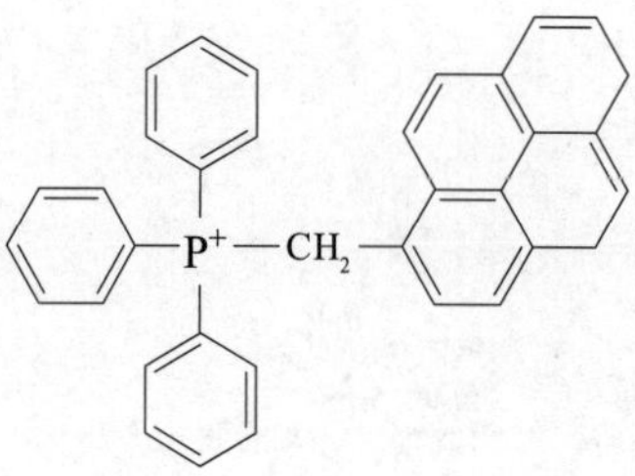	280, 352	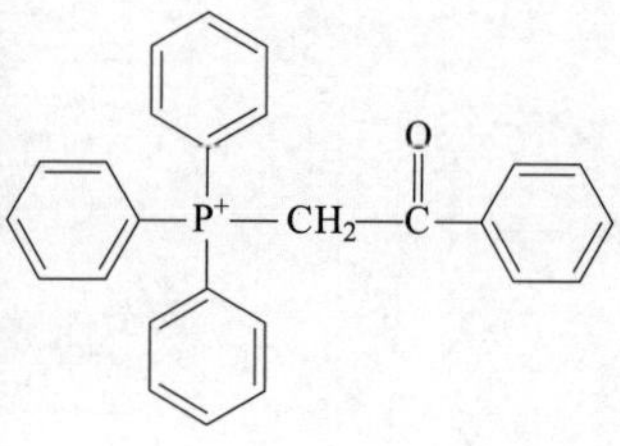	257

4.1.2 阳离子光引发剂的增感

当前商业化的阳离子光引发剂的光吸收波长一般为 220～320 nm,适配于传统的中压或高压汞灯的发射波长。随着近几年光聚合在不同领域的应用发展和人们环保意识的提高,许多非汞灯类的光源应运而生,尤其是发射长波长紫外光和可见光的 LED 光源日益受到重视。根据 2017 年 8 月 16 日生效的《关于汞的水俣公约》,大部分的添汞产品(比如大部分用于普通照明的荧光灯和高压汞灯)应在 2020 年被禁止生产及进口或出口。因此,设计和发展不同的具有长波长吸收的阳离子光聚合体系越来越引起人们的重视。通过应用具有长波长吸收性能的光增感剂对目前商业应用的阳离子光引发剂进行增感,是一种十分有效的实现阳离子光聚合在长波长光源下引发聚合的方法。

光增感分子与阳离子光引发剂间的增感作用,可以通过能量转移实现,也可以通过电子转移实现。两种机理均是光敏剂分子先吸收光,然后成为激发态。能量转移过程是激发态的光敏分子直接将能量转移给目标分子,使得目标分子激发并发生光分解,这种类型的光增感剂只是作为一个简单的能量载体,光增感过程发生后光增感剂恢复原状并不发生化学变化。电子转移增感过程

$$PS \xrightarrow{h\nu} [PS]^*$$
$$[PS]^* + Ar_2I^+ \ X^- \longrightarrow [PS\cdots Ar_2I^+X^-]^*$$
$$[PS\cdots Ar_2I^+ \ X^-]^* \longrightarrow [PS]^{+\cdot} \ X^- + Ar_2I\cdot$$
$$[PS]^{+\cdot} \ X^- \xrightarrow{R-H} PS + R\cdot + H^+$$
$$Ar_2I\cdot \longrightarrow ArI + Ar\cdot$$

图 4-25 锍盐的电子转移增感过程

(见图 4-25)是通过激发态的光敏分子与引发剂间发生氧化还原反应,得到阳离子自由基,该阳离子自由基既可以与聚合单体直接反应,也可以与体系中的氢供体反应生成可引发阳离子聚合的质子酸 HMtX$_n$。

锍盐类光引发剂能否通过光增感发生光解,需要考虑电子转移过程中吉布斯自由能(ΔG)的变化。只有 ΔG 的值为负值,该电子转移过程才是热力学允许的。ΔG 的值可以通过经典的 Rehm-Weller 公式进行计算。

$$\Delta G_{et} = f_c \left[E_{1/2}^{ox}(D/D^{+\cdot}) - E_{1/2}^{red}(A/A^{-\cdot}) \right] - E^* + \Delta E_C$$

式中,f_c 为法拉第常数,$E_{1/2}^{ox}(D/D^{+\cdot})$ 和 $E_{1/2}^{red}(A/A^{-\cdot})$ 为电子给体的氧化电势和电子受体的还原电势。E^* 是增感剂的激发态能量(单线态或三线态),ΔE_C 是库伦稳定能。增感剂分子通常作为电子给体,其氧化电势可以通过循环伏安法测量得到。

具有近紫外和可见光区吸收的多环芳烃和染料常作为有效的电子转移光增感剂使用,如吖啶锍、苯并噻唑锍、血卟啉类染料、富电子的多环芳烃,又如苊、芘、蒽等及其衍生物;具有共轭结构的杂环化合物分子如吩噻嗪、噻吨酮、咔唑、喹喔啉和它们的衍生物及高共轭的噻吩衍生物也是十分有效的电子转移光增感剂;近期人们还发现茂铁盐和富勒烯也可以通过光引发电子转移,对锍盐光引发剂进行增感;一些具有低毒或无毒的天然染料也是很好的电子转移增感剂,如姜黄素、香豆素及它们的衍生物;其他结构如 9,10-菲醌、1,3-茚二酮类、

吖啶二酮类、二酮吡咯并吡咯类、氟硼荧光染料等都具有很好的阳离子光聚合增感性能。部分染料的分子结构和它们的最大吸收波长见表 4-10。

表 4-10   部分染料的分子结构和它们的最大吸收波长

结构式	λ_{max}/nm	结构式	λ_{max}/nm
	539		327,343
	411		414,441
	460		370,400
	492		322,334
	435		350～400

续上表

结构式	λ_{max}/nm	结构式	λ_{max}/nm
	630		409～421
	381,403		408～434

4.1.3　自由基促进的阳离子光聚合

在阳离子光聚合体系中加入自由基源可以加速阳离子光聚合过程和扩展阳离子光聚合的光谱应用范围。这种方法称为"自由基促进的阳离子光聚合"。在自由基促进的阳离子光聚合中,阳离子光引发剂作为氧化剂可以氧化富电子的自由基,生成阳离子或质子酸等物质,促进阳离子光聚合。

在自由基促进的阳离子光聚合中,自由基通常通过三条途径产生(见图 4-26)。第一条途

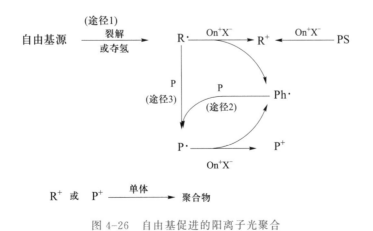

图 4-26　自由基促进的阳离子光聚合

径是 Norrish I 型光引发剂直接裂解或 Norrish II 型光引发剂夺氢产生的自由基,生成的自由基直接与锍盐引发剂发生氧化还原反应,产生引发活性的阳离子;第二条途径是通过加入促进剂分子 P 使较难氧化的芳基自由基变成富电子的易氧化自由基;第三条途径是第一条途径产生的自由基直接与促进剂分子 P 发生次级反应得到新的自由基。通过这三种途径得到的 R 和 P 自由基可以被锍盐类光引发剂(On$^+$ X$^-$)氧化得到新的阳离子,从而促进阳离子光聚合。

4.1.4　阳离子光聚合活性单体和预聚体

1. 烯基醚类活性单体

在可进行阳离子光聚合的单体中,烯基醚类单体是最活泼的单体之一,具有聚合速度快、黏度低、无毒等优点,并且还可以与环氧化合物生成杂化聚合物,与丙烯酸酯、马来酸酯、顺丁烯二酰亚胺等生成共聚物。事实证明,在所有的烯基醚类单体中,乙烯基醚单体以其独特的性能和良好的相容性而被广泛地应用于光聚合体系。当前使用最多的乙烯基醚单体的结构如下:

(1)链状结构的乙烯基醚单体

$$Cl—CH_2—CH_2—O—CH=CH_2 \qquad C_4H_9—O—CH=CH_2$$

(2)环状结构的乙烯基醚单体

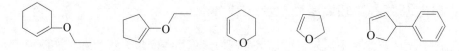

(3)双官能团的乙烯基醚单体

$$\diagdown—O—(CH_2)_6—O—\diagup$$

能够发生阳离子光聚合的还有烯醇醚类化合物,见表 4-11。

表 4-11　烯醇醚类单体的结构式

单体种类	单体结构
1-丙烯基醚类	H_3C⟍⟋OR
1-丁烯基醚类	H_5C_2⟍⟋OR
1-戊烯基醚类	H_7C_3⟍⟋OR
乙烯酮缩二醇类	$R—C(\stackrel{H}{)}=$〈O,O〉 $R—C(\stackrel{H}{)}=C\langle OR,OR\rangle$ $R—C(\stackrel{H}{)}=$〈O,O〉R〈O,O〉$=C—R$

当前,用于商业化的乙烯基醚单体主要有羟丁基乙烯基醚(HBVE)、三乙二醇二乙烯基醚(DVE-3)、1,4-环己基二甲醇二乙烯基醚(CHVE)、丁基乙烯基醚(BVE)等,它们的结构式如图 4-27 所示。

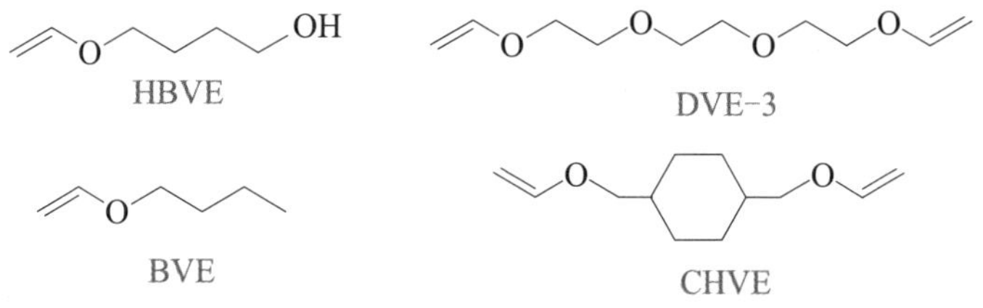

图 4-27 商业化乙烯基醚单体的结构式

含硅的乙烯基醚和烯丙基醚杂化单体(结构式如图 4-28 所示)具有低黏度、低表面能(小于 15 mJ/m²)、良好的热稳定性和可光聚合等特点,适合在纳米印刷和光刻胶方面应用。

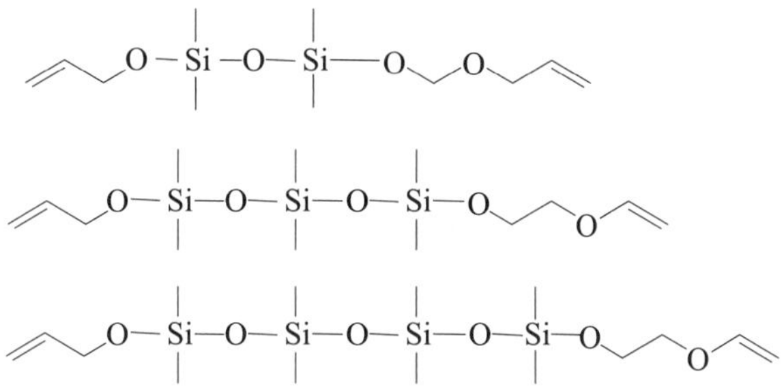

图 4-28 含硅乙烯基醚和烯丙基醚杂化单体结构式

烯基醚类化合物的阳离子聚合机理如图 4-29 所示。

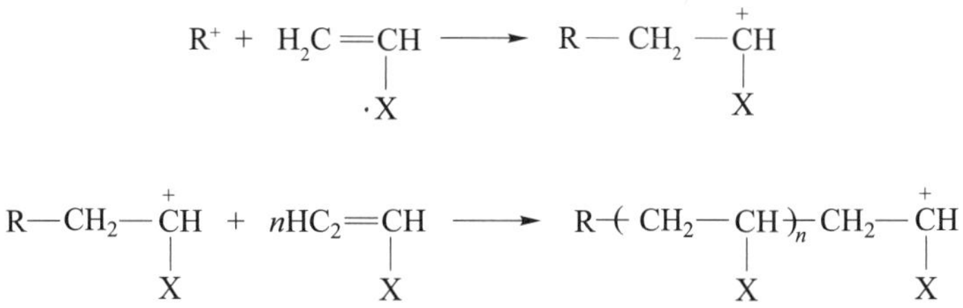

注:$R^+ = H^+$,C^+,Lewis 酸

图 4-29 烯基醚类化合物的阳离子聚合机理

从结构上来说,乙烯基醚具有特殊的结构,分子中氧原子和双键相邻,氧原子的孤对电子可以与碳碳双键产生共轭作用,从而使双键的电子云密度增大,因此乙烯基醚的碳碳双键是富电子双键,亲核性显著增强。乙烯基醚在适当的条件下可进行多种类型的反应,如能进

行自由基聚合、阳离子聚合、电荷转移复合物交替共聚等。

2. 环氧类活性单体和预聚体

一般来说,用于阳离子光聚合反应的杂化单体,其反应活性主要由三个因素决定:①杂原子本身的性质,如它的亲核性和与它相连的邻近碳原子的键力常数;②环张力;③空间位阻。基于以上因素,两类环醚类化合物在阳离子光聚合方面得到了广泛的研究:环氧乙烷类化合物和氧杂环丁烷类化合物。它们的 pK_b 值分别为 7.4 和 3.1,尽管这两种环醚化合物具有相似的空间位阻和环张力,但它们的碱性有明显的差别,后者的碱性明显强于前者,也意味着亲核性更强,因此有更高的反应活性,如图 4-30 所示。

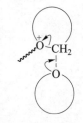

图 4-30 亲核性反应示意图

(1)环氧乙烷类化合物

环氧乙烷类活性单体主要分为脂肪族环氧乙烷类和脂环族环氧乙烷类,下面针对这两种单体做逐一介绍。

①脂肪族环氧乙烷

脂肪族环氧乙烷被广泛应用在阳离子光聚合体系中,其原料丰富易得,合成方法简单。双酚 A 环氧树脂是阳离子光聚合体系中使用最多的一类树脂,其聚合后可得到整体性能优异的涂层,具有广泛的应用价值。但双酚 A 环氧树脂在应用时存在的主要问题是黏度高,施工不便,对此,黄笔武等以缩水甘油醚为基本骨架合成了可用于阳离子光聚合体系的活性稀释剂——叔丁基酚缩水甘油醚和正丁基缩水甘油醚活性稀释剂,通过调节配方中活性稀释剂的百分含量,可调节体系黏度以达到最佳施工条件。

此外,与丙烯酸酯光聚合体系相比,脂肪族环氧乙烷固化速率慢,不能满足特定需求的应用(这是由其聚合机理所决定的)。有研究者用光学高温仪(OP)研究这类单体聚合时的热性能变化,并从活化能的角度分析,提出了这类单体的阳离子开环聚合机理,聚合过程如图 4-31 所示。首先,阳离子光引发剂光解(步骤 1)产生超强质子酸,随后是三个暗反应步骤,质子化步骤(步骤 2)和阳离子开环聚合(步骤 3 和步骤 4),对脂肪族环氧乙烷类的阳离子单体来说,发生阳离子光聚合时具有明显的诱导期,而诱导期的形成是因为所形成的中间体——二级氧𬭩盐的稳定性高,其存活寿命相对比较长,因此,环氧乙烷类单体的阳离子光聚合速率控制步骤并不取决于引发剂的光解步骤 1,而是取决于步骤 2 和步骤 3。

在恒定不变的外界条件下,中间体即二级氧𬭩盐可长时间存在,降低了聚合速率,不能满足快速光聚合的要求。研究发现这种中间体以氢键的作用和质子酸相连接,所以引发剂产生超强质子酸后,只要给予体系微量的热,便可以打破这种以氢键作用相连的平衡而发生快速聚合反应。不同官能团烷基环氧丙醚的中间体结构式如图 4-32 所示。

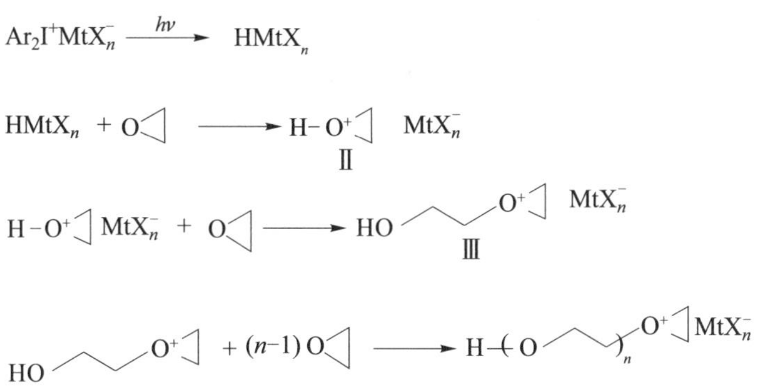

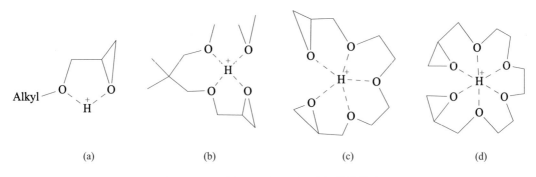

图 4-31　环氧乙烷类阳离子光聚合单体的四步聚合机理

（图 4-32 结构式）

图 4-32　不同烷基环氧丙醚的中间体结构式

②脂环族环氧乙烷

相对于脂肪族环氧乙烷单体，脂环族环氧乙烷单体的聚合速率快，无明显的诱导期。这与其聚合机理有关，脂环族环氧单体和所形成的中间体受环张力、空间相互作用和电荷分散能力的影响，具有高度的不稳定性和活泼性，因此，这类单体的聚合速率通常是由引发剂光解产生超强质子酸的速率来决定。

Crivello 等设计并合成了一系列含有烯丙基醚、苄基醚、丙烯基醚和炔丙基醚的脂环族环氧化合物，结构式如图 4-33 所示。这类单体之所以有较高的聚合速率，是因为这些单体除进行一般的阳离子聚合外，单体中还含有活泼氢的结构单元，可以和光解产生的自由基发生反应，再进一步和碘鎓盐发生氧化还原反应生成稳定的碳正离子，引发环氧乙烷的阳离子开环聚合，以苄基醚取代的脂环族环氧乙烷为例，其聚合机理如图 4-34 所示。

Ortiz R A 等通过氢硅化反应合成了含硅的脂环族环氧乙烷活性单体，并在这种活性单体中引入了苄基醚，利用实时红外（FTIR）研究其动力学，结果表明该类单体较不含苄基醚的单体具有更高的聚合活性，且在苯环中引入给电子基团，如甲氧基时，聚合活性提高，其合成过程如图 4-35 所示。

以二环戊二烯为骨架合成的阳离子光聚合脂环族环氧单体具有潜在的应用价值，如光聚合防护涂层、装饰涂层、印刷油墨和胶黏剂等。二环戊二烯中两个双键具有不同的反应活性,降冰片烯双键的活性显著大于环戊烯双键,和醇类发生加成反应时,优先和反应活性大的降冰片烯双键发生加成反应,正是基于这种选择性反应的特点,有人设计和合成了基于二环戊二烯的一系列不同的环氧乙烷类化合物用于阳离子光聚合。考虑到单体中刚性基团的存在,聚合后材料的机械性能和玻璃化转变温度也会提升,其合成原理如图 4-36 所示。

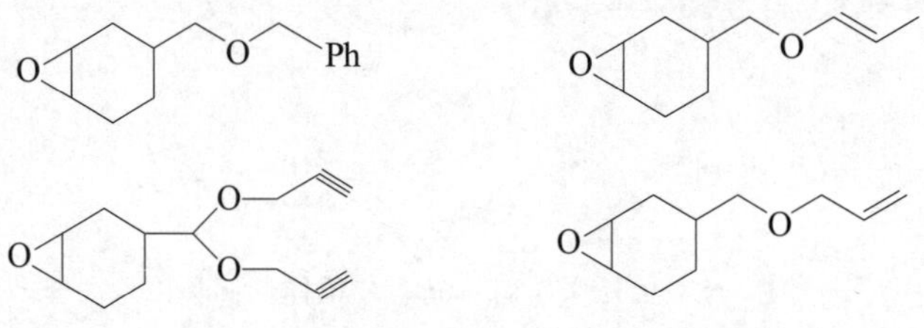

图 4-33　新型脂环族环氧乙烷单体结构式

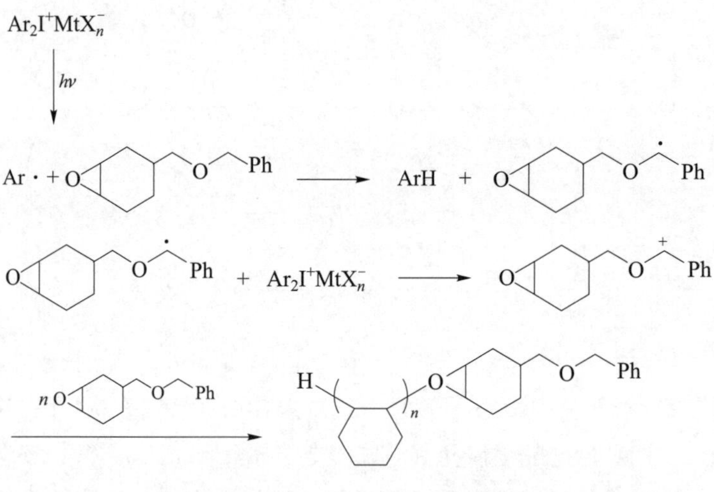

图 4-34　新型脂环族环氧乙烷单体的阳离子开环聚合机理

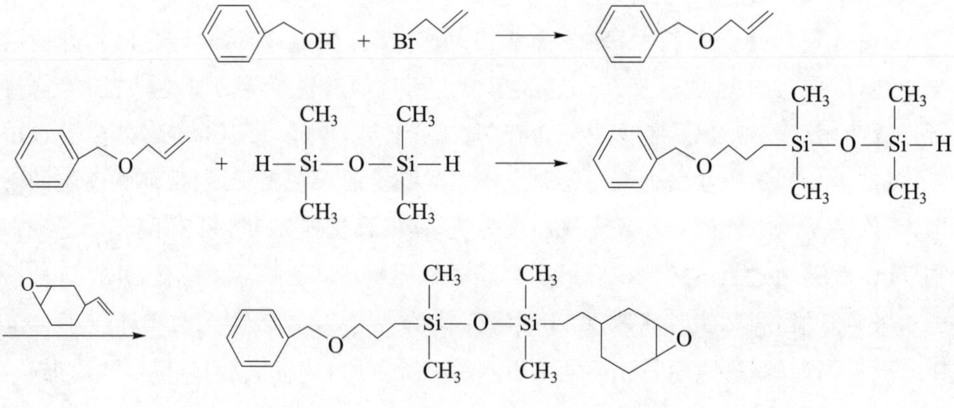

图 4-35　含硅环氧乙烷单体的合成过程

一些常用在阳离子光聚合体系中的环氧化合物类单体和预聚体结构式见表 4-12。

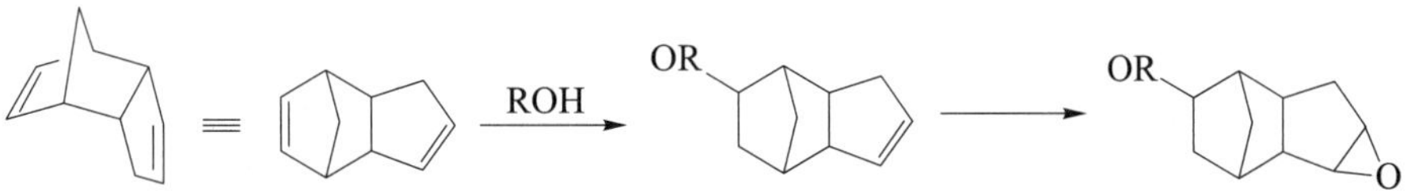

图 4-36　二环戊二烯环氧乙烷的合成过程

表 4-12　阳离子光聚合体系中常用的环氧化合物类单体和预聚体

不同官能度	结　构　式
单官能团 环氧	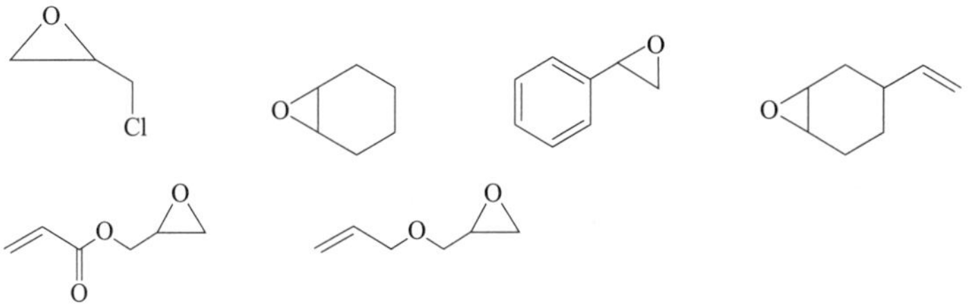
双官能团 环氧	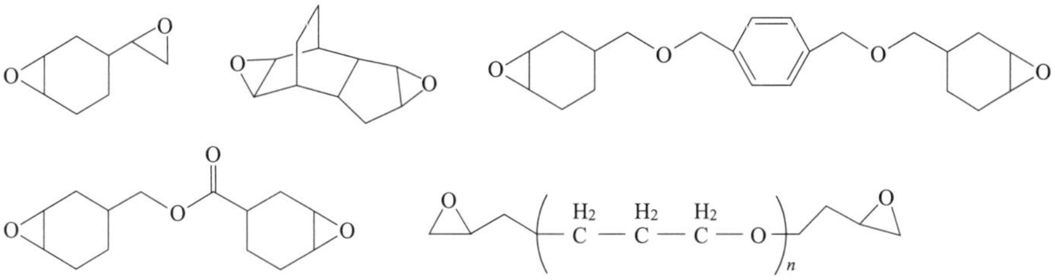
环氧 预聚体	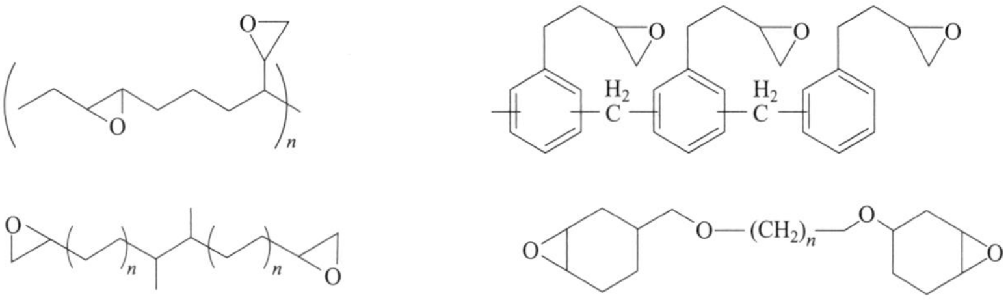
环氧化聚 硅氧烷	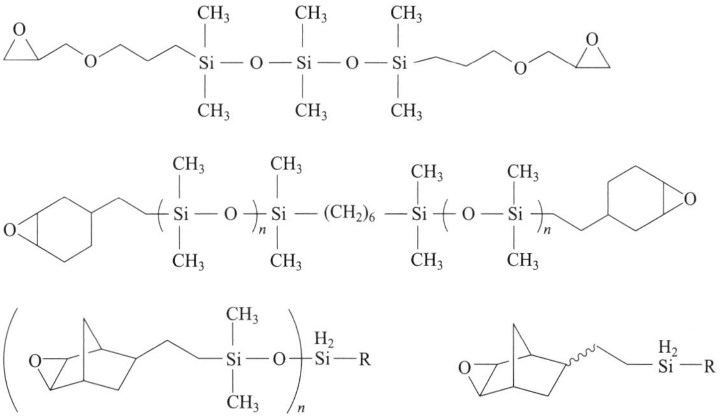 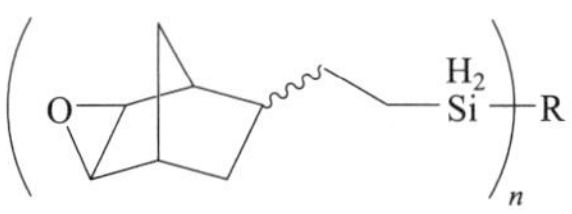

不同官能度	结 构 式
环氧化植物油	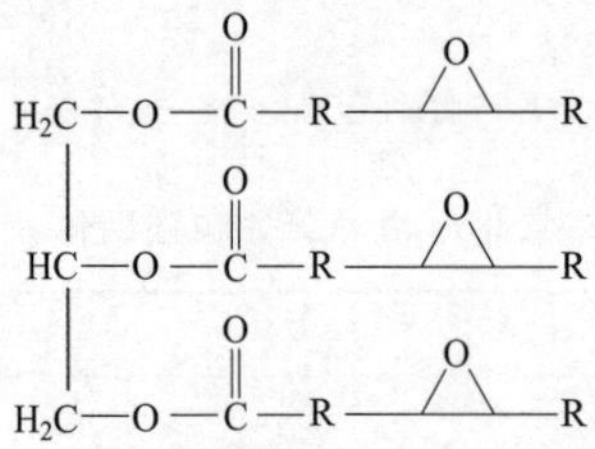

（2）氧杂环丁烷类化合物

氧杂环丁烷是一类四元环醚的化合物，包括单官能团氧杂环丁烷、双官能团氧杂环丁烷以及改性氧杂环丁烷，相对于三元环，其环张力更小，因此更稳定，不易开环。但研究证明，这类化合物仍具有光敏性，可以进行阳离子开环聚合，且这类化合物黏度低、固化后膜的附着力高、固化收缩率小、固化速率快、毒性低、不易挥发。因此，这类单体具有一些特殊的应用，如光聚合喷墨印刷涂料、胶黏剂、压敏胶和立体光刻等。此外，氧杂环丁烷的合成过程较简单，毒性也较低，以 3-乙基-3-羟甲基氧杂环丁烷（EHMO）、3-乙基-3-苯氧基甲基氧杂环丁烷（POX）、3,3-（氧基双亚甲基）-双-（3-乙基）氧杂环丁烷（DOX）和 1,4-双[（3-乙基-3-氧亚甲基氧杂环丁）甲基]苯（XDO）的合成为例，如图 4-37 所示。

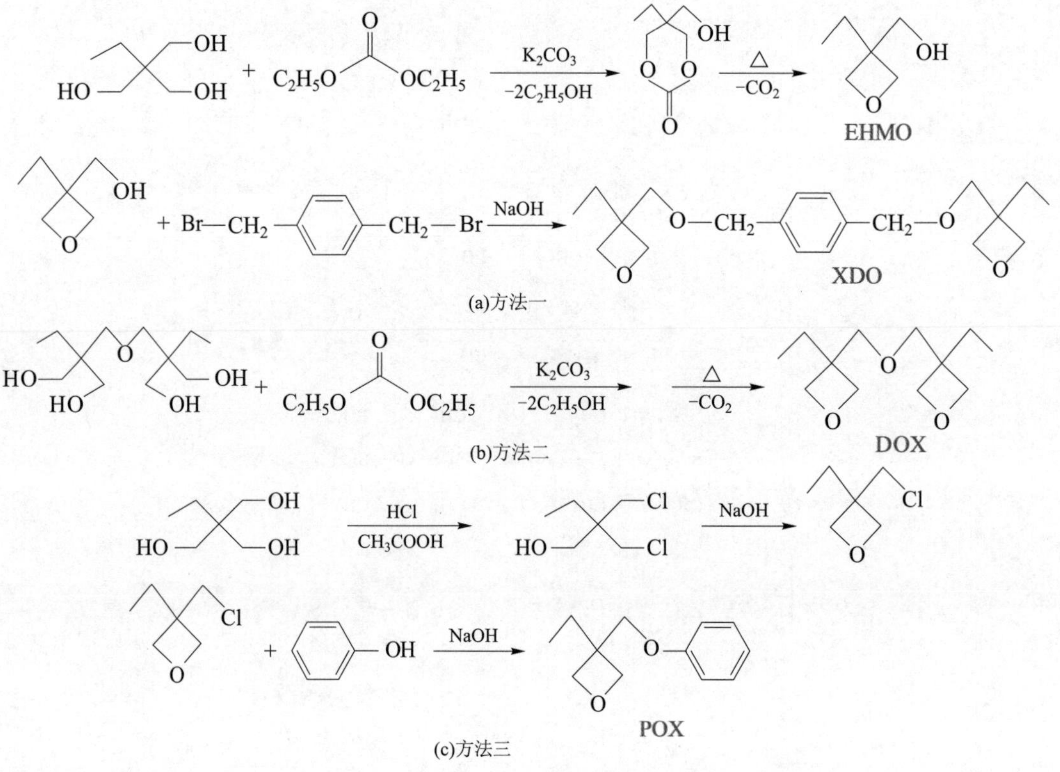

图 4-37　不同氧杂环丁烷的合成方法

虽然,氧杂环丁烷类单体有众多优势,但其阳离子光聚合速率不能达到一定要求,从而限制了它的使用范围。从机理来分析,氧杂环丁烷单体同环氧乙烷单体有类似的引发机理,如图 4-38 所示。首先阳离子光引发剂的光解(步骤 1)产生超强质子酸,随后是三个暗反应步骤,质子化步骤(步骤 2)、阳离子开环聚合步骤(步骤 3 和步骤 4)。形成的三级氧鎓(Ⅲ)盐具有较高稳定性,造成其明显的诱导期,是整个反应的速率控制步骤。

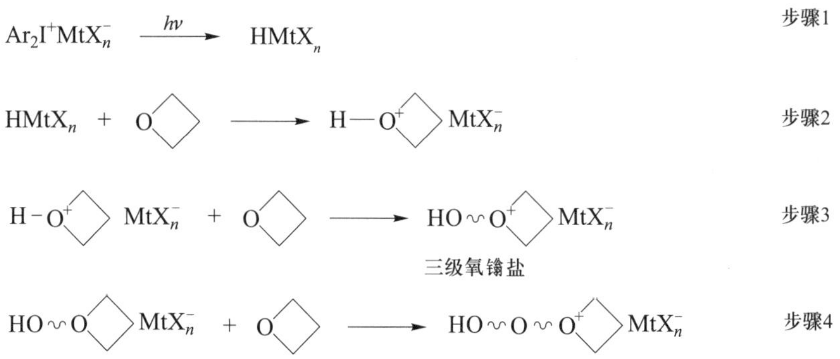

图 4-38 氧杂环丁烷的阳离子开环聚合机理

诱导期的存在是影响氧杂环丁烷聚合速率慢的本质原因,因此如何缩短这类单体的诱导期具有重要的意义。根据聚合机理,可以从三个方面缩短这类单体的诱导期:①在比较高的温度下引发光聚合,借助外界作用破坏其平衡态;②与活泼单体共聚,如环氧乙烷或乙烯基醚类化合物,这类活泼单体可以优先聚合而释放出热量以促进氧杂环丁烷单体的聚合;③使用自由基引发剂作为增效剂。以自由基引发剂 651 为例,缩短这类单体的诱导期主要来自两方面:首先,651 光解产生苯甲酰自由基和烷氧基自由基,苯甲酰自由基可作为还原剂和鎓盐自由基发生氧化还原反应产生碳正离子,同时可起到对鎓盐增感的作用;其次,形成的碳正离子和鎓盐光解产生的超强质子酸具有相同的效果,可引发氧杂环丁烷开环类化合物聚合,其机理如图 4-39 所示。

近几年,Crivello 设计出许多能显著降低氧杂环丁烷诱导期的化合物。将这些化合物与氧杂环丁烷共聚能显著提高氧杂环丁烷单体的聚合速率。这些化合物大致可以分为三类:①氧化环己烯类化合物,主要包括氧化环己烯及它的不同取代物、不同氧化程度的柠檬烯及它的不同取代物;②不同取代的环氧乙烷类化合物,如不同程度的烷基取代和苯基取代;③乙烯基环氧乙烷类化合物。这些化合物能有效缩短氧杂环丁烷类化合物的诱导期,主要是由其聚合机理所决定的,以 3,4-环氧-1-丁烯(EB)为例,其作用机理如图 4-40 所示。在质子酸的作用下 EB 可形成稳定的碳正离子,增加了体系中活性物种的占有率,由于共振效应和空间位阻的影响,结构不同的化合物对诱导期的效应不尽相同,它们可以降低甚至是消除氧杂环丁烷的诱导期,具有广阔的应用前景,人们把这种效应称为"kick-starting",这类环氧乙烷试剂称为"kick-starting"试剂。

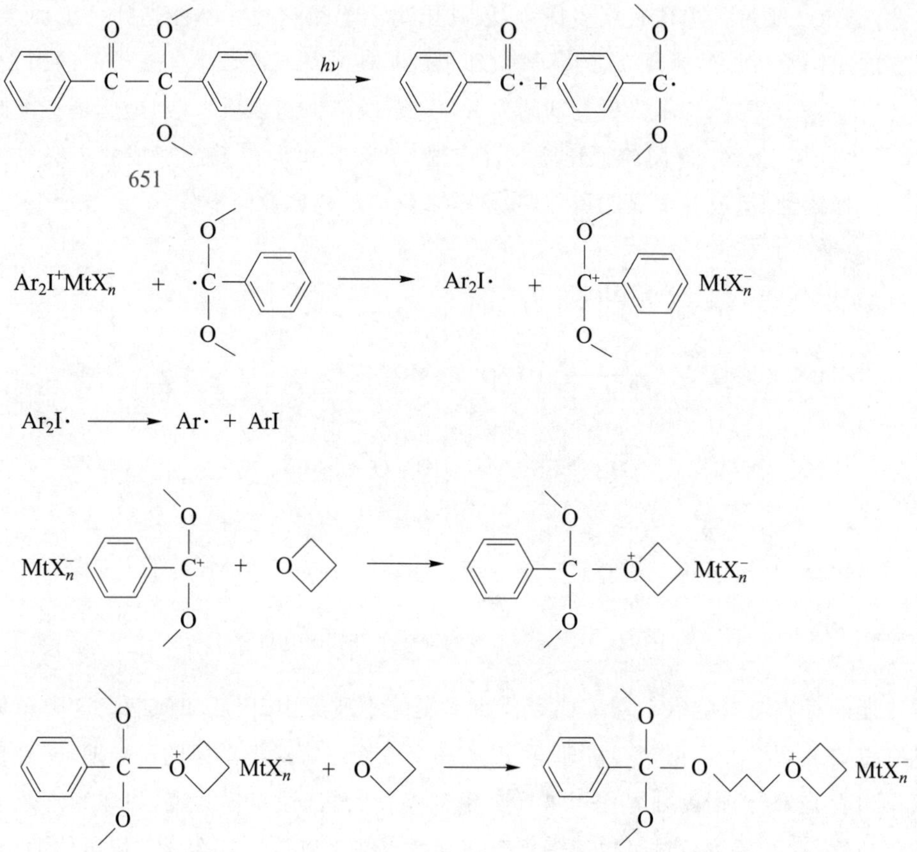

图 4-39　自由基光引发剂 651 作为增效剂的引发机理

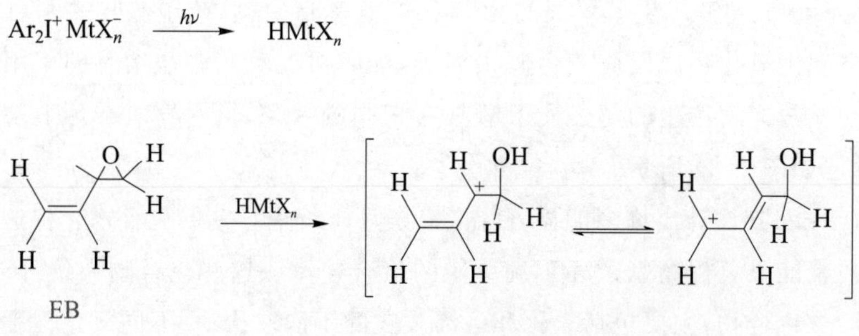

图 4-40　EB 作为"kick-starting"试剂的作用机理

　　体积收缩是光聚合中普遍存在的问题,体积收缩主要是因为分子间的作用力由聚合前的范德华力变为共价键的形式,聚合前后原子间排列的紧密程度发生了变化。体积收缩导致的内应力可能会造成材料的一些缺陷,如微缝隙或微孔,这种缺陷限制了光聚合在一些精确成型方面的应用,如光盘、光纤、透镜、印刷电路板。在这种需求的推动下,发展低收缩率的光聚合单体得到了广泛的关注。E. J. K. Verstegen 等以双酚 A 为骨架合成了一系列热稳定性的氧杂环丁烷双官能度单体,其聚合后体积收缩小于 3%,远小于相同分子质量的二甲基丙烯酸单体(根据丙烯酸单体的不同,体积收缩可达 6%～25%),此类化合物在精密光学部件方面具有潜在的应用价值,这些单体的结构式如图 4-41 所示。

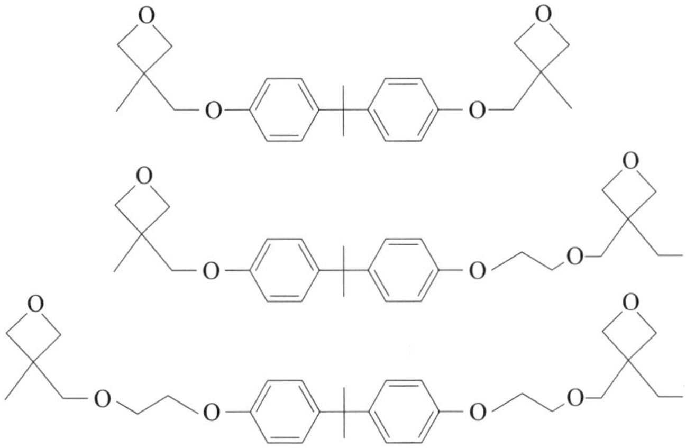

图 4-41　从双酚 A 为骨架的氧杂环丁烷双官能度单体的结构式

含硅原子单体经聚合后可以赋予材料以良好的性能,如良好的热稳定性和光稳定性,用于木器和塑料涂层可提升抗刮伤和耐磨性,其低的表面能可用于纸张和金属涂层等,因此设计合成可用于阳离子光聚合的含硅原子的环氧类单体具有重要意义。Crivello 等通过硅氢化反应设计并合成了可用于阳离子光聚合的单体。以氧杂环丁烷的硅氢化反应为例,其合成过程如图 4-42 所示。

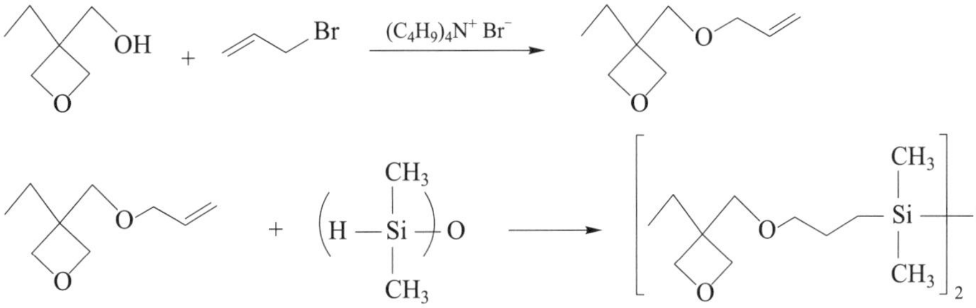

图 4-42　氢硅化反应过程

M. Sangermano 等合成了氟化的氧杂环丁烷(FOX),并将其作为氧杂环丁烷单体(DOX)的共聚物用于阳离子光聚合,由于氟原子的存在,玻璃化转变温度和稳定性降低,氧杂环丁烷的最终转化率也提高,此外,选择性的增加氟化单体的量,可以得到完全的疏水表面,其结构式如图 4-43 所示。

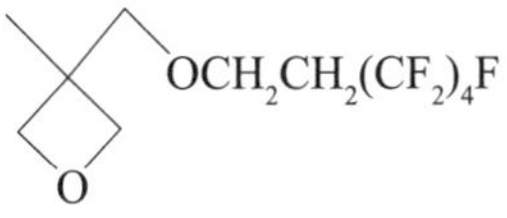

图 4-43　氟化氧杂环丁烷单体的结构式

当前,阳离子光聚合研究还处于起步阶段,用于阳离子光聚合的活性稀释剂种类还比较少,广泛使用的主要是环氧乙烷类和氧杂环丁烷类。氧杂环丁烷是近年来阳离子光聚合活性稀释剂的研究热点,但两者存在一个共同的问题就是固化速率慢,本节就阳离子活性单体固化速率慢的问题进行了详细的分析并提出了一些解决方案。

近年来,光聚合混杂体系的研究成为一个研究热点,通过调节合适的配比,混杂体系可同时兼具自由基和阳离子光聚合的优点,满足一些特殊的应用。因此开发一类可同时进行自由基光聚合和阳离子光聚合的,且固化后材料性能可满足实际应用的新型活性稀释剂将具有广阔的应用前景。

4.2 硫醇–烯光聚合材料

硫醇–烯光聚合具有许多与丙烯酸类单体光聚合相同的优异性能,如不含有机溶剂,聚合速度快,聚合产物具有良好的光学性能和机械性能。此外,硫醇–烯聚合物还具有几个独特的优点,如聚合过程中氧的阻聚作用小,在很少甚至不添加光引发剂情况下也能快速聚合等。

硫醇–烯光聚合作为传统的自由基聚合,包含链引发、链增长、链终止和链转移。链转移步骤的本质是以碳为中心的自由基将其电子传递给硫醇基。一般来说,为了避免副作用的发生,硫醇∶烯比例为1∶1。尤其值得注意的是,只有当前者是二烯,而后者是二硫醇时,才会有一个适当的烯烃和硫醇分子的共聚反应出现。

图4-44所示为硫醇–烯光聚合的示意图。首先,硫醇在光引发剂辅助下,通过氢的抽取分解为硫基自由基;其次,硫自由基攻击双键并加入烯烃;最后,链转移发生,碳中心的未配对电子转移到另一个硫醇基中,另一个硫基自由基生成,重新初始化循环。因此,硫醇–烯聚合的作用是在烯基的自由基增长与链转移反应之间发生转换。如图4-45所示的硫醇–烯光聚合的链终止机理,链终止反应是通过自由基耦合反应而不是歧化反应,如Carlson和Knight所讨论的硫酰基/巯基偶联产生二硫化合物,硫酰基/碳自由基耦合反应和碳/碳自由基耦合反应。Crame与其合作者通过聚合动力学对巯基–烯光聚合物模型进行了研究,结果表明链转移是限速步骤。

在理想的硫醇–烯链增长反应中,以碳为中心的自由基总是被转移到硫醇部分,并没有通过乙烯基(均聚物)增长。通常情况下,硫醇–烯光聚合转化率可以达到100%,因此,硫醇–烯光聚合反应是通过硫醇–烯官能团的联合反应使分子量和网络结构得到发展,这与其他逐步聚合反应是相同的,同时硫醇–烯光聚合反应又具有光或者热引发自由基聚合的反应快速的优点。二烯可能在非理想状态下会产生均聚反应,这取决于两个单体的相对反应活性,即链增长速率常数(k_p)要明显高于链转移速率常数(k_{ct})。

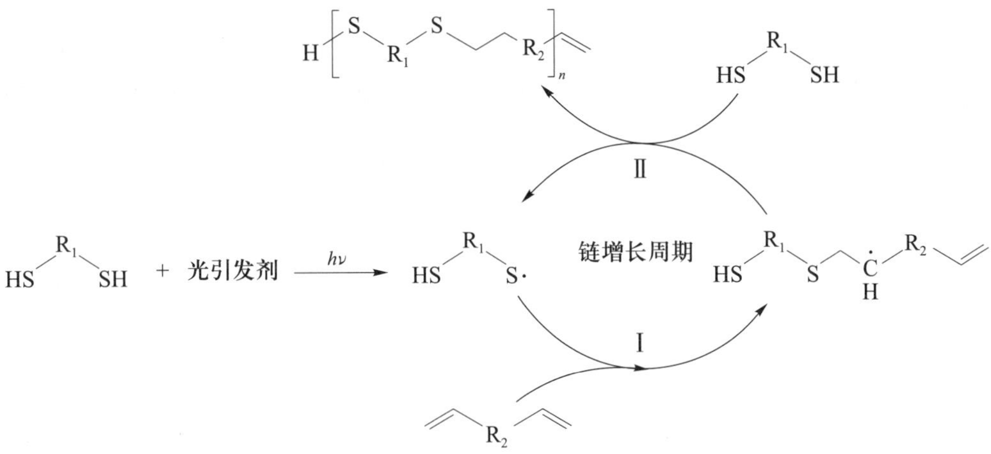

图 4-44 硫醇-烯光聚合示意图

注：Ⅰ. 逐步聚合反应：硫自由基引发碳碳双键聚合；Ⅱ. 链转移反应：自由基由碳原子转移至硫原子。

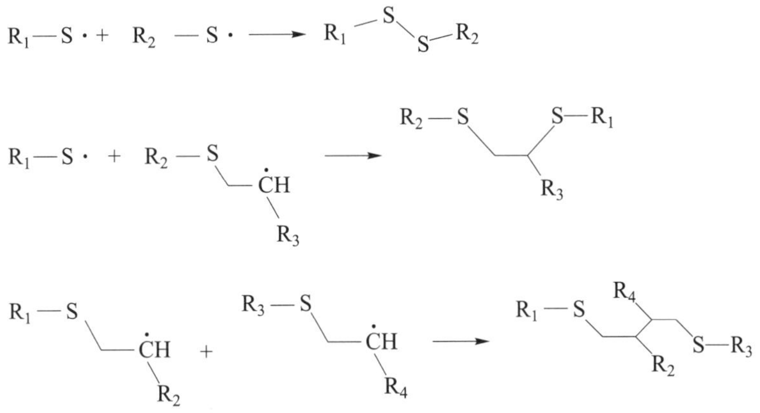

图 4-45 硫醇-烯光聚合的链终止机理

与传统的自由基聚合不同的是，氧气的存在并不会抑制硫醇-烯聚合反应。在氧气存在的情况下，会发生额外的链转移反应，氧进入到增长的聚合物链中，作为一种过氧化氢自由基，在链转移的过程中会产生一种硫基自由基。

Morgan 等评价了硫醇和烯烃结构对硫醇-烯加成反应总速率的影响。他们的研究中陈述了两个基本的规则。首先，硫醇-烯反应的总转化率与烯的电子密度有直接的关系，由于硫基自由基的亲电性，富电子的烯比缺电子的烯的反应速度更快。连接或接近双键的供电子基团会加速硫醇的加成反应，而吸电子基团则会降低加成反应速率。需要注意的是，烯丙基的共振稳定性导致其并不适用该规则，如共轭二烯类分子。其次，巯基丙酸酯比巯基乙酸酯的反应更快，后者的反应速度比烷基硫醇更快，这是因为硫醇的氢与羰基之间的分子间相互作用削弱了 S—H 键，导致氢的电负性增强。

Roper 与其合作者也研究了烯烃化学结构对硫醇-烯的光聚合反应活性的影响,其结果证实了 Morgan 等的研究结果。首先,任何没有位阻的末端烯基团反应都较快,其脂肪族烃取代链长度对反应没有影响,且其反应性高于链内烯烃。该研究还表明自由基从碳基转移至巯基是反应的限速步骤,与 Cramer 等的结果一致。因此,烯烃结构的任何改变都会破坏从碳中心自由基到巯基的链转移(例如空间位阻),导致 k_{ct} 减少,从而降低总反应速率。

Hoyle 等通过 k_p/k_{ct} 的比值归纳总结了烯的反应活性对硫醇-烯反应的影响,尽管所使用的烯烃并不全是二烯烃,下列反应活性的顺序也可以被认为与硫醇-烯聚合有关:降冰片烯>乙烯基醚>丙烯基>烯烃≈乙烯基酯> N-乙烯基酰胺>烯丙基醚>丙烯酸酯>丙烯腈≈甲基丙烯酸酯>苯乙烯>共轭二烯。

降冰片烯具有显著的快速聚合速率,因为巯基自由基加成到环状双键会产生显著的能量释放,这可以减少环的张力,使硫氢键中的氢被碳为中心的自由基快速地夺取。甲基丙烯酸酯、苯乙烯和共轭二烯具有低反应速率,因为它们各自的高稳定性碳中心自由基具有本质上低的夺氢速率常数。

硫醇-烯反应被广泛应用于表面和分子功能化、分子结合、交联、接枝、UV 光聚合涂料和可再生单体聚合。硫醇-烯聚合具有独特的交联结构,可显著改善材料的机械性能和降解性能,对环境无污染,反应快速以及聚合的特异选择性等优点,通过硫醇-烯聚合可得到多种新型的生物材料。因此,在各种生物医学应用中,硫醇-烯聚合物是很好的候选材料。本节主要从硫醇-烯聚合物降解性能研究、硫醇-烯反应制备生物医用水凝胶、硫醇-烯反应制备用于药物递送的微米/纳米聚合物颗粒、硫醇-烯反应制备可用于人工假体及齿科修复的树脂材料以及硫醇-烯在生物分子图案化的应用等方面阐述硫醇-烯光聚合在生物材料中的应用。

4.2.1 硫醇-烯聚合物降解性能研究

通过硫醇-烯聚合制备生物相容性聚合物和生物可降解聚合物在生物医学领域的应用越来越得到人们的关注。天然或合成生物的可降解聚合物在药物和蛋白质输送、组织工程和环境问题等方面具有广泛的应用前景。这些聚合物在特定的生物刺激下可以分解成更小的分子。Bowman 的研究团队对硫醇-烯聚合物的降解进行了大量的研究。研究结果显示,在主链(聚硫醚酯)中,硫醇-丙烯酸酯类聚合物和其他含有酯类基团的降解都可能是由于酯类的水解作用产生的,并在其他的研究中得到了证实。Reddy,Anseth 等研究了硫醇-丙烯酸酯水凝胶的降解能力,结果表明合成具有特定降解特性(如特定降解速率)的聚合物网络是可行的。该水凝胶通过多官能度的硫醇单体与基于 PLA-b-PEG-b-PLA 的二丙烯酸酯单体共聚得到。由于丙烯酸酯双键的特性,该水凝胶形成过程中可以观察到两种不同的聚合机理：链增长聚合——丙烯酸酯均聚，以及逐步增长聚合——烯双键与硫醇的加成反应。这两种机制之间的平衡可以通过化学计量控制，且这种平衡关系决定了聚合物网络结构和最终的降解行为。此外，他们还观察到随着硫醇浓度的增加或硫醇官能度的降低，每个动力学链上的交联点数量呈下降趋势，从而提供了一种简便的方法以达到控制网络结构和降解行为的目的。

Wu 等报道了线性聚（β-硫醚酯）和聚（β-硫醚酯-co-内酯）共聚物的酸性降解行为。虽然 Wu 等选择了一个酶聚合路线，聚 β-硫醚酯也可通过硫醇-烯点击反应实现合成。Wu 等根据降解过程中 pH 和降解时间的变化分析了分子量损失和多分散性变化，他指出，硫醚酯类聚合物在生理 pH 条件下是稳定的，但在酸性条件下很容易水解，因此这些聚合物是可应用于生物医学的潜在可降解聚合物。Bowman 团队对硫醚酯聚合物的生物降解速率方面进行了进一步的研究，研究发现，硫化物与酯类之间的距离直接影响降解，巯基越靠近酯基基团，水解越快；当这两个基团之间的碳原子数从 1 增加到 2 时，水解速率常数会降低为原来的 1/4。

4.2.2　硫醇-烯反应制备生物医用水凝胶

近年来，研究者们对将多官能度硫醇作为单体或交联剂通过巯基-烯反应制备水凝胶及其生物医学应用进行了广泛的探索。Wang 等利用双丙基环缩醛单体 EHDA 与多硫醇——季戊四醇（3-巯基丙酸）（PETMP）通过点击反应生成具有良好的生物相容性和生物降解性的水凝胶（见图 4-46）。该水凝胶可用于生物医学领域，如药物释放和植入体。该水凝胶在 pH=7.4 的磷酸盐缓冲溶液中浸泡 25 天，降解了 16%，且对成纤维细胞无毒，具有良好的生物相容性。

Vandenbergh 等报道了一系列由二硫醇、双丙烯酯和多功能交联剂聚合形成的交联聚（β-硫醚酯）（PBT）网络（见图 4-47）。该研究采用碱基催化的硫醇-烯迈克尔加成代替传统的自由基路线，通过测定四氢呋喃（THF）可溶性的三元交联 PBT 聚合物的分子量分布，发现该 PBT 网络具有较高的支化度但是交联度较低。根据配方设计，PBT 的数均分子量可从 5 800 到 61 100 不等。PBT 的热稳定性最高可达 250 ℃，并显示出低的玻璃化转变温度。同时还研究了在聚合物 PBT 的 THF 溶液中加入 1 M 乙酸、NaOH、KOH 或 HCl 水溶液时 PBT 的降解性能。表 4-13 给出了经过化学降解的样品及其降解后的分子量。此外，还用石英晶体微平衡损耗（QCM）研究了 PBT 聚合物膜在不同 pH（4,7.4,9,12）的情况下的定量降解。研究表明，PBT 膜在酸碱溶液中都呈现出明显的降解，其中在 pH 为 4 时降解最高。

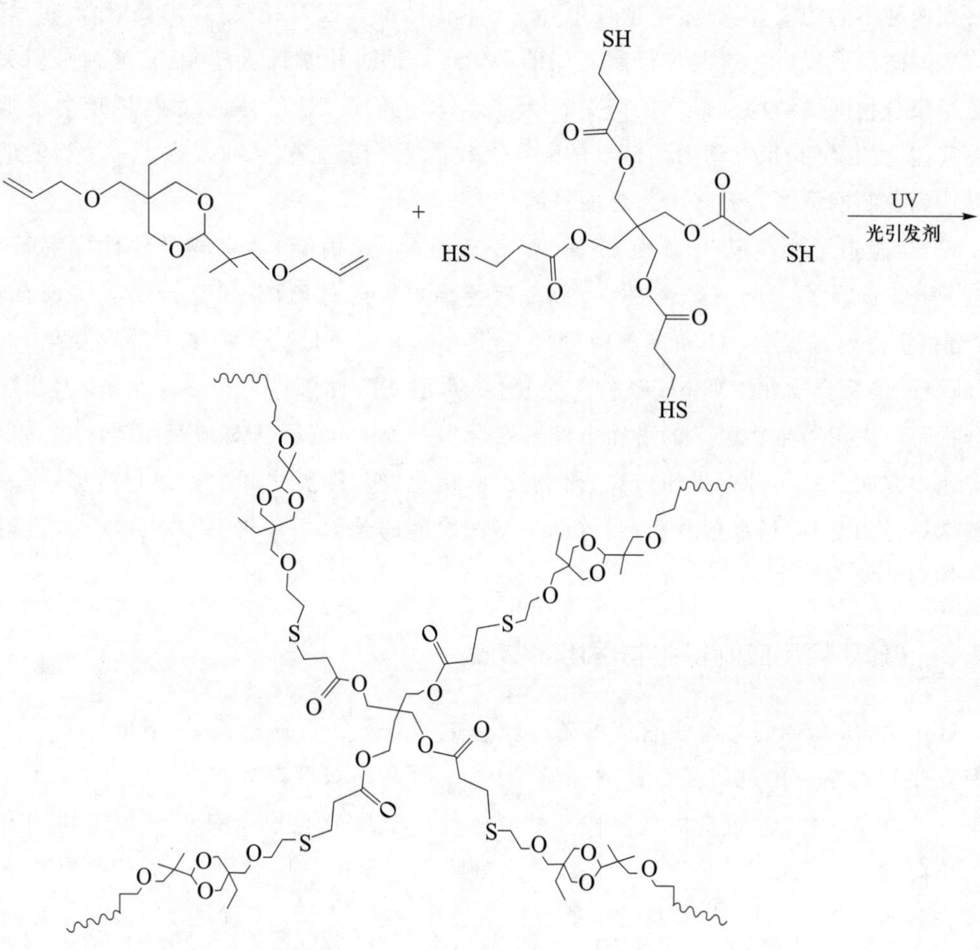

图 4-46　环缩醛单体 EHDA 与多硫醇单体 PETMP 的反应示意图

表 4-13　各种 PBT 交联聚合物及其降解产物分子量

聚合物	反应物	经验配比	水解条件	重均分子量
PBT14	HDDA/BDT/PETA	1/1.23/0.1	–	19 900
PBT14			NaOH	100
PBT14			KOH	200
PBT14			CH₃COOH	5 700
PBT14			HCl	2 300
PBT22	TEGDA/EDDT/PETA	1/1.21/0.1	–	11 800
PBT22			NaOH	200
PBT22			KOH	100
PBT22			CH₃COOH	200
PBT22			HCl	300

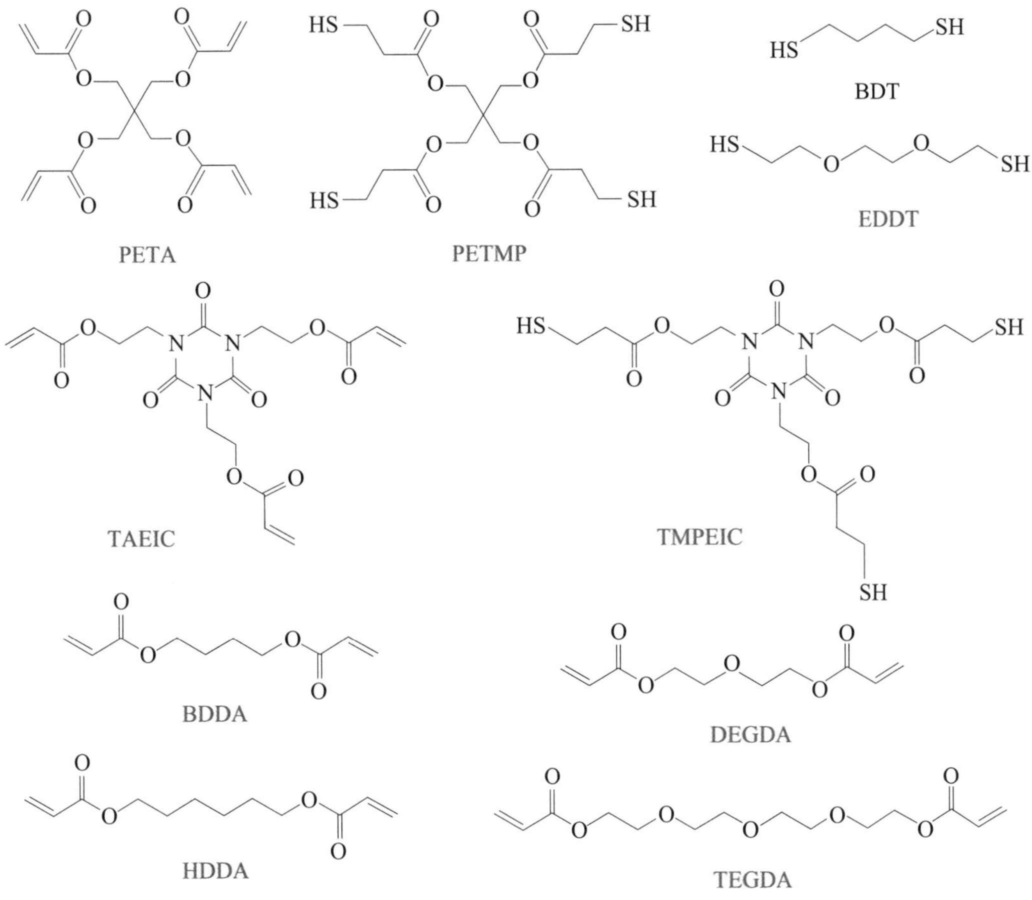

图 4-47　用于制备 PBT 交联聚合物的丙烯酸酯类、
硫醇类单体和交联剂化学结构示意图

　　Aimetti 等通过巯基-烯光聚合制备了以双半胱氨酸人嗜中性粒细胞弹性蛋白酶（HNE）敏感性肽为交联剂的聚（乙二醇）基水凝胶（见图 4-48）。此水凝胶能在炎症部位细胞反应的刺激下发生降解。此外，Aimetti 还证明了合成的水凝胶可以作为一个蛋白质药物传递平台，而且这种生物材料也适用于许多其他亲水药物的控制释放。Aimetti 使用牛血清白蛋白（BSA）作为一种模型蛋白进行药物控释的研究。BSA 于巯基-烯聚合之前被添加到单体溶液中，单体聚合后 BSA 被包封在聚合物网络中。BSA 的释放是通过水凝胶降解实现的。在没有 HNE 的情况下，在实验的时间尺度上没有观察到 BSA 的释放。Aimetti 也证明了通过改变 HNE 的摩尔浓度，可以调节蛋白质的释放动力学（见图 4-49）。

　　Ki 等致力于制备仿生水凝胶作为研究三维培养的胰腺导管腺癌细胞（PDAC）生长、形态发生、耐药和肿瘤干细胞标记表达的平台，他们通过巯基-烯聚合的方法制备了基于聚乙二醇-四氮硼烯（PEG4NB）及以双半胱氨酸为端基的肽交联剂的水凝胶，模拟肿瘤生长环境

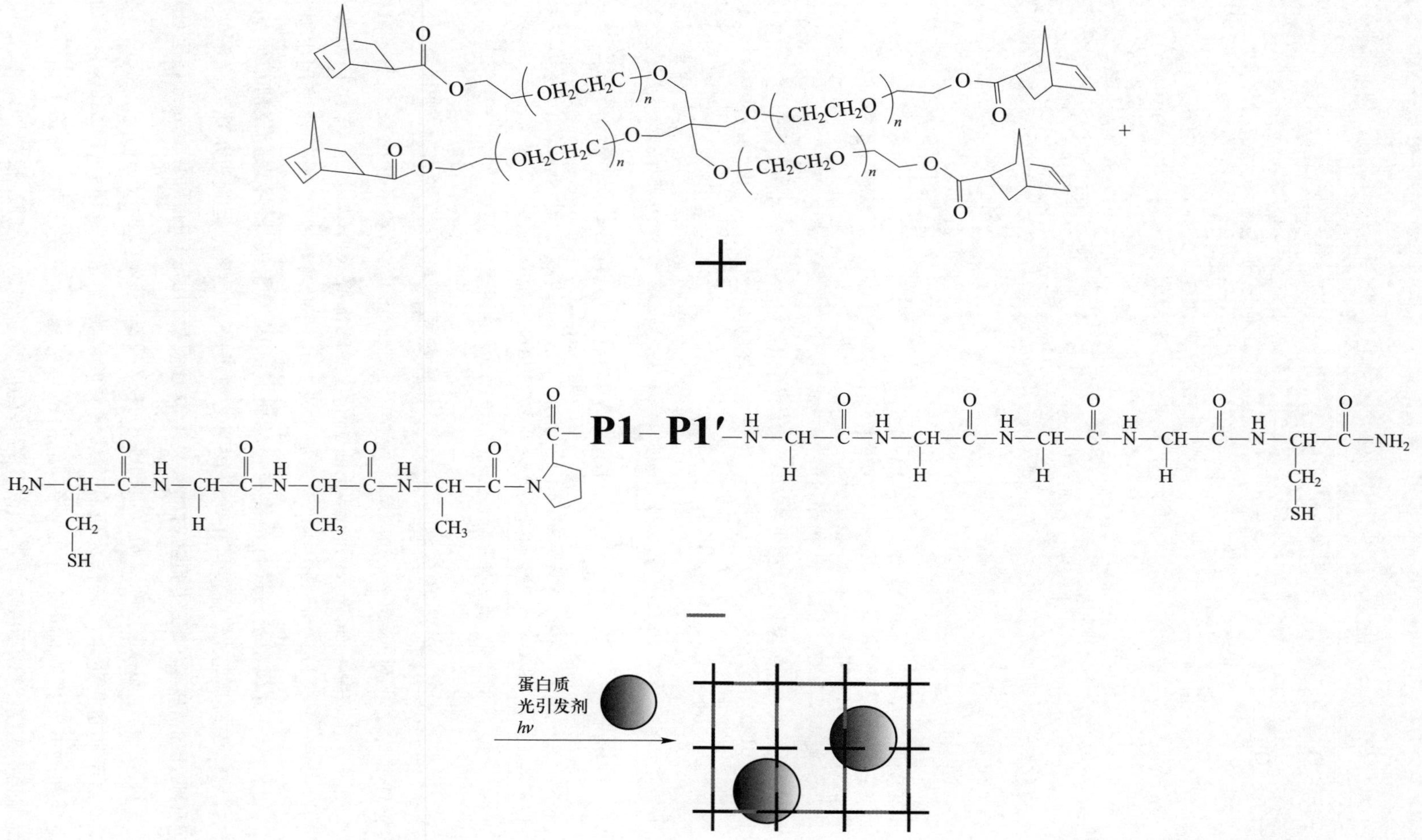

图4-48 硫醇-烯点击反应制备酶响应性PEG基水凝胶用于蛋白质药物控制释放示意图（酶切位点位于氨基酸P1和P1′残基上）

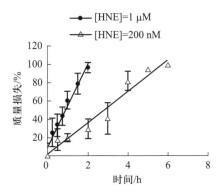

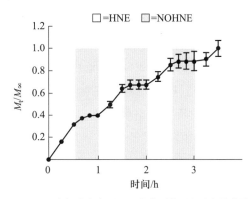

(a) 水凝胶在不同HNE条件下的酶降解动力学曲线　　(b) 水凝胶在有否HNE存在下的蛋白质释放曲线

图 4-49　HNE 对水凝胶的降解和蛋白质释放的影响

（见图 4-50）。该肽交联剂对膜型 1-基质金属蛋白酶（MT1-MMP）具有较高的特异性。因此，癌细胞能够通过细胞膜上蛋白酶引发肽交联剂降解而浸润到邻近的基质中。在研究工作中，他们采用原位封装法，将 PDAC 细胞包封到水凝胶中。此外，在光聚合过程中，Ⅰ型胶原蛋白纤维（Col 1）通过物理作用结合到共价网络中，并且在培养基中加入细胞因子以控制细胞的生长。他们使用了 COLO-357 癌细胞封装在水凝胶中，因为这种细胞类型对细胞因子（如 TGF-b1）和化疗药物（如吉西他滨）非常敏感。为了分析在水凝胶基质中 COLO-357 细胞包埋情况及 Col 1 包封情况，COLO-357 细胞在有或没有 Col 1 条件下的增殖以及细胞毒性，Ki 与其合作者对所合成的水凝胶进行了完整的免疫荧光染色、共聚焦显微镜观察，吉西他滨耐药性、细胞活力、细胞凋亡、流式细胞术的检测，并且他们还测试了细胞培养环境对癌细胞耐药性的影响。

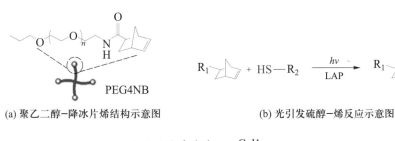

(a) 聚乙二醇-降冰片烯结构示意图　　　　　(b) 光引发硫醇-烯反应示意图

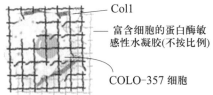

(c) COLO-357细胞包埋于水凝胶网络结构示意图

图 4-50　模拟肿瘤生长环境的水凝胶制备

Hachet 等报道了基于戊烯酸酯改性的透明质酸（HA-P）和聚乙二醇二巯基［PEG-(SH)$_2$］的纳米凝胶。为了得到凝胶，他们将 HA-P 和 PEG-(SH)$_2$ 以 1∶1 摩尔比封装在脂质体的水腔中，以 Irgacure 2959 作为光引发剂，在紫外光照作用下诱导硫醇-烯聚合。用不同取代度的 HA-P（取代度 DS 即每个重复的双糖单位含戊烯酸酯基团的平均数量，DS＝0.20，0.25 和 0.35）合成纳米凝胶。Hachet 将平均直径的细微差别归因于因不同交联密度导致的不同的溶胀特性。以 DS 为 0.25 的 HA-P 制备的纳米凝胶 TEM 和 SEM 显微镜照片如图 4-51 所示。

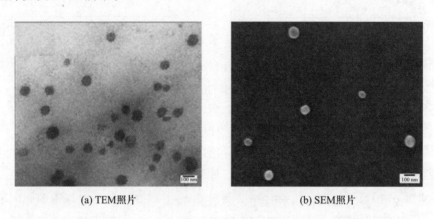

(a) TEM照片　　　　　　　　　　(b) SEM照片

图 4-51　DS 为 0.25 的 HA-P 制备的纳米凝胶显微镜照片

4.2.3　硫醇-烯反应制备用于药物递送的微米/纳米聚合物颗粒

在过去的几年里，使用不同类型的聚合物制备微纳米胶囊被作为很有潜力的药物输送系统而得到广泛研究。硫醇-烯聚合作为一种制备方法，可以制备在生物医学领域中应用的新型聚合物微纳颗粒或微纳胶囊。然而，目前的研究中对于硫醇-烯反应在非均相介质中引发微纳米颗粒生成的报道并不多，且这些工作的主要关注点在于如何在非均相介质中（如悬浮液、微乳液）引发硫醇-烯聚合反应，而利用硫醇-烯聚合制备的微纳米颗粒或胶囊在生物医学领域的应用尚不充分，今后的研究应集中在生物相容性、生物降解和药物控制释放等具体应用上。

作为研究生物医学应用的工作之一，Zou 等报道了在透明的微乳液中通过硫醇-烯交联合成可生物降解的纳米胶囊和纳米颗粒，这些交联的纳米材料可以作为除水凝胶之外的药物递送载体使用。Zou 用 1,4-丁二醇双（3-巯基丙酸）作为交联剂和 2,2-二甲氧基-2-苯乙酮（DMPA）作为光引发剂，制备了可降解的烯丙基功能化的聚乳酸基聚合物纳米颗粒和纳米胶囊，并通过酶降解证实了这类纳米材料的可生物降解性。当然，在适当的条件下这些纳米材料也可能发生水解。

2013 年，Štorha 等报道了通过季戊四醇四巯基丙酸酯（PEMP）与季戊四醇四丙烯酸酯（PETA）的硫醇-烯点击化学制备了巯基化与丙烯酸酯化的纳米粒子。他们通过改变单体浓度来控制纳米粒子表面官能团。传统的硫醇和烯单体的理想使用量是 1∶1 化学计量比。然而,在非理想化学计量比下,在硫醇-烯聚合物的本体和表面都存在未反应的官能团。Štorha 和其合作者通过添加不同比例的 PETA-PEMP,在 DMF 中合成纳米粒子;在反应结束后加入去离子水,瞬间形成聚合物纳米颗粒在水中的胶体分散物。使用拉曼光谱、核磁以及 Ellman 分析法,Štorha 能够确定表面官能团的性质,证明了混合物中 PETA 过量会导致纳米粒子的表面含有自由的丙烯酸酯基团,而硫基化表面的纳米粒子可以通过使用过量的 PEMP 来得到。纳米粒子的产率很低(3%～16%),其原因是由于交联反应的发生以及在高浓度下 PETA-PEMP 易形成凝胶的倾向。由动态光散射(见图 4-52)可得到纳米粒子的粒径分布,其平均直径范围为 251～554 nm。此外,通过透射电子显微镜 TEM 观察,发现大部分纳米粒子呈现无孔球状形态,而 PETA-PEMP 在非理想化学计量比形成的纳米粒子的球体形态比在理想化学计量比条件下形成的样品要差。Štorha 等选择 PEMP-PETA(5∶1)纳米粒子进行体外黏膜黏附测试。由于硫醇化比例较高,这反过来又使这些纳米粒子成为可能有用的黏合剂材料。他们通过荧光标记或 PEG 化来实现纳米粒子表面后功能化。将荧光标记的 PEMP-PETA(5∶1)分散在黏膜(猪膀胱组织)表面,用不同体积的人工尿液冲洗。与阴性对照相比,硫基化的颗粒在黏膜表面的滞留时间明显较好,这进一步证实了黏膜黏附性的假设。此外,许多研究者证明丙烯酸酯类基团的存在为酯键的水解提供了一种降解途径。PEMP-PETA(1∶1)纳米颗粒的水分散液在室温下保存了 90 天。在此期间,它们的粒径从 170 nm 减小到 146 nm,粒径分布也发生变化。Štorha 指出这些变化是由于缓慢的降解造成的,然而还需要进一步的研究,如质量损失分析以及降解产物的鉴定来证实它是由水解降解引起的。

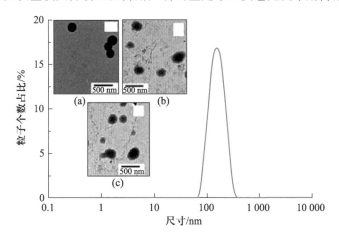

图 4-52　PEMP-PETA(1∶1)纳米粒子的 DLS 粒径分布

［照片(a)(b)(c)分别为 PEMP-PETA 在摩尔比 1∶1、1∶2、5∶1 形成的纳米粒子 TEM 照片］

　　Jasinski 等在微乳液中通过硫基-烯光聚合合成了线性聚合物纳米粒子。用过氧化氢溶液和盐酸溶液分别测定了它们的氧化和酸性降解。此外,还利用所得聚合物制作了半结晶薄膜。Jasinski 使用的单体有 2,2-(乙二氧基)二乙醇胺(EDDT)、邻苯二甲酸二烯丙酯

（DAP）和二烯丙二酸酯（DAA）；因此，由单体对 EDDT-DAP 和 EDDT-DAA 生成了两种不同类型的聚硫醚。Jasinski 等获得了平均分子量达到 20.3 kDa 的聚合物，并在偏振光显微镜（POM）、DSC、XRD 和 cryo-TEM 的基础上进行了深入的表征，揭示了由于结构规整性和柔韧性而导致的膜生成诱导结晶机理。在纳米粒子的形式下，聚合物在氧化介质中表现出明显的降解迹象，从而为一种新型的反应性纳米载体的设计开辟了道路。

4.2.4 硫醇-烯反应制备可用于人工假体及齿科修复的树脂材料

不可降解的硫醇-烯聚合物由于具有聚合速率快、官能团转化率高和聚合收缩应力小等特点，在生物医学应用中也具有较大的潜力，尤其是作为齿科修复树脂。最近的研究表明，硫醇-烯聚合物能显著增加两种材料界面的黏附强度（如聚合物与金属材料界面），改善两种不同材料表面之间的相容性，这可能在人工假体的应用上有一定的优势。

2005 年，Bowman 的研究小组开始对硫醇-烯材料作为齿科修复树脂进行研究。Carioscia 和 Lu 等研究了硫醇-烯树脂的合成，该树脂展现了低聚合收缩和聚合应力。Carioscia 等使用三烯丙基异氰脲酸酯（TATATO）、三羟甲基丙烷三（3-巯基丙酸酯）（TMP）、四（3-巯基丙酸）季戊四醇酯（PETMP）通过光聚合生成活性巯基功能化低聚物。Lu 等使用的是由 TATATO 和 PETMP 以 4:3 摩尔比混合组成的硫醇-烯体系。高体积收缩和收缩应力可导致牙齿修复过早失效。与现有的二甲基丙烯酸酯基体系相比，由硫醇-烯聚合所得树脂的收缩应力减小，并且硫醇-烯低聚物树脂也表现出很高的转化率。研究表明，与当前使用的甲基丙烯酸酯树脂相比，由硫醇-烯体系和硫醇-烯甲基丙烯酸酯体系构成的树脂具有更强的断裂韧性。Beigi，Yeganeh 和 Atai 采用了不同的聚氨酯基四官能烯（UTAE）、BisGMA/TEGDMA 和 PETMP 的配方。他们将这种改进归因于硫醇-烯体系能提供更均匀的网络微观结构。

Reinelt 等研究了不同的化合物（噻唑-烯基三氮基单体和寡聚物）对硫醇-烯树脂聚合物基体的影响。他们指出，基于硫醇-烯树脂材料的体积收缩应力值（如 PETMP/TATATO 体系）很高，与甲基丙烯酸酯基复合材料相当，这与文献中所报道的硫醇-烯基树脂具有相反的性质。此外，PETMP 含有水解不稳定的酯键。为了进一步调节收缩应力和改善水解稳定性，Reinelt 与其合作者研究并开发了新型多功能硫醇单体：1、3、5-三（3-巯基丙基）-1、3、5-三嗪-2，4，6-三酮-1、1、3、5-三（2-甲基-3-巯基丙基）-1、3、5-三嗪-2，4，6-三酮。这些硫醇基化合物具有较高的硫醇当量和更大的骨架结构，从而有助于减少聚合过程中发生的收缩应力。他们的树脂用 TATATO 作为烯单体，其性能优于常用的酯衍生物 PETMP，在水中放置以后尤为明显，其抗弯强度和弹性模量提高了 50% 以上。此外，他们还对一种基于 IPDI 的多功能硫醇低聚物进行了测试，结果显示其抗弯强度和弹性模量最高，同时收缩应力降低了 30%。以 1，3，5-三（3-巯基吡咯）-1、3、5-三氮-2，4，6-三酮为基础的低聚物是一种具有良好的力学性能和水解稳定性、低收缩应力、低臭味的硫醇-烯树脂材料，具有良好的应用前景。

4.2.5 硫醇–烯在生物分子图案化的应用

为了在硫醇–烯反应中实现可逆性,Anseth 实验室从 RAFT 聚合链转移试剂中得到了启发。他们假设烯丙基硫化物官能团能够允许可逆的巯基自由基与烯丙基硫化物发生化学反应,从而导致烯烃的再生和之前巯基化分子的释放。因此,烯丙基硫化物官能团应在理论上允许无限序列的硫醇–烯反应进行。为了验证这一假说,他们以四臂聚乙二醇叠氮和一种烯丙基硫化物交联剂为原料,通过叠氮–炔环加成法制备了 PEG 水凝胶,并利用多光子光刻技术设计了三步图案化,并进行了三次生物分子交换。结果证明烯丙基硫化物官能团可以通过水凝胶内的硫醇–烯化学反应来进行可逆的生物分子图案化。该方法的应用很可能会越来越广泛,如用于实现可逆的肽和蛋白质分子的图案化,从而直接交换细胞能接收到的固定化的生化信号。烯丙基硫化物为在一个更具有生物物理特性的三维环境中探索动态生化信号所产生的影响提供了可能性。由于能够紧密连接生物物理和生化信号,这些研究可能有助于更好地了解干细胞的生态,以及这些材料在移植时的再生特性。这些研究结果与 Blau 实验室的发现相似。

有研究表明,源自于天然 ECM 蛋白的多肽能模拟其源生蛋白的某些生物学功能,这使它们在再生医学中被广泛地应用。通过这些短肽序列(通常是 3～10 个氨基酸)对已成型的水凝胶进行改性,可以使原本生物惰性的水凝胶具备生物活性。一种方法是精确地控制水凝胶中包含的生物信号,因为多肽比它们的源生蛋白质类似物(通常包含多个信号域)更简单,而且通常更稳定。许多生物活性肽已被开发用于再生医学。大多数使用的是纤连蛋白衍生的 RGD 肽序列。纤连蛋白在 ECM 中是一种普遍存在的蛋白,它与各种整合素受体结合,促进细胞黏附、扩散和增殖。因此,将 RGD 纳入水凝胶中,可形成整合素介导的细胞附着,并改善水凝胶环境下的贴壁依赖型细胞的存活。层黏连蛋白是另一种广泛存在于天然 ECM 的蛋白质,它在促进细胞黏附、迁移和分化方面起着重要作用。肽序列 YIGSR 和 IKVAV 被发现与细胞表面受体相似,类似于纤连蛋白。这些序列在神经元培养和神经突生长的应用中得到了广泛的研究。研究者还发现了黏多糖(GAG)——结合肽。例如,Kiessling 等发现了与人类胚胎干细胞相结合的玻连蛋白—衍生肽序列 GKKQR-FRHRNRKG,它能与人类胚胎干细胞的 GAG 结合从而影响其分化状态。另外,多肽也可以通过亲核结合隔绝水凝胶中的信号分子。例如,WKNFQTI 多肽序列被用来限制其亲核性分子——单核细胞趋化蛋白从 PEG 水凝胶中的释放。以上研究表明,通过固定多肽分子到水凝胶中,可以促进细胞的附着、调节细胞分化或控制信号分子的释放。

参考文献

[1] 李海燕,谢川. 阳离子光引发剂研究进展[J]. 信息记录材料,2004,5(4):37-41.

[2] CRIVELLO J V, LAM J H W. Diaryliodonium Salts. A new class of photoinitiators for cationic polymerization[J]. Macromolecules, 1977, 10(6):1307-1315.

［3］ CRIVELLO J V，LAM J H W. Photoinitiated cationic polymerization by dialkyl-4-hydroxyphenylsulfonium salts[J]. Journal of Polymer Science Part A Polymer Chemistry，1980，18(3):2877-2892.

［4］ LOHSE F，MEIER K，ZWEIFEL H. Recent advances in cationic photopolymerization of epoxides. [C]. 1985.

［5］ MEIER K. Photopolymerization with transition metal complexes[J]. Coordination Chemistry Reviews，1991，111(111):97-110.

［6］ NAREWSKA J，STRZELCZYK R，PODSIADLY R. Fluoflavin dyes as electron transfer photosensitizers for onium salt induced cationic photopolymerization[J]. Journal of Photochemistry & Photobiology A Chemistry，2010，212(1):68-74.

［7］ SHI S，CROUTXÉ-BARGHORN C，ALLONAS X. Photoinitiating systems for cationic photopolymerization: Ongoing push toward long wavelengths and low light intensities[J]. Progress in Polymer Science，2016，65:1-41.

［8］ WALTER F S，SILVANA V A，MARCO S，et al. Visible light polymerization of epoxy monomers using an iodonium salt with camphorquinone/ethyl-4-dimethyl aminobenzoate[J]. Polymer International，2013，62(9):1368-1376.

［9］ CRIVELLO J V，JO K D. Propenyl ethers. II. Study of the photoinitiated cationic polymerization of propenyl ether monomers[J]. Journal of Polymer Science Part A Polymer Chemistry，2010，31(31):1483-1491.

［10］ ASKADSKII A A，AFANASEV E S，Petunova M D，et al. Structures and properties of nanocomposites based on a cured cycloaliphatic epoxy resin[J]. Polymer Science，2014，56(3):318-329.

［11］ SASAKI H，RUDIZINSKT J M，KAKUCHI T. Photoinitiated cationic polymerization of oxetane formulated with oxirane[J]. Journal of Polymer Science Part A Polymer Chemistry，1995，33(11):1807-1816.

［12］ CRIVELLO J V，LAM J H W. Photoinitiated cationic polymerization with triarylsulfonium salts[J]. Journal of Polymer Science Part A Polymer Chemistry，1996，34(16):977-999.

［13］ SASAKI H，CRIVELLO J V. The Synthesis，Characterization，and Photoinitiated Cationic Polymerizaton of Difunctional Oxetanes[J]. Journal of Macromolecular Science: Part A-Chemistry，1992，29(10):915-930.

［14］ CRIVELLO J V. Synergistic effects in hybrid free radical/cationic photopolymerizations[J]. Journal of Polymer Science Part A Polymer Chemistry，2010，45(16):3759-3769.

［15］ CRIVELLO J V. Cationic photopolymerization of alkyl glycidyl ethers[J]. Journal of Polymer Science Part A Polymer Chemistry，2010，44(9):3036-3052.

［16］ CRIVELLO J V. "Kick-starting" oxetane photopolymerizations[J]. Journal of Polymer Science Part A Polymer Chemistry，2015，52(20):2934-2946.

［17］ CRIVELLO J V. Vinyl epoxide accelerators for the photoinitiated cationic polymerization of oxetane monomers[J]. Polymer，2015，64:227-233.

［18］ VERSTEGEN E J K，KLOOSTERBOER J G，LUB J. Synthesis and photopolymerization of oxetanes derived from bisphenol A[J]. Journal of Applied Polymer Science，2010，98(4):1697-1707.

［19］ CRIVELLO J V，SASAKI H. Synthesis and Photopolymerization of Silicon-Containing Multifunctional Oxetane Monomers[J]. Journal of Macromolecular Science: Part A-Chemistry，1993，30(2/3):173-187.

［20］ HOYLE C E，BOWMAN C N. Thiol-ene click chemistry[J]. Angew. Chem. Int. Ed，2010，49:1540-1573.

［21］ AIMETTI A A，MACHEN A J，ANSETH K S. Poly(ethylene glycol) hydrogels formed by thiol-ene photopolymerization for enzyme-responsive protein delivery[J]. Biomaterials，2009，30: 6048-6054.

［22］ KI C S，LIN T Y，KORC M，et al. Thiol-ene hydrogels as desmoplasia-mimetic matrices for modeling pancreatic cancer cell growth, invasion, and drug resistance[J]. Biomaterials, 2014, 35:9668-9677.

[23] CRAMER N B, DAVIES T, O'BRIEN A K, et al. Mechanism and modeling of a thiol-ene photo-polymerization[J]. Macromolecules, 2003, 36:4631-4636.

[24] IONESCU M, RADOJC˘IC'D, WAN X, et al. Functionalized vegetable oils as precursors for polymers by thiol-ene reaction[J]. Eur. Polym. J, 2015, 67: 439-448.

[25] KUHLMANN M, REIMANN O, HACKENBERGER C P R, et al. Cysteine-functional polymers via thiol-ene conjugation[J]. Macromol. Rapid Commun, 2015, 36:472-476.

[26] KOLB N, MEIER M A R. Grafting onto a renewable unsaturated polyester via thiol-ene chemistry and cross-metathesis[J]. Eur. Polym. J, 2013, 49:843-852, .

[27] TÜRÜÇNÇ O, FIRDAUS M, KLEIN G, et al. Fatty acid derived renewable polyamides via thiol-ene additions[J]. Green Chem, 2012, 14:2577.

[28] TÜRÜÇNÇ O, MEIER M A R. The thiol-ene (click) reaction for the synthesis of plant oil derived polymers[J]. Eur. J. Lipid Sci. Technol, 2013, 115:41-54.

[29] LEJA K, LEWANDOWICZ G. Polymer biodegradation and biodegradable polymers-a review[J]. Pol. J. Environ. Stud, 2010, 19:255-266.

[30] WANG K, LU J, YIN R, et al. Preparation and properties of cyclic acetal based biodegradable gel by thiol-ene photopolymerization[J]. Mater. Sci. Eng. , 2013, 33:1261-1266.

[31] VANDENBERGH J, PEETERS M, KRETSCHMER T, et al. Cross-linked degradable poly(b-thioester) networks via amine-catalyzed thiol-ene click polymerization[J]. Polymer, 2014, 55:3525-3532.

[32] JASINSKI F, RANNÉE A, SCHWEITZER J, et al. Thiol-ene linear step-growth photopolymerization in miniemulsion: fast rates, redox-responsive particles, and semicrystalline films[J]. Macromolecules, 2016, 49:1143-1153.

[33] CRAMER N B, STANSBURY J W, BOWMAN C N. Recent advances and developments in composite dental restorative materials[J]. Dent. Res, 2011, 90:402-416.

[34] BEIGI S, YEGANEH H, ATAI M. Evaluation of fracture toughness and mechanical properties of ternary thiol-ene-methacrylate systems as resin matrix for dental restorative composites[J]. Dent. Mater, 2013, 29:777-787.

[35] MANDAL P, SINGHA N K. Selective atom transfer radical polymerization of 1,2,3,6-tetrahydro-benzyl methacrylate (THBMA) and demonstration of thiol-ene addition reaction in the pendant cy-cloalkenyl functional group[J]. Eur. Polym. J, 2015, 67:21-30.

[36] REINELT S, TABATABAI M, MOSZNER N, et al. Synthesis and photopolymerization of thiol-modified triazine-based monomers and oligomers for the use in thiol-ene-based dental composites[J]. Macromol. Chem. Phys, 2014, 215:1415-1425.

[37] GILBERT P M, HAVENSTRITE K L, MAGNUSSON K E G, et al. Substrate elasticity regulates skeletal muscle stem cell self-renewal in culture[J]. Science, 2010, 329:1078-1081.

[38] WRIGHTON P J, KLIM J R, HERNANDEZ B A, et al. Signals from the surface modulate differentiation of human pluripotent stem cells through glycosaminoglycans and integrins[J]. Proc. Natl. Acad. Sci, 2014, 111:18126-18131.

[39] LIN C C, BOYER P D, AIMETTI A A, et al Regulating MCP-1 diffusion in affinity hydrogels for enhancing immuno-isolation[J]. Control. Release, 2010, 142:384-391.

第5章 光聚合材料

5.1 光聚合 3D 打印材料

3D 打印,是根据所设计的 3D 模型,通过 3D 打印设备逐层增加材料来制造三维产品的技术。这种逐层堆积成形技术又被称作增材制造。3D 打印综合了数字建模技术、机电控制技术、信息技术、材料科学与化学等诸多领域的前沿技术,是快速成型技术的一种,被誉为"第三次工业革命"的核心技术。由于受到国家层面的重视与政策引导,3D 打印技术在国内的发展十分火热,广泛应用于机械制造、航空航天、生物医疗、珠宝首饰、艺术设计等众多领域。

5.1.1 3D 打印技术原理

3D 打印的基本原理可以概括为叠层制造,但具体根据所用材料的种类、形态等差异,又可以细分为以下多种类型:SLA(激光光聚合)、DLP(数字光处理)、LCD(液晶屏显示)、FDM(熔融沉积)、SLM(激光选区熔化)、SLS(激光选区烧结)、3DP(立体喷印)、LOM(分层实体制造)、LNSF(激光近净成形)、EBSM(电子束选区熔化)、EBFF(电子束熔丝沉积)等。基于各种条件限制,不同的技术都有各自的优缺点。

光聚合 3D 打印是最早发展起来的快速成型技术,同时也是技术最成熟、研究最深入,且最具发展前景的一种快速成型技术。具体工艺步骤为:在树脂槽中盛满液态光敏树脂,在计算机控制下紫外光按照零件各分层的截面信息,对液态树脂表面或底面进行扫描/曝光。被扫描的树脂发生光聚合反应并瞬间固化,形成一个薄层,接着工作台下移/上升一个层厚高度,如此反复直至整个零件制作完毕。

当前光聚合的 3D 打印技术主要有 SLA、DLP、LCD、3DP、MJP、CLIP、CDLM、双光子及全息投影等。光聚合主流技术中,第一代为 SLA 技术,利用紫外激光(355 nm 或 405 nm)为光源,用振镜系统来控制激光光斑扫描,扫过之处的液体树脂发生固化反应成型。第二代为 DLP 紫外数字投影技术(当前绝大部分采用美国德州仪器的数字微镜技术),利用 405 nm/385 nm/365 nm 光源,选择性的将面光源投射到液态树脂上使之固化。Carbon 3D 的 CLIP 连续打印技术、Envisiontec 的 CDLM 连续打印技术以及清锋时代的 LEAP™ 连续打印技术等都是属于 DLP 技术的范畴。光聚合技术,除了 SLA 激光扫描和 DLP 数字投影技术,近些年又出现了一种新的技术——LCD 3D 打印技术,该技术是利用 LCD 屏幕来控制光的透过图案,最简单的理解,就是用 LCD 液晶屏取代 DLP 的投影系统。回顾光聚合技术的特点,每一个光聚合技术的核心都是围绕光源问题的解决方案,从激光扫描的 SLA,到数字投影的 DLP,再到最近几年的 LCD 打印技术,无一例外。

所有光聚合技术的 z 轴方向主要分为两种方案:一般桌面型机器都是下曝光即光源在下,通过窗口和离型膜,成型件从液体里往上提拉,受离型的影响,打印面积受到较大的限制;工业大型机器都是上曝光即光源在上,成型件下沉到液面以下,该方式不需要离型膜,成型面积相对较大。本节主要对目前常用的光聚合 3D 打印技术进行简单介绍。

1. SLA 技术

SLA 技术是以光聚合树脂为原料,紫外激光在计算机控制下以预定制品的二维图形截面为轨迹对光聚合树脂扫描,使被扫描区的树脂发生固化反应,从而形成制品的一个二维截面。每层树脂经光照固化结束后,工作平台向上或向下移动一定距离,在已经完成固化的树脂表层再敷上或填充一层新的液态成型树脂,进而对下一层二维图形进行扫描。新固化的树脂与前一层固化树脂结合在一起,此过程不断重复直至整个制品制作完成。SLA 技术的精度较高,且成型制品的表面光洁度高,精度可以达到每层厚度 0.05 mm 到 0.15 mm,但是可以使用的材料有限,只能单色打印,且点线面成型方式相对速度较慢,设备运行成本较高,对设备操作人员有较高的要求。工业大型 SLA 成型工艺流程如图 5-1 所示。

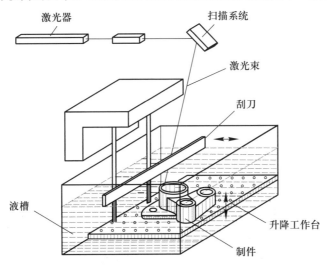

图 5-1　工业大型 SLA 成型工艺示意图

2. DLP 技术

DLP 技术的成型原理是使用高分辨率的数字光处理器投影仪来投射紫外光从而引发光聚合树脂发生固化反应。产品的三维数据由计算机软件进行分层处理后转变成二维数据,并建立支撑。DLP 投影仪将预定制品的二维数据投射到工作台上,使平台上的光敏树脂固化成型。DLP 技术的优点为成型产品的精度与表面光洁度较好,且可以利用设备自带的软件自动生成支撑结构并打印出完美的设计产品。DLP 流程工艺如图 5-2 所示。

2015 年 3 月，Science 期刊封面报道了一种基于氧阻聚效应的连续液面成型（CLIP）技术，该技术利用美国杜邦公司发明的一种特氟龙薄膜（Teflon AF2400）和氧气来构造一层液态"盲区"（Deadzone），实现了快速的连续光聚合 3D 打印，最高速度达到 500 mm/h。该项革命性的技术比传统 SLA 技术快 100 倍以上，有希望广泛应用于三维物体的批量化加工制造。因此 CLIP 技术引起了科技界以及产业界的高度关注并成为增材制造领域新的研究热点，谷歌、福特等公司为此追加投入数亿美元巨资以加快该技术的产业化进程。

基于 CLIP 技术的 3D 打印机系统结构如图 5-3 所示。把一个特制的透明透气薄膜元件作为

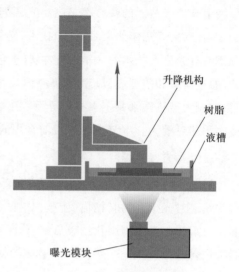

图 5-2　DLP 成型工艺示意图

窗口置于打印平台与光源之间，并固定于液态光敏树脂槽的底部，打印墨水为自由基型液态光敏树脂。打印平台为一个由电机控制，可上下移动的工作台。3D 打印过程开始前打印平台浸入液态树脂中并紧贴于透气窗。系统以 405 nm 激光二极管作为光源，经过滤波和整型后获得平形光束，由 3D 模型分层驱动自下而上透过透气窗口投影到打印平台的下表面上。在光源照射的同时，通入氧气作为固化抑制剂，同时工作台连续匀速向上抬升，则工作台与透气窗之间的光敏树脂在光的照射下开始固化，但由于自由基光敏树脂的氧阻聚效应，在透气窗和固化区域之间形成一层几十微米厚的液态未固化层，即固化盲区。该固化盲区的存在使得固化区域与透气窗能轻松无损伤分离。随着打印平台的连续上升，固化层逐渐增厚，在打印平台与透气薄膜窗口之间形成固化的三维物体，从而实现了连续无间断的 3D 打印，从树脂槽中"生长"出来一个三维物体。

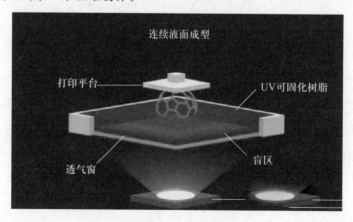

图 5-3　CLIP 技术 3D 打印系统结构

CLIP 技术的核心为寻找性能优越的透气薄膜材料。林宣成、刘华刚所制得的薄膜元件透气率达到 157 s/100 mL,比杜邦公司的特氟龙材料高一个数量级,并利用此透气薄膜元件获得了最高 650 mm/h 的打印速度,并将该技术应用于建筑模型的制作及风洞试验。

连续快速打印技术由于几乎没有脱模力,在打印速度、制品细节等方面都有较大的提升,在光聚合 3D 打印行业具有较大的潜力,但是目前也存在着一些问题,如无法打印相对大的实心件,打印件表面细节不好等,需要国内外的高校及企业持续的研究。

DLP 技术由于分辨率高,精度好,目前广泛应用于珠宝首饰及齿科医疗等需要超高打印精度的领域。但是目前 DLP 光机的价格很高,而且由于 DLP 本身技术原理所限,打印的幅面大大受限制,故 DLP 更适合打印精致小巧的物件。

3. LCD 技术

LCD 技术根据光源的波长主要分为两种,一个是 405 nm 的紫外光,一个是 400～600 nm 的可见光。当前市面上绝大部分 LCD 光聚合 3D 打印是用 405 nm 紫外光加上作为选择性透光的 LCD 屏幕来固化光敏树脂,从而进行三维成型。如图 5-4 所示,LCD 光聚合打印机主要是由 405 nm 的灯泡或者 LED 阵列作为背光,加上菲林镜片来均匀分布光照,然后将去掉背光板的普通 LCD 屏幕作为掩膜,从而实现 3D 打印的。

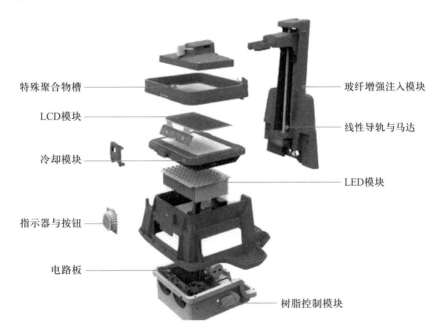

图 5-4 LCD 光聚合打印机组成部分

几年前国内有若干公司几乎同时推出基于 LCD Masking 原理的 5.5 吋(1 吋＝2.54 cm)2 K 夏普屏幕的 LCD 打印机,屏幕可以耐受高达几百小时 405 nm 近紫外光的照射,分辨率为 2 560×1 440,由于各公司采用的 LCD 屏幕都相同,所以机器差别不大。近两年,随着

LCD 屏幕的发展，5.5 吋、6 吋、8.9 吋、10.1 吋以及 13.3 吋等不同大小的 LCD 3D 打印机相继出现，屏幕也经历了由低透过率的彩色屏向相对高透过率的黑白屏的进阶。LCD 光聚合打印技术的主要优点为：①精度高，很容易达到平面精度 100 μm，优于第一代 SLA 技术（当前 SLA 桌面机的激光斑点直径一般在 150 μm 左右），和桌面级 DLP 技术（当前主流 DLP 技术的 XY 平面分辨率大多为 50 μm 及 75 μm）有可比性；②价格便宜，对比当前技术的 SLA 和 DLP 打印机，LCD 打印机的性价比极其突出；③结构简单，没有激光振镜或者投影模块，容易组装和维修；④树脂通用，由于采用 405 nm 背光，所有 DLP 类的树脂或者大部分光聚合树脂理论上都可以兼容；⑤采用面曝光技术，可同时打印多个零件不降低速度。LCD 光聚合打印技术的主要缺点为：①LCD 屏幕可选范围很小，要求 LCD 屏幕对 405 nm 紫外光具有良好的选择透过性，并且需要耐受几十瓦 405 nm 紫外光数小时高强度烘烤，因此需要具有良好的耐温性能；②光效率低，导致打印时间长，同样 100 μm 层厚，DLP 技术在零点几秒到几秒固化，而 LCD 需要几秒到几十秒才能固化；③LCD 光聚合打印所有技术都是开源的，技术壁垒低，容易仿制。

当前也有可见光聚合 LCD 的研究，由于可见光实际能量更低，需要光敏树脂的光敏性更高，从而导致打印细节或者树脂的存储稳定性都大大降低。

4. 3DP 技术(3D 喷印技术)

3DP 技术也被称为黏合喷射(binder jetting)或喷墨粉末打印(inkjet powder printing)。从工作方式来看，三维印刷与传统二维喷墨打印最接近。与 SLS 工艺一样，3DP 也是通过将粉末黏结成整体来制作零部件，不同之处在于，它不是通过激光熔融的方式黏结，而是通过喷头喷出的黏结剂黏结。3DP 要求打印材料是液态，并且通过液滴的形式从喷头喷射出来。材料可以原本就是液体，如油墨等；也可以是经过特殊工艺制成的液态材料，如陶瓷墨水。3DP 技术工作原理如图 5-5 所示。MJP 技术是 multiJet printing 的缩写，是 3DP 技术的一项扩展。MJP 多喷嘴喷墨 3D 打印技术是采用压电喷射打印光聚合树脂或蜡铸造材料层。目前 Z 轴分辨率的层厚可以低至 16 μm，可打印高精准的精细零件。MJP 多喷嘴喷墨 3D 打印技术的工作原理如图 5-6 所示。

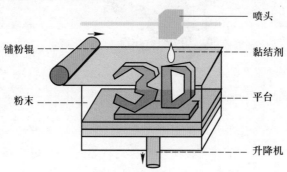

铺粉辊　　粉末　　　　　　　　　　　　喷头　　黏结剂　　平台　　升降机

图 5-5　3DP 技术工作原理

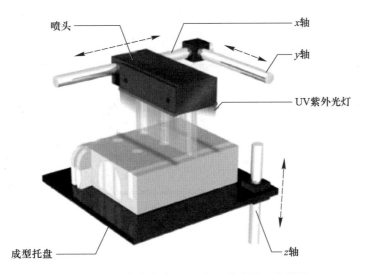

图 5-6　MJP 多喷嘴喷墨 3D 打印技术的工作原理

5. 全息投影

　　激光全息投影,简单来说就是用 3 束激光从 x、y、z 方向同时照射光敏树脂,在其中生成物体的全息图,从而让树脂直接在空间中实现固化,完成打印。由于不是传统的分层打印再堆积方式,这种新方法速度极快,短短 10 s 就能打印出一个物体,且该技术不需要支撑,可以大大提高打印的成功率及减少去支撑带来的烦琐的后处理环节。图 5-7 为全息投影成像原理示意图。

　　美国劳伦斯·利弗莫尔国家实验室的 Maxim Shusteff 博士认为,激光全息投影技术可以大幅改善现有的 3D 打印技术,因为它不会产生分层打印带来的缺陷,如锯齿形或阶梯状表面。"虽然用这种方法打印出的物体表面还

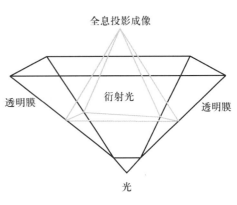

图 5-7　全息投影成像原理示意图

不够光滑,但我们已经突破了解决这个问题的概念性障碍。另外我相信,这并不会让现有的 3D 打印方法过时,反而会成为让它们变得更加强大的新工具。全息投影成像 3D 打印虽然可以超快速三维一体成型,但是由于光敏树脂固化时本身的放热导致全息投影成像目前只能打印小件物品,预计在微纳打印方面会有很大的潜力。"

6. 双光子 3D 打印

　　双光子 3D 打印是利用两束飞秒激光引发聚合的打印方式。飞秒激光双光子聚合速率与光强的平方成正比,因而聚合区域可以小于光速衍射的极限,得到比激光波长还小的微米

与亚微米结构。图 5-8 为双光子聚合加工原理示意图。双光子 3D 打印可以制造出非常精细的微纳结构,但机器本身价格昂贵,使用成本相对较高。

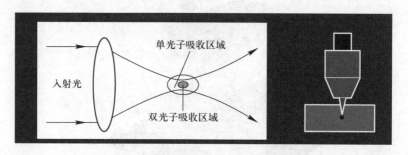

图 5-8　双光子聚合加工原理示意图

5.1.2　光聚合 3D 打印材料

3D 打印制造技术大大改变了传统制造工业的方式和原理,是对传统制造模式的一种颠覆。3D 打印是机械、控制、计算机和材料技术的交叉集成技术,但是最终的呈现载体是材料,因此,材料的性能非常关键,在一定程度上也成为限制 3D 打印技术发展的主要瓶颈,是 3D 打印突破创新的关键点和难点所在,只有进行更多新材料的开发才能拓展 3D 打印技术的应用领域。

光聚合 3D 打印是在紫外光照射下,光引发剂受光分解引发光敏树脂发生聚合反应,从而固化成型。光敏树脂的主要组成是:光引发剂、低聚物、活性稀释剂和添加剂。添加剂主要有颜料、分散剂、消泡剂、流平剂等,一般情况下低聚物和活性稀释剂占光敏树脂总量的 90% 以上。在紫外光照射下,光聚合树脂中的活性基团之间发生聚合反应,形成三维网状交联结构,其固化机理如图 5-9 所示。

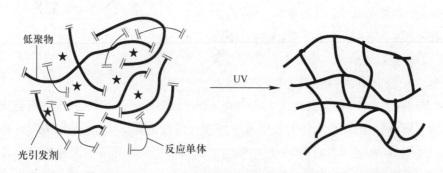

图 5-9　光聚合固化机理示意图

1.光敏树脂的基本组分

(1)光引发剂

光引发剂(photoinitiator,PI)是光聚合材料中的关键组成部分,对光聚合材料的固化速率起决定性的作用。光引发剂吸收辐射能量后发生化学变化,能够产生具有引发光聚合树脂聚合能力的中间体。光引发剂的用量一般占光敏树脂质量分数的 0.1%～5%。按光引发剂吸收能量的不同可将其分为:紫外光引发剂(吸收波长 250～420 nm)和可见光引发剂(吸收波长 400～700 nm);按吸收能量后产生中间体的类型,可将其分为自由基型光引发剂和阳离子型光引发剂。根据产生自由基的方式,可将自由基型光引发剂分为裂解型光引发剂和夺氢型光引发剂。

(2)低聚物

低聚物(oligomer)又称为光敏树脂,是光聚合树脂的主要组成部分,对光聚合快速成型制品的性能起决定性作用。从化学结构上看,低聚物是含有不饱和碳碳双键或者环氧基团的低分子量化合物。不同化学结构的低聚物的固化机理不同。随着光聚合技术的发展,低聚物由最开始的不饱和聚酯体系逐渐发展到现在的丙烯酸酯体系及阳离子固化体系。

(3)活性稀释剂

活性稀释剂(reactive diluent)是含有活性基团的有机小分子,其特点是黏度较低,对低聚物具有稀释作用,可以调控光聚合体系的黏度,同时还参与光聚合成型的反应过程,对光聚合产品的成型速度以及成型制品的物理、机械性能有重要的影响,是光聚合产品中的重要组成部分。

从化学结构上看,自由基类活性稀释剂的活性基团是碳碳双键,如乙烯基、丙烯基等;阳离子类活性稀释剂的活性基团是乙烯基醚或者环氧基团等。按分子所含活性基团的数量可以将活性稀释剂分为:单官能团活性稀释剂、双官能团活性稀释剂和多官能团活性稀释剂。活性稀释剂官能度越大,反应活性越高,速度越快,其反应活性由高到低的顺序为:多官能团活性稀释剂、双官能团活性稀释剂、单官能团活性稀释剂;但是,活性稀释剂的稀释效果随着官能度的增大而下降,其稀释能力由强到弱的顺序为:单官能团活性稀释剂、双官能团活性稀释剂、多官能团活性稀释剂。

单官能度活性稀释剂分子上只有一个可以参加光聚合反应过程的活性基团,分子量低,其主要特点是:①黏度低,具有很强的稀释作用。②固化速率低。单官能度活性稀释剂用于参加反应的不饱和键含量低,导致固化速率低。③交联密度低。单官能度活性稀释剂只有一个不饱和键,发生光照反应后不会产生交联点,使光聚合体系的交联密度下降。④转化效率高。单官能度活性稀释剂分子量小、黏度低,容易发生聚合反应。⑤体积收缩率小。光聚合反应过程中,光聚合体系中的碳碳不饱和双键发生反应,分子间距减小,体系密度增加,造成固化产品体积收缩。因为单官能度活性稀释剂中的活性基团含量低,所以体积收缩较小。⑥相对气味和毒性大。单官能度活性稀释剂的分子量较低,运输、贮藏和使用过程中容易挥发。

双官能度活性稀释剂分子中含有两个参与光聚合反应的活性基团。与单官能度活性稀释剂相比,双官能度活性稀释剂参加光聚合反应时固化速度快,可以形成交联结构,有利于提高光聚合制品的物理机械性能;另外,双官能度活性稀释剂挥发性小、气味低,虽然其黏度增加,但仍具有良好的稀释作用。多官能度活性稀释剂分子中有三个或三个以上的活性基团可以参与光聚合反应过程。多官能度活性稀释剂的特点是固化速率快、交联密度大,其固化产品的硬度较高、韧性较差。与单官能度活性稀释剂和双官能度活性稀释剂相比,多官能度活性稀释剂的分子量较高,挥发性较低,但是稀释效果较差,收缩率较大。

活性稀释剂是光聚合体系中的重要组成成分,选择活性稀释剂时需要考虑以下几点:①毒性小。选择气味小、挥发性低、刺激性小的活性稀释剂,确保操作人员的人身安全。②黏度低。以具有好的稀释效果。③反应活性高。以提高光聚合反应速率。④体积收缩率小。确保制品尺寸稳定性。⑤热稳定性好。确保活性稀释剂在生产加工、运输及贮存过程中的稳定性。⑥良好的相容性。与低聚物有良好的相容性,且光引发剂在稀释剂中易于溶解。⑦价格便宜。以降低光聚合制品的成本。

选择活性稀释剂时,要根据光聚合产品应用时所需的黏度、固化速率及产品所需的物理性能(如硬度、拉伸强度、弯曲强度和耐磨性等)进行综合考虑和选择。一般情况下,单一的活性稀释剂难以满足制品的要求,大多数情况下需要选择两种或两种以上不同官能度的活性稀释剂进行搭配。

(4)助剂

光聚合材料中的助剂主要是指为提高树脂性能而加入的颜料、填料、消泡剂、流平剂、分散剂及其他添加剂等。添加剂用量所占比例较小,但是对改善树脂的性能具有重要作用。

颜料是彩色光聚合材料中的重要组成部分,具有为树脂提供颜色,提高树脂强度,增加光泽度,增强耐磨性等特性。常见的颜料有二氧化钛、氧化锌、炭黑、石墨、氧化铁黑等。

填料能够改变树脂的流变性能和力学性能,提高耐磨性,同时还具有降低树脂成本的作用。填料具有化学稳定性好、来源广泛、价格低廉等特点,并且能够均匀地分散在光聚合材料中。常见的填料有碳酸钙、硫酸钡、二氧化硅、高岭土和氧化铝等。

添加剂是为了提高树脂在生产、运输使用和存储过程中的性能而使用的,常用的有阻聚剂等。

2. 光聚合 3D 打印技术对光敏树脂的基本要求

光聚合 3D 打印用光敏树脂在主要成分上与一般的光聚合树脂相差不大。但由于该技术工艺的独特性,使它与普通的光聚合树脂有一定不同。用光聚合 3D 打印技术制造的产品,要求准确快速,对产品的精度和性能要求比较高,同时要求在成型过程中易于操作。一般要满足固化前树脂黏度较低、光敏性能好以及固化后成型制品精度高、机械性能优良的要求。光聚合 3D 打印用光敏树脂要具备下列特征:

(1)固化前性能稳定

用于光聚合 3D 打印技术的光敏树脂通常是注入树脂槽中而不再取出,随着树脂的使用消耗持续补加,所以树脂暴露在空气中的时间都很长,因此要求树脂在正常情况下不发生聚合反应,以确保树脂在成型过程中性能稳定。同时,保证树脂固化前的稳定有利于树脂的贮藏和运输。

（2）黏度低

光聚合 3D 打印制造是逐层叠加的过程，所以固化完一层后需要光聚合树脂流平，直到液面流平稳定后才能进行下一层的扫描固化，若光聚合树脂流平性差，就会使制品产生缺陷。所以，树脂的黏度是一个重要的物理指标，在不改变树脂物理性能的情况下，树脂的黏度越低越好；同时，低黏度树脂在缩短制作时间的同时，还有利于树脂的加料及废液清理。

（3）固化收缩小

光聚合 3D 打印技术对制品制造过程中的精度要求较高。成型时的收缩不仅会降低制件的精度，还会造成制品翘曲、开裂、变形，导致成型失败。所以用于光聚合 3D 打印技术的光聚合成型树脂的固化收缩率越低越好。

（4）一次固化程度高

有些光聚合材料在制成产品后无法直接应用，需要在紫外箱中进行二次固化，但二次固化过程中不能保证各方向接受的光强度完全一样，因此在二次固化过程中制件可能会产生变形，影响制件精度。

（5）溶胀小

对采用下沉式 3D 打印技术，已固化成型的部分浸泡在液态光聚合树脂中，如果已成型部分出现溶胀，容易导致成型制品失去强度，影响制品精度。成型后的制件表面沾有未固化的光敏树脂，需要用溶剂对其进行清洗，所以树脂固化后需要有较好的耐溶剂性能。

（6）光聚合速度快

对特定波长的光要有较高的吸收，因为成型过程中激光的扫描速度较快，树脂发生固化反应的时间极短，只有对光源发出的光有较高的响应速度，才能迅速固化。

（7）半成品强度高

确保成型制品在后固化过程中不发生变形、膨胀以及层分离现象。

（8）固化产物具有较好的物理机械性能

如断裂强度高、抗冲击性能好、硬度高、韧性好和良好的热稳定性，耐腐蚀性好。

（9）毒性小

成型过程大部分是在相对密闭的室内完成，所以光聚合树脂中应尽量避免使用有毒的低聚物、单体和引发剂，确保操作人员的安全和减少环境污染。

3. 常见的光聚合 3D 打印光敏树脂

光聚合 3D 打印树脂主要可分为自由基型光敏树脂、阳离子型光敏树脂、自由基/阳离子混杂型光敏树脂，以及双组分聚氨酯光敏树脂。

自由基光聚合与阳离子光聚合都是光聚合的主要固化方式，除引发机理不同外，自由基光聚合反应和阳离子光聚合反应还具有以下不同之处：①阳离子光聚合过程不受空气中的氧气影响;自由基光聚合会发生氧阻聚。②固化过程中,水汽和碱类物质对阳离子光聚合具有阻聚效果,而对自由基光聚合影响较小。③阳离子型树脂固化后的体积收缩率较小,有利于提高成型制品的精度;自由基光聚合体积收缩率较大。④阳离子光聚合反应速度较慢,且受温度影响较大;自由基光聚合速度较快,受温度影响较小。⑤阳离子型光聚合树脂在固化过程中产生的活性中间体为稳定的超强质子酸,不会因为发生偶合而消失,所以在光照停止后仍会发生聚合反应,出现后固化现象;自由基光聚合过程中产生的活性中间体是自由基,会因为发生偶合而终止,光照结束后不会再发生聚合反应。

(1)自由基型光敏树脂

自由基型光敏树脂是由自由基光引发剂、丙烯酸酯类活性稀释剂或者树脂加入合适的助剂所组成的光敏树脂。自由基光聚合由于发展较早,相对而言引发剂、丙烯酸酯类单体或树脂、助剂等的种类较丰富,可选择性比较多,成本相对也较低。但是自由基型光敏树脂相对体积收缩比较大,从而导致所得制件的力学性能偏差。陈小文等发现在以 2,4,6-三甲基苯甲酰基-二苯基氧化膦(TPO)作为引发剂研究环氧丙烯酸酯光聚合树脂时,光聚合树脂体系曝光量与固化厚度呈现良好的线性相关性。王小腾等发现,在自由基体系中,树脂的固化厚度与引发剂的摩尔吸收系数及引发剂浓度成反比,与激光的曝光量成正比;树脂的固化速度与凝胶含量变化趋势一致,当引发剂浓度含量达到 4% 时,树脂达到最大固化反应速度;且他们发现树脂的力学性能主要由预聚物决定,预聚物含量越多,黏度越大,固化反应速度越慢,但是所得制品的收缩率越低,且力学性能越好。

(2)阳离子型光敏树脂

阳离子型光敏树脂选用的预聚物一般为具有环氧基团或者乙烯基醚基团的树脂。阳离子引发剂可分解出质子酸,进而引发光聚合的进行。阳离子光聚合体系具有黏度低、体积收缩率小、产品精度高、内应力低、附着力强等优点,但是反应活性较低,桌面机由于光源功率低,很难成型,所以阳离子光敏树脂一般用于大功率工业机器。张洪等在探索后固化条件对硫鎓盐/环氧树脂体系、敏化碘鎓盐/环氧树脂体系的凝胶含量和力学性能的影响时发现,硫鎓盐引发体系比未添加光敏剂的碘鎓盐体系具有更快的固化速度,曝光 15 s 凝胶含量即可达 83%,两者的拉伸强度分别为 49 MPa 和 47 MPa。

(3)自由基/阳离子混杂型光敏树脂

自由基/阳离子混杂法所制备的光敏树脂,其预聚物同时含有丙烯酸酯和环氧树脂,光引发剂同时含有自由基引发剂及阳离子引发剂。其中,自由基引发剂在紫外光的作用下分解出自由基引发丙烯酸酯聚合;阳离子型引发剂则在紫外光的作用下分解出质子酸,质子酸引发环氧树脂进行开环聚合。混杂光聚合体系综合了自由基和阳离子光聚合体系的优点,具有良好的应用前景。以 α,α-二乙氧基苯乙酮(DEAP)为自由基引发剂,二苯碘鎓盐为阳离子引发剂,引发预聚物中丙烯酸酯和环氧树脂的聚合反应,该混合引发体系的协同引发作用如图 5-10 所示。碘鎓盐在紫外光照射下既能产生超强酸,引发环氧化合物开环聚合反应,又能产生自由基,引发丙烯酸酯自由基聚合反应;而自由基引发剂光解产生的自由基能还原碘鎓盐,最终生成阳离子活性中心和自由基,分别引发阳离子和自由基聚合反应。

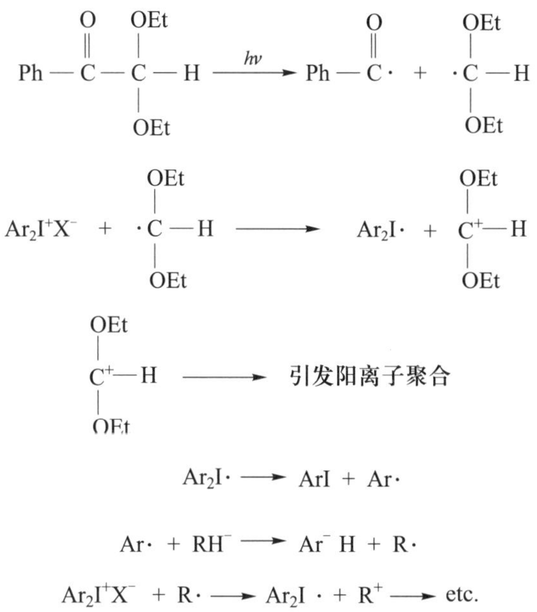

$$\text{Ph}-\underset{\underset{\text{O}}{\|}}{\text{C}}-\underset{\underset{\text{OEt}}{|}}{\overset{\overset{\text{OEt}}{|}}{\text{C}}}-\text{H} \xrightarrow{hv} \text{Ph}-\underset{\underset{\text{O}}{\|}}{\text{C}}\cdot \ + \ \cdot\underset{\underset{\text{OEt}}{|}}{\overset{\overset{\text{OEt}}{|}}{\text{C}}}-\text{H}$$

$$\text{Ar}_2\text{I}^+\text{X}^- \ + \ \cdot\underset{\underset{\text{OEt}}{|}}{\overset{\overset{\text{OEt}}{|}}{\text{C}}}-\text{H} \longrightarrow \text{Ar}_2\text{I}\cdot \ + \ \underset{\underset{\text{OEt}}{|}}{\overset{\overset{\text{OEt}}{|}}{\text{C}}}^+-\text{H}$$

$$\underset{\underset{\text{OEt}}{|}}{\overset{\overset{\text{OEt}}{|}}{\text{C}}}^+-\text{H} \longrightarrow 引发阳离子聚合$$

$$\text{Ar}_2\text{I}\cdot \longrightarrow \text{ArI} + \text{Ar}\cdot$$

$$\text{Ar}\cdot + \text{RH}^- \longrightarrow \text{Ar}^-\text{H} + \text{R}\cdot$$

$$\text{Ar}_2\text{I}^+\text{X}^- + \text{R}\cdot \longrightarrow \text{Ar}_2\text{I}\cdot + \text{R}^+ \longrightarrow \text{etc.}$$

图 5-10　自由基与阳离子引发剂的协同机理

当前绝大多数的自由基/阳离子混杂光敏树脂主要应用于大型工业机器,国内高校及企业对其也有很多研究。Gan zhiwei 等采用改性环氧丙烯酸酯(EA)、活性稀释剂 TMPTA 及引发剂 Irgacure184 作为自由基光聚合体系,以 3,4-环氧基环己基甲酸-3′,4′-环氧基环己基甲酯、1,4-环己烷二甲醇二乙烯基醚(CHVE)和环氧树脂 E-44 作为阳离子光聚合体系,并将自由基与阳离子体系以 3∶7 的比例进行混合而制备出一种混合光敏树脂,该光敏树脂具有较高的光聚合速度和较低的线性收缩率。黄笔武等对美国 Huantsman 公司的 SL7510 型光敏树脂进行了表征,结果证明 SL7510 就是一种丙烯酸酯与环氧树脂混合的混杂型光敏树脂。刘朋飞以丙烯酸和脂肪族环氧树脂为原料,制备了混杂固化树脂——脂肪族环氧丙烯酸树脂,结果发现,树脂黏度和黏流活化随着环氧开环程度的增加而增大,该混杂固化体系体现出了自由基和阳离子体系的协同效应。翟媛萍将一种聚合时产生体积膨胀效应的螺环原碳酸酯膨胀单体引入环氧丙烯酸酯体系中,开发了自由基聚合与膨胀单体的阳离子聚合混杂体系,结果发现,当膨胀单体含量为 15% 时,光敏树脂的体积收缩率由 4.5% 下降至 1.3%,且综合性能较好。黄笔武等还以双酚 A 型环氧树脂、环氧丙烯酸酯、脂环族环氧树脂为预聚物,在引发剂、稀释剂等助剂的作用下合成了一种光敏树脂,其拉伸强度为 21 MPa,透射深度为 0.14 mm,黏度(30 ℃)为 359 mPa·s。黄笔武等以环氧树脂、氧杂环丁烷化合物和丙烯酸酯制备了临界曝光量小于 15 mJ/cm² 、翘曲因子为 ±0.01 的光敏树脂。

对比混杂体系和阳离子体系的透射深度等性能时可以发现，混杂体系的透射深度系数高于阳离子体系，但临界曝光量却不如阳离子引发体系，此外其拉伸强度和断裂伸长率则均高于阳离子引发体系。

（4）双组分聚氨酯光敏树脂

双组分聚氨酯光敏树脂主要是由聚氨酯丙烯酸酯（一般含有丙烯酸双键，未反应完全的异氰酸酯/氨基/羟基等）、丙烯酸单体、多元胺/醇、引发剂、填料、色浆、助剂等组成。在制作三维物体时主要分两个步骤，先利用丙烯酸酯双键通过光聚合 3D 打印得到三维物体的基本形状，打印完成后通过加热使得残留的异氰酸酯与活泼氢发生反应，让聚合物的分子量和交联度得到进一步提高。与普通单组分自由基或者阳离子光敏树脂相比，双组分聚氨酯光敏树脂的主要优势是经过热处理后，材料机械性能更接近热塑性材料且随着不断地研究发展，是有望部分替代传统工程塑料如 ABS、PP 等的材料。当前的主要问题是双组分聚氨酯光敏树脂材料的两个组分在常温下会发生反应，虽然一般都是在打印前才将两个组分混合均匀，但是，由于两个组分之间的反应一直存在且不可忽略，使得所打印制品性能稳定性、批次稳定性等都会受到一定的影响。目前美国 carbon、北京清锋时代、塑成科技等分别推出了相应的树脂材料，且在鞋中底、自行车座垫等领域都有了一定的应用。

5.1.3 光敏树脂改性研究进展

目前 3D 打印产品的精度、韧性、打印速度、材料性能、使用寿命等还不能满足"折不断、摔不坏、敲不烂、捏不碎"的要求。光敏树脂性能评估指标除黏度、黄变性能、透射深度、紫外光波长、临界曝光值外，对成型固化后的力学性能，如拉伸强度、弯曲强度、硬度、韧性及附着力、热稳定性也有要求。为此，有必要对光敏树脂进行改性以提高其力学性能和固化速度等。

1. 光敏树脂增强改性

权立军等结合三维编织与 SLA 光聚合制备的复合材料，相比纯光敏树脂其强度和拉伸模量都有了显著的提高，其中嵌入高强度聚乙烯纱线的复合材料的强度提高 186.9%，拉伸模量提高 196.58%。Matthias Gurr 等在透明光敏树脂中加入直径为 20 nm 的 SiO_2，发现当加入质量分数为 17% 的纳米 SiO_2 时，光敏树脂的黏度只是轻微有些上升，但是大大减小了 3D 打印件的体积收缩，且提高了打印件的力学性能。Sandeep Kumar 等将纤维素晶体加入至橡胶弹性光敏树脂中，当加入质量分数为 5% 的纤维素晶体时，拉伸模量提高了 587%。Congchao Zhang 等将纳米 SiO_2 引入至光敏树脂中，发现当加入质量分数为 0.7% 的 SiO_2 时，相比于纯光敏树脂，玻璃化温度由 67.2 ℃提高至 80.1 ℃，弯曲模量由 1.7 GPa 提升至 8.0 GPa。有研究将硅烷偶联剂改性的纳米 SiO_2 原位分散到自由基-阳离子混杂型光敏树脂中，当改性纳米 SiO_2 添加量为 1%～2% 时，固化物的硬度、弯曲强度明显提升，但韧性提高幅度不大，耐热性亦有所提高。徐国材等将纳米 SiO_2 分散到环氧丙烯酸酯齐聚体中，通过紫外光原位固化制得环氧丙烯酸酯/纳米 SiO_2 复合材料,研究发现,当纳米 SiO_2 添加量超过 3% 时,分散体系可稳定贮存,这是由于体系中的纳米 SiO_2 与有机基体产生了相互作用,形成一种网络结构,提高了体系的贮存稳定性,同时,冲击强度提高了 3 倍以上,收缩率则减小了 67.6%。张莹莹等发现纳米 TiO_2 可以有效改善 UV 光敏树脂的力学性能,尤其是冲击强度(可提高 40% 以上),而采用丙二醇甲醚醋酸酯(PMA)处理纳米 TiO_2 可使其在树脂中的分散效果得到明显改善。丁云雨等研究发现纳米 TiO_2 可以提高光敏树脂的临界曝光量以及贮存稳定性。有研究发现,采用硅烷偶联剂 KH550 处理的 TiO_2 可以有效降低光敏树脂的收缩率并提高其力学性能。

纳米 TiO_2 还可以提高光敏树脂的热力学性能,Duan yugang 等采用硅烷偶联剂对纳米 TiO_2 进行表面处理,红外光谱显示,纳米 TiO_2 表面的羟基可以与偶联剂反应,当纳米 TiO_2 的添加量为 0.25% 时,光敏树脂的综合力学性能最佳,拉伸强度提高至 48 MPa,热性能也得到显著提升。Ji Sun Yun 等采用硅烷偶联剂处理的 Al_2O_3 对光敏树脂进行增强改性,结果发现,Al_2O_3 经硅烷处理后,可以均匀地分散在光敏树脂打印成型件的表面,当其添加量为 15% 时,成型件的拉伸性能得到大幅提高。王蕾在研究硅藻土填充 3D 打印光敏树脂时发现,硅藻土的加入可使复合材料的拉伸强度提高至 34.4 MPa,断裂伸长率提高至 8.2%,同时还使固化速率和体积收缩率得到改善。林润雄等采用玻璃纤维增强改性烯丙基酯树脂,在自由基引发剂作用下制得具有良好力学性能的烯丙基酯树脂复合玻璃纤维光敏树脂,可用于制备航空航天用零部件。魏燕彦等将添加量为 0.1%~1% 的氧化石墨烯均匀分散于光敏树脂中,得到氧化石墨烯/光聚合树脂纳米复合材料,研究发现,氧化石墨烯的引入在一定程度上提高了光聚合树脂的断裂伸长率和弯曲强度,冲击强度则提高了 2 倍。

2. 光敏树脂增韧改性

杨传景等在对光敏树脂的增韧改性研究中发现,以环氧当量为 30% 的癸二酸作为增韧剂的改性环氧丙烯酸酯,其拉伸强度为 10.26 MPa,断裂伸长率为 30%。而在上述体系中引入聚氨酯丙烯酸酯后,光敏树脂的断裂伸长率提高至 109%,固化时间延长至 20 s。Zhou jian 等将硫醇烯光敏树脂和自由基引发光敏树脂进行了对比,发现在丙烯酸酯体系中加入含硫基的丙烯酸酯,可以有效抑制氧的阻聚作用,从而使材料的柔韧性增加。此外,该体系光敏树脂的拉伸强度、断裂伸长率及体积收缩率均有明显改善。

5.1.4　光敏树脂应用前景

未来市场将对 UV 光敏树脂提出更多更高的要求,如低成本、高速度、高精确度及高分辨率、高强度、高韧性、高耐热性、生物相容性、低碳环保等,同时要求开辟专用于高端领域如珠宝首饰的失蜡铸造树脂及齿科、生物医疗领域的无毒无害生物相容性好的光敏树脂等。当 3D 打印光敏树脂材料性能能够达到传统工程塑料的性能时,那么 3D 打印的制造方式势必会在传统塑料的制造方式中占有一席之地。

高性能光敏树脂是当今光敏树脂的研究热点。随着 3D 打印技术的发展和普及,拉伸强度、断裂伸长率、冲击强度等力学性能将成为衡量光敏树脂的又一标准,而具有优异热性能或生物相容性的光敏树脂可将光聚合 3D 打印技术推广到珠宝设计、生物医疗等高端领域。张洁玲等利用丙烯酰氯对温度敏感的 Pluronic F127(PEO100-PPO65-PEO100)进行化学改性,在长链的端基中引入碳碳双键,使改性 F127 具备光响应特性,从而进行光聚合 3D 打印。溶胀实验、弹性模量实验结果表明,模型的力学性能随着打印墨水浓度提高而增强,药物释放实验反映出 3D 打印模型的药物释放行为与传统制备方法类似但缓释效果更好,而细胞毒性实验证实高浓度的改性 F127(0.20 g/mL)具有较好的生物相容性,能满足 3D 打印后直接使用无须后处理的需求。与此同时,他们还发现将改性 F127 通过与海藻酸钠混合打印,利用钙离子和碳酸根离子的相互交换可实现形状记忆功能。Jin Woo Lee 等将二乙基富马酸添加到聚富马酸丙二醇酯(PPF)中以降低树脂黏度,并通过立体光刻实现 PPF 微结构的 3D 打印,再将支架放入无毒的纤维细胞培养液中,结果发现,细胞可以依附在支架表面生长。日本可乐丽公司在 2015 年开发出了兼具固化性和柔软性的光聚合弹性体,通过控制弹性体部分和光聚合部分的分子量及排列,同时实现了固化性和柔软性,该材料具备透明性、耐候性、黏合性等特点,可作为黏合剂、涂层及成型材料使用。低碳环保的光敏树脂是时代所需。3D 打印制件经常与人接触,因此低毒或无毒、气味小、对皮肤刺激小的预聚物将会备受青睐。后固化处理、残留物的清理及废水的排出等均要求光敏树脂无毒或低毒、无异味,对大气环境不产生污染。江阳等将丙烯酸通过环氧化、双乙烯酮酯化、超支化聚合、AEHB 封端制成光敏树脂,其 3D 打印制品的甲醛清除率高达 84% 左右。2015 年 10 月,3D 打印机厂商 FSL 推出了更安全的可水洗 3D 打印光敏树脂,可以用水冲洗掉打印过程中未固化的树脂,从而实现了低 VOC 及方便安全的目的。近两年,国内厂家如大业、易生、锦朝科技等也推出了各自的可水洗树脂。

陶瓷由于具有耐高温、隔热性好、防腐耐磨等特点广泛用于航空航天及生物医学等诸多领域。传统复杂陶瓷零件的加工是采用凝胶注模成型,但这类工艺需要模具,而模具制造周期较长,成本高,随着快速成型技术的发展,已经有多种快速成型技术成功应用于陶瓷零件的成型,但仍然存在着各自的缺点和不足:LOM(层和实体)工艺制成的陶瓷制件成型精度低;FDC(熔融沉积成型)工艺由于陶瓷细丝难以制造,从而导致微小结构的尺寸精度难以控制;SLS(选区激光烧结)工艺制成的陶瓷致密度低,仅能达到理论密度的 53%~65%;3DP及 IJP 等三维喷射成型技术的缺点是陶瓷墨水的固含量通常仅为 5% 左右,所制陶瓷制品的致密度较差,容易导致开裂及变形;SLA(激光光聚合成型)技术的陶瓷制件表面质量较好,尤其在微小零件的成型上便于控制精度。但是光聚合陶瓷树脂由于光聚合树脂本身黏度较高,陶瓷粉末难以混合均匀且密度大的陶瓷粉末易沉淀,导致陶瓷粉末的体积分数较低,从而导致后续的脱脂及烧结过程中陶瓷胚体的收缩较大,零件易出现变形或者裂纹。高固含量、低黏度的光聚合陶瓷浆料的获取成为一个棘手的难题。为解决这个问题,周伟召等利用硅溶胶替代去离子水,大大增加了陶瓷粉的含量,且减少了光聚合陶瓷材料的黏度,利用 SLA 技术成功的制造出一个复杂的陶瓷叶轮。Hinzewski 等使用固相含量为 53% 的浆料得到了理论密度为 90.5% 的氧化铝陶瓷制件。Gao fenggao 等以羟基磷灰石粉末为原料,使用 SLA 技术制造了用于替换人体骨骼的人造骨,所得人造骨的孔隙率为 35%~75%,抗压强度为 30 MPa。在牙科的治疗领域,Tasaki 等使用 SLA 技术制造的氧化铝陶瓷牙冠在进行了烧结并使用特定的材料进行高温熔渗之后,其抗弯强度可以到达 415 MPa。杨飞等制备了陶瓷浆料黏度仅为 463.2 cP 且粉体质量分数约为 66% 的陶瓷光敏树脂,并利用面曝光技术成功制备了带有复杂网状结构的陶瓷多孔支架。

由于材料基础相对薄弱,我国所使用的大多数材料均需从国外进口,其高昂的价格致使生产成本提高,进而限制了快速成型应用的发展。光聚合实体材料在良好打印稳定性的基础上,将朝着高固化速度、低收缩、低翘曲方向发展,以确保零件的成型精度,同时使其拥有更好的力学性能。在 UV 光敏树脂的制备方法上,未来将朝着低毒性、低迁移率、低污染、高引发效率的方向发展,从而使低成本、环保无毒、高性能的 UV 光敏树脂的面世指日可待。在具体应用方面,未来将朝着工程塑料、手办、珠宝首饰、齿科、生物医疗等高端领域发展。

SLA 光聚合 3D 打印起步早,但其发展受核心器件和专利制约。DLP 光聚合 3D 打印起步相对较晚,但由于本身的技术特点,越来越体现出其强大的技术优势。LCD 光聚合 3D 打印起步更晚,但是相关技术成熟度高,近两年得到了快速发展。当然,光聚合技术,核心技术除了光源之外,还有软件、材料、应用和工业等很多配套问题。总而言之,3D 打印是一个需要机器、软件、算法、材料、应用等多方面配合的综合学科,需要各方面完美结合才能更好更快地进入各个应用领域。

5.2　光聚合喷墨打印材料

UV 喷墨(UV cureble digital inkjet)即紫外线辐射固化数码喷墨,是紫外线辐射固化油墨与数字喷墨打印技术结合的产物,发展至今已有 50 多年历史,广泛应用于建筑装饰、包装印刷、广告标牌、工业制造等领域。

5.2.1　UV 喷墨打印机

UV 喷墨打印机主要由机器架构、供墨系统、打印喷头、控制板卡、紫外线光源、过滤系统、电脑软件控制系统等部分组成。与普通溶剂型打印机相比,增加了紫外线光源、白墨循环系统等部件。图 5-11 为工业化应用的 UV 喷墨打印机。

当前市场上主流的 UV 喷头生产厂家包括 XAAR、TOSHIBA、RICOH、EPSON、FUJI-FILM、KONICA、KYOCERA 等公司。UV 墨水一般需要加热才能适应喷头的打印黏度要

求,因此对喷头的温度控制、压电材料的耐热性以及长时间工作稳定性的生产工艺控制成为
UV 喷墨打印喷头的核心技术。当前市场上主流 UV 喷头的基本参数见表 5-1。

图 5-11 工业化应用的 UV 喷墨打印机

表 5-1 主流 UV 喷头的基本参数

喷头厂商	型号	最小墨滴/pL	喷孔数量/个
理光	GEN5	7	1 280
理光	GEN6	5	1 280
柯美	1800i	3.5	1 776
富士胶片	桑巴 G3L	2.4	2 048
东芝	CE4M	5	636
赛尔	1003 GS6	6	1 000
精工	1020BN	5	1 020
京瓷	KJ4A-AA	4	2 656

为适应市场需求,UV 卷材与平板打印设备在打印精度与幅面尺寸方面都已有显著提
高,UV 卷材打印设备的 x 轴尺寸已从 1.2 m、1.8 m 增加到 5 m 以上,UV 平板打印机也出
现了 y 轴方向尺寸超过 5 m 的打印设备。大尺寸的打印设备对打印精度提出了更高的要
求,对设备制造商也提出了更大的挑战。

5.2.2 UV 喷墨墨水的组成与生产工艺

1. UV 喷墨墨水的组成

UV 喷墨墨水主要由颜料、分散剂、光引发剂、UV 单体和低聚物组成。

(1)UV 喷墨墨水的颜料成分

UV 喷墨墨水的颜色主要包括青色、品红色、黄色、黑色、白色(见图 5-12),高端设备会
使用红色、橙色、绿色、紫色等颜色以增加色彩饱和度和色域,部分设备还会增加 UV 光油打
印特殊效果。近年来随着分散技术的进步与发展,UV 喷墨也开发了具有特殊效果的打印

墨水,如荧光 UV 喷墨墨水、具有金属光泽的 UV 喷墨墨水、光变色与热变色 UV 喷墨墨水等产品。UV 喷墨墨水的颜料成分及性能见表 5-2。

图 5-12　UV 喷墨墨水的主要颜色

表 5-2　UV 喷墨墨水的颜料成分及性能

颜色	颜料索引	物化性能	化学分类
青(cyan)	P.B.15:3	经济型,高着色力,高透明性	酞化青
青(cyan)	P.B.15:4	高着色力,低黏度,高透明度	酞化青
品(magenta)	P.R.122	耐候性:7~8 级;分子量:340;特性:色彩艳丽,高耐晒性,耐溶剂性,低迁移性	喹吖啶酮
品(magenta)	P.V.19	耐候性:7~8 级;分子量:312;特性:色彩艳丽,高耐晒性,耐溶剂性,无迁移性	喹吖啶酮
黄(yellow)	P.Y.150	高着色力,兼容性强,易分散	杂环类偶氮镍络合物
黄(yellow)	P.Y.180	特性:高着色力,高透明性,耐溶剂性,耐酸碱性,易分散性	苯并咪唑酮
黑(black)	PBk 7	耐候性:8 级;高耐候性,高光密度,流动性与分散性	碳单质微粒
红(red)	P.R.254	耐候性:8 级;优良的耐热性,高耐光性和良好的耐渗色性	吡咯并吡咯二酮
橙(orange)	P.O.34	高耐候性,高色牢度	
绿(green)	P.G.7	耐候性:8 级;低黏度,高透明性	酞化青
白(white)	P.W.6	耐候性:8 级;高耐候性	二氧化钛

(2)UV 喷墨墨水的分散剂

通常的 UV 喷墨墨水都不含有溶剂成分,因此一般选用的分散剂多为 100％固含,由于喷墨墨水对于粒径与稳定性的要求,分散剂的添加量相比传统油墨要高出很多。传统 UV 油墨的颜料粒径一般是微米级的,UV 喷墨油墨的平均粒径在 100 nm 左右,由于粒径很小,比表面积增大,所以分散剂的用量相比传统 UV 油墨要高出很多(表 5-3、表 5-4)。

表 5-3　传统 UV 油墨与 UV 喷墨墨水分散剂加量对比(按颜料质量)

颜料类别	传统 UV 油墨分散剂加量	UV 喷墨墨水分散剂加量
钛白粉	2％~4％	10％~20％
无机颜料	5％~8％	10％~20％
有机颜料	5％~25％	40％~120％
炭黑	5％~30％	40％~120％

表 5-4　UV 喷墨墨水常用分散剂对应颜料与添加量(按颜料质量)

型　号	分散颜料	加　量
BYKJET-9151	PB 15：4,PV 19,PR 122,PBk 7	40%～100%
BYK-DISPERSANT-168	PY 150	40%～80%
BYK-DISPERSANT-111	PW 6	10%～20%

(3)UV 喷墨墨水的引发剂

UV 喷墨墨水具有固化速度快的特点,墨滴打印在承印物上后应立刻经过 UV 辐射固化,以达到高精度与高速度打印的目的,为保证固化效果,墨水中的光引发剂含量较高,当前市场应用比较成熟的 LED 光源波长为 365 nm、385 nm、395 nm、405 nm,光引发剂在此波长应有较高的吸收。表 5-5 为常用 UV 喷墨墨水的紫外光引发剂。

表 5-5　常用 UV 喷墨墨水的紫外光引发剂

光引发剂	吸收波长	特　性
TPO	299～366 nm	针对有色体系,耐黄变
TPO-L	273～370 nm	液态,耐黄变
819	370～405 nm	深层固化,耐黄变
ITX	258～382 nm	与阳离子光引发剂配合使用

(4)UV 喷墨墨水的单体

UV 喷墨墨水的主要成分就是 UV 单体,其质量分数约占 UV 喷墨墨水组成的 60%～90%。由于喷头对墨水黏度的要求和喷墨墨水本身的需要,单体的选择主要依据为低黏度、高固化速度、优异的颜料润湿分散性及储存稳定性。表 5-6 为适用于 UV 喷墨墨水的部分单体。

表 5-6　适用于 UV 喷墨墨水的部分单体

单　体	特　性
THFA	低黏度,柔韧性好,良好的稀释力与附着力
IBOA	低黏度,高附着力,柔韧性好,低气味,低收缩,耐热耐水性
1,4-BDDA	低黏度,高附着力,耐候性
1,6-HDDA	低黏度,高附着力,高耐候性
NVP	低黏度,高固化速度
NVC	低黏度,高固化速度
ACMO	低气味,低黏度,高固化速度

(5)UV 喷墨墨水的低聚物

低聚物为 UV 喷墨墨水提供了特殊的性能,例如对于卷材的打印,应选择高柔韧性的低聚物;对于硬质材料的打印,应选择高附着力、高结构强度的低聚物。

2. UV 喷墨墨水的生产工艺

第一步,将颜料与分散剂按比例在 UV 单体中分散均匀后,放入研磨设备循环分散研磨,得到粒径均匀的 UV 色浆;

第二步,将光引发剂按比例溶解在 UV 单体中,然后与 UV 色浆按比例混合均匀,加入低聚物,调整黏度与表面张力以适应喷头的打印要求;

第三步,混合分散均匀的 UV 墨水经过过滤装置去除大粒径杂质,最终得到成品 UV 喷墨墨水。

(1)UV 喷墨墨水的色浆研磨

考虑到 UV 色浆的成分,单体在高温时可能发生热引发交联,所以研磨过程的温度不宜过高,色浆的黏度应控制在较低的范围内,推荐颜料含量见表 5-7。UV 喷墨墨水的色浆研磨设备如图 5-13 所示。

表 5-7　UV 喷墨色浆颜料含量

颜料	含量范围
PB 15:4	15%～20%
PR 122	12%～15%
PY 150	15%～20%
PBk 7	15%～20%
PW 6	40%～60%

图 5-13　UV 喷墨墨水的色浆研磨设备

(2)UV 喷墨墨水的过滤

UV 喷墨墨水的颜料平均粒径在 50～200 nm 之间,控制过滤的精度主要是为了提高生产效率和产品品质。在色浆研磨后应对色浆进行预过滤,使用刚性玻璃纤维材料的滤芯,这种滤芯具有高纳污量、高拦截效率、高流速等特点,能有效去除色浆中的大颗粒和凝胶成分,推荐过滤精度为 1～5 μm。墨水的终端过滤应保证去除其中的大颗粒物,以确保墨水的正常打印,使用高拦截效率的绝对精度滤芯,推荐过滤精度为 0.5～1 μm。

5.2.3　UV 喷墨的应用

1. UV 平板打印

UV 平板打印机的主要打印介质包括玻璃、陶瓷、金属、木材、亚克力等材料,应用包括广告、建材、电子设备、包装等行业。由于其打印精度高、附着力强、耐候性优异等特点,得到高端市场的广泛认可,是个性化印刷与装饰的最佳选择。图 5-14 为常用的 UV 平板打印机。

图 5-14　UV 平板打印机

2. UV 卷材打印

UV 卷材打印机的主要打印介质为柔性介质,材料包括软膜、壁纸、车贴、PVC 等。主要应用于广告灯箱、墙纸墙布、软膜贴花等领域,是替代传统溶剂型喷墨打印的高端选择。图 5-15 为常用的 UV 卷材打印机。

图 5-15　UV 卷材打印机

3. UV 喷墨 3D 打印

UV 喷墨 3D 打印是通过逐层打印 UV 墨水堆积成 3D 模型的过程,与其他 3D 成型的工艺相比,具有精度高、可着色、混合材质、浪费少等特点。图 5-16 为 UV 喷墨 3D 打印样品。

UV 喷墨 3D 打印时,首先要建立打印模型,模型可为矢量模型,也可以是通过 3D 扫描仪扫描后建构的实物模型,然后由计算机对模型进行切片处理,最后由打印机对每个切片实施打印,逐层堆积成立体模型。

图 5-16　UV 喷墨 3D 打印样品

　　打印材料分为成型材料和支撑材料,两种材料通过逐层打印堆积成为 3D 模型。支撑材料一般具有水溶性或油溶性,经过一定方式的处理,支撑材料会被去除,得到所需的由成型材料组成的模型。

　　因为不同的材料可设计由不同的喷头打印,所以 UV 喷墨 3D 打印工艺可实现不同材料的混合,得到不同部分具有不同功能的模型,同理也可直接打印有色模型,省去了拼接与着色的工艺,可直接生产具有不同使用性能的模型。图 5-17 为 UV 喷墨 3D 打印的鞋和肝脏,可以实现多颜色拼接打印。

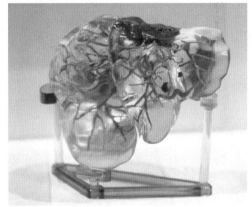

图 5-17　UV 喷墨 3D 打印的鞋(左)和肝脏(右)

　　市场研究公司 International Data Corporation(IDC)的"全球半年刊 3D 打印支出指南"的最新更新显示,2018 年全球 3D 打印(包括硬件、材料、软件和服务)支出接近 120 亿美元,比 2017 年增长了 19.9％。到 2021 年，IDC 预计全球支出将近 200 亿美元，五年复合增长率（CAGR）为 20.5％。在整个预测中，3D 打印机和材料将占到全球 3D 打印支出总额的三分之二左右，到 2021 年将分别达到 69 亿美元和 67 亿美元。UV 喷墨 3D 打印由于其自身的特性将在 3D 打印领域占有重要的地位，市场前景与应用领域将十分乐观。

4. UV 喷墨喷码

UV 喷墨喷码目前主要应用于药包、烟包、食品饮料、商用卡等需要对产品做溯源性记录的印刷品中。图 5-18 为采用 UV 喷墨喷码打印的烟盒条码。

UV 喷码墨水的固化速度极快，生产线速度可达 200 m/min，因此对喷头和墨水的要求较普通 UV 喷墨要高。由于其为可变数据印刷，市场中并没有其他可替代的生产方式，所以在未来的各类包装印刷中都将有广泛的市场前景。

5.2.4 UV 喷墨存在的问题

图 5-18 UV 喷墨喷码打印的烟盒条码

（1）对于玻璃、金属、PP 膜等材料的附着力较差，在实际使用时需要增加涂层环节以提高附着力，用户为了提高效率迫切需要对不同基材附着力更好的墨水。

（2）由于 UV 喷墨墨水固化速度非常快，在打印反光材料时容易引起紫外线反射到喷头表面，导致喷头喷孔处墨水固化堵塞。一般设备厂商会在紫外灯与喷头之间增加遮光板或将紫外灯倾斜安装。增加遮光板会使喷头高度增加，打印精度下降，而倾斜安装紫外灯又会使墨水固化速度降低，两种方式都会产生副作用。

（3）市场对高拉伸性 UV 喷墨墨水有很大需求，可应用于包括皮革、吸塑、膜材料等对墨水柔性要求很高的行业，但当前市场上的 UV 喷墨墨水产品固化后的拉伸性能在这些行业的使用效果还不理想。

（4）UV 墨水打印设备还无法达到传统溶剂型墨水打印设备的速度，依靠挥发干燥的溶剂型墨水打印设备速度已可达到 600 m²/h 甚至更高，而主流的 UV 喷墨打印机的平均速度只有 20 m²/h 左右，生产效率低，生产成本高。

（5）UV 喷墨墨水耗材价格较高，进口墨水市场价格每升 400～600 元，国产墨水市场价格每升 150～300 元，对于大面积打印应用成本相对于水性或溶剂型墨水偏高，阻碍了市场的扩大。

5.3　光聚合抗污材料

抗污涂层是指能够抵抗外来污染源附着或者易清洗的涂层。从功能来看,抗污涂层可分为抗生物涂层(包含抗菌、蛋白质以及微生物等)和抗污垢涂层(包含抗油污、碘酒、指纹、灰尘等)。目前抗污涂层应用于生活的各个方面,例如,医院的器材、船体的涂层、家具、手机、电脑等。

传统抗污涂层的固化方式为热固化,然而热固化存在能耗高、固化时间长以及使用溶剂等问题。而光聚合技术由于具备固化速度快、少量溶剂或者无溶剂、操作简便等优点而逐渐受到人们的青睐。随着国家环保法的出台,光聚合技术将得到蓬勃发展。

5.3.1　抗污涂层的机理

抗污涂层的抗污机理可分为亲水型涂层以及疏水型涂层。对于亲水型涂层,主要是利用材料的亲水性使得涂层表面形成一层水膜或者带电荷,使得油溶性或带相同电荷的物质难吸附易脱附,例如聚乙二醇丙烯酸酯以及其衍生物。而对于疏水型涂层则是利用一些低表面能的材料,使得表面污渍难黏附,例如氟硅改性光聚合树脂。

5.3.2　抗污涂层中的抗污材料

抗污树脂按照亲疏水性可分为亲水型树脂和疏水型树脂。

1. 亲水型树脂

(1)聚乙二醇丙烯酸酯及其衍生物

聚乙二醇丙烯酸酯(PEGDA)及其衍生物由于醚键的作用,使其具有亲水性,可用于抗蛋白吸附等方面。Kim Dong Gyun 等合成了一种带聚乙二醇链(PEG 链)的可光聚合星型聚合物,在光照聚合后,含 PEG 链的涂层表现出优异的抗蛋白性能。Binghe Gu 等采用光聚合的方法将聚乙二醇甲醚丙烯酸酯和聚乙二醇二丙烯酸酯接枝到被 γ-甲基丙烯酸丙酯基三甲氧基硅烷修饰的毛细管内壁,当胃蛋白酶、肌红蛋白、溶菌酶等流体通过修饰后的毛细管时,蛋白基本上没有被吸附在毛细管内壁上面。

(2)离子型树脂

离子型树脂根据其电荷性能分为阳离子型树脂、阴离子型树脂以及两性离子型树脂。常用的阳离子树脂为季铵盐型树脂。唐瑞芬等制备了可光聚合季铵盐,其结构式如图 5-19 所示。将该季铵盐加入光聚合配方,使得聚合后的涂层的亲水性增加,制备的涂层具有防雾性能。对涂层进行抗污测试(咖啡、油等),用水冲洗即可

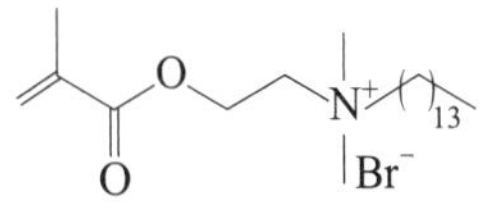

图 5-19　可光聚合季铵盐的结构式

去除表面污渍。季铵盐由于长链烷烃的存在，会出现表面迁移的现象，而光聚合涂层的表层氧阻聚严重，因此需要制备多官能度的光聚合季铵盐。Li Huang 等制备了二官能度的光聚合季铵盐，与单官能季铵盐对比，二官能季铵盐在光聚合条件下，交联密度增大，从而有助于提高涂层的整体性能。因为光聚合季铵盐具备一定亲水性能，因此在选择树脂的过程中，需要考虑季铵盐与树脂的互溶性问题以及亲水亲油平衡值（HLB）。HLB 值越小，季铵盐亲油性越强，例如石蜡（HLB 值为 0）；HLB 值越大，季铵盐亲水性越强，例如月桂醇硫酸钠（HLB 值为 40）。HLB 值过高或过低都不利于季铵盐与光聚合树脂的互溶性，且 HLB 值过高不利于季铵盐的表面迁移性。

2. 疏水性树脂

（1）光聚合氟树脂

光聚合氟树脂主要是指全氟聚醚改性的可光聚合树脂。氟树脂具有优越的耐候性、热稳定性、耐老化性、耐污性等。由于氟树脂优异的耐候性，常被用于内外墙涂料方面。

Elena Molena 等制备了两种含氟丙烯酸树脂（见图 5-20）。实验证明这两种树脂对抗蛋白性能优异，而且通过全氟聚醚丙烯酸树脂与含氟聚醚聚乙二醇丙烯酸树脂抗蛋白结果对比，含有聚乙二醇的树脂的抗蛋白性能并没有显著提高，实验结果表明低表面能材料的抗蛋白性能比两亲性材料性能优异。

（2）光聚合硅树脂

光聚合有机硅低聚物是以聚硅氧烷中重复的 Si—O 键为主链结构的聚合物，并具有可进行聚合、交联的反应基团，如丙烯酰氯基、乙烯基或环氧基等。从当前光聚合的应用上看，主要为带丙烯酰氧基的有机硅丙烯酸酯低聚物，因其具有耐高低温、优良的电绝缘性、耐候性、耐臭氧性、耐水耐潮湿性、耐化学腐蚀性、表面活性等特点，在防污涂料中得到广泛应用。有机硅树脂的表面能明显低于其他树脂，仅略高于氟树脂，但有机硅树脂比氟树脂成本更低廉。

刘国军等提出通过接枝液体聚合物使其形成纳米尺度补给池来赋予涂层抗污性能，其制备过程如图 5-21 所示。聚二甲基硅氧烷-酰氯（PDMS-COCl）先与聚合物 P1 发生反应，生成 P1-g-PDMS$_{68\%}$ 或 P1-g-PDMS$_{29\%}$，其中 68% 和 29% 为 PDMS 在共聚物中的质量分数，P1-g-PDMS$_{68\%}$ 或 P1-g-PDMS$_{29\%}$ 与 P1 在溶剂中共混会形成胶束，然后与六亚甲基二异氰酸酯三聚体（HDIT）反应形成表面有纳米微区的抗污涂层。该设计主要包含以下三个方面的特点：①低表面能的聚合物形成的聚合物刷赋予了材料表面的抗污性能；②接枝的低表面能聚合物通过微相分离所形成的纳米微区在表面聚合物受外力磨损的情况下可以形成新的聚合物刷，实现自补给功能，从而克服传统方法中由于表面力学性能差而导致抗污性能持久性不好的问题；③通过接枝聚合物的策略，保证低表面能液体不会发生宏观相分离，其纳米级别的相区尺寸可保证涂层的透光性。

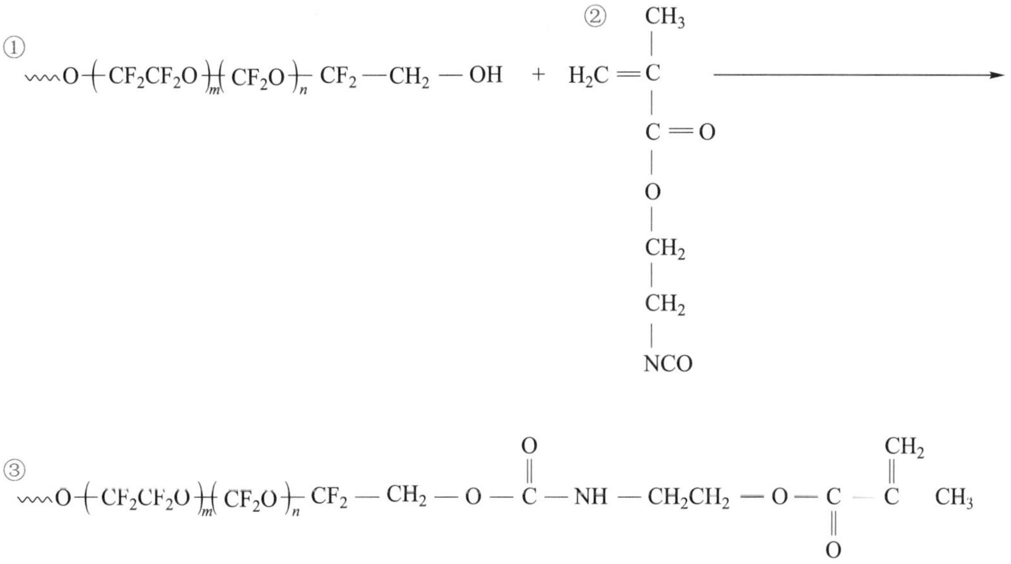

① ~~~O⫲CF₂CF₂O⫲ₘ⫲CF₂O⫲ₙ CF₂ — CH₂ — OH　+　② 结构式

(图中反应式 a)

③ ~~~O⫲CF₂CF₂O⫲ₘ⫲CF₂O⫲ₙ CF₂ — CH₂ — O — C — NH — CH₂CH₂ — O — C — C 结构式

(a) 全氟聚醚①与异氰酸丙烯酸酯②反应生成全氟聚醚二甲基丙烯酸酯③

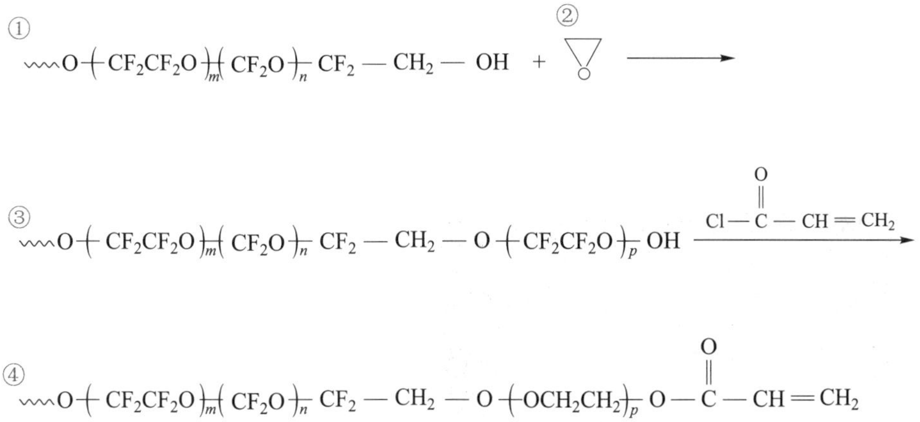

① ~~~O⫲CF₂CF₂O⫲ₘ⫲CF₂O⫲ₙ CF₂ — CH₂ — OH　+　② 环氧乙烷

③ ~~~O⫲CF₂CF₂O⫲ₘ⫲CF₂O⫲ₙ CF₂ — CH₂ — O⫲CF₂CF₂O⫲ₚ OH

④ ~~~O⫲CF₂CF₂O⫲ₘ⫲CF₂O⫲ₙ CF₂ — CH₂ — O⫲OCH₂CH₂⫲ₚ O — C — CH = CH₂

(b) 全氟聚醚①与环氧乙烷②反应生成乙氧基全氟聚醚③，随后与丙烯酰氯反应，生成含氟聚醚聚乙二醇二丙烯酸酯④

图 5-20　含氟丙烯酸酯的制备方法

　　图 5-21 中，图(a)、(b)和(c)分别为 HDIT、PDMS-COCl 和聚合物 P1 的化学结构。图(d)为含有 P1-g-PDMS₆₈% 涂层的原子力学显微镜图以及抗污涂层的制备过程图[将接枝PDMS 的 P1-g-PDMS₂₉% 与 P1 加入碳酸二甲酯中，P1-g-PDMS₂₉% 与 P1 会形成胶束(过程1～2)；然后加入 HDIT 并涂布在基材上，在 120 ℃下加热 12 h，最终形成抗污涂层(过程2～

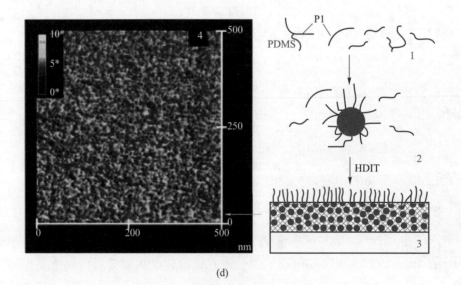

图 5-21　抗污聚合物及抗污涂层的制备

3)。可以在 P1 中接枝环氧基团或者丙烯酸酯,从而实现光聚合,达到快速制备抗污涂层的目的]。

中国专利(专利号:201710785452)制备了一种抗涂鸦聚醚有机硅改性环氧丙烯酸光聚合树脂。其特征在于,所述的聚醚改性有机硅基团为 Si-C 型或 Si-O-C 型,且聚醚改性有机硅基团为支链型或侧链型。该树脂经 UV 聚合后,可获得具有疏水疏油性能及抗涂鸦效果的涂层。

由于有机硅树脂的表面迁移效应,在添加量较少的时候就能达到很好的抗污效果。如果考虑降低成本,可考虑添加少量的有机硅树脂,但会导致抗污涂层的耐擦洗次数降低,通常十次以内,可以轻易擦除,当擦拭次数高于十次,污渍的擦除比较费力。可能原因是由于表面氧阻聚的存在,表面固化不完全,在擦拭过程中,表面有机硅树脂会随着污渍被擦除,暴露的涂层中的有机硅树脂含量降低,导致污渍的擦除比较困难,可考虑采用有机硅树脂与无机粒子的组合,制备表面微纳结构的涂层,可提高涂层的抗污性能以及耐擦试次数。

(3)光聚合长链烷烃树脂

光聚合长链烷烃树脂由于其长烷基链,使得树脂具备低表面张力,但树脂的互溶性比较差,例如丙烯酸十八酯为白色蜡状,与常规光聚合树脂的互溶性较差。一般采用长链烷烃对光聚合树脂改性,使其最后涂层具备抗污性能,例如采用卤代烃制备可聚合季铵盐。

3. 无机粒子

除了氟硅等特殊性能的树脂可使涂层具备抗污性能外,无机粒子的添加也有助于涂层的抗污性能。例如二氧化钛(TiO_2)具备光催化性能,能降解有机物;二氧化硅等纳米粒子的添加可以增加涂层表面的粗糙度,有助于提高涂层的抗污性能。对纳米粒子进行氟硅改性,可以将氟硅的低表面能与纳米粒子的尺寸(即粗糙度)结合制备抗污涂层。

(1)TiO_2

TiO_2 具有光催化的性能,在受到紫外光或可见光的照射后,生成的活性氧化物可以分解有机物。其原理是:TiO_2 在紫外光照射下,其电子被激发到导带,在表面生成电子空穴对,电子与 Ti^{4+} 反应,空穴则与表面桥氧离子反应,分别生成 Ti^{3+} 和氧空位。空气中的水解离吸附在氧空位中形成表面羟基,从而使表面亲水化;当停止紫外光照射时,表面羟基慢慢被空气中的氧所取代,重新回到疏水状态。TiO_2 常见的晶型有 3 种,分别是金红石型、锐钛型和板钛型。其中金红石型和锐钛型 TiO_2 是常用的光催化材料,具有较高的催化活性。现在 TiO_2 光催化剂主要应用于印染废水降解。

TiO_2(工业中俗称钛白粉)是涂料的一种常规填料,主要用于白色漆。利用 TiO_2 的光催化降解有机物的性能,可将 TiO_2 与光聚合树脂混合制备涂层用于室外。在光照条件下 TiO_2 涂层产生活性氧,活性氧不仅能杀死细菌,而且也能分解各种有机物。

（2）SiO₂

SiO₂粒子由于其表面具有羟基，具备一定的亲水性，在添加到光聚合树脂体系中时，SiO₂粒子既能提供物理方面的表面粗糙度以及化学方面的亲水性，使得光聚合涂层表面形成一层水膜，起到抗污的效果；还可以对SiO₂进行改性，表面接枝可光聚合基团以及含氟基团，使得SiO₂具备疏水性。从而掺杂改性SiO₂可使涂层具备抗污性能。

温佳佳等制备氟改性纳米SiO₂用于聚氨酯丙烯酸酯涂层中，使涂层的疏水性和表面硬度提高。而冯晓峰等采用多巴胺改性纳米粒子，并结合迈克尔加成以及季铵化反应制备两性离子纳米粒子，将该粒子沉积在玻璃和不锈钢表面形成涂层，具备优异的亲水性以及抗牛血清蛋白吸附性能。

4. 改性光引发剂

章宇轩等通过对光引发剂2959进行氟改性制备了含氟光引发剂，其结构式如图5-22所示。这种光引发剂在光照条件下裂解，含氟端的自由基自发迁移到表面引发反应，最后生成的涂层具备疏水性能。为了测试氟改性光引发剂对涂层亲疏水性能的影响，将氟改性2959添加到聚乙二醇丙烯酸酯（PEGDA）体系中进行光聚合，并测试其接触角，其结果如图5-23所示，未改性2959的PEGDA涂层接触角为40.1°，而添加了氟改性2959（F-2959）的PEGDA涂层的接触角则高达106.9°，说明含氟光引发剂的添加使得涂层具备疏水性。采用油性记号笔对涂层表面进行抗污型测试，笔迹能轻易擦除，说明该涂层具备抗污性能。

图 5-22　含氟光引发剂的结构式

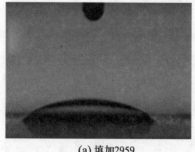

(a) 填加2959　　　　　　　　　　(b)添加F-2959

图 5-23　添加不同引发剂时聚乙二醇丙烯酸酯涂层接触角

抗污涂层的应用范围广，亲水型涂层主要用于生物医用方面，而疏水型涂层主要应用于工业和家具方面。其中，以疏水型涂层为例，常用的有机硅树脂的抗污效果最好，成本也相对较低，但抗污效果会随着擦拭次数的增加而降低。虽然亲水型涂层可以达到多次洗涤，但由于其表面能较高，涂料表面容易吸附一些表面能较低的物质，而且亲水型涂层还需要考虑其耐水性能。因此，需要设计新型抗污树脂或改进工艺等以克服现有抗污涂层的缺陷。

5.4 光聚合彩色光阻材料

近年来，平板显示器以其高清晰度、低功耗、低辐射和体积轻、薄等特点，迅速地融入人民生活。随着技术的日渐成熟以及成本的日益降低，液晶显示器（LCD）在众多市场热点中脱颖而出，广泛应用于电视机、手机、平板电脑、笔记本电脑等产品之中。而随着技术的发展与市场的需求，有机电致发光显示器（OLED）处于开发和试生产阶段，部分产品开始推向市场。平板显示器是高投入产业，出于成本竞争考虑，大型化面板生产是发展方向。迄今，LCD 面板制造已经发展到第 10.5/11 代生产线，面板规格已达 3 370 mm×2 940 mm。加工面板的大型化要求材料尺寸满足加工的需要，所以材料的连续化和大面积化生产是必然趋势。

平板显示器制造技术的发展涉及众多技术领域，包括光学、半导体、电机、化工、材料、印刷等。其中所涉及的材料不但种类众多而且技术领域不同，在产业中占据重要地位。因此，材料的制造技术对平板显示技术的发展和创新具有重要意义。平板显示器的快速增长和普及离不开光聚合技术的促进作用，当前在平板显示器的生产制造中已有许多工艺采用了光聚合技术及产品，还有一些平板显示器所用的材料和制造工艺有望依靠光聚合技术来实现，或通过光聚合技术提高显示器的性能和生产速度。尤其是在彩色滤光片制造过程中，光聚合技术发挥着重要作用。

在液晶显示器中（见图 5-24），其显示原理是将液晶置于两片导电玻璃之间，通过驱动电压的改变，引起液晶分子的扭曲，控制光线的透射或遮蔽，在电源开关之间，产生明暗而将影像显示出来。在两片玻璃基板上装有配相膜，液晶会沿着沟槽配向。当未加入电场时，透过上偏光板的光线跟着液晶做 90°扭转，通过下方偏光板，液晶面板显示白色；当加入电场时，液晶分子发生配向变化，光线通过液晶分子维持原方向，被下方偏光板遮蔽，光线被吸收，液晶面板显示黑色。通过偏光片、液晶以及驱动 IC 的共同作用，使得液晶面板达到显示效果。但是，此时的面板为黑白显示，要想使面板达到彩色显示的效果，还需要彩色滤光片的参与。

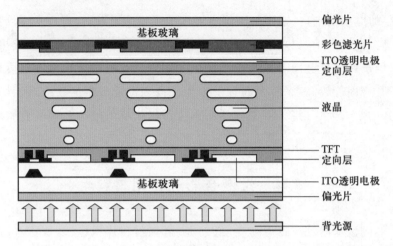

图 5-24　液晶显示器构造示意图

5.4.1　彩色滤光片（CF）

　　彩色滤光片是液晶显示器实现彩色显示的关键器件，可以实现 LCD 面板的彩色化显示，占面板成本的 14%～16%。LCD 是非主动发光显示，其背光模块及外部入射光提供的光源，通过驱动 IC 与液晶来控制光线形成灰阶显示，从而产生黑白两色显示画面。而当光线透过彩色滤光片的红、绿、蓝彩色层后，才会形成彩色显示画面。图 5-25 为彩色滤光片示意图。

　　彩色滤光片中，除玻璃基板以外，最为重要的材料便是光阻材料，包括黑色矩阵（BM）和彩色光阻（CR），光阻材料占 CF 成本的 27% 左右。其中

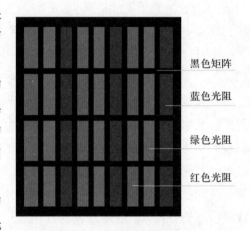

图 5-25　彩色滤光片示意图

BM 光阻材料的用量最大，而且因为黑色的全光谱吸收特性，使得材料对光的吸收受限，增大了光固化反应的难度，因此 BM 对材料的感光性能具有非常高的要求。BM 的作用主要是提升 LCD 对比度，防止 TFT 元件产生光漏电流，遮掩 LCD 显示时的一些斜漏光现象。所以要求它的遮光性强、反射率低、与玻璃的附着性强，同时要求材料具有低电容率、无导电性、间隙物的强韧性以及对液晶的低污染等。彩色滤光片的制作就是在玻璃基板上应用黑色光阻材料制作黑色矩阵，再应用红、绿、蓝光阻材料制作三原色像素。

　　彩色滤光片的制作方法（见表 5-8）有很多种，包括染色法、颜料分散法、印染法、电沉积法、喷墨法等，均涉及光刻技术。其中颜料分散法具有工艺简单、性能稳定、可靠性强等优点，其制备方法是：首先将色浆分散在光阻剂中，再将光阻剂涂布在透明的玻璃基板上，经过曝光、显影等光刻工艺，得到有色的图形。反复三次后，可以完成红、绿、蓝三原色滤光层的

制备,随后涂布保护层及 ITO 透明电极,即得到彩色滤光片产品。

表 5-8　彩色滤光片的不同制造方法

着色层		染色法	颜料分散法	印染法	电沉积法	喷墨法
	染色剂	染料	颜料	颜料	颜料	颜料
	树脂	丙烯酸树脂、明胶等	丙烯酸类树脂、聚酰亚胺树脂、聚乙烯醇树脂	环氧类树脂	丙烯酸类树脂	丙烯酸树脂、明胶等
膜厚/μm		1.0～2.5	1.0～2.0	2.0～3.5	1.5～2.5	1.0～2.5
分辨率/μm		10～20	5.0～10	50～80	10～20	10～20
分光特性		○	△	△	△	○
平整性		△	△	×	○	△
耐热性/℃		180	260	250	250	250
耐光性		×	△	△	△	△
耐化学性		×	△	△	△	△
工程数		×	△	○	△	○
大型化		×	△	×	△	○

注:○—好;△—良好;×—差。

通过彩色滤光片的制作流程(见图 5-26)可见,彩色滤光片精度的提高依赖于色浆和光阻材料的质量,光阻材料蚀刻分辨率对液晶彩色显示起着关键作用。其中涉及的关键技术包括:AIN 的镀膜技术、基板清洗技术、膜厚控制技术、段差控制技术、线宽控制技术、总间距控制技术、图形对位精度控制及光刻技术等。

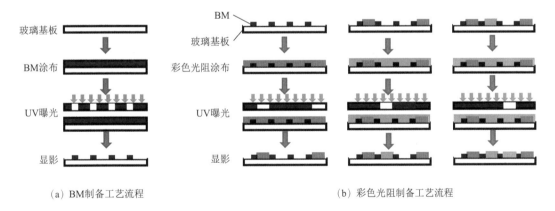

（a）BM制备工艺流程　　　　　（b）彩色光阻制备工艺流程

图 5-26　彩色滤光片制作流程图

由于当前终端应用产品对于 LCD 面板高画质显示能力的需求不断提升,彩色滤光片也逐步向高亮度、高对比度、高色彩饱和度、高分辨率的方向发展。

5.4.2 光阻材料

1. 黑色矩阵(BM)

黑色矩阵是一种负性光刻胶,其主要成分为高分子树脂(resin)、色浆(pigment)、单体(monomer)、光引发剂(photoinitiator)、溶剂(solvent)以及添加剂(additives)。在彩色滤光片中,黑色矩阵起着遮蔽光线以及为后续涂布的红、绿、蓝三原色光阻构建框架的作用,因此对于其性能具有更高的要求。

(1)高光学密度

光学密度(optical density,OD),是表征材料阻挡光线通过能力的物理量,OD 值较高可以避免像素以外区域漏光,阻隔像素间的背光,达到增高对比度的作用。因此高的 OD 值就成为了开发 BM 材料所追求的最主要的目标之一。

(2)高感光性能

由于黑色矩阵中黑色的来源主要为纳米级炭黑颜料,其对于紫外光具有明显的吸收和散射作用,与光引发剂对于紫外光能量的吸收形成了竞争作用,从而会造成曝光时间增长,聚合效果减弱等问题。因此黑色矩阵具有高感光性能是十分必要的。

(3)良好的耐热性

作为最先被涂布到玻璃基板上的光阻材料,黑色矩阵在经历 230 ℃后烘过程之后,还要在其他光阻涂布过程中经历多次高温处理(均超过 200 ℃)。此外,彩色滤光片上还需通过溅射方法镀上一层透明导电薄膜。对于薄膜晶体管液晶显示器(TFT-LCD)而言,此工艺施工温度为 180 ℃;而对于超扭曲向列液晶显示器(STN-LCD)而言,此工艺施工温度高达250 ℃。因此,要求黑色矩阵具有良好的耐热性。

(4)高附着力

若 BM 和玻璃基板之间附着力不好的话,则光阻在显影制程中容易产生剥落,因此高附着力是材料能否正常使用的最重要性能之一。

(5)高解析度

解析度是指可以被显像的最小线宽,解析度越高,所得到线条密度越高,材料性能越好。黑色矩阵的作用之一即为后续涂布的红绿蓝三原色光阻构建框架,其最小线宽要求可达5 μm以下。因此,高解析度是 BM 材料主要的指标之一。

(6)水性显影体系

由于水性显影体系具有操作简便、无毒、无污染等特点,因此,要求黑色矩阵可在碳酸氢钠等弱碱溶液中显影。

此外,还应考虑黑色矩阵材料的储存及加工稳定性、耐光照、耐湿气、耐化学腐蚀等性能。

2. 彩色光阻(CR)

作为彩色滤光片的重要组成部分,彩色光阻在其中起到的最重要的作用便是通过 RGB 三原色的组合使 LCD 显示出各种颜色。因此,对于彩色光阻而言,最大的要求在于,其除色浆以外的组分尽可能无色或颜色较浅,这样可以得到符合要求的红、绿、蓝三原色,避免影响滤光片的透射光谱。另外,色彩的鲜艳程度、色彩饱和度以及对比度也是衡量彩色光阻的重要指标。

对彩色光阻而言,其最小线宽要求一般大于 20 μm;RGB 颜料对于紫外光的吸收和散射作用弱于炭黑颜料,加工工艺条件相对温和。因此,与黑色矩阵相比,对于彩色光阻的解析度、耐热性等性能的要求有所降低。而随着下游终端产品对分辨率的更高要求,RGB 三种子像素的线宽有逐渐降低的趋势。

5.4.3　间隔柱(PS)

在液晶显示器中,液晶材料被均匀填充在上下两层玻璃之间。为了保证显示的质量,要求两层玻璃之间保持精确的空隙,因此需要填充衬垫材料即间隔柱,使其均匀分布于显示区内,维持玻璃间隙。

除此之外,还有一种新的间隔柱制作技术正在研制和应用中,即将间隔柱材料与 BM 结合,在制作 BM 的同时制作间隔柱。此工艺要求 BM 材料在上述要求基础上,具有精确的分辨率以及良好的机械强度,足以支撑液晶盒的压力。此外,对于间隔柱的耐候性以及可靠性也有较高要求,在显示器寿命周期内不能发生变化,也不能对液晶材料产生影响。

5.4.4　光阻材料体系构成

1. 溶剂

由于光阻材料中树脂黏度较高,常用高官能度单体、色浆又具有难于分散等特点,因此在光阻材料中,需要使用大量的溶剂,以降低体系黏度,提高其加工性能。因此,溶剂成为光阻材料中用量最大的组成部分,通常其用量会超过 60%。而随着面板尺寸大型化的趋势,为保证光阻材料的涂布性能,光阻材料黏度需逐步降低,溶剂的用量更是有所增加。

丙二醇甲醚醋酸酯(PGMEA)(见图 5-27)具有优异的溶解能力及较合适的沸点(146 ℃),是光阻材料中最常用的一种溶剂。除此以外,根据不同的施工工艺条件,丙二醇二乙酸酯、3-乙氧基-3-亚胺丙酸乙酯、2-庚烷、3-庚烷、环戊酮、环己酮、二乙二醇甲乙醚等溶剂也常会作为共溶剂使用。

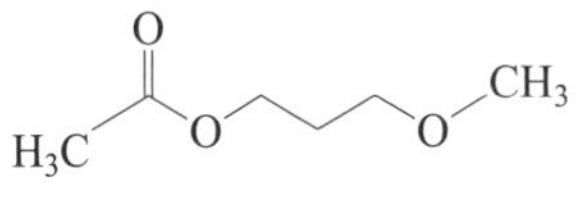

图 5-27　丙二醇甲醚醋酸酯

2. 光引发剂

色浆在赋予了光阻材料相应颜色的同时,也影响了曝光过程中光阻材料对紫外光的吸收。因此,在光阻材料中所采用的光引发剂一般应具有较高感度。为配合光源(高压汞灯)的吸收光谱,所用光引发剂的吸收波长一般在 400 nm 以下,为在 i 线获取足够能量,可单独使用肟酯类光引发剂或将其与其他裂解型光引发剂配合使用。肟酯类光引发剂引发机理如图 5-28 所示,受到光照后,引发剂会裂解生成高活性甲基自由基,引发聚合反应。

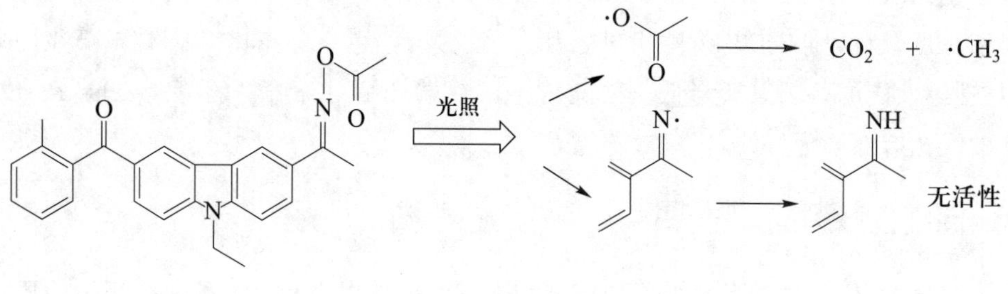

图 5-28 肟酯类光引发剂引发机理

3. 树脂

由于光阻材料对耐热性要求较高,因此对于树脂的结构具有较高要求,通常选用芴树脂。而由于要在弱碱溶液中进行显影流程,还要求树脂具有一定的酸性,树脂酸值的大小直接影响到显影速度。此外,由于聚合反应的需要,还需要在树脂中引入碳-碳双键,在聚合过程中形成高度交联的三维网络结构。常用的芴树脂结构如图 5-29 所示,这种树脂满足了对光阻材料中基础树脂的大多数要求。由于光阻材料中所用树脂一般具有较高的黏度,为方便加工取用,树脂中通常会含有 40% 左右的溶剂 PGMEA。

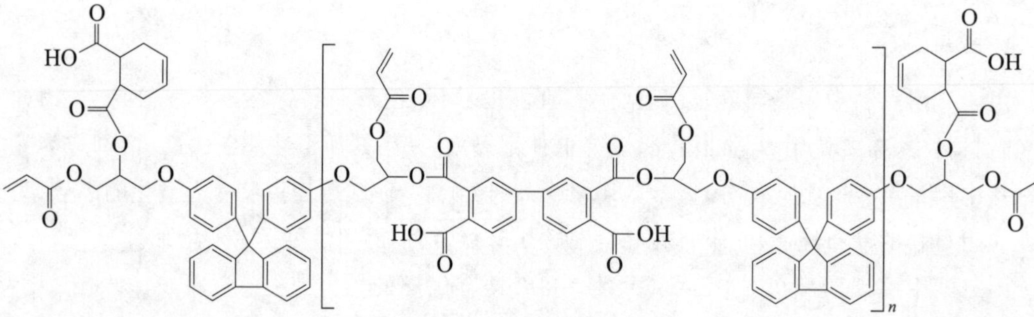

图 5-29 一种典型的芴树脂

此外,为调节光阻材料对玻璃基板表面的附着力、耐化学性等性能,芴树脂还可以与环氧树脂、环氧丙烯酸酯、聚氨酯丙烯酸酯等树脂配合使用。

4. 单体

单体在起到调节体系黏度作用的同时,还可以通过调节单体与树脂的比例控制显影速度。光阻材料中,通常会选用多官能团丙烯酸酯单体,官能团数量通常大于 4。由于在光阻材料涂布后,会经历约 100 ℃ 的前烘工艺过程,为防止过度热聚合反应的发生,一些反应活性过高的单体,如三羟甲基丙烷三丙烯酸酯(TMPTA),在光阻材料中较为少用。常用的一些单体结构如图 5-30 所示。

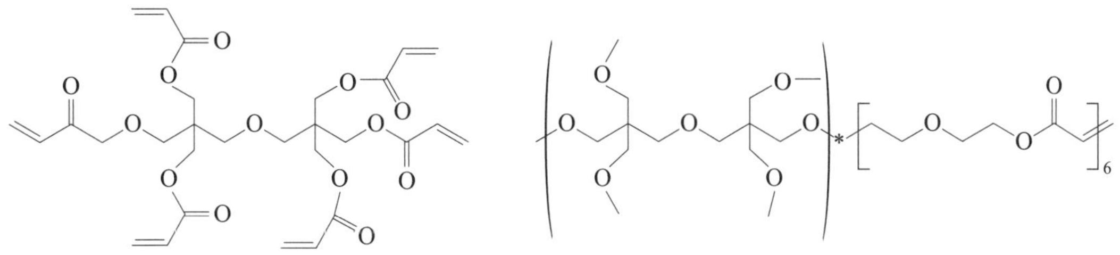

(a) DPHA　　　　　　　　　　　　(b) DPEA-12

图 5-30　光阻材料中常用单体

5. 色浆

色浆在起到为光阻材料着色的作用同时,对于光阻材料成型后的形貌及垂直性也起到重要作用。色浆由颜料、分散剂及溶剂组成,三者比例大约为 25∶2∶73。其中颜料为经过分散研磨的纳米级颗粒,黑色矩阵所用色浆中的颜料通常为炭黑;彩色光阻色浆中所用颜料为相应颜色的商用品,如 R177、R254、G58 等。在色浆中,纳米颜料颗粒在分散剂的作用下,稳定的存在于溶剂中,不易团聚,粒子以小于 100 nm 的尺寸分散于溶剂中。此外,为了提高光阻材料的储存稳定性,在一些色浆的研磨制备过程中,还会加入分散树脂。所加入分散树脂的种类与光阻材料配方中所用树脂相同或相似。

6. 助剂

助剂可以改善光阻材料的涂布性能与稳定性,降低施工与储存难度,是光阻材料中必不可少的组成部分。为达到良好的流动平整性,消除光阻薄膜表面的各种缺陷,需要加入流平剂;为了增进树脂与色浆中颜料颗粒的稳定性及提高附着力,需要加入硅烷偶联剂。助剂的用量需要控制,因为助剂不参与光聚合反应,会留在光阻材料中形成针孔、反黏等弊病。

光阻材料中常用的助剂主要有阻聚剂、流平剂及硅烷偶联剂等。

(1)阻聚剂:为防止光阻材料在运输及储存过程中发生自聚,需要在光阻材料中加入适量阻聚剂,常用的有对苯二酚和对羟基苯甲醚等。

(2)流平剂:光阻材料涂布过程中出现的各种缺陷,如涂布不均、针孔、白缺等,主要是流平性欠佳的表现。因此,需要在配方中加入流平剂以改善。常用的流平剂主要为含氟化合物。

(3)硅烷偶联剂:光阻材料需要具备较高的附着力,同时,为了增强色浆中颜料颗粒在体系中的分散稳定性,常需要加入硅烷偶联剂,以提高附着力及分散稳定性。由于体系中树脂显酸性,常选用带有氨基的硅烷偶联剂,如 N-乙烯基苄基-2-氨乙基-3-氨丙基三甲氧基硅烷盐酸盐。

5.4.5　国内光阻材料发展现状

我国作为电子产品生产大国,电子化学材料产业已经初具规模,但是发展水平和速度都无法满足高速发展的电子信息产业的需求,整体进口依存度非常高。2017 年电子化学材料的国内市场销售额已突破 2 000 亿元,但是其中大约 60% 为进口产品,其中液晶面板滤光片生产中必须使用的光阻材料基本依赖进口。而随着国内众多高世代平板显示生产线的落地,对于光阻材料的需求正在日益增长。

这种供需现状,与我国平板显示产业已升居世界前列的地位极不相称。而光阻材料一般保质期不超过 6 个月,国内相关企业无法大批量备货,一旦国际局势发生变化,我国平板显示行业将会遭遇极大的困难。因此,大力提升国产电子化学品的研究和制造水平,完善自我配套,已经成为必须要实现的国家战略。

我国在光阻材料的知识产权方面也十分贫乏,主要技术与工艺都掌握在日本、美国、部分欧洲国家、韩国等公司手中,目前我国虽有一些公司在申请相关专利,除少数品种外,多数处于中低端水平。

因此,发展我国具有自主知识产权的光阻材料制备的关键技术,打破国外的技术封锁和技术垄断,是我国平板显示行业可持续发展的最重要的出路。

5.5　光聚合复合材料

复合材料种类繁多,包括一维、二维和三维尺度的纳米材料与树脂基体复合形成的复合材料。复合材料的各种功能和应用前景不断地被研究人员探索发现,这是一个发展非常迅速的领域。

5.5.1　光聚合纳米复合材料

光聚合纳米复合材料就是以纳米材料为填料,与有机基材相结合形成一个二维或三维的连续网络结构,赋予体系新的功能。

最常见的纳米复合材料是有机基材与纳米粒子复合,形成复合材料的性能并不是有机基材和纳米粒子性能的平均值,而是具有不同于有机基材和纳米粒子的独特性能。在纳米复合材料中,可能是一相围绕另外一相形成连续相,也有可能是二者形成互穿网络结构。

光聚合复合材料主要是以(甲基)丙烯酸酯类单体(树脂)、环氧类单体(树脂)等为有机相形成的纳米复合材料。按照不同的标准,光聚合纳米复合材料可以分为很多种类。

(1)分散相维数。根据分散相(无机纳米材料)维数的不同可以将纳米复合材料分为一维纳米复合材料、二维纳米复合材料和三维纳米复合材料,主要依据纳米材料在几维尺度上具有纳米级尺寸,如石墨烯与环氧树脂复合后形成的是一维纳米复合材料;纳米纤维与环氧树脂复合后形成的是二维纳米复合材料;银(金)纳米粒子小球与环氧树脂复合后形成的是三维纳米复合材料。

(2)两相间的相互作用。根据两相界面的连接方式可以分为弱界面相互作用(如氢键、范德华力等连接)纳米复合材料和强界面相互作用(如离子键、共价键连接)纳米复合材料。

对于光聚合纳米复合材料而言,填料是一个关键的问题。常用的填料有黏土、金属粒子、氧化物、碳纳米管、石墨、石墨烯、富勒烯和炭黑等。多功能化的复合材料中还会加入纳米纤维。这些填料的加入有利于改善有机基材的力学性能、耐磨性、耐刮伤性、热稳定性等。虽然光聚合纳米复合材料引起了研究人员的极大兴趣,但是有色的纳米复合材料在实际应用过程中受到了很大限制,特别是碳系填料(如碳纳米管、石墨、石墨烯、富勒烯和炭黑等),通过光聚合手段很难将其快速固化完全。因此,目前在实际生产中大量使用的纳米复合材料主要是以热固化的方式固化成型。

5.5.2 阳离子光聚合薄层复合材料

在实际应用中,利用改性的或未改性的填料增强树脂基复合材料薄膜(涂层)被广泛地应用于工业生产。Sangermano 等利用碳纳米管与环氧树脂复合制备得到具有抗静电性能的涂层。碳纳米管具有很大的长径比和高导电率,在体系中只需要加入微量的碳纳米管就可以达到导电渗滤阈值,同时有助于维持和增强体系的机械性能。其他的碳系填料如炭黑(CB),需要大量的添加才能达到体系的导电渗滤阈值。在环氧树脂(单体)中加入噻吩和光催化剂,如氧化石墨烯或二氧化钛,可以制备光聚合导电油墨。Datta 等利用薄层石墨片作为环氧树脂的填料,研究发现复合材料随着填料的添加量降低,体系的导电性下降,电流的渗滤行为取决于树脂的化学性质,同时体系的黏结性和耐电性能有所降低;增加体系填料的添加量,体系的导电性明显增加。填料不仅会影响体系的各种性能(力学性能、导电性、热稳定性等),也会影响光聚合过程中的反应速率。Gallego 等研究了不同填料如剥离石墨(EG)、功能化石墨烯(FGS)、多壁纳米碳管(MWCNTs)、氧化和功能化多壁纳米碳管对光聚合的环氧复合材料的固化过程和性能的影响。研究结果显示,微量的多壁纳米碳管即可使体系达到电流的渗滤阈值,使体系具有导电性。功能化石墨烯(FGS)的加入则可以提高体系的机械性能并能够提高玻璃化转变温度 T_g。但是,填料的加入降低了体系的反应速度和最终转化率,这一方面是因为碳系填料对光的屏蔽作用,光难以在体系中传播;另一方面是因为填料的加入提高了体系的黏度。活性稀释剂能够有效降低体系的黏度,并且能够提高体系固化后的拉伸模量,使体系具有更高的 T_g。

利用原位生成二氧化硅纳米粒子的方法制备光聚合复合材料时,由于硅烷醇基使体系的链转移反应增加,可提高体系固化速度。同时相比于将二氧化硅的纳米颗粒与环氧树脂混合,利用光聚合技术制备复合材料的方法,原位生成的二氧化硅纳米粒子在体系中的分布更加均匀(基本上不可能出现团聚现象),而且二氧化硅颗粒与环氧树脂间由化学键连接,界面强度更高。

Literature 等将功能化的纳米氧化铁粒子与环氧基树脂共价交联,纳米粒子的直径在 5～10 nm,经阳离子光聚合后得到透明的复合材料涂层。复合材料中功能化的纳米氧化铁粒子与环氧基树脂形成了均相结构,复合材料的力学强度和 T_g 均有所提高,而且制备得到的复合材料涂层具有一定的磁性。

Corcione 等研究了有机改性勃姆石填料对脂环族环氧树脂体系的黏度影响,随着填料增加,体系的黏度会增大。有报道称即使体系中仅含有 $1\%\sim5\%$ 的勃姆石填料,也能明显提高环氧聚合物的 T_g。这主要是因为填料在体系中均匀分散会减低体系的自由体积,从而提高体系的 T_g。

各种黏土也作为填料被用于增强环氧树脂,如蒙脱土由于独特的片层结构可以提高填料与环氧树脂之间的相互作用。剥落的黏土能够显著提高环氧树脂基复合材料的机械性能。黏土与环氧树脂间的相互作用力增强,不仅可以提高体系的机械性能,还可以提高体系的耐溶剂性、耐湿性和耐老化性能。利用具有插层和剥层形态的改性黏土可制备具有透明性的光聚合复合材料,同时可以提高光聚合复合材料体系的热性能、机械性能、耐刮伤性能等。Bongiovanni 等研究发现,Na-蒙脱土与环氧树脂基体在光聚合过程中,在特殊的条件下,聚合物可以插层进入蒙脱土的片层中,水解作用在这一过程中是必不可少的。如果体系处于完全无水的状态,则不会出现聚合物插入蒙脱土片层的现象。Bongiovanni 等研究发现在用黏土增强环氧树脂复合材料的过程中,一些因素会影响到光聚合过程的动力学。黏土中存在的水分会降低光聚合的反应速率,但可以通过热处理除去黏土中的水分以缩短体系的诱导期。由于黏土表面带有大量羟基,可对其进行表面改性处理,以提高光聚合的反应速率。Literature 等的相关实验结果表明,黏土的层间距离增加将会影响体系的反应动力学。在环氧树脂中加入一定量的二元醇(如乙二醇),不仅可以提高体系的反应速率,还可以提高固化后薄膜(涂层)的力学性能。分散在环氧树脂中的有机黏土在体系固化后与环氧基材之间具有很强的物理相互作用。同时,有机黏土填料使环氧树脂体系具有剪切变稀的特性。在光聚合过程中,黏土的结构和形貌不会被破坏,剪切变稀的特性可以使黏土与环氧树脂均匀混合,得到预期具有纳米结构的复合材料。

溶胶-凝胶过程通过水解反应与缩合反应相结合,制备无机粒子并将其分散到有机基材中。溶胶-凝胶过程涉及多官能的无机氧化物水解作为复合材料体系中无机相的前驱体。目前很多文献报道了溶胶-凝胶过程与阳离子光聚合相结合的研究进展。Crivello 用体系中微量的光产酸激发溶胶-凝胶缩合反应,得到了又硬又脆,像玻璃一样的凝胶。对于阳离子开环光聚合和溶胶-凝胶缩合反应的动力学进行研究发现,阳离子开环光聚合的反应速率更快。Titania 已经报道过用阳离子光聚合结合溶胶-凝胶反应制备复合材料,并研究了纳米粒子对光聚合反应动力学的影响。随着 TiO_2 浓度的增加,环氧基团开环聚合的反应速率和转化率显著下降,同时固化后得到的材料的 T_g 和交联密度都明显降低。这主要是因为 TiO_2 反射了入射光子。大量的实验结果表明,TiO_2-环氧树脂体系在 UV 光下的光催化活性明显降低。Ajayan 等希望将光聚合和溶胶-凝胶缩聚的优势相结合,通过选择合适的耦合剂,避免纳米粒子与树脂基之间的相分离,还可以使纳米粒子均匀地分散在树脂基体中,避免纳米粒子发生团聚。Literature 研究了偶联剂对最终产物的 T_g 和储能模量的影响,证明了由于偶联剂的作用,纳米粒子与树脂基有化学键连接,具有很强的界面作用力。在体系中有水分的情况下,溶胶-凝胶缩聚反应被光产酸引发,最终形成有机-无机网络结构。空气中的水分向体系中扩散,可以诱导烷氧基硅烷水解,如果体系中存在光引发剂光解后生成的光产酸,那么体系可以同时发生环氧基团的开环反应。

双重固化方法涉及暗反应和热处理。将氧化锆粒子加入环氧树脂用双固化的方法可以制备具有高折射率的抗反射透明涂料。Golaz 等在金属氧化物与环氧树脂体系中加入硅烷偶联剂,通过双固化反应固化。在低温条件下,硅烷偶联剂快速反应将金属氧化物与环氧聚合物基用化学键连接,形成强的相互作用。

Sangermano 等将光聚合反应和氧化还原反应相结合原位生成银纳米粒子制备银纳米粒子-环氧复合材料。体系中的阳离子光引发剂在光照的作用下,生成电子供体自由基,将银离子还原成银单质并形成银纳米颗粒,同时电子供体自由基经过氧化作用生成碳正离子,碳正离子继续引发环氧开环聚合生成环氧树脂基。银纳米粒子在聚合物基材中没有任何团聚现象。Yagci 等用类似的方法制备了金纳米粒子-环氧复合材料。

Naguib 等将种子乳液聚合与阳离子光聚合的方法相结合制备环氧复合材料薄膜。他们用种子乳液聚合的方法制备具有核壳结构的纳米粒子,用硬质的壳包裹有橡胶弹性的软核,其中软核可以提高复合材料的抗冲击性,壳上存在可以与环氧基团反应的官能团,最终复合材料形成均相结构,进一步提高了体系的机械性能。

5.5.3　阳离子光聚合厚层复合材料

UV 光聚合技术在固化透明的或者是薄的膜(涂层)方面具有巨大优势,并且已经应用到了很多领域。光聚合技术最大的缺点在于固化过程对光的依赖性,即只有曝光度达到固化要求的区域才能快速固化完全。由于光的穿透能力有限,光聚合方法目前一般只能一次成型薄膜或者是薄涂层的有色(特别是深色)复合材料。有色的填料,特别是深色的填料将阻碍光的穿透(如 TiO_2 将反射入射光、CB 等黑色填料吸收入射光),因此体系只有表面薄薄的一层能够满足固化所需要的曝光度。同时,一些复杂表面的阴影区不能充分曝光,难以用光聚合技术施工。利用阳离子光聚合活性聚合的特点(即活性中心无终止)和前线聚合的方法有望解决上述问题。前线聚合可以分为以下三类：

（1）光前线聚合：以光作为前线的推动力，使用光漂白型光引发剂，利用光聚合必须在曝光量达到固化要求才能够使体系固化的原理，随着光照时间延长，光引发剂从顶层至底层逐渐光解，光解后的光引发剂碎片不继续吸光，光可以持续在体系中穿透，并形成推进前线。但是如果体系中存在填料，将会阻碍光的穿透并对前线推进造成干扰。

（2）热前线聚合：以热作为前线的推动力，使用热引发剂，用热源引发表层聚合，利用聚合反应放出的热量不断推进前线，直到体系完全固化。但是热聚合反应要求的温度很高，因此只有有限的体系能够满足热前线聚合的需要。

（3）光-热前线聚合：用光照代替热源引发体系聚合，体系聚合放热使体系温度升高，热引发剂分解，产生的自由基与阳离子光引发剂反应，生成质子酸和自由基，继续引发聚合反应，前线持续推进。

典型的二芳基碘鎓盐引发聚合的机理与三芳基硫鎓盐引发聚合的机理类似。二芳基碘鎓盐在 UV 光的照射下，吸收光子的能量从基态跃迁至单线态，经过系间窜跃至三线激发态，然后经过均裂或者异裂生成阳离子、自由基和阳离子自由基活性种，整个光聚合反应过程只有这一步需要光照。阳离子自由基活性种与单体或者是体系中的杂质反应生成质子酸，如图 5-31 反应（1）所示；质子酸是使体系发生聚合最主要的反应活性种，如反应（2）和反应（3）

$$Ar_2I^+MtX_n^- \xrightarrow{h\nu} [Ar_2I^+MtX_n]^+ \longrightarrow HMtX_n \quad (1)$$

$$HMtX_n + M \longrightarrow H\!-\!M^+MtX_n^- \quad (2)$$

$$H\!-\!M^+MtX_n^- + nM \longrightarrow H\!-\!M_nM^+MtX_n^- \quad (3)$$

$$M + Ar\cdot \longrightarrow M\cdot + Ar \quad (4)$$

$$M\cdot + Ar_2I^+MtX_n^- \longrightarrow M^+MtX_n^- + Ar_2I\cdot \quad (5)$$

$$Ar_2I\cdot \longrightarrow Ar\cdot + ArI \quad (6)$$

图 5-31　二芳基碘鎓盐光引发聚合机理

所示。体系中的芳基自由基活性种可以从单体上夺氢，单体生成初级自由基，如反应（4）所示。次级自由基可以与二芳基碘鎓盐发生反应，被鎓盐氧化生成碳正离子和二芳基碘鎓盐自由基，如反应（5）所示。二芳基碘鎓盐自由基可以分解生成新的芳基自由基，如反应（6）所示。

光-热前线聚合中，在 UV 光照射下发生阳离子光聚合反应，反应放热使热引发剂分解，热引发剂分解产生的自由基一方面可以引发体系反应，另一方面，产生的自由基与二芳基碘鎓盐发生反应，产生碳正离子，可以继续进行阳离子光聚合反应过程。光-热前线聚合依赖于热扩散，而且体系的反应速率对温度的依赖性很强。因此前线聚合的重复性较差，难以应用于工业化生产。

Xavier 等为了提高前线聚合的可重复性，将光聚合技术与热固化技术相结合，利用光聚合使体系表面固化完全，利用热聚合使体系内部充分固化，得到反应转化率均匀的体系。但是该技术热引发剂的分解温度很低，体系在反应结束后还存在大量未能光解的光引发剂。

光聚合复合材料的厚度如果能够超过 1 mm，就会有广阔的应用前景。在实际应用中，有许多方法被用于制备光聚合复合材料。其中,最常用的方法是采用多方向照射,但是这种方法一方面很不经济,需要耗费更多的能量;另一方面,这种方法的固化厚度还是有限,特别是对于有色的复合材料体系,而且对于厚度较大的体系,很难均匀固化并固化完全,最终得到的产品性能不均一。

　　制备厚层光聚合复合材料最有效的方法是通过层层聚合的方法,这种方法广泛应用于齿科修复和快速成型(如光聚合 3D 打印)领域。目前这种方法也被尝试应用于复合材料的成型制备。Crivello 利用层层聚合的方法成功制备了玻璃纤维增强环氧树脂基复合材料,并利用该方法制备成型了一艘小艇。Compston 等分别使用紫外光聚合、室温固化和热固化三种固化工艺制备玻璃纤维增强乙烯基酯树脂基复合材料,并对它们的力学性能进行了对比,证明了紫外光聚合制备高性能的复合材料的可行性。此外,Compston 等的研究还证明了紫外光聚合工艺制备复合材料时放出的热量约为苯乙烯热固化方式的 1/4,可有效保护工作环境。玻璃纤维增强树脂基复合材料之所以能够用光聚合的方法制备,主要是光在玻璃纤维中具有一定的穿透能力。使用光敏剂和光引发剂的混合体系可以用长波长如可见光等引发阳离子光聚合,长波长的光具有更好的穿透性能,可以固化得到更大厚度的产品。但是层层聚合的效率不高,特别是对于厚度很大的体系,需要很长时间才能够固化成型。

　　由于碳纤维完全不透光,现在只能采用光热混杂体系才有可能使体系固化,但是这种方法与热固化相比,并不具有太过于明显的优势。

　　虽然目前光聚合复合材料存在厚度限制和阴影区难以固化的缺点,但是光聚合的反应周期特别短,一般是以分钟或者秒为单位,对于传统的复合材料成型工艺,特别是纤维增强树脂基复合材料的热固化成型工艺动辄数小时甚至数十小时的成型周期,光聚合技术具有诱人的应用前景。

　　众所周知,光聚合的反应速度很快,特别是自由基光聚合过程甚至可以在数秒内完成固化,其光聚合过程中的物理态可以分为光照前的液态和光照后的固态,因此在光聚合过程中体系的物理性质很难控制。目前有研究结果表明,阳离子聚合和阳离子/自由基混杂体系的光聚合过程的物理态可以分为三个阶段。光照前体系处于液体状态,光照使体系开始反应,体系由低黏度的可流动液体转变为黏度较大的腻子。当体系处于腻子状态时停止光照,阳离子体系会因为体系中的活性基团继续反应,在无光照的情况下缓慢转变为固体,但是固化时间不可预测,固化效果不佳,重复性差。阳离子/自由基混杂体系可以通过配方、光引发剂和光源波长的选择,在体系处于腻子状态时停止光照,体系不再继续反应,一直处于腻子的状态。继续光照,体系固化形成固体状态。

　　如果能够控制光聚合过程中的物理状态,使光照前体系为低黏度液体状态,光照结束后体系仍然保持低黏度的液体状态,这种液体具有加工窗口,可以不通过光照直接固化成为固体,且液态到固态的过程可以控制,那么光聚合的固化过程就可以减少对光照的依赖性。

　　杨龙等发现 1,4-丁二醇二缩水甘油醚阳离子光聚合体系在光照过程中,阳离子引发剂光解可产生稳定的次级氧鎓离子中间体,该中间体在低温条件下具有很好的稳定性,通过搅拌作用使阳离子光引发剂充分光解并让稳定的次级氧鎓离子中间体均匀分布；在光照结束后升高体系的温度，利用暗反应使体系固化，如图5-32所示。通过温度控制的方法可以制备厚层材料或者是碳纤维增强复合材料。

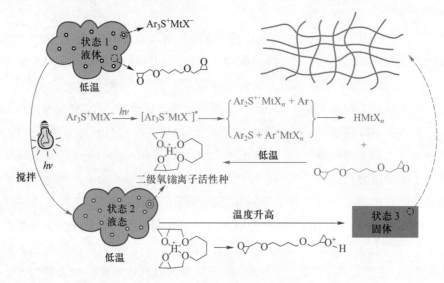

图5-32　温度控制阳离子光聚合

5.6　光化学法制备纳米粒子

金属纳米粒子可以广泛应用于材料学、生物医药、有机化学、催化等领域。传统金属纳米粒子往往通过湿法还原技术制备，常用的还原剂有柠檬酸钠、硼氢化钠等。光化学还原是利用分子的激发态或是其产生的自由基，将金属离子还原到低价态的过程。与传统热还原方法相比，光化学还原法制备金属纳米粒子具有多种优势，如反应条件温和，只需要相应波长的辐照便可实现。此外，光还原过程通过控制光照即可达到对还原反应时间与空间的双重可控。因此，结合光的时间与空间可控的特点及光辐射还原或光敏还原剂给电子的特殊性，为光化学还原制备金属纳米粒子或特殊结构和形貌的金属纳米粒子提供了可能。目前，光还原法制备金属纳米粒子的研究已从单一的制备方法，扩展到纳米粒子形貌调控、功能化纳米粒子制备、多维度材料制备等诸多领域。

5.6.1　光化学还原的分类

光化学还原法可以将金属盐类还原并制备成相应的金属纳米粒子，依据是否引入光敏还原剂，光化学还原可以分为直接光化学还原与间接光化学还原。

1. 直接光化学还原

在直接光化学还原中，金属离子或其配合物直接吸收辐照能量，在不需要添加光还原剂的条件下,将金属离子由高价态还原到低价态。

Giuffrida 等报道使用乙酰丙酮铜[Cu(acac)₂]作为铜源,直接利用紫外光将 Cu^{2+} 还原为 Cu。$Cu(acac)_2$ 经过紫外辐照,铜氧键断裂,Cu^{2+} 被还原为 Cu^+;随后,Cu^+ 吸收供氢溶剂(SH)的氢,被还原为 Cu,过程如图 5-33 所示。

$$Cu(acac)_2 \underset{光照}{\xrightarrow{光照}} Cu(acac)_2^* \underset{光照}{\xrightarrow{光照}} [Cu(acac)(acac)^{\cdot}]^* \underset{SH}{\xleftarrow{SH}} Hacac + Cu(acac)(SH)_2 + S^{\cdot}$$

图 5-33　$Cu(acac)_2$ 紫外直接还原机理

然而,直接光还原一般需要使用复杂的金属配合物以及长时间的深紫外曝光,反应物浓度低、反应所需时间长。因此,直接光还原并没有大量的研究与应用。

2. 间接光化学还原

在间接光化学还原中,体系需要添加光还原剂,如光引发剂等。在还原过程中,光引发剂接受辐照形成活性中心(如自由基),高价态金属离子接受活性中心的电子,被还原为低价金属离子或金属粒子,如图 5-34 所示。相比于直接光还原体系,间接光还原体系不需要特殊的金属盐类前驱体,并且可以在短时间内完成反应,因此得到了较广泛的研究。

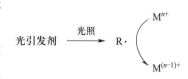

图 5-34　间接光还原反应机理图

5.6.2　光还原剂的选择

常用光还原剂为光聚合体系中的自由基型光引发剂,通用的自由基型光引发剂主要为 Type Ⅰ 和 Type Ⅱ 型。

Type Ⅰ 型光引发剂又称为裂解型光引发剂。裂解型光引发剂从 20 世纪 70 年代开始就被广泛用于光聚合、光还原等领域中。以酮类物质为例,当分子受激发后可形成单线态或三线态,相对较弱的 α 键断裂后形成活性较高的自由基,自由基可以被质子或电子受体接受,因此具备将金属离子还原的能力。

以裂解型光引发剂 2-羟基-4′-(2-羟乙氧基)-2-甲基苯丙酮(俗称 2959)为例,光引发剂 2959 在紫外光辐照下裂解为两个自由基,其中具有强还原能力的自由基可以不断将金属离子还原至低价。当使用 2959 进行光还原时,2959 的用量基于金属离子被还原需要的电子数;例如,还原 Ag^+ 到 Ag 需要 1∶1 物质的量的 2959,而还原 Au^{3+} 到 Au 则需要 1∶3 物质的量的 2959。

Type Ⅱ 型光引发剂又称为夺氢型光引发剂,它也可以作为间接光还原法的光还原剂,如图 5-37 所示。但是,由于 Type Ⅱ 型光引发剂激发态寿命过长,导致其容易被金属离子淬灭,因此,在使用 Type Ⅱ 型光引发剂时,往往需要加入氢供体加快整个还原过程。用 Type

Ⅱ型光引发剂和氢供体做光还原剂时,其还原机理现在仍存有争议,主要存在两种可能的光还原机理:一种认为是光引发剂夺氢后产生的自由基作为光还原剂还原金属离子,而另一种认为是氢供体被夺氢后产生的自由基具有更强的还原金属离子的能力,两种机理如图 5-35 所示。

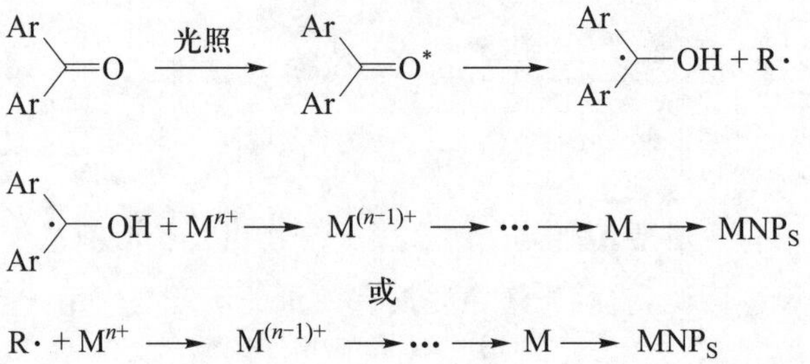

图 5-35　Type Ⅱ 夺氢型光引发剂在氢供体条件下间接光还原反应示意图

常用 Type Ⅱ夺氢型光引发剂如图 6-36 所示。

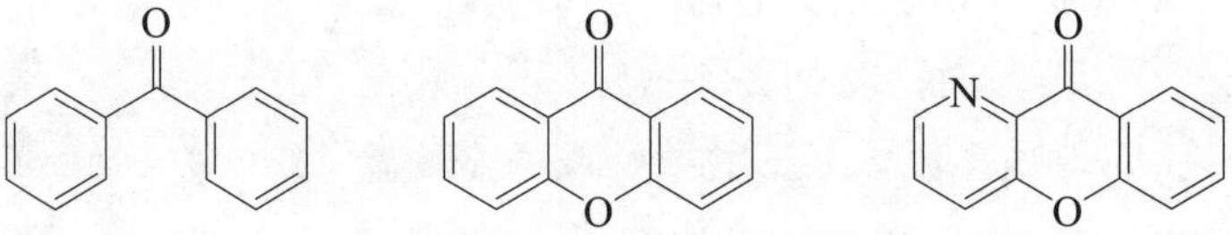

图 5-36　常用 Type Ⅱ 夺氢型光引发剂

　　在间接光还原过程中,并不是所有的光还原剂都能加速光化学还原过程。一些间接光还原过程在使用光还原剂时仍然需要较长的还原时间。这种低效的间接还原过程主要是因为过渡金属离子对激发态光还原剂的淬灭效应。如:Ag^+、Au^+、Au^{3+}、Cu^{2+} 等,都是分子激发态有效的淬灭剂,往往可以直接淬灭光引发剂的高能态,其淬灭速率可达 $10^9 M^{-1} s^{-1}$。因此,一旦分子激发态有过长的三线态寿命(微秒级别),金属离子可以直接淬灭分子激发态,而无法形成自由基。这种淬灭效应会降低光还原速率,大大增加光还原所需的辐照时间。

　　根据金属离子对激发态光引发剂的淬灭效应,可以通过让金属离子与光还原活性中间体在时间或空间上实现分离来解决光还原剂的淬灭问题。那如何实现两者在时间或空间上的分离呢?

　　时间分离是在金属离子淬灭光还原剂激发态之前,形成还原活性中心,还原金属离子。Type Ⅰ型自由基光还原过程就是时间分离很好的例子,如在光还原制备金属纳米粒子的过程中,通常会选择三线态时间较短的 Type Ⅰ 型光引发剂(如 2959 的三线态寿命仅有 11 ns),而不是 Type Ⅱ 型光引发剂(如 BP 的三线态寿命为 1396 ns)。常用 Type Ⅰ 型光引发剂如 2959、1173、819 等都被广泛应用于光还原体系当中。

　　羰基自由基可以作为一种优异的光还原剂活性中间体,这种活泼的中间体可以通过三线态酮类分子间的光化学反应得到,或者来源于分子内的自由基生成过程(如安息香)。比如说,羰基自由基可以在水溶性的安息香类光引发剂 2959 快速光解过程中获得,如图 5-37 所示。

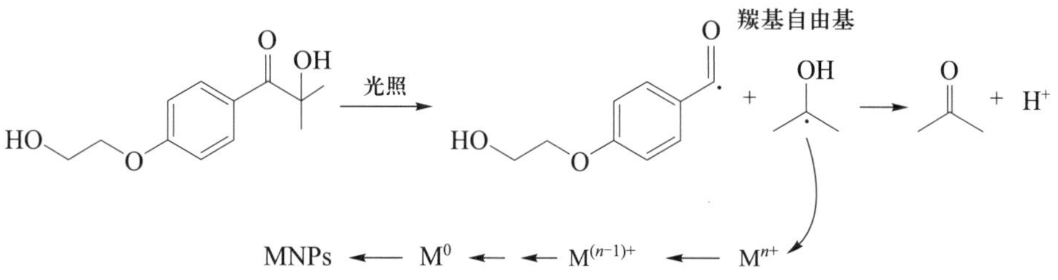

图 5-37 光引发剂 2959 光解以及光还原金属离子示意图

图 5-37 所示的光化学过程可以在 320 nm 以上波长的辐照下高效实现,金属纳米粒子也可在数分钟内制备完成,这主要是因为 2959 是一种非常高效的 Type I 型光引发剂。因此,Type I 型光引发剂作为光还原剂时在时间尺度上实现了活性中间体与被还原金属离子的分离,进而可以形成自由基,加速整个还原反应。当选择 Type II 型光引发剂作为间接还原光还原剂时,往往会导致光还原过程变慢(如 BP 还原 $HAuCl_4$),甚至无法还原。这是因为 Type II 型光引发剂较长的三线态寿命导致了其激发态容易被金属离子淬灭,无法形成自由基。在这样的情况下,可以通过加入氢供体,形成自由基,加快整个光还原过程。

空间分离是指在空间上隔绝激发态光还原剂与金属离子,在特定区域(如胶束体系)内产生还原活性中心,实现光还原过程。Scaiano 等使用二苯甲酮与环己二烯体系,通过十二烷基硫酸钠作为表面活性剂,成功地降低了 Ag^+ 对光还原剂的淬灭。

5.6.3 表面活性剂在光还原中的作用

在光还原过程中,表面活性剂的加入会影响金属纳米粒子的还原过程,具体有两个作用:

(1)稳定还原所得到的金属纳米粒子。表面活性剂末端官能团如胺基、羧基、羟基等,可以和金属纳米粒子表面结合而附着在金属粒子表面,使得金属粒子表面带有有机分子,这些有机分子既可以保护金属纳米粒子不被氧化,又和溶液具有较好的相容性,可以使金属纳米粒子稳定分散在溶液中。如十六烷基胺和环己胺可以稳定还原得到的银纳米粒子。

(2)协助光还原剂激发态与金属离子的空间分离。表面活性剂可以让溶液形成胶束实现激发态与金属离子的空间分离以降低离子对光还原剂激发态的淬灭。

在选用表面活性剂时,应注意其吸收峰不与光还原剂的吸收峰重叠。例如当用 2959 还原制备金纳米粒子时,如果采用(三甲基十六烷基)-甲基溴化铵(CTAB)作为表面活性剂,光还原剂 2959 的吸收峰被 $CTAB-AuCl_4$ 覆盖,从而阻止了自由基的产生,影响纳米粒子的制备。而同样的条件下,在(十六烷基)甲基氯化铵(CTAC)体系中,不存在吸收峰的重叠,金纳米粒子可以被快速还原。

5.6.4 间接光化学还原法制备金属纳米粒子

利用间接光化学还原法制备金属纳米粒子已有很多的研究报道。各种金属纳米粒子，如金、银、铜、铌等及部分纳米粒子合金皆被相应制得。在热还原反应中，还原剂和金属离子之间的氧化还原反应机理较清晰，而光还原剂往往是有机分子，尤其以光引发剂为最常用。光引发剂吸收光能，裂解产生自由基，自由基寿命短，容易夺取或发生电子转移而失活，电子转移既可以发生在自由基与金属离子之间，也可以在自由基与溶剂、自由基与氧气等物质之间，而且不同的金属离子由于其金属活泼性不同，所以整个体系存在的反应多而复杂。

1. 金纳米粒子

由于金的金属活泼性弱，且对空气和光线都不敏感，因此常被科研工作者作为首选研究对象。金纳米粒子因其优异的催化性能被广泛应用于材料和有机化学中，近年来医学领域对金纳米颗粒的研究逐渐增加，在生物标记、传感器构建、光学探针、电化学探针、组织修复、DNA、葡萄糖传感器等领域都有重要应用。

利用光化学还原法制备金纳米粒子的报道较多，对其还原过程和机理的研究相对比较成熟。以 2959 还原 $HAuCl_4$ 为例，在室温下短时间的紫外光照即可得到红棕色的金纳米粒子溶液，且溶液的 pH 随反应进行逐渐降低，表明在光还原过程中产生了酸，因此，研究者推测发生的还原反应过程如图 5-38 所示。

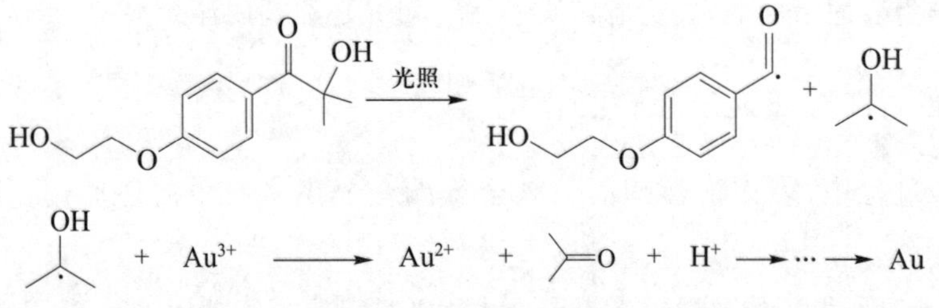

图 5-38　2959 光还原金纳米粒子

研究表明不同的金属纳米粒子或者同一金属纳米粒子的不同尺寸都有其特定的吸收波长，因此，在用湿法制备金属纳米粒子的反应过程中，紫外-可见吸收光谱是表征金属纳米粒子的重要检测手段之一。金纳米粒子的等离子吸收峰在 530 nm 左右，随着反应进行，金纳米粒子数量增加，吸收峰强度逐渐增强。典型的金纳米粒子吸收谱图随光照时间的变化如图 5-39 所示。

同时，对于光引发剂产生的自由基对金离子的还原机理，Marin 等通过研究证明，在光引发剂还原金纳米粒子过程中，首先将 Au^{3+} 全部还原为 Au^+ 后，随后再将 Au^+ 还原为 Au。Marin 等在实验中采用光引发剂苯基苯偶姻对金离子进行光还原，发现当实验采用的金的前驱体为 Au^+ 时，无论等化学计量的 Au^+ 还是过量 Au^+，还原反应都没有诱导期，直接生成金纳米粒子;而当使用 Au³⁺ 时,体系存在一个明显的诱导期,随后才生成金纳米粒子。

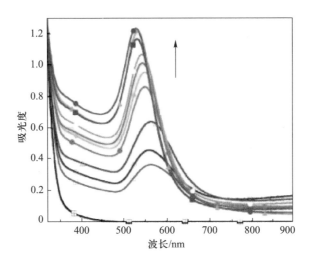

图 5-39　溶液中金纳米粒子吸收谱图随光照时间的变化

2. 银纳米粒子

(1)银纳米粒子制备

银纳米粒子由于其良好的导电性,使其在微电子领域占有极其重要的地位。其次,银纳米粒子的表面效应和量子尺寸效应等,使其具有一些特殊的用途,如表面增强拉曼效应、光电效应、荧光增强效应、表面等离子共振、催化、生物用途等。

在用光化学还原法制备银纳米粒子时,以 2959 光还原 Ag⁺ 为例,研究其光还原过程及机理。如图 5-40 所示,高活性的含羟基自由基(2-羟基-2-丙基自由基)将 Ag⁺ 还原为 Ag,Ag 不断团聚并最终形成银纳米粒子。同时产生的质子则会降低体系的 pH。此外,活性相对较低的苯甲酰自由基则会形成羧酸吸附在银纳米粒子表面,提高银纳米粒子的稳定性。

(2)荧光银原子团簇的制备

2～100 个金属原子的聚集体称之为原子团簇,通常存在较强的荧光效应。银原子团簇,如 Ag₂、Ag₃、Ag₄ 等的吸收峰在 450 nm 左右,而在 540 nm 左右处发射荧光。Kevin 等采用 355 nm 激光作为光源,2959 作为光还原剂,通过 LFP 技术制备并研究了 Ag₂ 原子团簇。但是,银纳米团簇由于其过小的尺寸导致了其不稳定性与快速团聚,影响了其进一步应用。

在此基础上,Luca 等使用光化学还原的方法,制备了较稳定的纳米尺度的荧光银纳米粒子。实验采用 AgCF₃COO 为银的前驱体,2959 为光引发剂,环己胺为稳定剂,在紫外光照下快速发生还原反应。紫外-可见吸收光谱表明银纳米粒子吸收峰在 447 nm 左右;电子透射显微镜显示,所得银纳米粒子直径为 4 nm 左右。Luca 等通过对所制备的银纳米粒子团簇的吸收及激发光谱表征,发现在甲苯中银纳米粒子的发射光谱中心为 550 nm(四氢呋喃中红移到580 nm)。将银纳米粒子负载在聚苯乙烯表面进行荧光显微观察,显示存在明显的荧光效应。Luca 等认为,纳米尺寸的银粒子之所以存在荧光效应,是因为银纳米粒子表面存在很多细小的银原子团簇结构。

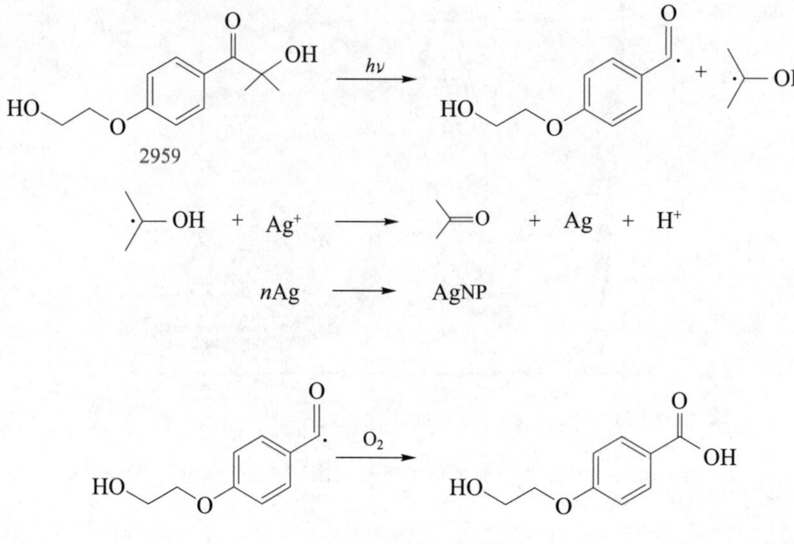

图 5-40   2959 光照还原 Ag⁺ 机理

3. 铜纳米离子

前面已经介绍过,利用紫外光可以直接将乙酰丙酮铜还原为铜纳米粒子。但是,此过程需要紫外辐照时间长,且原材料昂贵,产率较低。因此,采用间接光还原方法制备铜纳米粒子的研究更加受到研究者的青睐。

(1)光化学还原法与歧化法结合制备铜纳米粒子

Pacioni 等使用光引发剂 2959 与 2-甲基-1-(4-甲硫基苯基)-2-吗啉-1-丙酮(907)还原制备出铜纳米粒子。Pacioni 等使用 0.33 mM 的铜盐,如 $CuCl_2$,$CuSO_4$ 等,0.66 mM 的光还原剂(2959 或 907)以及 0.33 mM 的表面活性剂,在充氩气保护下紫外辐照,得到铜纳米粒子。反应机理推测如图 5-41 所示。

Pacioni 等认为,Cu^+ 的光还原剂来自于含羟基自由基与 α-氨基自由基。同时,在阴离子配体的影响下,Cu^+ 会发生歧化反应,最终生成铜纳米粒子。不同铜盐得到的铜纳米粒子吸收峰都在 575 nm 处,表明可以通过光化学还原过程与 Cu^+ 的歧化过程,在低浓度铜盐溶液中制备铜纳米粒子。

(2)光化学还原法与铜氨络合物原理相结合制备铜纳米粒子

虽然相比于无光还原剂体系,光引发剂的加入可以大大加快光还原过程。但是,上述"间接"光还原铜纳米粒子的方法,需要依靠 Cu^+ 的歧化反应,这就限制了还原反应的速度与效率。对于一些铜盐来说,其一价铜盐是不溶物,如氯化亚铜。当采用氯化铜作为铜盐,在其浓度较高时,用间接光化学还原法制备得到的是氯化亚铜沉淀,反应容易中止到亚铜状态。因为铜氨络合物具有很好的溶解性，于是，朱晓群等提出了光化学还原法与铜氨络合物原理相结合制备铜纳米粒子的思路。由于铜氨络合物（包含 Cu^+ 和 Cu^{2+}）具有较好的溶解性，用铜氨络合物稳定一价铜盐，可以使得 $Cu^{2+} \rightarrow Cu^+ \rightarrow Cu$ 单质，溶液的颜色也从蓝色到无色再到黑色或红色（随粒子尺寸变化），同时利用紫外-可见吸收光谱可以监测到整个光谱变化过程。该方法解决了高浓度铜盐时 Cu^+ 的沉淀问题，而且反应速度较快，并利用该原理与高分子包覆剂相结合，实现了在高浓度的铜盐溶液中制备铜纳米粒子。

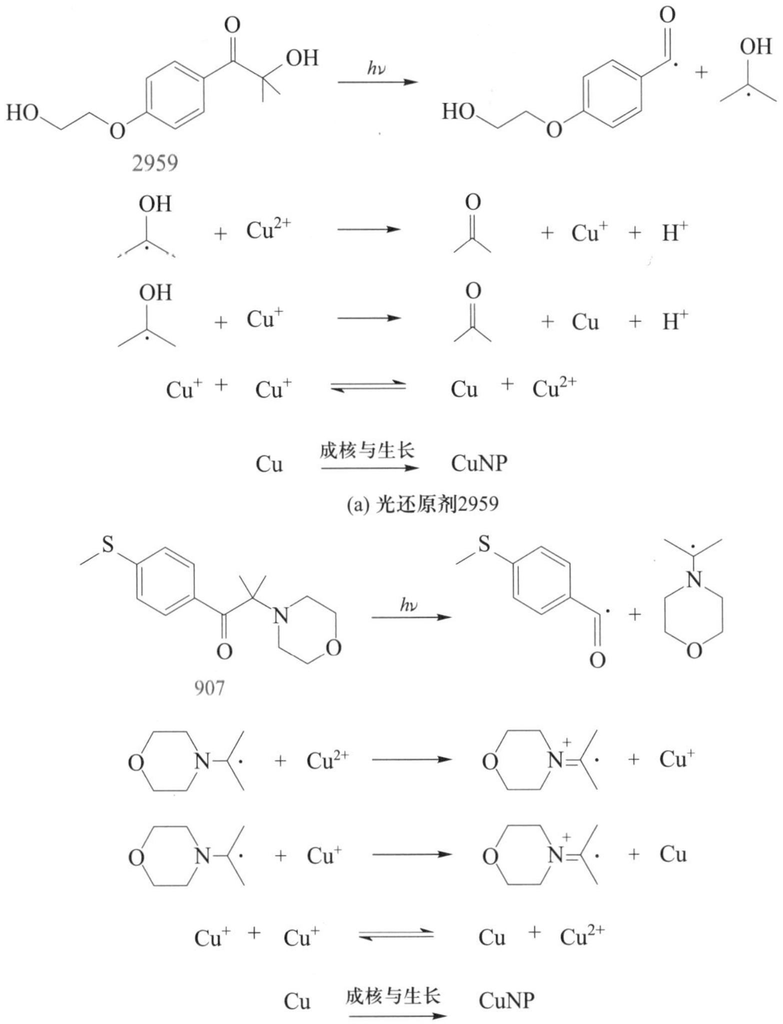

(a) 光还原剂2959

(b) 光还原剂907

图 5-41　不同引发剂光化学还原制备金属铜纳米粒子机理图

如图 5-42 所示，朱晓群等利用 0.02 M 光引发剂 1-羟基环己基苯基甲酮（俗称 184）、0.01 M 氯化铜、0.04 M 二乙醇胺的乙醇溶液在紫外光照下制备了铜纳米粒子。在紫外光的辐照下，光还原剂 184 将蓝色的 Cu^{2+}-胺络合物［图 5-42（a）］逐步还原为 Cu^+-胺络合物

[图 5-42(b)]；进一步 Cu⁺-胺络合物被还原为 Cu 并生成黑色的铜纳米粒子[图 5-42(c)]。由于粒子尺寸较大，接近 100 nm 左右（见图 5-43），所得的铜纳米粒子一定时间后会发生沉降。

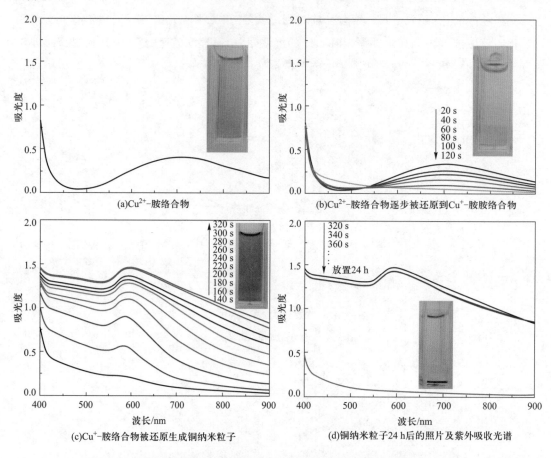

图 5-42 光引发剂 184 还原铜-胺络合物过程的光学照片及 UV 吸收光谱

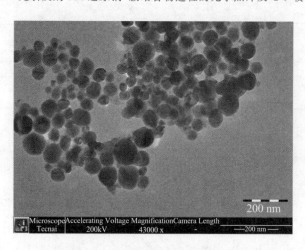

图 5-43 铜纳米粒子的 TEM 照片

朱晓群等研究认为整个过程的还原机理如图 5-44 所示。光引发剂 184 分解产生两个自由基,分别是苯甲酰自由基和环己醇自由基,其中,苯甲酰自由基没有还原铜离子的能力而不继续参与反应(图中用×表示)。

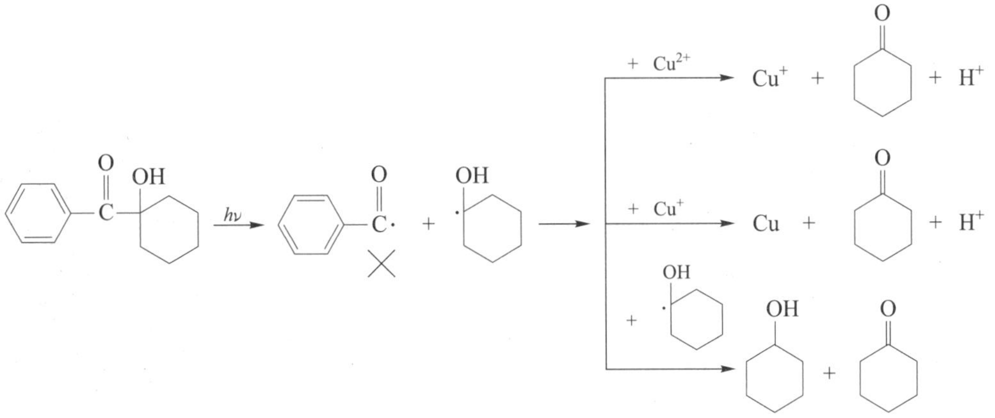

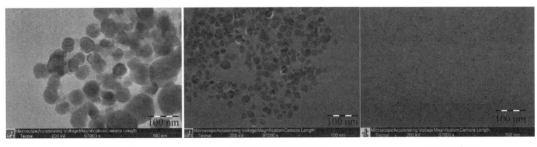

图 5-44 光引发剂 184 光还原铜纳米粒子机理图

(3)高分子包覆剂与超细金属铜纳米粒子

光化学还原法与铜氨络合物原理相结合制备铜纳米粒子虽然高效,但所得铜纳米粒子尺寸不均一,加入表面活性剂,可以很好地调控铜纳米粒子尺寸及其均一性。

朱晓群等在光化学还原法与铜氨络合物的体系中,加入了常用的高分子包覆剂聚乙烯吡咯烷酮(PVP),制备了尺寸均匀的铜纳米粒子。在此研究基础上,将铜氨络合原理与高分子包覆剂合二为一,采用含胺聚合物,即聚乙烯亚胺(PEI)代替二乙醇胺和 PVP,实现利用高浓度铜盐制备了尺寸均匀,且在 30 nm 以下的铜纳米粒子。高分子包覆剂可以对铜纳米粒子粒径及分布产生很大的影响。从图 5-45(a)中可以看出,光化学还原体系中不加入高分子包覆剂时得到的颗粒粒径大于 100 nm,且分布不均匀。当体系加入 PVP 后[图 5-45(b)],铜纳米粒子的粒径下降到 50 nm 左右,但粒径分布仍不均匀。当体系加入 PEI 后,可以发现,不仅降低了铜纳米粒子的粒径并且优化了粒径分布,如图 5-45(c)所示。

(a) 二乙醇胺体系   (b) PVP/二乙醇胺体系   (c) PEI体系

图 5-45 光化学还原法与铜氨络合物制备铜纳米粒子

PVP 高分子长链在溶液中可以形成微小的"笼子",将溶液分割成很多微小区域,光化学还原反应在每个微小区域里发生,由于高分子链的阻隔作用,在一定程度上减小了铜原子之间的碰撞机会,限制了铜纳米粒子的生长。但是高分子长链也会在溶液中做无规运动,微小的"笼子"也作动态变化,而铜与 PVP 之间的作用力弱,不能随着高分子链的运动做相同运动,因此给铜纳米粒子相互之间的碰撞增加了机会,其机理如图 5-46 所示。

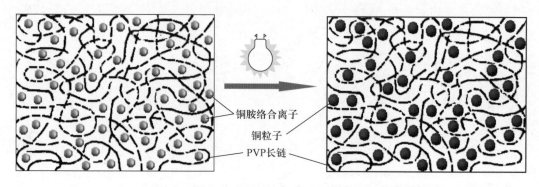

图 5-46　光致液相还原法使用 PVP 高分子包覆剂时的机理图

PEI 由于其分子主链和侧链都含有大量的胺基官能团,可以和铜发生络合作用,PEI 的高分子长链也同样可以起到高分子包覆剂的作用,在溶液中形成微小的"笼子"。由于铜与胺基的络合作用,此时高分子长链的无规运动也将带动铜原子的运动,使得微小的"笼子"相对稳定。因此,正是 PEI 具有将高分子包覆剂与络合作用集于一体的功能,使得在同样浓度下,制备的铜纳米粒子尺寸大大减小且尺寸均一。PEI 的加入量根据胺基和铜离子络合比例(2∶1 到 4∶1 之间)决定。PEI 与铜离子与原子之间的相互作用机理如图 5-47 所示。在该机理下,将铜离子浓度提高到 0.1 M 时,所制得的铜纳米粒子尺寸在 30 nm 以下。

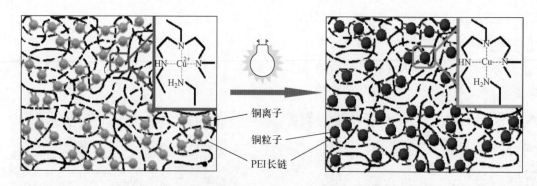

图 5-47　光致液相还原法使用 PEI 作为高分子包覆剂的机理图

4. 铌和钴纳米粒子

用光化学还原法制备金属纳米粒子已经被证明为一种很有效的方式,并应用于制备多种纳米材料。除了金、银、铜以外,还有文献报道利用光化学还原法制备金属铌和金属钴纳米粒子。但是,由于金属铌和钴遇氧易氧化,其纳米粒子很容易转化成其金属氧化物。

　　实验采用 907 为光还原剂,以 Nb(acac)$_5$ 为前驱体,在惰性气体环境下进行紫外辐照。光引发剂 907 光解产生的自由基将 Nb^{5+} 还原为 Nb,Nb 随后通过成核与增长过程,形成金属铌纳米粒子(见图 5-48)。此外,研究还发现 907 的光解产物——4-(甲硫基)苯甲醛的加入可以进一步增加纳米粒子粒径,认为 4-(甲硫基)苯甲醛可以在 UVB 中进一步光解,还原 Nb^{5+}。由于金属铌容易被氧化,所制备的金属铌粒子表面被其氧化物覆盖,X 射线衍射以及高分辨 TEM 分析都可以证实 NbNPs 表面有铌的氧化物层。

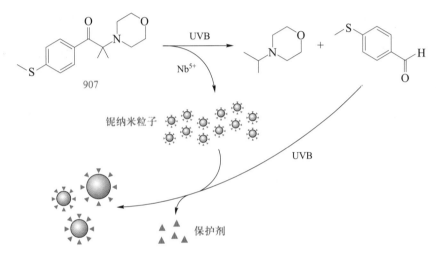

图 5-48　以 907 为光还原剂制备金属铌纳米粒子机理图

　　Scaiano 等同样选择高活性的光引发剂 907,将 CoCl$_2$ 与光引发剂 907 分散在干燥后的乙腈中,通过紫外辐照,产生的自由基将 Co^{2+} 还原成为钴纳米粒子,如图 5-49 所示。在还原过程中,体系逐渐由淡蓝色转为黑绿色,团聚并在空气中氧化为黑色纳米粒子。

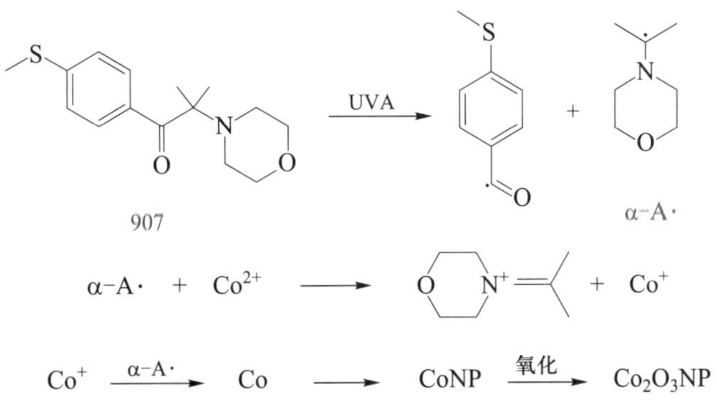

图 5-49　以 907 为光还原剂还原 Co^{2+} 机理

5. 纳米合金

光化学还原过程不仅可以用于制备单一金属纳米粒子,也可用于制备金属合金纳米粒子。光化学还原制备单金属纳米粒子已被深入研究,而制备双金属纳米粒子还没有得到广泛的关注。

(1)一步法制备金银合金结构

Carlos 等使用光化学还原的方法实现了金银纳米合金粒子的制备。通过紫外辐照2959、$HAuCl_4$、$AgNO_3$ 和十二烷基硫酸钠的水溶液,实现了一步法制备金属合金纳米粒子,其中金、银比为 80∶20,合金平均尺寸为 7.4 nm。

紫外-可见吸收光谱表明,所得到的金银纳米合金只有一个等离子共振峰,证明了其合金结构。采用紫外-可见吸收光谱对反应过程进行实时监测,可以看出,在辐照过程中,首先在 520 nm 处产生金纳米粒子吸收峰,同时溶液呈现粉红色,表明 $AuCl_4^-$ 先被还原。随着光照继续,合金粒子的吸收光谱不断蓝移,说明 $AuCl_4^-$ 与 Ag^+ 被自由基同时还原。虽然 Au^{3+} 相比于 Ag^+ 更容易被还原,但是由于 Au^{3+} 需要三个自由基才能被还原为 Au,因此二者在光还原过程后期同时被还原形成均匀的合金粒子。

(2)自组装金银核壳结构制备

Carlos 等通过紫外辐照 2959、$HAuCl_4$、$AgNO_3$ 以及十六烷基三甲基铵氯化物的水溶液,实现了自组装制备金属核壳纳米粒子。

通过定期监测溶液的紫外-可见吸收光谱可以看出,不同的金银离子浓度比,最终呈现的吸收峰具有很大差别。当溶液中金银离子摩尔比为 0.8 时,只能看到一个等离子吸收峰;当银离子浓度增加时,逐渐出现金、银纳米粒子吸收峰共存,尤其在两者摩尔比为 0.5 左右时,两峰共存现象明显;当银离子浓度再增加时,只能观察到一个等离子吸收峰,随着银壳厚度的增加等离子共振峰出现蓝移。

所制备的核壳结构纳米粒子中心核为金属金,壳为银层。Carlos 等认为,光化学还原法可以实现一步法制备核壳纳米结构,是因为此方法实现了 2959、$AuCl_4^-$ 与 Ag^+ 的时空分离。在光还原过程中,光还原剂 2959 停留在了带正电的胶束中,$AuCl_4^-$ 吸附在胶束表面;同时,带正电荷的胶束使得 Ag^+ 远离胶束表面,无法接近自由基。

(3)两步法制备金银核壳结构

Carlos 等通过分批加样,实现了金银核壳纳米合金粒子的制备。Carlos 等首先使用光化学还原的方法制备了金纳米粒子核,随后再使用光还原的方法在金核表面修饰上一层银纳米结构。与一步法和自组装法不同,在金盐的投料量较大时(大于 0.5),体系存在一个吸收峰,且该吸收峰较单纯的金吸收峰蓝移明显;当金盐的投料量在 0.5 及以下时,体系有两个等离子体吸收峰,即金纳米粒子和银纳米粒子吸收峰,说明银盐含量增加,有一部分银被还原直接生成银纳米粒子。

（4）光化学还原法制备负载型纳米结构

将金属纳米粒子负载到其他材料上，发挥两者的各自功能或协同作用，对催化领域、功能材料领域都具有重要的意义。

非选择性光化学还原法是指将负载基材预先分散在待还原的金属盐溶液中，光照还原得到的金属纳米粒子在负载基材上异相成核生长得到，同时溶液中也会存在大量金属纳米粒子。

有报道利用光化学还原法将钴纳米粒子负载到纳米金刚石表面（Co_2O_3 NP-NCD），并将其用于电催化中。制备过程为：首先将直径为 350 nm 的金刚石纳米粒子分散在乙腈当中，并加入 1 mM 的 $CoCl_2$ 与 2 mM 的 907，通过紫外辐照，907 裂解产生的自由基将 Co^{2+} 还原成 Co^0，沉积在 NCD 表面，随后钴原子被原位氧化形成 Co_2O_3 NP-NCD 负载结构。X 射线衍射分析证明钴纳米粒子成功的负载到了纳米金刚石表面。负载到纳米金刚石表面的钴纳米粒子粒径为 20 nm 左右，经电感耦合等离子体光谱仪（即 ICP）表征，其负载率为质量分数的 2.5%。

Scaiano 等通过光化学还原的方法，利用光引发剂 2959 作为还原剂，将铜纳米粒子修饰到光敏半导体 TiO_2 以及 Nb_2O_5 表面。具体方法是：2959、$CuCl_2$ 与 Nb_2O_5（或 TiO_2）分散在去离子水中，在石英反应容器中，整个体系密封并用氩气保护后，在辐照光强为 2 W/cm^2 的紫外灯下辐照 5 h，随后用 Whatman NL16、孔径为 200 nm 的滤纸过滤并清洗干燥即可得到铜纳米粒子修饰的光敏半导体 Nb_2O_5 粒子。结果表明光化学还原方法可以成功地将铜纳米结构修饰到光敏半导体表面，并应用于异相光催化反应。

非选择性光化学还原法制备负载型纳米结构时，金属纳米粒子除了负载在基材上，还会大量存在于溶液中，带来材料浪费的问题，尤其对于贵金属纳米粒子而言，浪费更为可惜。因此，如能选择性还原金属纳米粒子，实现在指定材料表面负载，对于构建负载型纳米结构，尤其是贵金属纳米粒子的负载非常重要。

朱晓群等利用 Type Ⅱ 型光引发剂体系中的主引发剂与助引发剂相互分离，且助引发剂如胺类化合物最终成为可还原自由基的特点，并结合金属络合原理，选择性构筑了金纳米粒子负载在 Fe_3O_4 粒子表面，用于可磁性分离的催化反应中。Type Ⅱ 光引发剂 ITX 还原金离子反应的机理如图 5-50 所示。通过表面改性和有机化学反应，可以在 Fe_3O_4 表面修饰上可以作为氢供体的胺类物质，金离子通过胺基官能团络合在 Fe_3O_4 表面，且基于光引发剂的夺氢型机理，自由基只存在于 Fe_3O_4 表面，因此金离子只能在 Fe_3O_4 表面被还原。由于溶液中没有自由基，溶液中游离的金离子得不到还原而仍以离子形式存在。通过磁性分离，即可得到负载有金纳米粒子的 Fe_3O_4 复合粒子，而溶液中的金离子溶液可以重新再利用。制备原理以及制备得到的复合粒子分别如图 5-51 和图 5-52 所示。

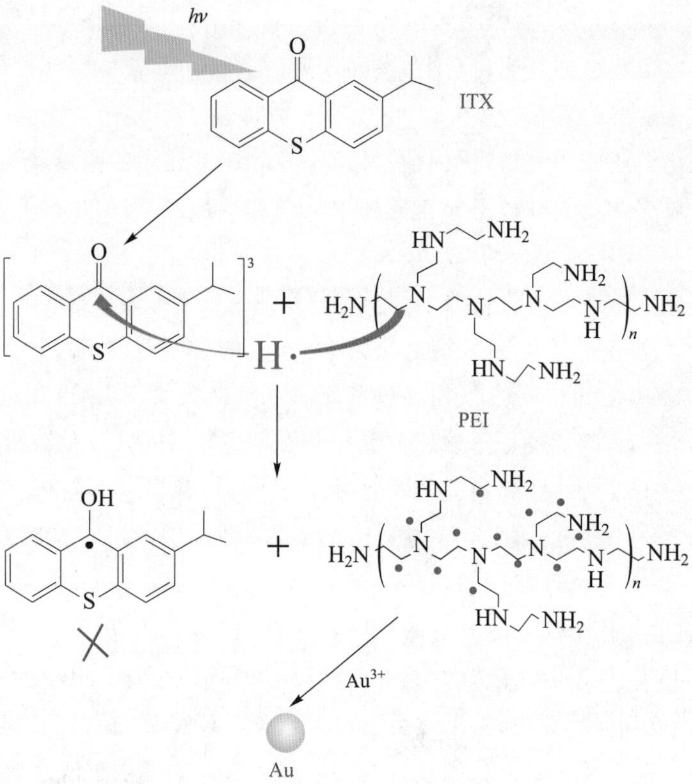

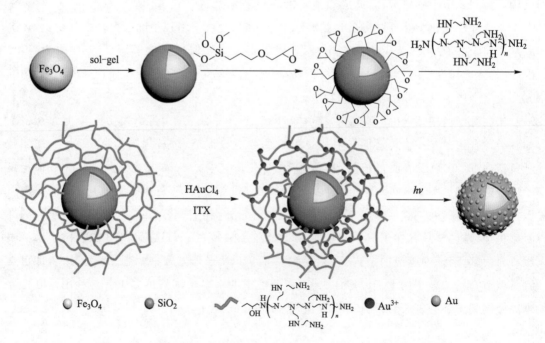

图 5-50　Type Ⅱ光引发剂 ITX 还原金离子机理图

图 5-51　选择性制备负载有金纳米粒子的 Fe_3O_4 复合粒子的原理图

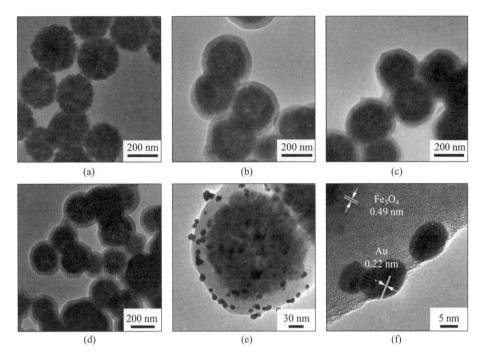

图 5-52 负载有金纳米粒子的 Fe_3O_4 复合粒子的 TEM 照片

5.6.5 影响光化学还原反应的条件

光化学还原反应制备金属纳米粒子也受到各种因素的影响。光化学还原金属离子的反应机理较复杂,有时是受到多个条件相互影响制约,而且对不同的金属离子的还原反应,其影响机制有可能不同。对具体反应,需要具体研究。反应物浓度、辐照强度与辐照时间、光引发剂结构、氧气、金属盐种类、溶剂等因素对反应进程及金属纳米粒子的尺寸或形貌都有各自不同的影响。

1. 反应物浓度

在光还原体系中,反应物包括光还原剂和金属盐。光还原剂作为反应物,其浓度将直接关系到自由基产生的浓度。自由基又是还原金属离子的电子供体,因此,光还原剂浓度直接影响到在单位体积内瞬时被还原产生的金属原子数,而金属原子相互碰撞聚集产生金属纳米粒子,进而将影响金属纳米粒子的直径。在其他条件相同的情况下,增加光还原剂浓度,金属纳米粒子的直径大幅度增加。例如,在光还原制备金属铌纳米粒子的过程中,随着光引发剂含量从 60 μM 增加到 620 μM 时,金属铌纳米粒子的粒径从 (10.4 ± 4.4) nm 增长到了 (86 ± 50) nm。

当光还原剂与金属离子浓度保持相同摩尔比,保持其他条件相同,增加金属粒子浓度时,金属粒子的直径大大增加。朱晓群等在利用铜氨络合物作为铜源时,将铜源浓度从

0.001 M 增加到 0.01 M,再到 0.1 M,铜粒子直径从几十纳米到百纳米再到几百纳米。因此,反应物的浓度在一定条件下是决定金属粒子直径的最关键因素。

2. 辐照强度和辐照时间

Katherine 等在制备金纳米粒子时发现,高强度与更均匀的 UVA 辐照,可以得到粒径更小与更均匀的金纳米粒子。在相同条件下,溶液在太阳光下照射 3 天,制备的金纳米粒子直径为 150~300 nm;而使用强度为 7 W/m²、40 W/m²、100 W/m² 的 UVA 辐照,所得到的金纳米粒径分别为(40±10)nm、(12±3)nm 与(8±2)nm。同时,研究人员发现当使用氙灯或脉冲 LED 时,会得到粒径多分散的金纳米粒子。而不同辐照强度为何对于纳米粒子尺寸有如此显著的影响,其机理尚不明确。

除了辐照强度,辐照时间也是影响纳米粒子尺寸的因素之一。虽然间接光化学还原反应较快,还原反应往往在数分钟内完成,但是光照时间仍会对纳米粒子的形貌产生影响。研究发现,当用 907 还原金属铌纳米粒子时,随着光照时间的延长,铌纳米粒子不断团聚变大。

3. 光引发剂结构对光还原过程的影响

不同的光引发剂具有不同的光裂解常数,即意味着其产生自由基的速度不同;其次,不同的光引发剂产生的自由基其结构不同,失电子能力不同,其还原活性也不同,从而影响反应的进程;还有,有些引发剂的裂解产物还可能结合被还原的金属粒子,起到粒子稳定等作用,都将影响纳米粒子的尺寸和形貌。因此,光引发剂对金属纳米粒子的制备的影响是多方面的,比较复杂,以致目前还没有系统的研究不同引发剂对不同金属离子的光还原反应的影响,大多数都是选取几种引发剂,比较对某种金属离子的还原反应的影响。有研究考察了不同安息香类光引发剂结构对金纳米粒子制备的影响,采用三种不同安息香结构的光引发剂,2959、结构 1 型与结构 2 型光引发剂,如图 5-53 所示。在相同的实验条件下,通过对金纳米粒子的吸收峰的监测,可以确定三种不同光引发剂结构还原金纳米粒子的速度不同。结果显示,三种结构都可以快速还原金纳米粒子,在 UVA 的辐照下 10 min 便可完成还原反应。但相比之下,2959 具有最快的还原反应速度。

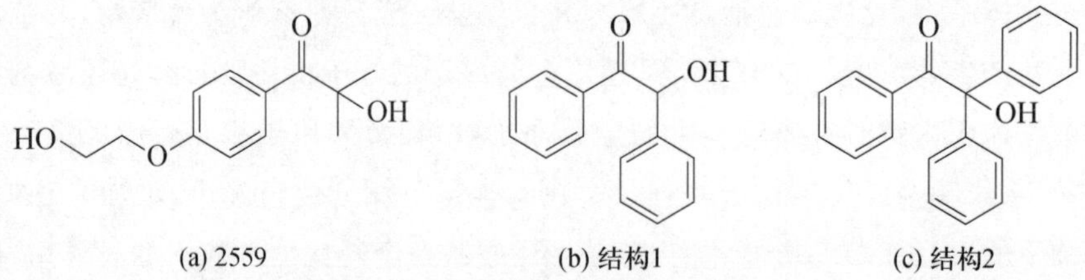

(a) 2559	(b) 结构1	(c) 结构2

图 5-53 三种不同安息香类光引发剂结构

4. 氧气的存在对光还原过程的影响

氧气是自由基的淬灭剂,自由基与氧气的结合速度远远高于其引发或还原反应的速度,因此,氧气的存在会大大减缓甚至终止光还原过程。同时,很多金属纳米粒子遇到氧气,其零价金属 M^0 还会被再次氧化,因此在氧气存在下很难或者不能生成铜纳米粒子、铌纳米粒子等活性较高的金属纳米粒子。

而对于金、银等相对惰性的金属来说,氧气的存在可能导致反应存在一个诱导期,反应前期产生的自由基先用于消耗溶液中存在的氧气。氧气的存在降低了光还原过程的效率。但值得注意的是,不论哪种环境,在光还原过程都存在一个诱导期,惰性环境诱导期相对较短,而含有氧气体系的诱导期较长。以光还原金纳米粒子的过程为例,在诱导期中,主要发生氯金酸的还原、分子级氧气的化学去除以及纳米金种的生长。当分子级的氧气去除后,在空气与氮气环境下的样品展示了相似的还原效率;而氧气环境下的体系,因为溶液里存在大量的氧气,导致了还原效率的降低。

5. 金属盐前驱体对光还原过程的影响

金属盐前驱体本身也对光还原过程产生重要影响。例如,在 907 光还原金属铌过程中,当采用 Nb(acac)₅ 时可以得到金属铌纳米粒子,而采用 Nb(OEt)₅ 作为铌前驱体时,则无法制备金属铌纳米粒子。

不同金属铜前驱体所制备的 CuNPs 的 UV 吸收峰值存在一定的差别。科学研究表明,用 $CuSO_4$ 和 $Cu(NO_3)_2$ 作为前驱体时,所得到的铜粒子吸收峰值为 575 nm,而采用 $CuCl_2$ 为前驱体时,铜粒子吸收峰值为 580 nm。在其他条件相同的情况下,不同铜盐还原制备铜的速率为:$CuCl_2 \geqslant CuSO_4 \geqslant Cu(NO_3)_2$。以 $CuCl_2$ 为例,光还原过程可在 15 min 内完成;而在同样的还原参数下,$CuSO_4$ 需要 40 min 才能完成 80% 的还原反应,而 $Cu(NO_3)_2$ 则更慢。

此外,前驱体铜盐对所得铜纳米粒子的粒径也有影响。在相同条件下,用 $CuCl_2$ 所得的铜纳米粒子平均粒径比 $CuSO_4$ 所得的铜纳米粒子平均粒径大很多。

6. 溶剂对光还原过程的影响

在光还原过程中,溶剂的选择除了考虑金属盐、光还原剂以及助剂的溶解性问题外,还需要注意自由基上的电子向溶剂转移的情况。此外,溶剂对生成的金属纳米粒子有可能存在稳定作用,如荧光银纳米粒子可以在甲苯溶液中稳定数月,而在四氢呋喃中只能存在几个小时。

参考文献

[1] 柳建,雷争军,顾海清,等.3D 打印行业国内发展现状[J].制造技术与机床,2015,25(3):17-21.

[2] CHEN X W, LI J X, LIU A H. Rapid prototyping technology and research development of photocurable resin[J]. Laser Magazine,2011,32(3):1-3.

[3] TUMBLESTON J R, SHIRVANYANTS D, ERMOSHKIN N, et al. Continuous liquid interface production of 3D objects[J]. Science,2015,347(6228):1349-1352.

[4] 林宣成,刘华刚.连续液面成型 3D 打印技术及建筑模型制作[J].光学学报,2016,36(8):0816002.

[5]　金养智.光固化材料性能及应用手册[M].北京:化学工业出版社,2010:51-56.

[6]　聂俊,肖鸣,等.光聚合技术与应用[M].北京:化学工业出版社,2009:60-63.

[7]　王蕾.3D打印材料光敏树脂的改性研究[D].武汉:武汉纺织大学,2015.

[8]　王虎.纳米改性光固化快速成型树脂性能的研究[D].青岛:青岛科技大学,2016.

[9]　赵君.光固化快速成型用光敏树脂的制备及其增韧改性[D].镇江:江苏科技大学,2016.

[10]　王小腾.激光固化快速成型用光敏树脂的研制[D].青岛:青岛科技大学,2015.

[11]　刘朋飞.丙烯酸光敏树脂的合成及混杂固化体系的研究[D].无锡:江南大学,2011.

[12]　张洪.阳离子及混杂光固化树脂体系研究与应用[D].广州:华南理工大学,2013.

[13]　黄笔武,谢王付,杨志宏.一种3D打印立体光刻快速成型光敏树脂的制备及性能研究[J].功能材料,2014,45(24):24100-24104.

[14]　刘海涛.光固化三维打印成形材料的研究与应用[D].武汉:华中科技大学,2009.

[15]　权利军,李丹丹,张春娥,等.三维编织光固化3D打印复合材料的制备及力学性能研究[J].丝绸,2018,55(2):13-18.

[16]　ZHANG C C, CUI Y H, LI J, et al. Nano-SiO$_2$-reinforced ultraviolet-curing materials for three-dimensional printing[J]. J. Appl. Polym. Sci., 2015, 132(31):42307-42314.

[17]　丁云雨.3D打印用光敏树脂的制备及膨胀单体改性光敏树脂[D].青岛:青岛科技大学,2016.

[18]　DUAN Y, ZHOU Y, TANG Y, et al. Nano-TiO$_2$-modified photosensitive resin for RP[J]. Rapid Prototyping Journal, 2011, 17(4): 247-252.

[19]　JI S Y, PARK T W, JEONG Y H, et al. Development of ceramicreinforced photopolymers for SLA 3D printing technology[J]. Applied Physics A, 2016, 122(6): 1-6.

[20]　杨传景.紫外光固化环氧丙烯酸酯体系的增韧研究[D].广州:华南理工大学,2011.

[21]　ZHOU J, ZHANG Q Y, ZHANG H P, et al. Evaluation of thiol-ene photo-curable resins using in rapid prototyping[J]. Rapid Prototyping Journal, 2016, 22(3): 465-473.

[22]　ZANCHETTA E, CATTALDO M, FRANCHIN G, et al. Stereolithography of SiOC ceramic microcomponents[J]. Advanced Materials,2016,28(2):370-376.

[23]　MITTERAMSKOGLER G, GMEINER R, FELZMANN R, et al. Light curing strategies for lithography-based additive manufacturing of customized ceramics[J]. Additive Manufacturing, 2014, 4: 110-118.

[24]　TESAVIBUL P, FELZMANN R, GRUBER S, et al. Processing of 45S5 Bioglass by lithography-based additive manufacturing[J]. Materials Letters,2012,74:81-84.

[25]　KIM D G, KANG H, CHOI Y S, et al. Photo-cross-linkable star-shaped polymers with poly (ethylene glycol) and renewable cardanol side groups: synthesis, characterization, and application to antifouling coatings for filtration membranes[J]. Polymer Chemistry, 2013, 4(19):5065-5073.

[26]　GU B, ARMENTA J M, LEE M L. Preparation and evaluation of poly(polyethylene glycol methyl ether acrylate-co-polyethylene glycoldiacrylate) monolith for protein analysis[J]. Journal of Chromatography A, 2005, 1079(1):382-391.

[27]　TANG R F, MUHAMMAD A, YANG J, et al. Preparation of antifog and antibacterial coatings by photopolymerization[J]. Polymers for Advanced Technologies, 2014, 25(6):651-656.

[28]　HUANG L, SUN X, XIAO Y H, et al. Antibacterial effect of a resin incorporating a novel polymerizable quaternary ammonium salt MAE-DB against streptococcus mutans[J]. Journal of biomedical

materials research，Part B．Applied biomaterials，2012，100(5)：1353-1358．

[29] ZHENG C，LIU G，HU H．UV-curable antismudge coatings[J]．Acs Appl Mater Interfaces，2017，9(30)：25623-25630．

[30] MOLENA E，CREDI C，MARCO C D，et al．Protein antifouling and fouling-release in perfluoropolyether surfaces[J]．Applied Surface Science，2014，309(6)：160-167．

[31] ROY X，HUI J K，RABNAWAZ M，et al．Soluble prussian blue nanoworms from the assembly of metal-organic block ionomers[J]．Angew Chem Int Ed Engl，2011，50(7)：1597-1602．

[32] RABNAWAZ M，LIU G J，HU H．Fluorine-free anti-smudge polyurethane coatings[J]．Angewandte Chemie International Edition，2015，54(43)：12722-12727．

[33] HU H，LIU G J，WANG J．Clear and durable epoxy coatings that exhibit dynamic omniphobicity [J]．Advanced Materials Interfaces，2016，3(14)：1600001-1600006．

[34] ZHANG Y，HE Y，YANG J，et al．A fluorinated compound used as migrated photoinitiator in the presence of air[J]．Polymer，2015，71(5)：93-101．

[35] ZHANG Y X，HE Y，ZHANG X Q，et al．α-hydroxyalkyl ketones derivatives used as photoinitiators for photografting field[J]．Journal of Photochemistry and Photobiology A：Chemistry，2017，349：193-196．

[36] 郑金红．I-Line 光刻胶材料的研究进展[J]．影像科学与光化学，2012，2(30)：81-90．

[37] 王雪岚．一种光刻胶组合物：CN 103792789A[P]．2014-05-14．

[38] 镰田博稔，上条正直，大西美奈．滤色片黑色矩阵光阻组合物：CN 1726434A[P]．2016-01-25．

[39] 杨久霞，白峰．改性功能材料、蓝色光阻材料、彩色滤光片及它们的制备方法、显示器件：CN 103555003A[P]．2014-02-05．

[40] 渡边哲朗，宗健，马争遥．一种含染料丙烯酸树脂及其制备方法和应用：CN 104725560A[P]．2015-06-24．

[41] LIU J，QIAO Y，LIU Z，et al．The preparation of a novel polymeric sulfonium salt photoacid generator and its application for advanced photoresists[J]．RSC Advances，2014，4：21093-21100．

[42] SORNAMBIKAI S，HIN L Q，MARIMUTHU K，et al．Fish embryo toxicity assessment of o-dianisidine in Clarias gariepinus and its electrochemical treatment in aquatic samples using super conductive carbon black[J]．Rsc Advances，2016，6(55)：50255-50266．

[43] HOPPE C C，FICEK B A，EOM H S，et al．Cationic photopolymerization of epoxides containing carbon black nanoparticles[J]．Polymer，2010，51(26)：6151-6160．

[44] JUNG Y J，WEI B，VAJTAI R，et al．Mechanism of selective growth of carbon nanotubes on SiO_2/Si patterns[J]．Nano Letters，2003，3(4)：561-564．

[45] KIM E，STACEY N，SMITH B，et al．Vinyl ethers in ultraviolet curable formulations for step and flash imprint lithography[J]．Journal of Vacuum Science & Technology B：Microelectronics and Nanometer Structures Processing，Measurement，and Phenomena，2004，22(1)：131-135．

[46] LECAMP L，PAVILLON C，LEBAUDY P，et al．Influence of temperature and nature of photoinitiator on the formation kinetics of an interpenetrating network photocured from an epoxide/methacrylate system[J]．European Polymer Journal，2005，41(1)：169-176．

[47] MARIANI A，BIDALI S，FIORI S，et al．UV-ignited frontal polymerization of an epoxy resin[J]．Journal of Polymer Science Part A：Polymer Chemistry，2004，42(9)：2066-2072．

［48］ MARTIN G M, HERN NDEZ M, LORENZO V, et al. Cationicphotocured epoxy nanocomposites filled with different carbon fillers[J]. Polymer, 2012, 53(9): 1831-1838.

［49］ NJUGUNA J, PIELICHOWSKI K, DESAI S. Nanofiller-reinforced polymer nanocomposites[J]. Polymers for Advanced Technologies, 2008, 19(8): 947-959.

［50］ PARK H J, RYU C Y, CRIVELLO J V. Photoinitiated cationic polymerization of limonene 1, 2-oxide and α-pinene oxide[J]. Journal of Polymer Science Part A: Polymer Chemistry, 2013, 51(1): 109-117.

［51］ POPOV V N. Carbon nanotubes: properties and application[J]. Materials Science and Engineering, 2004, 43(3): 61-102.

［52］ SANGERMANO M, MALUCELLI G, AMERIO E, et al. Photopolymerization of epoxy coatings containing silica nanoparticles[J]. Progress in Organic Coatings, 2005, 54(2): 134-138.

［53］ SANGERMANO M, PRIOLA A, KORTABERRIA G, et al. Photopolymerization of epoxy coatings containing iron-oxide nanoparticles[J]. Macromolecular Materials and Engineering, 2007, 292(8): 956-961.

［54］ SANGERMANO M, RAZZA N, CRIVELLO J V. Cationic UV-curing: technology and applications [J]. Macromolecular Materials and Engineering, 2014, 299(7): 775-793.

［55］ VITALE A, HENNESSY M G, MATAR O K, et al. Interfacial profile and propagation of frontal photopolymerization waves[J]. Macromolecules, 2015, 48(1): 198-205.

［56］ VOYTEKUNAS V Y, NG F L, ABADIE M J. Kinetics study of the UV-initiated cationic polymerization of cycloaliphaticdiepoxide resins[J]. European Polymer Journal, 2008, 44(11): 3640-3649.

［57］ ZHAO W, WANG H, TANG H, et al. Facile preparation of epoxy-based composite with oriented graphitenanosheets[J]. Polymer, 2006, 47(26): 8401-8405.

［58］ YANG L, YANG J, NIE J, et al. Temperature controlled cationic photo-curing of a thick, dark composite[J]. Rsc Advances, 2017, 7(7):4046-4053.

［59］ SCAIANO J C, STAMPLECOSKIE K G, HALLETTTAPLEY G L. Photochemical norrish type Ⅰ reaction as a tool for metal nanoparticle synthesis: importance of proton coupled electron transfer. [J]. Chemical Communications, 2012, 48(40):4798-4808.

［60］ TASDELEN M A, YILMAZ G, ISKIN B, et al. photoinduced free radical promoted copper(Ⅰ)-catalyzed click chemistry for macromolecular syntheses[J]. Macromolecules, 2012, 45(1):56-61.

［61］ GIUFFRIDA S, CONDORELLI G G, COSTANZO L L, et al. Photochemical mechanism of the formation of nanometer-Sized copper by UV irradiation of ethanol bis(2,4-pentandionato)copper(Ⅱ) solutions[J]. Chemistry of Materials, 2010, 16(7):1260-1266.

［62］ MCGILVRAY K L, DECAN M R, WANG D S, et al. Facile photochemical synthesis of unprotected aqueous gold nanoparticles [J]. Journal of the American Chemical Society, 2006, 128(50): 15980-15981.

［63］ MARIN M L, MCGILVRAY K L, SCAIANO J C. Photochemical strategies for the synthesis of gold nanoparticles from Au(III) and Au(I) using photoinduced free radical generation[J]. Journal of the American Chemical Society, 2008, 130(49):16572.

［64］ WANG B, YANG J, NIE J, et al. Synthesis and photopolymerization kinetics of 2-phenyl-benzodioxole[J]. Photochemical & Photobiological Sciences, 2014, 13(4): 651-659.

［65］ MCGILVRAY K L，FASCIANI C，BUENO-ALEJO C J，et al. Photochemical strategies for the seed-mediated growth of gold and gold-silver nanoparticles［J］. Langmuir，2012，28(46)：16148-16155.

［66］ SCAIANO J C，STAMPLECOSKIE K. Can surface plasmon fields provide a new way to photosensitize organic photoreactions? From designer nanoparticles to custom applications［J］. Journal of Physical Chemistry Letters，2013，4(7)：1177-1187.

［67］ MARETTI L，BILLONE P S，LIU Y，et al. Facile photochemical synthesis and characterization of highly fluorescent silver nanoparticles［J］. Journal of the American Chemical Society，2009，131(39)：13972-13980.

［68］ GONZALEZ C M，LIU Y，SCAIANO J C. Photochemical strategies for the facile synthesis of gold-silver alloy and core-shell bimetallic nanoparticles［J］. Journal of Physical Chemistry C，2009，113(27)：11861-11867.

［69］ STAMPLECOSKIE K G，SCAIANO J C. Kinetics of the formation of silver dimers：early stages in the formation of silver nanoparticles［J］. Journal of the American Chemical Society，2011，133(11)：3913-3920.

［70］ PACIONI N L，PARDOE A，MCGILVRAY K L，et al. Photochemical & photobiological sciences：of ficial journal of the European Photochemistry Association and the European Society for Photobiology，2010，9(6)：766-774.

［71］ ZHU X，WANG B，SHI F，et al. Direct，rapid，facile photochemical method for preparing copper nanoparticles and copper patterns［J］. Langmuir the Acs Journal of Surfaces & Colloids，2012，28(40)：14461-14469.

［72］ GUAN Y，ZHAO H B，YU L X，et al. Multi-stimuli sensitive supramolecular hydrogel formed by host-guest interaction between PNIPAM-Azo and cyclodextrin dimers［J］. Rsc Advances，2014，4(10)：4955-4959.

［73］ MALYSHEV D，BOSCÁF，CRITES C O，et al. Size-controlled photochemical synthesis of niobium nanoparticles［J］. Dalton Transactions，2013，42(39)：14049-14052.

［74］ WEE T L，SHERMAN B D，GUST D，et al. Photochemical synthesis of a water oxidation catalyst based on cobalt nanostructures［J］. Journal of the American Chemical Society，2011，133(42)：16742-16745.

［75］ STAMPLECOSKIE K G，FASCIANI C，SCAIANO J C. Dual-stage lithography from a light-driven，plasmon-assisted process：a hierarchical approach to subwavelength features［J］. Langmuir the Acs Journal of Surfaces & Colloids，2012，28(30)：10957-10961.

［76］ SAKAMOTO M，TACHIKAWA T，FUJITSUKA M，et al. Three-dimensional writing of copper nanoparticles in a polymer matrix with two-color laser beams［J］. Chemistry of Materials，2008，20(6)：2060-2062.

［77］ FANTINO E，CHIAPPONE A，ROPPOLO I，et al. 3D printing of conductive complex structures with in situ generation of silver nanoparticles［J］. Advanced Materials，2016，28(19)：3711.

［78］ STAMPLECOSKIE K G，SCAIANO J C. Light emitting diode irradiation can control the morphology and optical properties of silver nanoparticles［J］. Journal of the American Chemical Society，2010，132(6)：1825-1827.

［79］ STAMPLECOSKIE K G，SCAIANO J C. Silver as an example of the applications of photochemistry to the synthesis and uses of nanomaterials［J］. Photochemistry & Photobiology，2012，88(4)：762-768.

第6章 发展趋势

光聚合技术作为一种绿色技术,随着技术的不断进步,其应用领域也将逐步拓宽。早期的光聚合技术,因为当时还无法解决光在有色体系中的渗透和吸收问题,所以主要是应用在涂料方面,但随着光引发剂的发展以及光源功率的提高,光聚合技术逐渐可以适应不同油墨体系的需求,使得光聚合油墨迅速发展。而近年来光聚合技术的不断进步,使之可以向其他领域渗透。同时,光聚合技术本身也根据需要处在不断发展中,由于基础研究的进步,对光聚合的基础机理的理解更加深入,使得光聚合技术根据新的发现进行发展创新;而社会环境的变迁也会对光聚合技术提出新的要求,必将导致光聚合技术的新发展。

6.1 光聚合的应用趋势

在应用方面,根据光聚合的不同特点,其应用领域也不同,主要的发展趋势有以下几方面。

6.1.1 光聚合技术替代传统涂料、油墨

光聚合技术由于节能环保,在涂料、油墨、黏合剂方面替代传统溶剂型产品已是必然的趋势。随着全球对环境的关注以及日益提高的环保意识,溶剂排放已经在全球范围内受到限制,取而代之的是水性、光聚合、高固体份涂料、油墨等。光聚合涂料作为重要的新型涂料之一,除了绿色环保的特点之外,其固化时间短是其重要的优势,这样可以大大提高生产效率,降低运行成本,为企业带来直接的经济效益。另外,随着光聚合原材料成本的降低(主要是指树脂及引发剂),使得光聚合涂料的成本也大幅降低,为光聚合的推广奠定了价格基础(早期光聚合涂料推广困难的主要原因之一就是价格比溶剂型涂料的价格要高得多)。不同印刷方式如凹印、凸印、丝印、胶印、柔印、数字印刷等印刷油墨已逐渐被光聚合油墨或水性油墨所取代,而水性油墨由于其固化耗能高,对印刷基材有特殊要求等问题,使用量并不高,而光聚合油墨成为替代的重点。现在光聚合凸印油墨及丝网印刷油墨已经十分普遍,由此减少的溶剂使用量也非常可观;胶印、柔印技术中,光聚合油墨的使用也相当普遍;数字印刷作为近年发展的印刷技术,其发展速度非常迅速,从近几年的发展趋势来看,光聚合油墨已成为数字印刷的主要油墨,一方面是由于光聚合油墨自身的迅速发展,另一方面,数字印刷机械的快速发展,也为其提供了技术支撑。现在国内外还没有完全解决的是光聚合凹版油

墨,因为凹版印刷的特性决定了使用的油墨黏度非常低,而现在大量使用的光聚合材料其黏度都比较高,很难达到凹版印刷油墨的要求,因而必须寻求新的解决思路。此外,由于氧气阻聚效应,使得自由基型光聚合油墨的表面固化很难完全,为此,需要设计全新的解决方案。近期国内已开始研究光聚合凹版印刷油墨的问题,以环氧阳离子光聚合为基础,通过配方设计,能够实现 200 m/min 以上的光聚合速度,满足凹版印刷速度的需求;同时,阳离子光聚合油墨的黏度在 50~100 cP,达到了凹版印刷油墨的需求。黏合剂作为材料结合的重要组成部分,除对其性能有特殊要求外,对其粘接速度也有较高的要求。粘接速度越快,越有利于产能的提高,同时还有利于产品质量的提升。因为速度越快,工件需要外力固定的时间越短,粘接受到外部因素的影响就越小,越有利于提高粘接精度。而光聚合技术最重要的优势就是速度快,因而近年光聚合黏合剂的发展十分迅速,尤其是在微电子产品的粘接方面,光聚合技术的应用十分普遍。以 LCD 屏生产为例,在液晶封装、光学膜的贴合等工艺中都用到光聚合技术。传统光聚合黏合剂需要至少有一个面是透明的,这样有利于光线的照射,但随着技术的进步及设备的创新,对于两种都不透光的材料也可以实现粘接,其关键是利用光照与聚合的时间间隔,也就是利用光聚合的速度比设备的运转速度慢一点的特点:首先对不透光材料有黏结剂的一面进行光照,在光聚合还没有发生时,迅速将两种不透光材料贴合在一起;然后聚合发生,这样不透明的两种材料就可以实现粘接,现在这一技术已经能实现两种金属件的光聚合粘接。

6.1.2　光聚合表面改性

光聚合技术由于受光线传播的限制,不能渗透到材料内部,因而其应用主要是材料表面的化学反应。近年来,随着微电子制备技术的发展,光聚合技术在光学膜方面的应用日趋成熟,从普通的硬化膜到增亮膜,从偏光膜到扩散膜的制备都有光聚合的身影。由于光学膜不仅需要快速的制备速度,对材料还有极高的性能要求(如非常好的平整度、良好的透光性、与基材良好的结合力、不产生彩虹现象、无固体颗粒杂质、可挥发成分非常低等),同时,加工过程也十分重要。如采用热固化技术时,由于使用的高分子薄膜不耐温,因而固化温度不能太高,这样就需要长度很长的烘干设备来保证体系的完全固化,但长时间的固化过程会带来大量污染,光学膜的表观性能降低。而光聚合由于其速度非常快,可达 400 m/min 以上,所需要的干燥设备长度只有 1 m 左右,因而大大降低了环境对表面污染的可能性,使得光学膜的表面性能大大提高。

6.1.3　光聚合图案化

光聚合由于其时空可控性,可用于图形的制备及转移。正是由于该特点,才有先进的光刻技术。光刻技术需要的材料之一,即光刻胶,就是利用了光聚合技术时空可控的特点。通过光聚合技术,可以实现芯片、LCD 显示、线路板制造的不同级别的光刻应用,将不同尺寸的图形转移到不同基材上,实现精密图形制作。这些光刻技术从本质上讲是光聚合技术或光化学技术,通过光化学反应实现不同区域的物理性质的变化,通过区域显影,使得图案能够显现出来,而这些图案又可以利用其对特殊化学品的阻抗性能,实现图案部分的刻蚀,最终将图案转化为永久的图像固定在特定的基材上面,实现光、电、磁等性能,这是现阶段包括计算机、手机在内的各种微电子器件光刻的基本工作原理。当前,微电子部件体积越来越小,性能越来越高,一个重要的原因就是光刻技术越来越高,所得到的线条越来越小,使得微电子器件的小型化成为可能,而且能耗也越来越低。另外,光聚合技术还可用于微流道加工、三维图像制备、复杂结构加工等方面,这些精密的加工技术对光聚合材料的要求非常高,它们的纯度完全不同于普通的油墨、涂料。以光刻胶为例,为了实现光刻的高精密度,其对纯度的要求近乎苛刻,这样才能保证光刻的精密度及成品率。

6.1.4 光聚合 3D 打印

光聚合由于其快速固化的特性,特别适用于快速加工成型。当前 3D 打印技术中,光聚合 3D 打印的应用最为广泛,以激光为光源的立体光刻技术是 3D 打印的基础,是第一代 3D 打印技术。现在光聚合 3D 打印技术已经拓展出众多产品,光源也从最早的紫外光逐渐向可见光发展,当前较为流行的光源是 405nm 的 LED 光源,不仅价格便宜,而且功率高、使用寿命长。无论采用什么样的光源来进行 3D 打印,其基础原理都是光聚合,只不过配方中使用的光引发剂不同。光聚合 3D 打印材料主要有两大类:一是以自由基聚合机理来实现的 3D 打印,使用的树脂是丙烯酸酯类,虽然固化速度快、产品价格低,但由于自由基聚合产生较大的体积收缩,使得打印物件的尺寸稳定性大大下降;另外一个是以阳离子聚合机理为基础,使用的是环氧类树脂,固化速度虽然不及自由基聚合体系,但其聚合体积收缩小,有利于高精度物件的制备。

6.1.5 光聚合在生物材料中的应用

光聚合技术在生物医药中的应用将逐渐加速。目前光聚合口腔修复材料已经非常成熟,从普通的光聚合牙齿修复,到正畸模型的光聚合 3D 打印都已广泛应用,都是利用自由基光聚合快速的特点来实现口腔内的瞬间修复。如口腔复合材料的光聚合只需要 45 s 就可以完成,整个修复只需要 30 min,而且修复后不需要任何形式的保护,随时可以进行咀嚼进食,而传统的汞合金口腔修复,需要 24 h 才能完全固化,且在此期间不可进食。光聚合技术在人体修复中的其他应用有:骨修复、快速组织无线缝合、手术临床模拟模型、心脏手术固定、组织缺损修复、软组织水凝胶制备等。骨科手术一般而言都是较大的手术,病人在手术台上的时间比较长,传统的骨修复是利用不锈钢来实现的,一方面需要在临床上对修复材料进行满足修复位置的再加工,另一方面,在恢复期过后,还要进行二次手术,将一些固定部件取出,这又一次给病人带来痛苦。如果采用可吸收光聚合材料,一方面可以利用光聚合速度快的特点,迅速将液体的修复材料转化为固体修复材料,大大减少病人在手术台上的时间;另一方面,可降解的光聚合材料在人体内会被吸收,不需要进行二次手术取出固定部件,使病人的痛苦大大降低。光聚合心脏手术固定、组织缺损修复与光聚合骨修复比较类似,只是部位不同,所用材料要求不同,比如心脏由于需要跳动,所以材料需要有弹性,而不像骨头那样是刚性的。不同人体组织具有不同功能及结构,就需要修复的材料同样具有这种结构及功能,否则修复后的组织无法正常工作。无线缝合技术是利用光聚合黏合剂,使病人的伤口快速修复,不需要进行缝合,而且这些光聚合黏合剂还可以降解,不需要取出,因而可以免去病人的拆线过程,这对于在体内的手术十分重要。比如进行腹腔手术,如果是有线缝合,就需要进行拆线处理,使病人二次受苦,而采用无线光聚合缝合固定技术,就可以直接粘接伤口,等待其自行修复即可。但是在临床上,光聚合无线缝合具有众多的挑战。例如,手术时,人体组织一直在出血,粘接时就需要在有血液的环境下完成,这对材料提出了严格的要求。另外,由于材料与组织直接接触,对材料生物安全性的要求十分严苛,不能有任何的不安全因素。再者,由于组织修复后会产生应力,如果黏结剂强度太高会将组织拉伤,而如果黏结剂强度不够又会造成伤口脱落,因而不同组织需要不同材料来进行修复。手术临床模拟模型是为了更好地进行临床手术,根据病人的特点,先在体外进行模拟,以减小手术失败的可能性。这一技术主要是通过核磁扫描获得需要手术部位的立体结构,再通过 3D 打印技术将模型制作出来,然后医生就可以根据模型在体外进行模拟手术,以获得最佳的手术方案后再进行临床手术操作,这样可以大大提高手术的成功率。光聚合软组织水凝胶制备虽然目前还没有应用到临床,而主要是临床的前期研究,但随着对光聚合水凝胶的研究逐渐深入,相信其在临床的应用不会太遥远。

6.1.6　光聚合本体材料

随着光聚合技术的进步,光聚合与其他技术结合的工艺已经开始应用,如光—热、光—潮气技术、前线光聚合、阳离子光聚合等。光聚合已经开始从表面改性逐渐向本体材料转移,用于制备各种本体材料(如光聚合复合材料、光聚合块体材料,光聚合的汽车、飞机、航天器部件等)。例如以光为动力驱动,首先实现材料表面的聚合,材料聚合时会放出大量的热量,当聚合释放的热量足够引发传统热聚合时,就不再需要光照,释放的热量进一步引发后续聚合。理论上讲,这种以光启动进行的热聚合是可以制备厚度无限制的本体材料的。同样,利用光聚合实现材料表面聚合后,如果后续能够发生潮气聚合,空气中的水可以源源不断地渗透到材料中,使潮气固化能够持续发生,直到所有材料聚合而停止,这样就可以制备厚度很大的材料。而对于阳离子光聚合,阳离子一旦产生,就将长期存活,就可以利用光先引发阳离子聚合,而对于光不能穿透到的部位,可以利用已经存在的阳离子,通过加热实现阳离子的继续固化,同样的原理,阳离子聚合会放出热量,这些热量足够引发后期的热离子聚合,最终实现整个材料的固化。以碳纤维复合材料为例,碳纤维是黑色的,能吸收所有波段的光,因而光不能透射到材料内部,也就不会使材料内部实现固化,所以光聚合碳纤维复合材料一直是一个难题。但利用光—热固化或阳离子光固化,则可以利用光聚合产生的热量来实现后续固化,只要所用的体系合适,就可以制备任何厚度、任何形状的材料。

6.1.7 光聚合的其他潜在应用

1. 在汽车制造(复合材料、内饰产品、汽车车衣)中的应用

汽车生产是多种技术结合的产业,光聚合在汽车生产中的应用越来越普遍。汽车车灯的灯碗、灯罩都需要通过光聚合技术来进行涂装,保证车灯的应用需要;汽车的内外饰中有大量的部件用到光聚合技术,如仪表盘、后视镜、方向盘、挡把手、轮毂、内饰条等;汽车的保险杆通过光聚合技术制备,而表面涂装也是通过光聚合来完成的;汽车的大量电子部件,如车载显示器、中控板等的制备也需要用到光聚合材料;现在流行的车衣,其表面的耐老化涂层也是通过光聚合技术来完成的;汽车车身涂料已经实现了光聚合;汽车的漆膜修复、玻璃破损修复等也会用到光聚合技术。

2. 在能源(太阳能电池、风力发电)等方面的应用

太阳能电池板在制备过程中会用到光聚合技术,如 EVA 隔膜的交联、太阳能表面的耐污涂装、有机太阳能电池的卷对卷的光聚合涂装等等;光聚合技术可以用来制备风力发电叶片,而在风力叶片的破损修复时,光聚合是最简便、最有效、最经济的方法之一,应用已经十分普遍。

3. 在航空航天(材料轻量化)中的应用

在航天方面,电子束(EB)是复合材料制备重要的手段之一,航天设备的质量越轻,所能搭载的设备、人员就越多,而复合材料是不二的选择。在航空方面,飞机的内饰部件采用光聚合产品有很多,如仪表板、舱盖、表面涂层、舱盖反射层涂装等;另外目前光聚合 3D 打印在飞机部件模型制造方面也很普遍,尤其是复杂结构的部件,传统模具方法已经不能实现,3D打印是最好的选择。

4. 在交通(高铁复合材料、装饰材料、道路临时修复、指示标牌)方面的应用

光聚合技术在高铁的内饰件、高铁复合材料、轮船的内饰材料方面也有大量的应用,如光聚合防火内饰板用于高铁及邮轮的整体卫生间等。国外目前已经开始使用光聚合技术对破损道路进行维修,能够在 30 min 内快速完成,这样不会造成大面积交通堵塞,所用的光聚合材料是阳离子固化环氧体系,其性能与混凝土类似。对于公路指示牌,由于长期暴露在复杂的环境中,既有高温,又有高湿、极低温度、风吹日晒,而且不宜经常更换,因而要求极高,国外已经用 EB 技术对高速公路指示牌进行表面涂装,以达到耐老化、耐高温高湿、耐雨雪等目的,所用体系为自由基光聚合的丙烯酸酯。

5. 在通信(基站保护、显示器件、绝缘材料)等方面的应用

在通信方面,手机制作过程中需要大量用到光聚合技术,从表面的光聚合涂料,到中间的光聚合光学膜用于 LCD 屏制作,再到光刻胶用于芯片的制造,这些都是光聚合的应用;另外,对于通信基站,由于长期暴露在自然环境中,对耐水、耐温等有严格的要求,目前可以通过光聚合三防涂料来满足应用需求,只需要在基站的关键部位涂上这些光聚合涂料,就能达到性能要求。

6.2　光聚合技术的发展趋势

就光聚合技术本身而言,为了保持其固有的优势,增强其竞争力,也需要不断对自身技术进行更新,从原材料、新技术等方面来不断开拓。

6.2.1　光聚合功能化树脂的开发

(1)将含有低表面能官能团的树脂用于耐污涂层。这些包括含硅、含氟结构单元,其硅氟结构能有效降低体系的表面能,从而起到耐污、自清洁的作用。但是这些树脂由于其表面能低,因而与其他单体、树脂的相容性差,容易发生微相分离,使得配方稳定有一定的难度,另外低表面能使得该体系在基材表面的附着力差。

(2)水性化树脂用于水性光聚合体系以减少 VOC 排放。水性树脂主要是含有阳离子、阴离子或非离子基团的树脂,它们在水中可以溶解或分散,这样可以用水作为稀释剂,减少有机溶剂的应用,从而减少 VOC 排放。目前水性 UV 树脂最大的问题是制备的涂层最终性能如抗水性、耐酸碱、耐溶剂、耐划伤性能不能满足需求,而且价格相对传统水性体系也较贵。

(3)无机-有机杂化树脂用于高性能表面涂层的制备,可提高硬度及耐划伤能力。这些树脂主要是通过溶胶—凝胶法制备纳米无机粒子,使其均匀分散于有机相中,有机相提供聚合性能,无机粒子提供其他功能。虽然目前已经有商业化的无机-有机杂化树脂,但其分散稳定性仍然有待提高,尤其是在无机组分含量较高时,分散稳定性会大幅度降低,体系的黏度也会迅速上升。

(4)超低黏度树脂的开发。近年由于 3D 打印、喷墨打印、无溶剂喷涂等光聚合产品的发展,对低黏度树脂的需求逐年增加。

(5)高官能度树脂的开发。由于现代光聚合材料对固化涂层的性能要求越来越高,为提高材料性能,需要用高官能度的树脂来提高聚合物性能以提高材料性能,比较有优势的方案是采用超支化聚酯等进行改性,合成可聚合树脂。这些发展方向既有基础研究的必要,也有产业化的问题需要解决。目前国内相关大学及公司都有类似的工作开展,但产品的商

业化还需要一段时间。

(6)可再生资源基树脂的开发。以可再生资源为基础的树脂开发是目前发展的热点,如以天然油脂、天然糖类化合物、天然高分子、动植物提取物为基础的树脂制备已经有大量的基础研究,一些产品如大豆油改性丙烯酸酯、糠醛树脂丙烯酸酯等已经产业化。基于天然产物的光聚合涂料原材料的产业化是未来的趋势:一方面是化石资源使用会造成环境污染;另一方面,天然产物每年都能产生,来源丰富,环境友好。以大豆油为例,转基因大豆油可以作为一种化学资源应用,大豆油的双键可以进行环氧化,由此向下延伸可以制备大豆油丙烯酸酯、大豆油改性环氧丙烯酸酯、大豆油基聚酯丙烯酸酯;大豆油的甘油可以制备环氧,随后可以做成各种丙烯酸酯;甘油还可以制备成聚酯多元醇,用于聚酯丙烯酸酯、聚氨酯丙烯酸酯的制备。其他不可食用的油脂如桐油等,也可以进行各种改性来制备可光聚合的丙烯酸酯。对于不饱和油脂,还可以通过臭氧化反应制备多元酸,多元酸可以还原制备多元醇,从而制备聚酯,随后可以制备聚酯丙烯酸酯及聚氨酯丙烯酸酯。可再生资源在光聚合中应用的另一个重要原料是糖类,在南美及东南亚,每年都会产出大量糖,这些糖除食用外,还可以通过发酵技术来制备丙烯酸,而丙烯酸是制备可光聚合丙烯酸酯的重要原料,这样就使得光聚合树脂的可再生资源含量更高。

6.2.2　光源的发展

传统光聚合以高压汞灯为光源,使用过程中会产生臭氧而污染环境,大量放热也会导致能源浪费,且汞本身是有毒物质,使得汞灯的应用受到限制,而节能、安全、高效的 LED 光源就是有效的替代品。开发不同发射波长,尤其是 300～365 nm 的 LED 光源是光聚合技术的重大需求。对于长波长 LED(如 385～405 nm 波长)的产品,目前已经很成熟,但问题是与这些波长相匹配的引发剂目前还很少,使其应用受到限制,且长波长 LED 光源还不能很好地解决材料表面固化的问题,因而需要开发短波长 LED 光源。但是,波长越短,光的能量越高,高能量会破坏有机分子使之分解,因而短波长 LED 的封装材料是目前的最大困难,如果能最终解决短波长 LED 的封装及其高能量,将使光聚合技术的应用得到更大的发展,因为 LED 光源寿命长、成本低、能耗小,这些将十分有利于光聚合技术的推广。光源的波长决定了光的能量,能量又决定了单位面积产生的活性种的数量,从而决定了光聚合的速度,而关键的问题是,引发剂需要与光源进行匹配,波长的匹配只是一个方面,但是光引发剂所产生的活性种的活性更为关键,这决定了聚合的过程。目前,为了提高聚合的速度,在配方中加入了大量的光引发剂,而实际上这些引发剂是不能完全分解的,这样会造成小分子的存在而影响材料的最终性能。此外,即使分解的引发剂产生了活性种,大量的活性种并不能全部参与聚合,这些活性物质存在于材料中会使材料的性能下降,因而,如何平衡固化速度与引发剂的用量十分关键。

普通光聚合的应用是往长波长光源的方向发展,但对于一些特殊的应用领域如光刻胶，则需要光聚合在越短的波长下聚合越好，因为波长越短，可制备图像的精密度越高。纳米级别的光刻胶，其光源的波长在几十纳米到一两百纳米之间，长波长的光源无法进行纳米级别的光刻。随着微电子器件的发展，半导体光刻的精度会越来越高，要求相应的光源波长就会越来越短，因而发展短波长光聚合是另外的一个方向，目前短波长光引发剂主要是光产酸性光引发剂。

6.2.3 光聚合新技术

1. 电子束(EB)固化技术

EB 技术本质上讲也是光聚合技术，其差别是 EB 技术的波长更短，能量更高，目前 EB 已经在印刷油墨、表面涂装、不干胶、复合材料、离型膜、卷钢涂层等方面得到应用，其固化速度可达 300 m/min，既节能又环保，具有良好的发展前景。EB 固化技术在我国还处于起步阶段，但随着国产 EB 设备的成熟，该技术的应用将会得到推广。近几年 EB 固化在印刷方面的应用已经起步，如 EB 固化胶印设备已经出现，可以替代传统的溶剂型油墨，也可以取代光聚合油墨。而 EB 用于印刷材料表面处理也日益增多，以建筑装饰材料为例，传统的溶剂型表面处理技术已经无法满足客户日益增长的要求，而光聚合技术同样不能满足应用需求，但是 EB 固化的表面修饰则能够满足客户需求，如地板的高耐磨、高耐污性能，墙纸的高耐磨、高耐水性能，外墙装饰膜的高耐候、长寿命性能等等。这是因为 EB 能量高，能够使表面装饰材料的交联密度更高，因而其耐老化、耐磨等性能会更好。

另外一个应用实例是香烟的制作。香烟的过滤嘴是一个直接与人体口腔接触的材料，因而对其材质要求极高，既不能溶解于水，又不能有任何化合物迁移出来，还不能有气味。但是，过滤嘴是一种纸，且完全不耐水，需要在这种纸上涂装一层涂层来实现耐水性、生物安全等性能，EB 固化涂层就是最好的选择之一。虽然这种技术在我国还没有应用，但在美国、日本等国家已经普遍使用，而且效果良好。EB 固化离型膜在我国也开始应用，主要是利用 EB 的高能量，使得材料能够高度交联，这样离型层中就不会有任何的小分子释放出来，保证离型膜的离型稳定性，尤其对于像光学膜这种高性能的膜材料，离型层中的任何污染都会使光学膜的性能降低而无法使用，因而 EB 离型膜主要用于高端产品。EB 在卷钢涂层中的应用已经在国外实现量产，但在我国还处于起步阶段，其最大的优势是固化速度快，能大大提高生产效率，降低能耗，另外其产品的性能也非常优异，尤其是户外耐老化性能远远高于光聚合涂层和传统的热固化涂层。

2. 无溶剂喷涂技术

由于喷涂的原因，对体系的黏度要求非常低，而光聚合体系的树脂黏度非常高，一般会添加一定量的溶剂来进行稀释，以满足喷涂的需求。随着环保要求的日益严格，溶剂的应用受到限制，因而设计合成超低黏度的树脂成为目前光聚合的研究热点之一。所设计合成的低黏度树脂黏度有望低至十几个厘泊，同时有很好的机械强度，满足应用的要求。无溶剂喷涂带来的问题是涂层流挂及积边，因为没有溶剂且体系黏度小，在喷涂后没有办法使体系的黏度迅速提高，在重力作用下涂层就会流挂，这将影响涂层的外观。

3. 阳离子光聚合技术

目前快速发展的自由基体系有其自身的缺点，无法满足一些应用领域的要求，因而发展阳离子光聚合是有效的补充，如对高柔顺涂层，一般自由基光聚合由于材料自身的特性而无法实现，而光阳离子聚合以环氧为主体，可以较容易地获得高柔性涂层。另外，对金属基材的涂装，自由基光聚合体系由于其快速聚合及体积收缩的原因，涂层附着力较差，而采用阳离子光聚合，环氧在聚合过程中开环而引起体积膨胀，可以大大提高涂层的附着力。

光聚合技术的发展既与自身的技术进步相关，也与国家政策、其他领域的要求、其他行业的技术突破有关联。在我国严格的环保政策之下，溶剂排放受到限制，无污染的光聚合技术必将受到青睐。但光聚合原材料（如光引发剂、单体）的生产还是会有一定的污染物产生，因而光聚合原料的绿色生产必须提上日程。近期对光聚合单体的绿色化研究非常热门，新技术、新工艺、新产品逐渐被开发出来，制造每吨光聚合单体的溶剂排放可降低至5 kg，所产生的废水量也在逐步减低。而光引发剂的制造随着新工艺、新催化剂及新结构的发现，环保压力将大大降低，这些将进一步推动光聚合技术的发展与应用。

参考文献

［1］ ICHIHASHI M, UEDA M, BUDIYANTO A, et al. UV－induced skin damage[J]. Toxicology, 2003, 189: 21-39.

［2］ ULLRICH S E. Mechanisms underlying UV-induced immune suppression[J]. Mutation Research, 2005, 571: 185-205.

［3］ MÜHLEBACH A, MÜLLER B, PHARISA C, et al. New water-soluble photo crosslinkable polymers based on modified poly(vinyl alcohol) [J]. Polym. Sci. Part A: Polym. Chem., 1997, 35: 3603-3611.

［4］ FISHER J P, DEAN D, ENGEL P S, et al. Photoinitiated polymerization of biomaterials[J]. Annu. Rev. Mater. Res., 2001, 31: 171-181.

［5］ LOVELL L G, NEWMAN S M, DONALDSON M M, et al. The effect of light intensity on double bond conversion and flexural strength of a model, unfilled dental resin[J]. Dent. Mater., 2003, 19: 458-465.

［6］ XIAO P, LALEVÉE J. Visible light sensitive photoinitiating systems: recent progress in cationic and radical photopolymerization reactions under soft conditions[J]. Progress in Polymer Science, 2015, 41 (12): 32-66.

［7］ PATRICK K, KING D J. A nanoporous two-dimensional polymer by single-crystal-to-single-crystal photopolymerization[J]. Nature Chemistry, 2014, 6(9): 774-778.

［8］ URRACA J L，BARRIOS C A，CANALEJAS-TEJERO V，et al. Molecular recognition with nano-structures fabricated by photopolymerization within metallic subwavelength apertures［J］. Nanoscale，2014,6(15)：8656-8663.

［9］ CHATANI S，GONG T，BRITTANY A，et al. Visible-light initiated thiol-michael addition photo-polymerization reactions［J］. ACS Macro Letters，2014，3（4）：315-318.

［10］ ESPEEL P，FILIP E，DU P. "Click"-inspired chemistry in macromolecular science：matching recent progress and user expectations［J］. Macromolecules，2015，48（1）：2-14.

［11］ XU J T，JUNG K，CYRILLE B. Oxygen tolerance study of photoinduced electron transfer-reversi-ble addition-fragmentation chain transfer（PET-RAFT）polymerization mediated by ru(bpy)3Cl2［J］. Macromolecules，2014,47（13）：4217-4229.

［12］ YANNICK F，OLIVIER S，KARSTEN H. Photopolymerization and photo structuring of molecular-ly imprinted polymers for sensor applications—A review［J］. Analytica Chimica Acta，2012，717：7--20.

［13］ NAOTO K，KAWAZOE K，HIDEYUKI N，et al. Influences of wetting and shrinkage on the phase separation process of polymer mixtures induced by photopolymerization［J］. Soft Matter，2013,9（35）：8428-8437.

［14］ WANG J Y，HU Y D，ZHU J T，et al. Construction of multifunctional photonic crystal microcap-sules with tunable shell structures by combining microfluidic and controlled photopolymerization［J］. Lab Chip，2012,12(16)：2795-2798.

［15］ COOK W D，CHEN F. Enhanced visible radiation photopolymerization of dimethacrylates with the three component thioxanthone（CPTXO)-amine-iodonium salt system［J］. Polymer Chemistry，2015，6：1325-1338.

［16］ RETAILLEAU M，IBRAHIM A，ALLONAS X. Dual-cure photochemical/thermal polymerization of acrylates：a photo assisted process at low light intensity［J］. Polymer Chemistry，2014，5(22)：6503-6509.

［17］ SAJJAD D S，HAKAN B，BILDIRIR R，et al. Microporous thioxanthone polymers as heterogeneous photoinitiators for visible light induced free radical and cationic polymerizations［J］. Macromolecules，2014，47(14)：4607-4614.

中国战略性新兴产业——前沿新材料

（16 册）

中国材料研究学会组织编写

丛书主编　魏炳波　韩雅芳

前沿新材料概论	唐见茂　等编著
超材料	彭华新　周　济　崔铁军　等编著
离子液体	张锁江　等编著
气凝胶	张光磊　编著
仿生材料	郑咏梅　等编著
柔性电子材料与器件	沈国震　等编著
多孔金属	丁　轶　等编著
常温液态金属	刘　静　等编著
高熵合金	张　勇　周士朝　等编著
新兴半导体	张　韵　吴　玲　等编著
光聚合技术与材料	聂　俊　朱晓群　等编著
溶胶-凝胶前沿技术及进展	杨　辉　朱满康　等编著
计算材料	刘利民　等编著
先进材料的原位电镜表征理论与方法	王　勇　等编著
动态导水材料	张增志　等编著
新兴晶态功能材料	靳常青　等编著